现代视频图像弱小目标检测导论

朱振福　刘忠领　李军伟　等　著

科学出版社

北京

内 容 简 介

本书系统地阐述了视频图像弱小目标检测的主要方法及其应用,全书共 17 章,内容包括:概论,图像目标特性分析,运动模糊图像复原,电子稳像方法,模糊数学的目标检测方法,数学形态学目标检测方法,形态滤波与遗传算法相结合的目标检测方法,分形学目标检测方法,子波变换目标检测方法,神经网络目标检测方法,粒子滤波器目标检测方法,组合优化目标检测方法,决策融合技术在目标检测中的应用,基于特征的运动目标检测与跟踪,动平台光电成像运动目标检测与跟踪,复杂背景下的目标识别与跟踪。

本书力求理论联系工程实践,突出理论性、系统性和实用性,适合从事光电工程、图像信号处理、视频目标搜索、监控、跟踪与制导等研究领域的工程技术人员使用,也可作为高等院校师生教学与学习的参考用书。

图书在版编目(CIP)数据

现代视频图像弱小目标检测导论/朱振福等著. —北京:科学出版社,
2019.1
　　ISBN 978-7-03-058908-8

　　Ⅰ.①现… Ⅱ.①朱… Ⅲ.①数字图象处理-研究 Ⅳ.①TN911.73

中国版本图书馆 CIP 数据核字(2018)第 218585 号

责任编辑:钱　俊　田轶静 / 责任校对:彭珍珍
责任印制:吴兆东 / 封面设计:蓝正设计

科学出版社出版
北京东黄城根北街 16 号
邮政编码:100717
http://www.sciencep.com

北京厚诚则铭印刷科技有限公司印刷
科学出版社发行　各地新华书店经销
*
2019 年 1 月第 一 版　开本:720×1000　1/16
2024 年 9 月第三次印刷　印张:24　插页:3
字数:467 000
定价:168.00 元
(如有印装质量问题,我社负责调换)

前　　言

　　图像目标检测的任务是利用成像传感器获取序列图像,通过计算机对序列图像进行处理,将感兴趣的目标从背景中提取出来,为后续的目标分类识别和跟踪提供基础。目标检测一般包括图像预处理、特征抽取、特征匹配和判断决策四个部分,图像预处理的作用是通过空-时滤波或数学变换消除或减轻在数字图像获取过程中所产生的图像质量下降(或图像退化),其退化因素包括由光学系统、大气传输和成像平台运动等造成的图像模糊以及源自电路和光度学因素的噪声,以改善输入图像的质量和目标信噪比;特征抽取是通过对图像物体的度量或数学变换(如傅里叶变换、子波变换、Hough 变换、分形学和主成分分析等),提取目标的多种特征,如目标的位置、大小、宽高比以及纹理特征、颜色特征和运动特征等,并将它们组合起来形成特征向量;特征匹配是将特征抽取所得到的目标特征量或特征向量与目标的固有特征进行匹配,最后根据目标特征匹配的程度判断图像中是否存在感兴趣的目标,并对提取的感兴趣目标进行标记,输出判断决策(即目标检测)的结果。

　　图像目标检测是数字图像处理和模式识别的基本内容之一,是后续目标分类识别和跟踪处理的前提,其结果将直接影响图像目标识别与跟踪处理的效果,因此,它是数字图像处理的关键技术之一。为此,自 20 世纪 50 年代以来,国内外多领域的学者、专家对其高度重视,并投入了极大的研究热情。经过广大研究人员几十年的努力,目标检测,特别是复杂背景下的弱小目标检测已发展成为一个活跃的研究领域,其主要标志之一是形成了许多相关的专业刊物,并发表了许多优秀论文,国际上自 1989 年始,国际光学工程学会(SPIE)每年度都组织一次 "Signal and Data Processing of Small Targets" 的专题会议;同时,形成了许多重大的应用成果,已广泛用于军事和民用的各个方面,如军事上的光电搜索、监视、跟踪和制导;民用上的高分辨率对地观测、智能视频监控、机器人视觉、遥感遥测和医学图像处理等,产生了巨大的经济效益和社会效益。

　　本书是一本关于图像弱小目标检测方法的专著,比较全面系统地阐述了当前数字图像处理中目标检测算法的一些主流技术,包括基于模糊数学、数学形态学、分形学、子波变换、神经网络(NN)和遗传算法等多种目标检测算法及其应用;同时,针对复杂背景弱小目标的检测以及单目标和多目标的跟踪问题,重点研究了基于粒子滤波器的先跟踪后检测的算法,给出了相关算法的详细推导和部分实验结果。还针对复杂背景或强干扰情况下单一目标检测算法难以奏效的问题,将组合优化技术和决策融合技术引入目标检测算法中,试图通过采用多信息源、多特征抽取或多种检测算法的组合来实现高性能的目标检测。

全书共 17 章。第 1 章阐述了目标检测研究的内涵,并对常用的目标检测方法进行简要的概述。第 2 章是图像目标特性分析,重点对红外图像的目标、背景及噪声特性进行分析,作为图像处理目标检测的物理依据。第 3 章和第 4 章对图像预处理,尤其是针对实际应用中常碰到的成像传感器平台运动引起的图像不稳定和图像运动模糊的问题,开展了运动模糊图像复原和电子稳像方法的研究。第 5~10 章从理论和实验两个方面分别对基于模糊数学、数学形态学、遗传算法、分形学、子波变换和神经网络六种目标检测算法进行了研究,并评价了各自的优缺点。第 11 章研究了一种基于粒子滤波器的先跟踪后检测算法,同时估计目标的状态(位置、速度和目标信号强度)以及目标存在与否。书中详细推导了基于粒子滤波器的先跟踪后检测的计算过程,给出了检测目标存在的后验概率的计算公式。第 12 章针对可变数量的多个红外弱小目标的检测与跟踪问题,研究了基于混合概率密度模型的多目标先跟踪后检测的方法,开发了一种 t 分布混合粒子滤波器的实现算法。在混合粒子滤波器中,利用每个分量粒子滤波器的输出信息,根据序列似然比假设检验,检测每个被跟踪目标的存在性。同时通过估计目标在离散占据网格上的出现概率检测新目标的出现。实验结果证明,混合粒子滤波器能够跟踪目标数量可变的弱小目标,能够同时检测目标的消失和出现。第 13 章将组合优化方法引入目标检测算法研究中,在分析研究多种组合优化方法的基础上,举例选择 Adaboost 方法用于目标检测,并给出了实验的结果。第 14 章研究了基于决策融合的目标检测算法,在分析几种主要决策融合技术的基础上,以投票表决方法作为例子研究了决策融合在目标检测中的实际应用。第 15 章和第 16 章针对某些实际工程应用,组合运用前几章研究的目标检测方法,分别研究了静态背景和运动背景下的多运动目标检测与跟踪的问题。第 17 章作为一种实际应用举例,研究了一种鲁棒性较强、识别跟踪效果较好、能在数字信号处理器(DSP)上实时实现的目标识别与跟踪算法。该算法在潜在目标区域提取上,采用最小化行能量法分割图像,提取潜在的目标区域;在目标识别上,利用主成分分析(PCA)和奇异值分解(SVD)提取图像代数特征,构建特征子空间,对图像进行分类和识别;在目标跟踪上,运用鲁棒统计原理和仿射变换特性改进传统的相关匹配跟踪算法,研究了一种新的平均鲁棒差(MRD)目标跟踪算法和仿射变换匹配算法,仿真实验结果表明,该算法对于比较复杂的背景图像能够取得较好的目标识别和跟踪效果。

作　者
2018 年 6 月于北京

目　　录

第1章 概　　论

1.1　目标检测的内涵

图像目标检测是数字图像处理和模式识别的基本内容之一,其任务是利用成像传感器获取的序列图像,通过计算机对视频图像进行处理,将感兴趣的目标从背景中提取出来,为后续的目标跟踪和识别提供基础。在实际工程应用中,由于使用的成像传感器的监视空域大,作用距离远,其输出场景图像目标信号往往较弱,信噪比低;目标占有的像素少,缺少目标形状结构和纹理信息;而且可能由于目标的帧间运动速度低,运动特征不明显,区分目标与噪声的信息主要依赖于目标与噪声的时间、空间、频率分布特性,表现为一类典型的低信噪比条件下的成像传感器弱小目标的检测问题。加之成像传感器的监视空域大,图像背景复杂,目标干扰源多,经常会出现目标部分或全部被遮挡以及相似物体混淆等情况。因此,复杂背景弱小目标检测在数字图像处理和模式识别中的研究始终是一个热点问题。

1.2　目标检测方法概述

至今,目标检测方法的研究已有六十多年的历史。早在 20 世纪 60 年代初,Marcum 等[1]将统计检测理论应用于雷达信号处理。1960 年,Swerling[2]结合背景的起伏特性建立了数学背景模型,取得了一些有用的目标检测数据。为了解决有色噪声中的信号检测问题,Urkoeitz 首先将匹配滤波理论进行推广,研究了“白化滤波器”和“逆滤波器”的概念。后来,Manasses 研究了同时存在噪声和背景起伏下的最优滤波器,为抑制背景起伏和目标检测算法优化打下了理论基础。随着成像传感器技术的发展,传感器能够实时地获取二维图像,例如,电视摄像机、红外热像仪和合成孔径雷达等都能获得实时的二维图像。为了从二维序列图像中提取弱信号的运动目标,自 20 世纪 70 年代以来,国内外众多学者和研究人员[3-5]围绕具有强起伏、强相关的红外背景和序列图像检测方法进行了深入的研究。

目标检测方法能按不同的准则分为不同的种类,例如,按基准可分为基于图像分割的目标检测方法、基于滤波器的目标检测方法、基于模式识别的目标检测方法、基于模型的目标检测方法和基于特征的目标检测方法等[6]。但随着计算机和成像传感器技术的迅速发展,在军民应用各种需求的推动下,新的更加有效的目标检测方法还在不断涌现,概括起来,在目前国内外相关文献中所提出的成像传感器目标检测算法主要有以下几种。

1.2.1　模糊数学方法

运用模糊数学对图像进行目标检测主要是考虑到在实际图像处理过程中,图像信息本身的复杂性和相关性,使得在图像处理的过程中出现不确定性和不精确性,这些不确定性和不精确性主要体现在灰度的模糊性、几何模糊性以及知识的不确定性等方面。这种不确定性并不是随机的,因此,不一定适合用概率论来处理;而模糊集理论对于图像的不确定性有很好的描述能力,并且对于噪声具有很好的鲁棒性。1981 年 Pal 等[7]曾研究了一种模糊增强算法,实验结果表明其算法比传统的直方图校正算法效果更好;Rosenfeld 等[8]研究了一种适用于景物标示的模糊张弛算法;Jain 等[9]运用模糊集理论对复杂图像进行分析,成功地实现了对运动目标的检测。Huntsberg 等[10]把模糊 C 均值算法用于图像分割取得了较好的效果,对于动感图像的目标识别有非常实际的意义。在文献[11]中针对一维模糊度不能反映图像空间信息的缺陷,研究了图像二维模糊度的概念,并将其用于图像分割确定门限。二维门限矢量将二维直方图分为四个象限,其中对角线上的两种象限分别对应着目标像素类和背景像素类,而反对角线上的两种象限则对应着边缘像素和噪声像素,为目标象限和背景象限中的每个元素赋予一定的隶属度,以反映其属于目标或背景的程度,通过极大化这两个象限的某一模糊测度之和进行门限选择,使图像分割目标检测效果得到了明显改善。

1.2.2　数学形态学方法

数学形态学[12,13]用于图像目标检测主要是对图像进行形态滤波处理。形态滤波建立在数学形态学的基础上,属于典型的非线性滤波,它借助于"膨胀"与"腐蚀"运算,在图像处理时,根据需要将这两种运算组合成复合运算:先腐蚀再膨胀组合成开运算,先膨胀再腐蚀组合成闭运算。将图像经过一系列开、闭运算使小于或等于结构元素的噪声被滤除。同时,数学形态学又十分强调图像的几何结构和几何特征,通过对结构元素形状、大小的不同调整,可以达到滤除不同噪声和识别特征目标的目的。

Barnett 等[14]研究了基于数学形态学的小目标检测算法,分别将图像进行膨胀和腐蚀运算,然后将得到的结果相减得到差值图像,在差值图像中的高灰度区域就是可能的目标。在文献[15]中将数学形态学图像处理算法应用于红外图像的分割,首先利用形态学方法估计出红外图像中的背景图像,然后将原始图像减去背景图像以消除不均匀背景的影响,应用形态学方法抑制背景,根据目标图像属性的连续性实现对目标的检测。

1.2.3　分形学方法

分形学最早由美国科学家 Mandelbrot[16,17] 提出,用来研究自然界和社会活动中广泛存在的无序而具有自相似性的系统。Stein[18] 等最早将分形模型用于目标识别。Peli[19] 研究了多尺度分形特性用于目标和背景特性的描述。Stewart 等[20] 还研究了基于分形布朗运动模型的合成孔径雷达图像的目标识别方法。

利用分形学的方法进行弱小目标检测,其基本原理是利用图像背景与目标之间的宏观关系区分目标。因为分形模型可以作为自然背景的数学模型,而人造物体的表面和空间结构与分形模型所表达的规律性之间存在着固有差异。自然背景的图像可以用分形模型描述,但图像各局部区域的分形特征参数是不同的。利用不同图像性质的局部区域之间分形特征参数的不同,可将目标从背景中提取出来。

在文献[21]中,根据复杂背景的红外图像中的自然物和人造物边缘的分形维存在的显著差异来提取目标,人造物中也可能包含目标和人造物背景,而目标的形状和统计特征与人造物背景有很大不同;计算出图像各像素点的分形维,当该点的分形维与周围点的分形维有显著差别时,此点可确定为人造物点,再通过点合并,就可分割出人造物。计算人造物的形状和统计特征以及人造物特征与目标特征的海明距离,当人造物的海明距离大于给定阈值时,则可确定此人造物是目标。

1.2.4　子波变换方法

子波理论的研究[22-24] 始于 20 世纪 80 年代初期。1981 年,法国科学家 Morlet 首次在对地震数据分析时提出了子波变换的概念。随后,他同法国国家科学研究中心的理论物理学家 Grossman 共同提出了连续子波变换的几何体系,其基础是仿射集[24](平移和伸缩的几何不变性)。1989 年,从事信号处理的专家 Mallat[25] 提出了多尺度分析和多分辨率分析的概念,统一了在此之前提出的各种具体子波构造方法。随后,他受金字塔启示提出了正交子波基的 Mallat 算法,并将它用于图像分解和稳定重构[26]。1989 年,Meyer[27] 出版的《子波与算子》(共 3 卷)是子波理论这门新兴学科发展的重要标志,也是目前最权威、最系统的子波理论著作。1988 年,年轻的数学家 Ingrid Daubechies[28] 在文章 *Orthonormal bases of compactly supported wavelets* 中提出著名的具有紧支集的光滑正交 Daubechies 基,这是目前应用最广泛的子波函数。也就在同一时期,子波理论的研究进入白热化程度。其主要研究包括两方面:一方面研究不同要求的子波基以及推广到 $\mathbf{R}^n$ 的情况[24,29];另一方面子波理论在信号和图像分析、计算机视觉、信号奇异检测和谱估计等应用方面取得突破性的进展[23,25,30,31]。

子波变换[32,33] 作为傅里叶变换和加窗傅里叶变换的突破,已被广泛应用到目标检测中。利用子波变换具有伸缩和平移不变性,能够实现频率选择和多尺度分解,能抑制背景噪声并增强目标,显著地提高目标的信噪比,从而有利于检测目标。子波变换对信号的奇异点非常敏感,将子波变换用于低信噪比条件下的小目标检测,其基本原理就是小目标的空间尺度比杂散噪声的空间尺度大,且为比较连续的一块小区域,其频率特性表现为集中在一定频带范围内的特性。

文献[34]将子波理论应用于图像边缘检测,参照最佳边缘滤波器的设计要求,构造出二次 B 样条子波,研究了基于子波变换的自适应阈值图像边缘检测的方法;文献[35]为了解决天空云层干扰下的红外点目标检测问题,首先对背景的相关性和稳定性进行了分析。在此分析的基础上,采用能较好消除天空云层背景的Mexican Hat 子波对背景进行空间滤波,据此能有效地提高目标的信噪比。文献[36]利用二维 Gabor 子波滤波器的线性组合和 Gabor 滤波器构成复合滤波器,可同时达到空间域和频率域的最小不确定性,通过提取红外图像目标的特征,用神经网络获取最佳复合滤波器参数,从而得到最佳的目标特征矢量,能检测出低对比度的坦克目标。文献[37]针对运动目标提出了基于光流估计算法的多尺度分解法,通过子波分解后的运动误差统计弥补了目标光流不连续的缺陷,使得目标航迹具有连续性,有利于目标的检测与跟踪。另外,针对目标轨迹的标定以及目标轨迹产生随机偏移情况下红外点目标的检测问题,有些学者[38,39]提出了方向子波变换的概念,方向子波变换可以比较充分地反映目标的不变性特征并能有效地检测出作近似匀速直线运动的点目标。

1.2.5　神经网络方法

人工神经网络是在现代神经生物学和认知科学用于人类信息处理研究成果的基础上提出的。人工神经网络是以神经元为顶点、顶点间的连接为边的有向图,是一种大规模的非线性动力学系统。人工神经网络有如下特点:①自适应性,系统可通过学习较容易地调整到一个新的环境,使信号处理过程接近人类的思维活动;②鲁棒性和容错性,当少量神经元的连接或输入发生故障时,不会明显改变网络的性质;③高度并行性,能实时实现一般计算机难以实现的最优信号处理算法。正是神经网络这些突出的优点使其在数字图像信号处理中,特别是在工程应用的智能视频系统中获得了广泛的应用。

神经网络用于目标检测和识别的基本思想是将目标检测视为目标与背景的模式分类问题,通称神经网络模式识别方法[40]。该方法的优点是,借助网络本身就能实现模式的变换和特征提取,无须对输入模式做传统的特征提取工作,只需要经过某些非线性变换,将特征空间映射与相应的目标类别对应起来,就可以完成目标的检测与识别任务。

目前有很多种人工神经网络已成功地用于目标检测上,最具代表性的有Hopfield 网络、模糊神经网络、概率神经网络、误差反向传播(back-propagation,

BP)神经网络和自适应线性单元(adaline)神经网络等,而在这些神经网络中尤以BP网络的目标检测和识别性能最好[41,42],它能通过网络优化使网络性能达到最佳[43]。

例如,1988年,Perlovsky[44]利用最大似然自适应神经网络进行了目标检测和分类,该方法的优点是可利用各个处理层次上的信息,包括先验信息、后验信息和同质或不同质的传感器信息,信息的类型可以是数字的也可以是符号的。由于采用了最大似然神经元和模糊算法,所以提高了网络的学习速度和自适应性。1998年,Wong Yee C等[45]将多层前馈网络应用于噪声和干扰环境下的机动目标检测和跟踪,神经网络融合多种信息,以辅助线性Kalman滤波算法完成目标跟踪,从而在不增加数学复杂性和计算量的条件下实现了复杂目标的智能跟踪。1999年,Broussard Randy P等[46]设计了一种用于图像目标检测的脉冲耦合神经网络(PC-NN)结构,利用脉冲耦合神经网络融合多种目标检测算法对目标进行检测,能显著降低虚警,提高对目标的检测概率。此外,还有Roth等[47]用神经网络成功地实现了强杂波环境中做直线运动的小目标的检测。Khan等[48]用概率神经网络抑制背景杂波,提高了目标的可检测性。Liu等[49]用高斯灰度模型训练非线性主成分分析神经网络,将图像作为目标和背景两个模式类来识别,实现了对目标的有效检测。

1.2.6　粒子滤波方法

图像运动弱小目标检测与跟踪的基本思想是搜索未知目标轨迹以及根据目标运动的连续性和规则性判断真实目标轨迹。目前,存在两类方法:一类是基于门限的先检测后跟踪(detect before track,DBT),另一类是先跟踪后检测(track before detect,TBD)。先检测后跟踪方法使用门限检测目标,超过门限的像素认为是目标测量值,然后测量值与存在的轨迹关联,实现对运动弱小目标的跟踪。选择的门限既要能抑制噪声和起伏背景,又能使目标信号通过,在目标信噪比低和强背景干扰的情况下经常很难选择最佳门限值。同时,测量数据与轨迹的数据关联的不可靠还会导致目标状态估计不正确,虚警率较高。因此,先检测后跟踪方法适合信噪比较高的场景图像的处理。先跟踪后检测方法的处理过程是利用多帧图像检测视场内的潜在目标,在跟踪过程中利用累积下来的检测信息在更高层检测这些潜在目标存在性。先跟踪后检测方法逐步剔除虚假目标轨迹,维持真实轨迹,直到确认目标的真实性,降低了信噪比低所引起的虚警,提高了目标的检测概率。先跟踪后检测方法比较适合同时检测与跟踪远距离红外弱小目标[50,51]。

在先跟踪后检测方法中,一种比较常用的运动目标检测方法是基于贝叶斯(Bayes)准则的粒子滤波器(particle filter)[52-56]。粒子滤波器是一种非线性的动态多模式滤波器,它的基本思想是利用样本集来表述概率,即某个状态出现的概率等同于代表此状态的粒子数。粒子滤波器融合了目标的多帧运动信息和运动目标在差分图像中的高灰度值信息,将这些信息转化为概率问题,再将概率转化为粒子的数目与权值问题,再对粒子在状态空间进行聚类与分割就能检测出运动目标。

　　通常的粒子滤波器粒子个数是固定的,无论是无目标时的分散分布还是有目标时收敛于目标区域的集中分布,其粒子个数都一样,这种粒子滤波器的处理效率比较低,为此在有些文献中引入了自适应粒子滤波器,自适应粒子滤波器将按粒子分布的集中程度来自适应确定粒子的个数,粒子越集中所需的粒子数越少。虽然粒子滤波器是多模式滤波器,但是也只能检测同时进入视场的运动目标,即只能检测单目标,一旦多个目标先后进入视场就只能引入多个粒子滤波器来检测多目标。

　　针对目标数量可变的多个弱小目标的检测与跟踪问题,在文献[57]～[61]中研究了一种基于多个粒子滤波器的多目标检测方法,它们的基本思想是在递归贝叶斯滤波框架下,通过递归估计多目标状态的后验概率密度,实现多目标跟踪,通过序列似然比检验检测图像中弱小目标的存在性,将检测与跟踪过程无缝连接,从而有效解决了目标运动的不确定性、测量的不完整性以及多目标跟踪的计算等问题。

　　上面逐个叙述了几种目标检测方法的发展概况,但在实际目标检测中,为了提高目标的检测概率以及算法的实用性、适应性和鲁棒性,多采用多种目标检测方法组合或融合的算法。为此,书中特别增加了两章基于优化组合和基于决策融合的目标检测方法,并在书末用三章(第15～17章)篇幅,以实际工程应用为背景,用实例说明组合目标检测算法的应用效果。

参 考 文 献

[1] Marcum J A. Statistical theory of target detection by pulsed radar. IRE Transactions on Information Theory,1960,6(2):259-267

[2] Swerling P. Probability of detection for fluctuating targets. IRE Transactions on Information Theory,1960,6(2):269-308

[3] Tonissen S M,Bar-shalom Y. Maximum likelihood track-before-detect with fluctuating target amplitude. IEEE Transactions on Aerospace and Electronic Systems,1998,34(3):796-809

[4] Caefer C E,Silverman J,Mooney J M. Optimization of point target tracking filters. IEEE Transactions on Aerospace and Electronic Systems,2000,36(1):15-25

[5] Kohiyama M. Image fluctuation model for damage detection using middle-resolution satellite imagery. International Journal of Remote Sensing,2005,26(24):5603-5627

[6] 刘瑞明. 复杂环境下红外目标检测及跟踪技术研究. 博士学位论文,上海:上海交通大学,2008

[7] Pal S K,King R A. Image enhancement using fuzzy set. Electronic Letters,1980,16(10):376-378

[8] Rosenfeld A,Hummel R,Zucker S W,et al. Scene labeling by relaxation operators. IEEE Transactions on Systems,Man and Cybernetics,1976,SMC-6(6):420-433

[9] Yu X Q,Chen X N. Motion detection in dynamic scenes based on fuzzy C-means clustering. 2012 International Conference on Communication Systems and Network Technologies,2012: 306-310

[10] Huntsberg T L,Jacobs C L,Cannon R L. Iterative fuzzy image segmentation. Pattern Recognition,1985,18(2):131-138

[11] 吴薇. 图像处理中的模糊技术. 现代电子技术,2001:28-31

[12] 崔屹. 图像处理与分析——数学形态学方法及应用. 北京:科学出版社,2000

[13] 汪洋,郑亲波. 基于数学形态学的红外图像小目标检测. 红外与激光工程,2003,32(1): 28-31

[14] Barnett J T,Billard B D,Lee C. Nonlinear morphological processors for point target detection versus an adaptive linear spatial filter performance comparison. SPIE,1993,1954:12-24

[15] 方斌,李伟仁. 基于数学形态学的空空导弹导引头红外图像处理. 红外技术,2003,25(2): 9-12

[16] Mandelbrot B B. The Fractal Geometry of Nature. San Francisco,CA:Freeman,1982

[17] Mandelbrot B B. Self-affine Fractal Sets:Fractals in Physics. North-Holland:Amsterdam,1986

[18] Stein M C. Fractal image models and object detection. SPIE,1987,845:293-300

[19] Peli T. Multiscale fractal theory and object characterization. Journal of Optical Society of America A,1990,7(6):1101-1112

[20] Stewart C V,Moghaddam B,Hintz K J,et al. Fractional brownian motion models for synthetic aperture radar imagery scene segmentation. Proceedings of the IEEE, 1993,81(10) : 1511-1522

[21] 史彩成,赵保军,毛二可. 基于分形和特征匹配的复杂背景红外图像目标检测. 北京理工大学学报,2000,11:12-18

[22] 杨福生. 子波变换的工程分析与应用. 北京:科学出版社,2000

[23] 程正兴. 子波分析算法与应用. 西安:西安交通大学出版社,1997

[24] 李建平. 子波分析与信号处理——理论、应用及软件实现. 重庆:重庆大学出版社,1997

[25] Mallat S G. Multiresolution approximations and wavelet orthonormal bases of L^2 ($\mathbf{R}$). Transactions Americal Mathematics Society,1989,315:69-87

[26] Mallat S G. Multifrequency channel decompositions of images and wavelet models. IEEE Transactions on Acoustics Speech and Signal Processing,1989,37(12):2091-2110

[27] Meyer Y. Wavelet and Operators. New York:Cambridge University Press,1992

[28] Daubechies I. Orthonormal bases of compactly supported wavelets. Communications on Pure and Applied Mathematics,1988,41(7):909-996

[29] Xia X G,Suter B W. Vector-value wavelet and vector filter banks. IEEE Transactions on Signal Processing,1996,44(3):508-518

[30] Manjunath B S,Chellappa R. A unified approach to boundary perception:edges, textures, and illusory contours. IEEE Transactions on Neural Networks,1993,4(1):96-108

[31] Szu H H, Telfer B, Kadambe S. Neural networks adaptive wavelets for signal representation and classification. Optical Engineering, 1992, 31(9): 1907-1916

[32] Strickland R N. Wavelet methods for extracting objects from complex backgrounds. Proceedings of the IEEE Southwest Symposium on Image Analysis and Interpretation, 1996: 7-12

[33] Mallat S G, Hwang W L. Singularity detection and processing with wavelets. IEEE Transactions on Information Theory, 1992, 38(2): 617-643

[34] 张雪, 肖旺新. 用二次 B 样条子波进行图像的自适应阈值边缘检测. 红外技术, 2003, 25(1): 19-24

[35] Ronda V, Er M H, Deshpande S D. Multi-mode algorithm for detection and tracking of point-targets. SPIE, 1999, 3692: 269-278

[36] 杨宗凯. 子波去噪及其在信号检测中的应用. 华中理工大学学报, 1997, 25(2): 1-4

[37] Allen T G, Luettgen M R, Willsky A S. Multiscale approaches to moving target detection in image sequences. Optical Engineering, 1994, 33(7): 2248-2329

[38] Peli E. Contrast in complex images. Journal of Optical Society America, 1990, 7(10): 2032-2039

[39] 蒲恬. 基于视觉神经动力学的真实影像再现和图像融合技术研究. 博士学位论文, 北京: 北京理工大学, 2004

[40] 黄德双. 神经网络模式识别系统理论. 北京: 电子工业出版社, 1996

[41] Waltz E, Llinas J. Multisensor data fusion. Artech House, Norwood: Massachusetts, 1991

[42] Llinas J. Assessing the performance of multisensor fusion system. SPIE, 1991, 1611: 2-27

[43] Hall D. Mathematical techniques in multisensor data fusion. Artech House, Norwood: Massachusetts, 1992

[44] Baek W, Bornmareddy S. Optimal data fusion with distributed sensors. IEEE Transactions on Aerospace and Electronic Systems, 1995, 31(3): 1150-1152

[45] 刘同明. 数据融合技术及其应用. 北京: 国防工业出版社, 2000

[46] Zeytinoglu M, Robust M M. Fixed size confidence procedure for a restricted parameter space. Annual Statistics, 1988, 16: 1241-1253

[47] Roth M W, Laurel M D. Neural networks for extraction of weak tagets in high clutter environments. IEEE Transactions on Systems, Man and Cybernetics, 1989, 19(5): 1210-1217

[48] Khan J F, Alam M S, Bhuiyan S M A. Automatic target detection in forward-looking infrared imagery via probabilistic neural networks. Applied Optics, 2009, 48: 464-476

[49] Liu Z J, Chen C Y, Shen X B, et al. Detection of small objects in image data based on the nonlinear principal component analysis neural network. Optical Engineering, 2005, 44(9): 593-604

[50] Boers Y, Ehlers F, Koch W, et al. Track before detect algorithms. EURASIP Journal on Advances in Signal Processing, 2008: 1-2

[51] Samuel J D, Mark G R, Cheung B. A comparison of detection performance for several track-

before-detect algorithms. EURASIP Journal on Advances in Signal Processing, 2008:
103-113

[52] Doucet A, de Freitas N, Gordon N. Sequential Monte Carlo in practice. New York: Springer-
Verlag, 2001

[53] Doucet A, Godsill S, Andrieu C. On sequential Monte Carlo sampling methods for Bayesian
filtering. Statistics and Computing, 2000, 10(3): 197-208

[54] Liu J, Chen R. Sequential Monte Carlo methods for dynamic systems. Journal of the Ameri-
can Statistical Association, 1998, 93(443): 1032-1044

[55] Arulampalam S, Maskell S, Gordon N. A tutorial on particle filters for on-line non-linear/
non-Gaussian Bayesian tracking. IEEE Transactions on Signal Processing, 2002, 50(2): 174-
188

[56] Carlin B P, Polson N G, Stoffer D S. A Monte Carlo approach to nonnormal and nonlinear
state space modeling. Journal of the American Statistical Association, 1992, 87 (418):
493-500

[57] Hue C, Cadre J P L, Pérez P. Sequential Monte Carlo methods for multiple target tracking
and data fusion. IEEE Transactions on Signal Processing, 2002, 50(2): 309-325

[58] Stone L D, Barlow C A, Corwin T L. Bayesian multiple target tracking. Boston: Artech
House Inc. , 1999

[59] Stone L D. A Bayesian approach to multiple-target tracking//Hall DL, Llinas J. Handbook
of Multisensor Data Fusion. London: CRC Press, 2001

[60] Gordon N J. Bayesian methods for tracking. Imperial College, University of London, 1994

[61] Maggio E, Smerladif F, Cavallaro A. Adaptive multifeature tracking in a particle filtering
framework. IEEE Transactions on Circuits and Systems for Video Technology, 2007,
17(10): 1348-1359

第 2 章　图像目标特性分析

2.1　引　　言

光电成像传感器通过接收来自景物的反射、散射和辐射光成像,无论电视图像还是红外图像通常都是由目标、背景及噪声三部分组成的。目标特征主要有辐射特征、运动特征和几何特征等,背景(包括天空、地面、海面)主要是辐射特征和几何特征。天空背景又可分为晴空和有云两种情况。在晴空条件下天空向下的辐射主要由两部分组成:天空中的气体分子及气溶胶粒子对太阳光的散射和大气分子的辐射;在有云条件下,还要考虑云层对太阳光的散射和云自身的热辐射。由于目标和周围环境存在着热交换,空气对热辐射存在散射和吸收作用等,所以目标与背景的对比度变差、边缘变模糊,不同背景和不同气象条件下的目标会表现出不同的特性。

本章将在概述黑体辐射理论和分析太阳辐射特性的基础上,在背景方面重点研究海浪对阳光的反射模型及云团对阳光的散射模型,并针对红外成像传感器的广泛应用,重点研究红外图像的目标、背景及噪声的分布特性,为图像目标检测算法的研究提供物理基础。

2.2　太阳的辐射特性

2.2.1　黑体辐射定律

黑体是能在任何温度下完全吸收任何波长辐射的物体。根据基尔霍夫定律,黑体的辐射能量等于黑体的吸收能量,黑体的辐射特性由普朗克黑体辐射方程[1]给出:

$$L_b(\lambda, T) = \frac{2c^2 h}{\lambda^5 (e^{hc/\lambda kT} - 1)} \tag{2-1}$$

式中,L_b 为光谱辐亮度,单位 $W \cdot m^{-2} \cdot sr^{-1} \cdot \mu m^{-1}$;$\lambda$ 为波长,单位 μm;h 为普朗克常数,$6.626 \times 10^{-34} J \cdot s$;$c$ 为真空中的光速,$3 \times 10^8 m \cdot s^{-1}$;$k$ 为玻尔兹曼常数,$1.38 \times 10^{-23} J \cdot K^{-1}$;$T$ 为绝对温度,单位 K。黑体是朗伯辐射源,其光谱辐射出射度 $R_b(\lambda, T)$ 可以表示为

$$R_{\mathrm{b}}(\lambda, T) = \pi L_{\mathrm{b}}(\lambda, T) = \frac{2\pi c^2 h}{\lambda^5(e^{hc/\lambda kT} - 1)} \tag{2-2}$$

单位为 $\mathrm{W \cdot m^{-2} \cdot \mu m^{-1}}$。

维恩位移定律给出了黑体光谱辐射的峰值波长 λ_{m} 与其温度 T 的关系：

$$\lambda_{\mathrm{m}} T = 2898(\mu \mathrm{m \cdot K}) \tag{2-3}$$

公式说明,黑体的温度越高,其辐射的峰值波长越向短波方向移动。

图 2-1 为一组不同温度的黑体在 $3\sim20\mu\mathrm{m}$ 波段范围内的光谱辐射曲线。从图 2-1 可以看出,接近导弹弹头温度(600K)的黑体的峰值辐射比通常环境温度(300K)的黑体的峰值辐射高出 20 倍以上,由此可以推断海水和空气自身的红外辐射远低于导弹和战机的红外辐射,因而可以忽略不计。

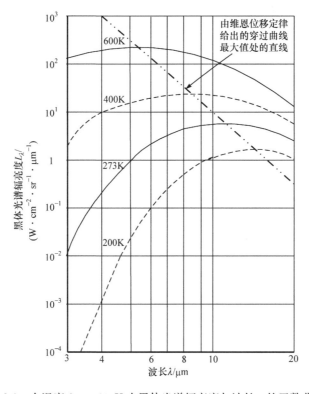

图 2-1　在温度 $200\sim600\mathrm{K}$ 内黑体光谱辐亮度与波长 λ 的函数曲线

2.2.2　太阳辐射在进入大气层后的传播形式

太阳的辐射进入大气层时,一部分进入地表被吸收或反射,一部分在大气层内经历多次散射,还有一部分被大气层反射。到达地表的太阳辐射同样部分被吸收,部分被散射,部分被反射。图 2-2 反映了太阳的辐射能量被地表吸收和反射的关系[2]。其中,有 35% 的能量被反射(4% 被地表反射,7% 被空气反射,24% 被云团反射),65% 被吸收(16% 被空气吸收,2% 被云团吸收,47% 被地表吸收),这些吸收的能量又以长波红外的形式辐射出去(60% 被空气和云团辐射,5% 被地表辐射)。

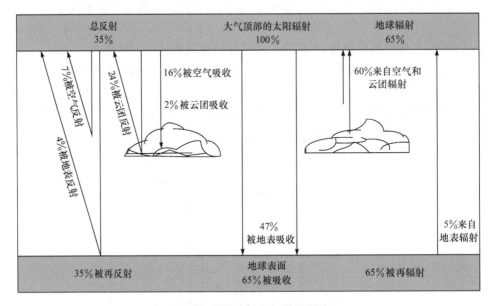

图 2-2　太阳在地表辐射示意图

图 2-3 给出了海平面测量的太阳的光谱辐照度曲线[1],它近似于温度为 5900K 的黑体辐射。从图 2-3 中可以看到,太阳辐射在波长 $3\mu m$ 以后已经很低,太阳的辐射能量主要分布在可见光、近红外和短波红外波段,在中波红外波段显著减少,长波红外几乎很小。要利用 $3\sim 5\mu m$ 和 $8\sim 12\mu m$ 红外波段探测导弹和战机,需要了解在这两个波段内太阳与导弹辐射的对比关系。图 2-4 给出了 $1\sim 15\mu m$ 波段内的 5 条光谱辐亮度与波长和温度的关系曲线,其温度分别对应 5900K、2000K、1000K、600K 和 300K。

从图 2-4 可以看出:600K 黑体在 $1\sim 15\mu m$ 波段的红外辐射强度远低于 5900K 黑体在同一波段的红外辐射强度,特别是在其中的 $1\sim 3\mu m$ 短波红外和 $3\sim 5\mu m$ 中波红外波段内,对应 5900K 黑体的太阳红外辐射强度远高于对应 600K 黑体的目标红外辐射强度,因而可以推断在晴朗天气条件下,在对应波段内海浪和云团对阳光的反射或散射强度有可能大于导弹和战机的红外辐射强度,会造成在相应环境下红外图像存在严重的红外干扰,对探测低空导弹(尤其是掠水导弹)和战机等目标形成严重的干扰。因此,有必要研究海浪和云团背景的红外反射模型[3]。

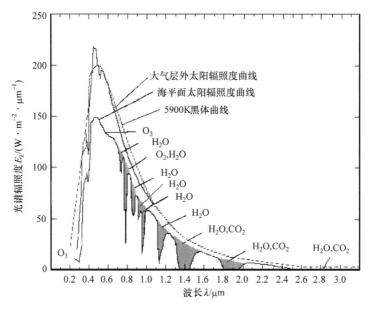

图 2-3　太阳的光谱辐照度曲线

阴影面积表示在海平面上大气成分引起的吸收

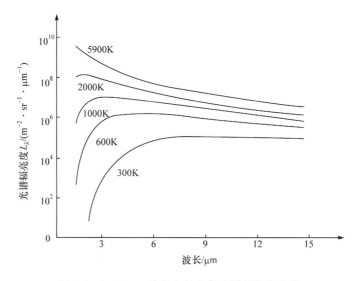

图 2-4　1~15μm 波段内的 5 条光谱辐亮度曲线

2.3 海浪的阳光反射模型

2.3.1 菲涅尔反射系数

设空气的折射率为 n_1，海水的折射率为 n_2。由于海浪的曲率远大于太阳光的波长，故光入射点的局部海面可以看作是一个小平面。设光线的入射角为 θ_1，折射角为 θ_2，太阳的入射光线可以分解为与入射平面平行的平行偏振光和与入射面垂直的垂直偏振光，对于这两种偏振光的反射分量[4]若分别记为 $r_{//}$ 和 $r_\perp$，则有

$$r_\perp = -\frac{\sin(\theta_1-\theta_2)}{\sin(\theta_1+\theta_2)} = \frac{n_1\cos\theta_1-n_2\cos\theta_2}{n_1\cos\theta_1+n_2\cos\theta_2} \tag{2-4}$$

$$r_{//} = \frac{\tan(\theta_1-\theta_2)}{\tan(\theta_1+\theta_2)} = \frac{n_2\cos\theta_1-n_1\cos\theta_2}{n_2\cos\theta_1+n_1\cos\theta_2} \tag{2-5}$$

在式(2-4)和式(2-5)中，θ_1、θ_2、n_1 和 n_2 通过折射定律 $n_1\sin\theta_1 = n_2\sin\theta_2$ 相关联。如果取空气折射率 $n_1=1$，海水折射率 $n_2=1.34$，并取 θ_1 从 $1°$ 到 $90°$，就可以得到垂直偏振光和平行偏振光的反射率随入射角的变化曲线，如图 2-5 和图 2-6 所示。从图 2-6 可以看出，当入射角 θ_1 等于布儒斯特角 θ_B 时，平行偏振光的反射系数为 0，只有垂直偏振光，此时反射光是完全偏振光。

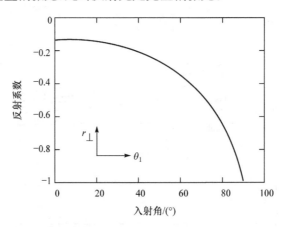

图 2-5 垂直偏振光的反射系数随入射角的变化曲线

2.3.2 海浪的反射模型

设海浪表面在微观上是由许多个具有微小结构的表面组成的，对每一束太阳入射光而言，每一点又可以近似地看成是具有一定方向的微小平面，而且是以较快的变化速率作微观动态变化。以任一点为中心的微平面的切线斜率为 (γ_x, γ_y)，则

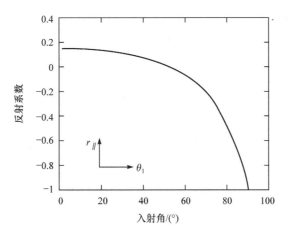

图 2-6　平行偏振光的反射系数随入射角的变化曲线

(γ_x,γ_y)服从均值为 0、方差为(σ_x,σ_y)的高斯分布

$$p(\gamma_x,\gamma_y)=\frac{1}{2\pi\sigma_x\sigma_y}\exp\left(-\frac{\gamma_x^2}{2\sigma_x^2}-\frac{\gamma_y^2}{2\sigma_y^2}\right) \tag{2-6}$$

σ_x 为逆风方向浪涌斜率的方差,σ_y 为侧风方向的浪涌斜率的方差。文献[2]给出了 σ_x^2 和 σ_y^2 的值为

$$\begin{cases} \sigma_x^2=3.16\times10^{-3}v \\ \sigma_y^2=0.003+1.92\times10^{-3}v \end{cases} \tag{2-7}$$

其中,v 为风速(单位为 m·s^{-1})。浪涌与阳光的照射角度及成像传感器的关系如图 2-7 所示。图中,设浪涌谷和浪涌峰的高度分别为$-h_2$ 和 h_1,阳光入射线与海面的夹角为 ϕ,在波峰上最高点处能将阳光反射到成像传感器的海浪微平面切线与水平面的夹角为 ψ_2,在波谷最低点处能将阳光反射到成像传感器的海浪微平面切线与水平面的夹角 ψ_1,则可以入射到成像传感器内光线对应的浪涌的斜率为$\gamma_{x1}=\tan\psi_1$,$\gamma_{x2}=\tan\psi_2$,其中

$$\begin{cases} \psi_1=\dfrac{\phi-\omega-\alpha}{2} \\[2mm] \psi_2=\dfrac{\phi-\alpha}{2} \\[2mm] \alpha\approx\arctan\dfrac{H-h_1}{L}=\arctan\dfrac{H+h_2}{L}-\omega \end{cases} \tag{2-8}$$

其中,L 为成像传感器到浪涌中心的距离;α 为成像传感器视场角 ω 上界与水平方向的夹角;H 为成像传感器距离平均海平面的高度。

　　同理,可以求得浪涌斜率的水平分量为 γ_{y1} 和 γ_{y2},则成像传感器可以接收到阳光反射的概率为

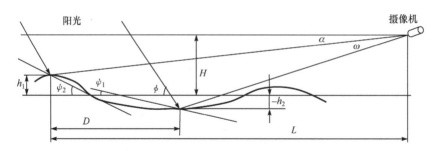

图 2-7　浪涌红外反射模型示意图

$$P = \int_{\gamma_{x1}}^{\gamma_{x2}} \int_{\gamma_{y1}}^{\gamma_{y2}} p(\gamma_x, \gamma_y) \mathrm{d}\gamma_x \mathrm{d}\gamma_y$$

$$= \int_{\gamma_{x1}}^{\gamma_{x2}} \int_{\gamma_{y1}}^{\gamma_{y2}} \frac{1}{2\pi\sigma_x\sigma_y} \exp\left(-\frac{\gamma_x^2}{2\sigma_x^2} - \frac{\gamma_y^2}{2\sigma_y^2}\right) \mathrm{d}\gamma_x \mathrm{d}\gamma_y \tag{2-9}$$

设 D 为成像传感器张角对应的浪涌的直径。太阳的有效反射面积为 $\pi D^2/4$，结合式(2-4)、式(2-5)和式(2-9)，参考图 2-7 并假定太阳是 5900K 的黑体，太阳光在大气中的反射系数为 ρ，则可以得到成像传感器接收到的垂直偏振光和平行偏振光的辐射功率为

$$I_{//} = 0.25\pi D^2 \rho\sin\phi \int_{\lambda_1}^{\lambda_2} R(\lambda, T) P r_{//} \mathrm{d}\lambda \tag{2-10}$$

$$I_{\perp} = 0.25\pi D^2 \rho\sin\phi \int_{\lambda_1}^{\lambda_2} R(\lambda, T) P r_{\perp} \mathrm{d}\lambda \tag{2-11}$$

其中，$R(\lambda, T)$ 为黑体辐射出射度函数。为了研究阳光通过浪涌进入成像传感器后对导弹图像的影响，可重点研究其中对计算结果影响较大的因子。假定 P、$r_{\perp}$ 和 $r_{//}$ 都用它们的平均值 $\overline{P}$、$\overline{r}_{\perp}$ 和 $\overline{r}_{//}$ 来代替，则可将其提到积分号之外，则式(2-10)和式(2-11)可以改写为

$$I_{//} = 0.25\pi D^2 \rho\sin\phi \overline{P}\overline{r}_{//} \int_{\lambda_1}^{\lambda_2} R(\lambda, T) \mathrm{d}\lambda \tag{2-12}$$

$$I_{\perp} = 0.25\pi D^2 \rho\sin\phi \overline{P}\overline{r}_{\perp} \int_{\lambda_1}^{\lambda_2} R(\lambda, T) \mathrm{d}\lambda \tag{2-13}$$

根据图 2-5 和图 2-6 可以估计出当 $\phi=30°$ 时 $r_{//}$ 和 $r_{\perp}$ 的值在 0.2 左右。如果不考虑 P，浪涌对阳光的反射还是远比同波段内的导弹辐射强。影响 $I_{//}$ 和 $I_{\perp}$ 的关键参数是 P 的大小。

假设一个 20km 外的浪涌的直径为 D，浪峰的高度和浪谷的深度为 1m，成像传感器的高度为 24m，传感器的距离 L 为 20km，成像传感器单个像素的视场（通称瞬时视场）为 $\omega=0.25\mathrm{mrad}$，则 $\alpha=1\mathrm{mrad}$，阳光与海平面的夹角 ϕ 为 30°（0.52333rad），浪涌的斜率分布在 x 和 y 方向是相同的，则由式(2-8)可以求出

$$\psi_{x1} = 0.261042\mathrm{rad}$$
$$\psi_{x2} = 0.261165\mathrm{rad}$$
$$\psi_{y1} = 0.261042\mathrm{rad}$$
$$\psi_{y2} = 0.261165\mathrm{rad}$$
$$\gamma_{x1} = 0.2671337$$
$$\gamma_{x2} = 0.2672685$$
$$\gamma_{y1} = 0.2671337$$
$$\gamma_{y2} = 0.2672685$$

可见 γ_{x1} 与 γ_{x2} 相差很小,由式(2-9)可以估算出 P 接近 0,代入式(2-12)和式(2-13)可以得出 $I_{//}$ 和 $I_{\perp}$ 接近 0。这说明,如果把海浪看作是动态的,海浪上每一点的动态微平面斜率分布符合高斯分布,则由浪涌对阳光的反射进入成像传感器的能量可以忽略不计。但如果浪涌距离较近,则由式(2-8)可以看出,浪涌越近,则 ψ_1 和 ψ_2 值相差越大,则光线进入成像传感器的概率就越大,因而浪涌造成的太阳光反射就越大。同时,从太阳辐射光谱分布曲线(图 2-4)可以看出,太阳在短波红外和中波红外波段的辐射强度远比长波红外波段强,大约高出三到四个数量级,浪涌对阳光的反射与导弹的辐射相比在长波红外可以忽略不计,但对短波红外和中波红外存在很大的影响,这点不容忽视。在可见光波段,浪涌和导弹的蒙皮都对阳光进行反射,反射的强弱取决于它们的反射系数,但基本上是一个量级的。

2.4　云团的阳光反射模型

2.4.1　光在大气中的传输模型

设照射在云团上的太阳光线是平行光,l 表示传输距离,s 表示光线方向,其波数为 $\nu = 1/\lambda$ 的入射光的辐射亮度表示为 $L_\nu(l, s)$,到达云团表面时的辐射亮度为 $L_\nu(l + \mathrm{d}l, s)$,则有

$$L_\nu(l + \mathrm{d}l, s) = L_\nu(l, s) + \mathrm{d}L_\nu^{\mathrm{ext}} + \mathrm{d}L_\nu^{\mathrm{dif}} \tag{2-14}$$

其中,$\mathrm{d}L_\nu^{\mathrm{ext}}$ 表示在传输过程中"湮没"(因散射偏离出观测视场或被粒子吸收)的部分;$\mathrm{d}L_\nu^{\mathrm{dif}}$ 表示光传输过程中由视场外大气散射进入视场内的部分。假设在云团上方是晴朗的天气,不含有水滴和其他大直径的空气悬浮粒子,则对处于大气窗口内的中波红外和长波红外而言 $\mathrm{d}L_\nu^{\mathrm{dif}}$ 相对很小,可忽略不计,只需考虑 $\mathrm{d}L_\nu^{\mathrm{ext}}$,于是式(2-14)可以写为

$$L_\nu(l+\mathrm{d}l,\boldsymbol{s})-L_\nu(l,\boldsymbol{s})=\mathrm{d}L_\nu^{\mathrm{ext}}$$

$$=-L_\nu(l,\boldsymbol{s})\sigma_\nu^{\mathrm{abs}}\mathrm{d}l \tag{2-15}$$

$\sigma_\nu^{\mathrm{abs}}$ 称作吸收因子。实际上,大气层对阳光的吸收是各向同性的,因而上式中的 $\boldsymbol{s}$ 可以去掉,式(2-15)可以写成

$$L_\nu(l_1) = L_\nu(l_0) \cdot \exp\left(-\int_{l_0}^{l_1}\sigma_\nu^{\mathrm{abs}}\mathrm{d}l\right) \tag{2-16}$$

定义光学深度为

$$\delta_\nu = \int_{l_0}^{l_1}\sigma_\nu^{\mathrm{abs}}\mathrm{d}l \tag{2-17}$$

则式(2-16)写为

$$L_\nu(l_1)=L_\nu(l_0) \cdot \mathrm{e}^{-\delta_\nu} \tag{2-18}$$

式(2-18)被称为大气窗口处的光传输方程。

假定空气中吸收光的粒子的吸收截面为 s_ν,吸收粒子的密度为 ρ_ν,则 $\sigma_\nu^{\mathrm{abs}} = s_\nu\rho_\nu$,则光学深度可以重写为

$$\delta_\nu = \int_{l_0}^{l_1}\rho_\nu s_\nu\mathrm{d}l = s_\nu\sum_{i=1}^{n}\rho_i l_i \tag{2-19}$$

i 表示将光传输路程划分的段数。按式(2-19)计算光学深度,就需要计算出大气不同高度对红外线吸收的粒子的浓度。为了计算光学深度需要进行很多的测试实验,常用的手段是激光雷达。但实际上,我们可以根据已有的数据估算出大气对各波长的光的吸收系数,光的传输方程(2-18)可以简写成

$$L_\nu(l_1)=\tau_\nu L_\nu(l_0) \tag{2-20}$$

其中,τ_ν 为大气透过率,

$$\tau_\nu=\mathrm{e}^{-\delta_\nu}=\frac{L_\nu(l_1)}{L_\nu(l_0)} \tag{2-21}$$

式中,$L_\nu(l_1)$ 为海平面处太阳光的辐射亮度;$L_\nu(l_0)$ 为大气层外的太阳光的辐射亮度。

2.4.2　成像传感器接收云团阳光散射的模型

成像传感器接收云团的散射模型可以用类似于浪涌对阳光的反射模型来计算[2,5]。阳光在进入云团内部后在水滴之间以及在各个方向上反复反射,其效果相当于阳光照射到水滴上后向各个方向散射,故假定水滴对阳光的散射是各向同性的。为了简化模型,假定所有的散射都发生在云团的表面,成像传感器接收云团散射光的功率 P_c 可以写成

$$P_c = 0.25\pi D^2 k\rho\tau_\nu\int_{\lambda_1}^{\lambda_2} R(\lambda,T_s)Pr\,\mathrm{d}\lambda \tag{2-22}$$

其中, $R(\lambda, T_s)$ 为太阳光谱辐射出射度; k 为每平方米云团表面中水滴截面积所占的比例; D 为云团直径; ρ 为云团的反射系数; τ_ν 为大气透过率; P 为云团散射光进入成像传感器的概率; r 为阳光在水滴上的反射系数; T_s 为太阳温度。

在实际应用中,主要关注的是云团散射的阳光与导弹或战机自身辐射进入成像传感器的比例关系。设 $k = 1 \times 10^{-4}$,假定云团与成像传感器的距离为 5km,云团直径为 $D = 100$m,成像系统的口径为 100mm,则成像传感器对散射水滴的张角为 $\omega = 2 \times 10^{-6}$rad,对应的立体角为 $\Omega = \omega^2 = 4 \times 10^{-12}$sr。

在取 $\tau_\nu \approx 90\%$, $\bar{r} = 0.24$, $\rho = 0.5$, $P = \dfrac{\Omega}{4\pi}$ 时,可将式(2-22)简化为

$$P_c = 2.7 \times 10^{-14} \int_{\lambda_1}^{\lambda_2} R(\lambda, T_s) \mathrm{d}\lambda \tag{2-23}$$

而红外成像传感器对导弹的探测,可将导弹近似看作是点源。假设导弹弹头的直径 $d = 0.3$m,并认为它是向半立体空间均匀辐射的, $L = R/2\pi$ 。设弹头的温度为 T_m ,弹头有效辐射面积为 A ,红外成像传感器的有效孔径的直径为 100mm,导弹距离为 20km,则成像传感器对弹头的张角为 $\omega_m = 1.5 \times 10^{-5}$rad,对应的立体角为 $\Omega_m = \omega_m^2 = 2.25 \times 10^{-10}$sr,并假设导弹的表面发射系数为 $\varepsilon = 0.8$,则可得到导弹的辐射强度近似为

$$I_m = \frac{A}{2\pi} \int_{\lambda_1}^{\lambda_2} R(\lambda, T_m) \mathrm{d}\lambda \tag{2-24}$$

则成像传感器接收到导弹发射的辐射功率 P_m 为

$$P_m = \varepsilon I_m \Omega_m = 2 \times 10^{-14} \int_{\lambda_1}^{\lambda_2} R(\lambda, T_m) \mathrm{d}\lambda \tag{2-25}$$

比较式(2-23)和式(2-25)可以看出,云团对阳光的散射影响主要取决于式(2-23)中的积分值相对于式(2-25)中积分值的大小。由于太阳辐射主要分布在可见光、短波红外和中波红外波段区内,在长波红外波段很少,而导弹辐射主要分布在中波红外和长波红外波段区,所以,在短波红外和中波红外波段内,成像传感器接收到的云团对阳光的散射辐射很可能与直接接收到的导弹弹头的辐射值相当,特别是对于低速飞行导弹,即表面温度较低的导弹,其云团对阳光的散射辐射甚至会远超过导弹自身的辐射,这对成像传感器探测目标的影响相当严重。类似的情况相当于采用短波红外或中波红外成像传感器探测和跟踪处于海面亮带区的掠水导弹。在这种情况下,抑制和排除云团对阳光散射或太阳直接照射的阳光影响就成为成像传感器探测与跟踪目标的重要问题。以上模型虽然采用了很多近似以至于误差很大,但是仍然可以说明在晴朗天气下,云团对阳光散射的影响在有些情况下是不容忽视的。

2.5　红外图像特征描述

2.5.1　点目标辐射强度分布特性

当目标距离成像传感器较远时,目标所成的像很小,可认为是一个辐射点源,目标的辐射强度可表示为

$$\gamma(x,y) = P_\gamma \delta(x-x_0, y-y_0) \tag{2-26}$$

其中,δ 为冲击函数;P_γ 为目标辐射峰值。目标红外辐射经过大气传输,辐射能量被红外传感器接收,若略去光学系统的像差影响,在红外焦平面阵列成像器上目标所成的像,由于大气传输产生衍射,呈弥散光斑。根据衍射原理,对于点源目标,可以用高斯分布的点扩展函数 $PSF(x,y)$ 来表示

$$PSF(x,y) = P_{PSF} \exp\left(-\frac{x^2}{\sigma_x^2} - \frac{y^2}{\sigma_y^2}\right) \tag{2-27}$$

σ_x 和 σ_y 分别为目标在水平、垂直方向的扩展参数;P_{PSF} 为扩展函数增益。

成像传感器接收到的目标强度 $S(x,y)$ 为

$$
\begin{aligned}
S(x,y) &= \gamma(x,y) \cdot PSF(x,y) \\
&= P_\gamma \cdot P_{PSF} \cdot \exp\left\{-\left[\frac{(x-x_0)^2}{\sigma_x^2} + \frac{(y-y_0)^2}{\sigma_y^2}\right]\right\}
\end{aligned} \tag{2-28}
$$

该函数为具有等灰度轮廓的圆或椭圆,x_0, y_0 表示等轮廓椭圆的中心位置坐标;σ_x, σ_y 是椭圆的长半轴和短半轴,能量扩展在 x 和 y 方向一般具有对称性,可认为 $\sigma_x = \sigma_y = \sigma$,因此,红外点目标强度可表示为

$$S(x,y) = P_s \cdot \exp\left\{-\left[\frac{(x-x_0)^2 + (y-y_0)^2}{\sigma^2}\right]\right\} \tag{2-29}$$

其中,P_s 表示图像中目标的灰度峰值,该式表明点源目标具有高斯型的分布特性。图 2-8 给出了目标所在行和列的灰度分布。图 2-8 中有大片的云层,目标的灰度值要高于云层的灰度值;从目标所在行列灰度分布图中可以看出目标为高斯形状的尖脉冲。

(a) 原始图像

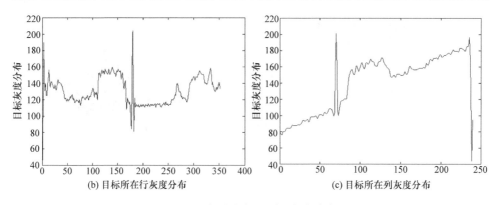

(b) 目标所在行灰度分布　　　　　　(c) 目标所在列灰度分布

图 2-8　目标所在行和列的灰度分布图

2.5.2　背景起伏特性

背景主要是大面积缓慢变化的低频部分,对于自然背景中的云层,由于在形成时受到物理规律的制约,它们在空间上往往呈大面积的连续分布状态,在红外辐射的强度上也呈渐变过渡状态,从而使得它们的红外图像在图像灰度空间分布上具有较大的相关性。同时,由于场景和成像传感器内部热分布的不均匀性,背景图像是一个非平稳过程,图像中的局部灰度均值可能有较大的变化。实际上,自然背景红外辐射的空间分布虽然存在较大的相关性,相邻两点空间相关函数仍可表述为

$$\Phi(R)=\langle H(R+r),H(R)\rangle=\sigma^2 \cdot \exp(-\alpha R) \tag{2-30}$$

其中,r 为两点间的相对距离;α 为相关长度的倒数;σ 为辐射度均方根方差。但这种相关性并不均匀,在对背景的红外辐射空间分布进行预测时,重要的是要考虑背景辐射强度的起伏。

图 2-9 给出了背景的起伏特性图,证明了由红外目标和背景构成的红外图像,背景灰度值往往存在一些起伏,这种起伏干扰具有很强的相关性,是一种缓慢变化且非平稳的二维随机过程。

另外,背景中也包含了部分空间频率域中的高频分量,它们主要分布在背景中同质区的边缘。一般自然场景的背景图像灰度分布的概率密度分布是正态的。红外场景信息通常是某一恒定的辐射量,红外系统对景物信息进行检测时,对恒定的景物辐射总是先加以调制或对景物进行扫描处理,然后再提取有用的信息。景物的红外辐射在大气传输时会受到大气的吸收和散射,因大气吸收和散射而造成的能量衰减具有随机性,因而红外系统所接收到的景物辐射能量也具有随机性。

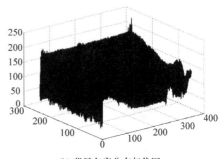

(a) 背景图像 　　　　　　　　　　　　(b) 背景灰度分布起伏图

图 2-9　背景的起伏特性图

2.5.3　噪声分布特性

红外图像平面上的噪声主要包括白噪声和线列扫描方向上的非平稳 $1/f$ 噪声,图像中的噪声分量可描述为 0 均值的高斯白噪声,它与背景像素不相关,在空间分布是随机的,帧间的分布也不相关,在频率域表现为和点目标类似的高斯特征,在红外系统中可认为这些噪声是具有可加性的白噪声,其概率密度为

$$\eta(x,y) = \frac{1}{\sqrt{2\pi}\sigma} \exp\{-(x^2+y^2)/2\sigma^2\} \tag{2-31}$$

从上面分析可以看出,若将红外图像经过背景抑制,图像中一般仅包含目标和随机噪声,目标与噪声有许多相似处,通过滤波处理只能去除部分噪声;但在序列图像中目标的时-空分布相对比较稳定,因而可以通过序列图像处理进一步消除噪声而提取出目标。

2.6　小　　结

本章给出了不同温度下黑体的光谱辐射曲线,根据太阳的光谱辐射曲线得出:在晴朗天气条件下,海浪和云团对阳光的反射或散射强度在某些红外波段内有可能大于导弹和战机的红外辐射强度。为此,详细研究了海浪对阳光的反射模型及云团对阳光的散射模型。最后,针对红外成像传感器所得到的红外图像,分析了点目标所在行列的灰度分布特性,背景的起伏特性及噪声的分布特性,其目的是试图为红外图像弱小目标检测算法的研究提供理论依据。

参 考 文 献

[1] 杨臣华,梅遂生,林钧挺. 激光与红外技术手册. 北京:国防工业出版社,1990

[2] 徐根兴. 目标与环境的光学特性. 北京:宇航出版社,1995

[3] 范宏深. 反舰导弹多波段探测与数据融合技术研究. 博士学位论文,北京:北京理工大学,2004

[4] 王之江. 光学技术手册(上册). 北京:机械工业出版社,1987

[5] Wolfe W L,Zissis G J. The Infrared Handbook. Ann Arbor:MI,1978

第3章 运动模糊图像复原方法

3.1 引 言

在很多实际应用中,光电成像传感器都安装在运动平台上。随着平台的快速运动,其成像会产生运动模糊,传感器输出图像出现降质(或退化),严重的图像模糊使弱小目标几乎完全湮没在图像的背景中,给后续的目标检测和跟踪带来严重影响。图像复原的目的就是对退化的图像进行处理,使之趋向于复原成没有退化的理想图像。

对退化图像的复原,一般可采用两种方法。一种方法是在原始图像缺乏先验信息的情况下,采用模糊图像盲目反卷积算法[1,2],利用有限的先验知识对模糊图像进行大量的迭代反卷积运算。这种方法比较适合用于图像分析,不用考虑处理时间。另一种方法是在原始图像有足够先验信息的情况下,先分析图像的退化过程,求出点扩散函数,然后使用反卷积算法(如维纳反卷积、几何均值滤波器、最大熵法)进行图像复原[3-8]。至于点扩散函数(point spread function,PSF),可以根据先验知识直接计算得到,也可以通过模糊图像本身的信息间接估计得到。

本章根据实际图像处理应用需要,针对光电成像平台的两种典型运动方式:慢速摆动或转动和快速旋转所引起的图像运动模糊,分别进行了线性模糊图像和旋转模糊图像的复原算法研究。对于平台慢速摆动或转动所引起的图像运动模糊,先通过对模糊图像的退化过程的分析和点扩散函数的估计,然后采用维纳滤波对线性模糊图像进行复原,研究给出了相关的算法,并分别对传感器均匀和非均匀积分曝光成像的模糊图像复原问题进行了讨论。对于平台快速旋转(典型的例子,如旋转炮弹和导弹)所引起的图像运动模糊,在研究前人空间坐标变换复原算法的基础上,重点研究了一种沿模糊路径复原的旋转模糊图像的复原算法。该算法根据旋转模糊图像的成像机理,推导并建立了旋转模糊的退化模型,并通过最小偏差圆弧插补法提取模糊路径,将模糊图像中的像素沿模糊路径分离,将二维空间可变旋转模糊图像的复原转化为一维线性信号的复原问题,能明显提高算法的有效性和实时性。

3.2 线性模糊图像复原

在平台慢速摆动或转动和成像传感器短时间曝光的情况下,其传感器成像模糊可以近似看成匀速或匀加速线性运动模糊。对于这种退化图像的复原,重要的是要知道它的退化过程,能获取它的模糊退化函数,图像复原中又称为点扩散函数[3]。处理的难点是在缺少先验信息的条件下,难以精确确定它的点扩散函数。但仔细分析模糊图像的傅里叶变换频谱,会发现在模糊图像的频谱中存在明暗相间的周期性条纹,条纹的方向与模糊方向正好垂直,而条纹的宽度与模糊尺度也有一定的对应关系,利用这种特性,可以分别估计出退化图像的模糊方向和尺度,借此可构建其模糊函数。然后,利用图像反卷积复原算法,如维纳滤波、最小二乘法滤波和最大熵法滤波等,直接对模糊图像进行复原,同时对复原后的图像出现的周期性条纹干扰(又称振铃效应)进行消除处理。该线性模糊图像复原算法可用图 3-1 的方框图来描述。

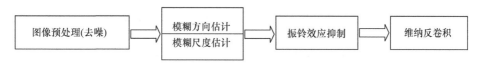

图 3-1 线性模糊图像复原算法方框图

3.2.1 图像模糊退化分析

在实际图像处理中,模糊图像产生的原因可以不同,其模糊退化过程也各不相同,如退化的原因可能是平台运动、镜头成像散焦和高斯模糊等。但作为图像复原问题,在本质上都可以采用如图 3-2 所示的数学模型来描述[3]。

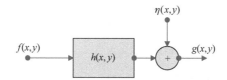

图 3-2 图像退化数学模型

即可以用一种数学卷积来描述

$$g(x,y)=h(x,y) * f(x,y)+\eta(x,y) \tag{3-1}$$

其中,$f(x,y)$表示原清晰图像像素点的灰度值;$g(x,y)$表示模糊图像像素点的灰度值;$h(x,y)$为点扩散函数;$\eta(x,y)$为噪声函数。图像复原的目的就是求出原清晰图像的估计值$\hat{f}(x,y)$,在数学上表述为反卷积过程。其图像复原的关键是估计点扩散函数,下面对线性运动模糊的点扩散函数进行分析。

成像传感器与场景之间的相对运动,在短曝光时间 T 内,可看作是一种平面运动。假设 $x_0(t)$ 和 $y_0(t)$ 分别是在 x 和 y 方向上随时间变化的运动参数,并假设成像传感器是均匀曝光的,那么记录在介质上的任意点的曝光总量可通过对时间间隔内瞬时曝光量的积分得到,即可表述为

$$g(x,y) = \int_0^T f(x-x_0(t), y-y_0(t)) \mathrm{d}t \tag{3-2}$$

对上式作傅里叶变换,经数学推导可得 $G(u,v)=H(u,v)F(u,v)$,$H(u,v)$ 即为点扩散函数的频域通式[5,7]:

$$H(u,v) = \int_0^T \exp\left(-\frac{\mathrm{j}2\pi}{T}(ux_0(t)+vy_0(t))\right)\mathrm{d}t \tag{3-3}$$

而对于匀速线性运动模糊,$x_0(t)=v_x t$,$y_0(t)=v_y t$,v_x 和 v_y 分别表示在 x 和 y 方向上的运动速度,设在曝光时间 T 内,x 和 y 方向上的平移距离分别为 a 和 b,那么有 $v_x=\dfrac{a}{T}$,$v_y=\dfrac{b}{T}$,即有 $x_0(t)=\dfrac{a}{T}t$,$y_0(t)=\dfrac{b}{T}t$,代入上式计算可得到

$$H(u,v) = \frac{T}{\pi(ua+vb)}\sin[\pi(ua+vb)]\exp[-\mathrm{j}\pi(ua+vb)] \tag{3-4}$$

分析式(3-4)的函数形式,$H(u,v)$ 其实是一个相位平移后的二维 sinc 函数,反映在空域中就是一个低通滤波器。因此,在理论上,可以理解为,运动模糊实质上是对图像进行了一种平滑,相当于减少了图像的细节,即降低了图像的高频部分,而增强了图像的低频部分,所以点扩散函数就相当于一个低通滤波器。这就是图像线性运动模糊的物理实质。

唯物辩证法告诉人们,事物特有的现象后面必然隐含着规律,线性模糊图像又有哪些特性与图像模糊相关呢?为此,一些学者对此进行了研究。他们通过对大量清晰图像和对应的线性模糊图像的傅里叶变换频谱的对比分析,如图 3-3 所示,发现原清晰图像的频谱(图 3-3(a))是随机的、无规律的,而线性模糊图像的频谱(图 3-3(b))则出现周期性的明暗相间的脊波,下面对这种特性作进一步的分析和处理,并给出具体的模糊函数估计方法。

3.2.2　均匀积分模糊图像的复原

1. 模糊函数的估计

从式(3-4)可知,对于匀速线性运动模糊有 $a=L\sin\theta$,$b=L\cos\theta$。L 是点扩散函数的尺度(即模糊长度),θ 是点扩散函数的方位角。所以只要估计出 L 和 θ,就可以确定 $H(u,v)$,也就可以求出 $h(x,y)$。常用的方法分为频域法和空域相关法,本节使用频域法。为了使图像的傅里叶变换频谱特性变得更加明显突出,拟对

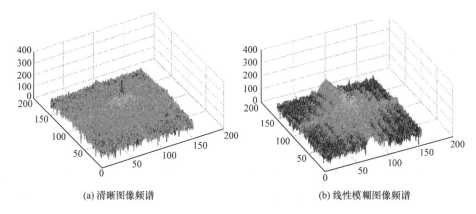

(a) 清晰图像频谱　　　　　　　　　　　(b) 线性模糊图像频谱

图 3-3　图像傅里叶变换频谱

频谱进行对数拉伸,即得到图像的傅里叶变换对数频谱。

　　模糊图像在空域上描述为原图像与点扩散函数的卷积,反映在频域上就是两者频谱的相乘

$$G(u,v)=F(u,v)H(u,v) \tag{3-5}$$

对数变换后就是两者对数频谱的叠加,如下式:

$$\log|G(u,v)|=\log|F(u,v)|+\log|H(u,v)| \tag{3-6}$$

　　图 3-4 是线性模糊图像对数频谱生成原理图,其中(a)原图像对数谱,(b)点扩散函数对数谱,(c)模糊图像对数谱。作为 sinc 函数的 $H(u,v)$ 显示在二维图像上就是明暗相间的条纹(图 3-4(b))。而原始清晰图像的频谱一般是随机平稳的(图 3-4(a)),所以,原始图像和点扩散函数叠加后所生成的模糊图像的对数频谱仍然保留着明暗叠加的特性(图 3-4(c))。下面将通过对模糊图像的对数频谱特性的分析,来分别估计图像的模糊方向和尺度。

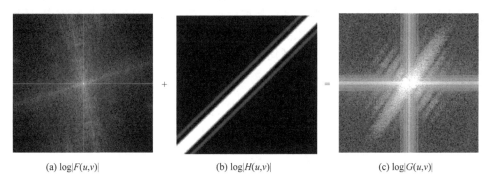

(a) $\log|F(u,v)|$　　　　　　　(b) $\log|H(u,v)|$　　　　　　　(c) $\log|G(u,v)|$

图 3-4　线性模糊图像对数频谱生成

1) 模糊方向估计

通过对匀速线性运动模糊的点扩散函数频谱公式(3-4)的研究,可以看出,对于线性运动模糊的点扩散函数,其频谱条纹的方向正好和模糊方向垂直,这是因为运动模糊在模糊方向上表现为一个低通滤波器,因此,图像高频分量在这个方向上明显减小,只要提取出亮条纹的角度就可以求得图像的模糊方向。

如图 3-5 所示,(a)为实际的线性模糊图像,(b)为模糊图像的对数谱,(c)为通过阈值分割后提取的中央亮条纹,图中黑色粗线代表条纹的方向。如果只是直接对图像进行变换,其频谱特性不明显,估计出的模糊方向的误差也较大。所以,不直接对图像的频谱进行处理,而是首先对模糊图像的频谱进行对数拉伸,其实这相当于对图像进行对比度拉伸,使其条纹更明显。如图 3-5(b)所示,对比度拉伸后的图像条纹的亮度明显高于背景。

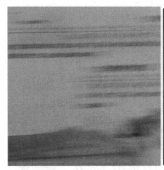

　　(a) 实际的线性模糊图像　　　　　(b) 模糊图像的对数谱　　　　(c) 阈值分割提取的中央亮条纹

图 3-5　模糊方向估计示意图

然后,从对比度拉伸后的频谱中提取中央亮条纹。中央亮条纹的方向代表了频谱条纹的方向,只使用中央亮条纹来估计模糊方向可以减少频谱图中其他像素点的干扰。为更好地从对数频谱图中提取中央亮条纹,以精确确定模糊方向,还可使用如下方法提取对数频谱的二值图,即使用邻域均值来剔除非亮条纹的点,计算整个对数频谱的每个像素点的邻域均值,当这个值小于某一阈值时,则设该点的像素灰度值为 0,否则就设为 1。

邻域均值为

$$\bar{p} = 1/8[p(i-1,j-1) + p(i-1,j) + p(i-1,j+1) \\ + p(i,j-1) + p(i,j+1) \\ + p(i+1,j-1) + p(i+1,j) + p(i+1,j+1)]$$

令

$$p(i,j) = \begin{cases} 1, & \bar{p} \geq \text{thre} \\ 0, & 其他 \end{cases}$$

这里 thre 为阈值,这样就可得到提取亮条纹后的二值图像(图 3-5(c))。从 0°到

179°遍历,计算各个方向上亮值点的个数,其值最大者对应的方向就是亮条纹的方向 α,从而图像模糊方向可确定为

$$\theta = \alpha + \frac{\pi}{2} \tag{3-7}$$

2) 模糊尺度估计

下面先看一个实际图像的例子(图 3-6),第一行是原始清晰图像(a)和对应的水平运动模糊图像(b);第二行是原始清晰图像的对数频谱(c)和模糊图像的对数频谱(d)。对比二者的对数频谱,不难发现,清晰图像频谱是随机平稳的,而模糊图像频谱存在明显的周期性条纹。这种周期性条纹其实是点扩散函数频谱特性在模糊图像上的表现,条纹特性(如条纹宽度和取向)必然与点扩散函数的参数有关。

(a) 原始清晰图像

(b) 水平线性运动模糊图像

(c) 清晰图像的对数频谱

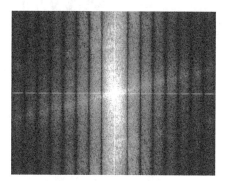

(d) 模糊图像的对数频谱(有明暗相间的条纹)

图 3-6 原始清晰图像与线性运动模糊图像频谱

中央亮条纹两侧的暗条纹其实就是 sinc 函数的频域零点,这两条暗条纹间的宽度就是中央亮条纹的宽度,经分析可知条纹的周期(即条纹宽度)与模糊尺度 L 成反比。设两侧条纹的宽度为 d,模糊方向上图像的宽度为 N,则有[4,5]

$$L = \frac{N}{d} \tag{3-8}$$

根据 sinc 函数的性质,其中央亮条纹的宽度是两侧条纹宽度的两倍,即 $r = 2d$,故 $L = \dfrac{2N}{r}$。因此,通过直接提取中央亮条纹,可以求出模糊图像的模糊尺度 L。

这里使用基于模糊图像对数频谱与检测函数 $\rho(u)$ 相关的方法[10]来提取亮条纹的宽度,同直接提取亮条纹宽度的传统方法相比,这种方法有更好的抗噪能力和更好的鲁棒性。如图 3-7 所示,先在与模糊方向垂直的方向上作对数频谱的 Radon 变换,即可将这方向上的能量进行积累,而中央顶峰两侧的低谷就是对应频谱的频域零点。

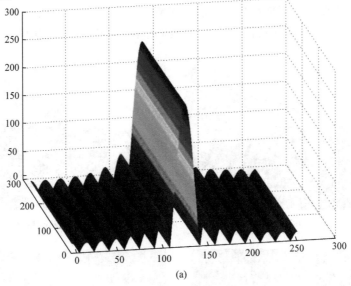

(a)

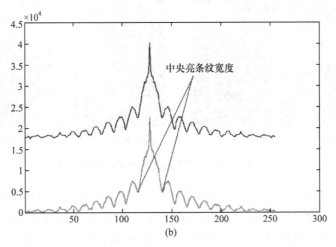

(b)

图 3-7 垂直方向的 Radon 变换曲线,中央顶峰的宽度即为
对数频谱中央亮条纹的宽度(后附彩插)

检测函数为一周期性的尖顶函数 $\Lambda(u;t)$，其周期为 u，坐标原点为其谷点。改变检测函数的周期，当检测函数的谷点与 sinc 函数谷点匹配、尖顶点与 sinc 函数的顶峰匹配时，两者的相关性最大，如图 3-8(a)所示，所以中央两侧暗条纹宽度为

$$d = \arg\max_u \int R \otimes \Lambda(u;t)\,\mathrm{d}t \tag{3-9}$$

也可以将检测函数的峰值点设在坐标原点上，这时检测函数的谷点与 sinc 函数的顶峰匹配、尖顶点与 sinc 函数的谷点匹配时，两者的相关性最小，如图 3-8(b)所示，宽度定义为

$$d = \arg\min_u \int R \otimes \Lambda(u;t)\,\mathrm{d}t \tag{3-10}$$

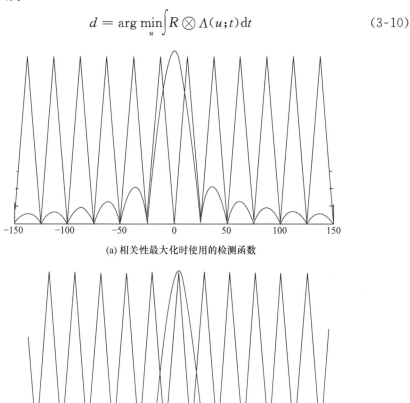

(a) 相关性最大化时使用的检测函数

(b) 相关性最小时使用的检测函数

图 3-8 检测函数(周期的尖顶曲线)和 sinc 函数曲线(后附彩插)

相关函数的具体定义为

$$I(L,\theta) = \iint w(\xi,\eta)\Lambda(\mu(\xi,\eta;L,\theta))\log|G(\xi,\eta)|\,\mathrm{d}\xi\mathrm{d}\eta \tag{3-11}$$

其中，$\mu(\xi,\eta;L,\theta)=L(\xi\cos\theta+\eta\sin\theta)$。

为了减小噪声的影响，在计算相关函数时使用了一个加权函数 $w(\xi,\eta)$，在低频部分赋予较大的权值，而在高频部分赋予较小的权值。

仿真试验结果表明，在模糊长度为 $15\sim25$ 个像素时，这种方法估计的点扩散函数尺度误差可做到在 $1\sim2$ 个像素范围内。

2. 反卷积算法的图像复原

当退化的先验信息，即点扩散函数 $h(x,y)$ 确定后，就可以选择一种鲁棒性较好的复原算法对运动模糊图像进行复原。常用的有维纳滤波器、约束最小二乘法和最大熵等复原算法。也可以在点扩散函数 $h(x,y)$ 未知的情况下盲目反卷积复原，但这种算法使用迭代方法，运算量太大，而且复原不精确。图像复原是图像模糊的逆过程，图像模糊是一个卷积过程，因此，如图 3-9 所示，图像复原是一个反卷积过程。下面介绍几种反卷积算法。

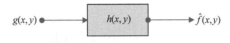

图 3-9　图像复原反卷积过程

1) 一般约束复原方法

在无约束的复原问题中，其准则函数为

$$J(\hat{f})=\parallel g-H\hat{f}\parallel^2 \tag{3-12}$$

在准则函数最小的情况下求解估计的 $\hat{f}$，没有对 $\hat{f}$ 加以任何约束。大多数图像恢复问题都不具有唯一解，或者说恢复问题具有病态特征。为了克服这一问题，通常需要在恢复过程中对运算施加某种约束。如对图像施加一种线性运算 Q，选择不同的线性算子 Q 就得到不同的 $\hat{f}$。为求 $\parallel\hat{Q}f\parallel$ 最小，需要满足约束条件：

$$\parallel g-H\hat{f}\parallel-\parallel n\parallel^2=0 \tag{3-13}$$

对于这样一个有约束的求极值问题，可以利用拉格朗日乘数法构造一个辅助函数，即有约束的准则函数为

$$J(\hat{f})=\parallel Q\hat{f}\parallel^2+\lambda(\parallel g-H\hat{f}\parallel^2-\parallel n\parallel^2) \tag{3-14}$$

令 $\dfrac{\partial}{\partial\hat{f}}J(\hat{f})=0$ 可得

$$\hat{f}=(H^tH+\gamma Q^tQ)^{-1}H^tg \tag{3-15}$$

其中，$\gamma=1/\lambda$ 是拉格朗日算子，这就是一般约束复原问题中求解估计图像函数的公式。

2) 有约束的最小二乘复原

如上所述，在约束复原算法中，复原的结果依赖于 Q 矩阵的选择。因此，感兴

趣的是研究选择 Q 的可能性,以平滑度为准则,使某个函数的二阶导数平方最小,把最佳准则公式化,最小二乘复原方法就是以图像函数的二阶导数平方为准则函数的。

在二维离散的情况下,图像 f 的二阶导数平方是通过卷积 $f(x,y) * c(x,y)$ 来实现的,其中 $c(x,y)$ 为拉普拉斯算子

$$c(x,y)=\begin{bmatrix} 0 & 1 & 0 \\ 1 & -4 & 1 \\ 0 & 1 & 0 \end{bmatrix}$$

用循环矩阵和向量表达卷积,规整化要求具体化为最小化问题 $\min \| Cx \|^2$,式中 C 是拉普拉斯算子 $c(x,y)$ 生成的循环矩阵,则依据一般约束性问题就是准则函数最小的问题 $\min J(x)$,此时的准则函数为 $J(\hat{f}) = \| C\hat{f} \|^2 + \lambda (\| g - H\hat{f} \|^2 - \| n \|^2)$。将 $J(\hat{f})$ 作最小化得到

$$\hat{f} = (H^t H + \gamma C^t C)^{-1} H^t g \tag{3-16}$$

根据对角化技术,上式可写成等价的频域表达式

$$\hat{F}(u,v) = \frac{H^*(u,v)G(u,v)}{|H(u,v)|^2 + \gamma |C(u,v)|^2} \tag{3-17}$$

应用有约束的最小二乘复原方法时,只需要有关噪声均值和方差的知识就可以复原图像。

3) 维纳滤波复原

维纳滤波是基于最小均方差准则提出来的,按照均方差最小准则,复原函数 $\hat{f}(x,y)$ 应满足估计误差 $e^2 = E\{[f(x,y) - \hat{f}(x,y)]^2\}$ 最小。经推算[7,9],维纳滤波的形式为

$$\hat{F}(u,v) = \frac{H^*(u,v)}{|H(u,v)|^2 + \dfrac{S_{nn}(u,v)}{S_{ff}(u,v)}} G(u,v) \tag{3-18}$$

$S_{nn}(u,v)$ 和 $S_{ff}(u,v)$ 分别为噪声和图像的功率谱,但这两个功率谱通常是难以估计的,因此用下面的简化公式来近似维纳滤波:

$$\hat{F}(u,v) = \frac{H^*(u,v)}{|H(u,v)|^2 + k} G(u,v) \tag{3-19}$$

式中,k 为一正常数,在数值上最好取观测图像信噪比的倒数。

维纳滤波的最大优点是运算量较小;而主要缺点是,为了抑制噪声,它给出的估计常常显得过分平滑。此外,其关于输入序列为广义平稳的假定常常有别于物理事实,这会降低图像复原效果。

4) 其他图像复原算法

一些文献还提出其他一些迭代和非迭代的复原算法[3,7]。同上述的最小二乘方法和维纳滤波方法一样，等功率谱复原和最大熵复原属于非迭代的复原方法。等功率谱滤波的基本原理是：从模糊图像复原得到的估计图像 $\hat{f}$ 的功率谱 $S_{\hat{f}\hat{f}}(u, v)$ 等于原始图像 f 的功率谱 $S_{ff}(u,v)$。最大熵方法复原的准则是使复原后图像函数的熵达到最大，受大气湍流影响的模糊图像复原常采用这种方法。此外，在点扩散函数未知的情况下还有迭代反卷积复原方法，如 Richadson-Lucy（RL）算法、空间域和频率域的盲目反卷积算法和三次相关方法等。这些迭代方法在点扩散函数未知的情况下，对模糊图像进行数十次至上百次的迭代复原计算，运算量巨大，一般只用于图像分析的范畴。

因为点扩散函数的估计一般会有一定的误差，估计的尺度与实际模糊长度有可能会相差一到两个像素，选择的算法要在点扩散函数估计有误差时仍能得到较好的复原效果，其算法的鲁棒性就成为关键。常数维纳滤波方法在频域中进行两次傅里叶变换，计算主要在频域完成，计算速度相对来说要优于其他算法。综合考虑鲁棒性和运算量，这里拟选择维纳滤波复原。虽然直接使用维纳滤波复原的图像还存在条纹干扰（即振铃效应）的问题，但它可以通过一些方法进行克服，下面先讨论一下振铃效应的抑制问题。

3. 振铃效应的抑制

在图像复原过程中，每个像素都需要模糊区域相邻像素的信息才能得以恢复，但在图像边缘由于突然截断，边缘像素没有足够的相邻像素信息可用，所以会导致复原图像有明暗相间的条纹，即振铃效应。最早的振铃效应抑制方法是 Aghdasi 在 1996 年提出的循环边界法。该算法是将图像按双对称延拓，图像尺寸由原来的 $m \times n$ 变成 $2m \times 2n$，然后对延拓后的图像复原，复原后再截取原图像尺寸的图像就得到最终的复原图像。但这种方法图像的大小是原来的四倍，计算量大大增加，而且抑制效果也不理想。

因此，一种不需要增加图像尺寸的抑制方法，即最优窗法被提出来了[11,12]。最优窗法的基本思想是：对模糊图像的边界进行加权处理，使得像素灰度值逐步过渡到零，这样修正的目的是使图像边界接近于完全卷积的自然边界，边界结合处不会出现灰度值的跳变，从而达到抑制振铃效应的目的。最优窗将图像平面分成九个部分，然后针对各个不同的部分按照不同的计算方式求取权值，权值的计算依据点扩散函数，即随点扩散函数的不同，其最优窗的形式也随之变化。

所谓的最优窗，其实是一个与模糊图像大小一样的加权矩阵，如图 3-10(a)所示，最优窗分为九个区域。最优窗的宽为 M，高为 N，点扩散函数在水平方向的模糊长度为 P_{SFH}，垂直方向的模糊长度为 P_{SFV}，$h_{i,j}$ 是点扩散函数的值。最优窗第一行,区域 1、7 和 8 的 i 坐标范围为 $[0, P_{\text{SFV}}-2]$,第二行 i 坐标范围为 $[P_{\text{SFV}}-1, M-P_{\text{SFV}}]$,第三行 i 坐标范围为 $[M-P_{\text{SFV}}+1, M-1]$;最优窗右边第一列,1、2 和 3 区域的 j 坐标范围为 $[0, P_{\text{SFH}}-2]$,第二列 j 坐标范围为 $[P_{\text{SFH}}-1, N-P_{\text{SFH}}]$,第三列 j 坐标范围为 $[N-P_{\text{SFH}}+1, N-1]$。对应每个区域,其权值的计算如式 (3-20)所示。在模糊图像大小为 500×550,模糊长度为 45 个像素,模糊方向为 175°时,计算其最优边界窗,将边界窗转化为图像的形式,结果如图 3-10(b)所示。

$$\begin{bmatrix} \sum_{p=0}^{i}\sum_{q=0}^{j} h_{p,q} & \sum_{p=0}^{i}\sum_{q=0}^{P_{\text{SFH}}-1} h_{p,q} & \sum_{p=0}^{i}\sum_{q=j+P_{\text{SFH}}-N}^{P_{\text{SFH}}-1} h_{p,q} \\[2mm] \sum_{p=0}^{P_{\text{SFV}}-1}\sum_{q=0}^{j} h_{p,q} & 1 & \sum_{p=0}^{P_{\text{SFV}}-1}\sum_{q=j+P_{\text{SFH}}-N}^{P_{\text{SFH}}-1} h_{p,q} \\[2mm] \sum_{p=P_{\text{SFV}}-M}^{P_{\text{SFV}}-1}\sum_{q=0}^{j} h_{p,q} & \sum_{p=i+P_{\text{SFV}}-M}^{P_{\text{SFV}}-1}\sum_{q=0}^{P_{\text{SFH}}-1} h_{p,q} & \sum_{p=i+P_{\text{SFV}}-M}^{P_{\text{SFV}}-1}\sum_{q=j+P_{\text{SFH}}-N}^{P_{\text{SFH}}-1} h_{p,q} \end{bmatrix} \quad (3-20)$$

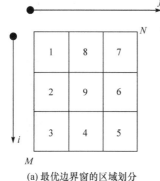

(a) 最优边界窗的区域划分

(b) 一实际计算的最优窗转化为图像的结果
(模糊图像大小500×550,模糊长度45个像素,模糊方向175°)

图 3-10　最优窗分块

　　振铃效应和最优窗的数学理论可解释为:信号的完全复原需要完整的卷积关系,而实际模糊图像并非一个完整的卷积过程,在边界附近的卷积关系受到图像截断的破坏,所以图像复原是一个病态的反卷积过程。由于模糊图像中的每个像素都是原清晰图像中相邻像素的平均值,所以图像复原时,每个像素都需要所有相邻像素的信息才得以恢复,图像边缘的像素由于没有足够的相邻像素信息可用,所以会产生振铃效应。最优窗就是根据点扩散函数给模糊图像加权,以牺牲部分边缘信息的代价使得模糊图像趋于完全卷积的一种方法。加窗后图像趋于完全卷积,一定程度上降低了反卷积的病态性,所以复原后图像没有明显的振铃效应,但由于牺牲了边缘信息,复原后的图像会出现黑边。

4. 实验结果

为了验证上面研究的均匀积分模糊图像的复原算法,实际采集了两组模糊图像,下面是对这两组实际模糊图像进行复原的结果,分别见图 3-11 和图 3-12。

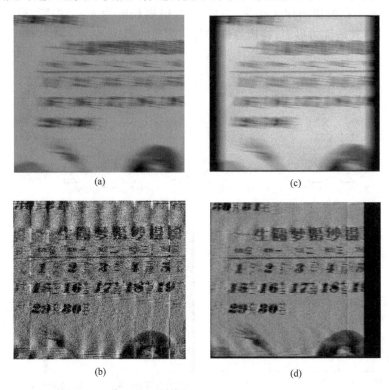

图 3-11　加窗与非加窗的维纳滤波复原效果比较(后附彩插)

图 3-11(a)是使用 CCD 摄像机拍摄的实际模糊图像,通过点扩散函数估计,其模糊长度为 45 个像素,模糊角度为 175°;直接维纳滤波的图像复原效果如图 3-11(b)所示,已经能够比较清晰地分辨图中的数字,但存在明显的振铃效应,影响了图像的分辨力和视觉效果。为了消除振铃效应,对模糊图像进行加窗,如图 3-11(c)所示;图 3-11(d)为加最优窗后的复原效果图,显然振铃效应已基本消除,能够清晰地分辨图中的数字和文字,复原效果明显优于图 3-11(b),能获得较好的人眼视觉效果。但加窗复原图像有黑边,这主要是因为给模糊图像加窗时牺牲了图像边缘的像素信息,经分析可知黑边的宽度就等于模糊长度。

图 3-12 是一组实际采集的模糊图像的复原效果图。这组图片是使用高分辨率的摄像机拍摄的图片,原始图像的分辨率是 2272×1704。考虑计算量太大,实验中仅截取部分图像进行复原。这组图像的模糊尺度为 30～45 个像素,模糊尺度

较大,但从实验图像复原效果来看,仍比较理想,这表明上面研究的均匀积分模糊
图像复原算法是有效的。

(a)　　　　　　　　　　　(b)　　　　　　　　　　　(c)

(d)　　　　　　　　　　　(e)　　　　　　　　　　　(f)

图 3-12　线性模糊图像复原组图(后附彩插)

(a)~(c)为实际采集的模糊图像;(d)~(f)为对应(a)~(c)的复原效果图

3.2.3　非均匀积分模糊图像的复原

上面讨论的主要是成像传感器均匀积分曝光的图像复原。对于可见光成像,
如 CCD 摄像机,在短曝光时间内(一般小于 $100\mu s$),其成像都可以近似看作均匀
积分,也就可以用匀速线性运动的模型进行复原。但对于红外热像仪,其曝光时间
远远大于可见光成像传感器,一般都是毫秒数量级。而且在其曝光时间内,其能量
积分曲线是非均匀的,即红外热像仪在单位时间内的积累能量是随时间变化的,一
般曝光初期的曝光量较大,随着时间推移逐渐减小,且曝光总量(即成像积分累积
的能量)趋向于饱和。正是因为红外热像仪曝光能量积分的非均匀性特点,在多数
情况下处理其运动模糊图像使用上面研究的均匀积分图像复原模型不再适用[13],
因此,有探索研究新的非均匀积分模糊图像复原模型的必要。

1. 非均匀积分模糊图像的复原模型

为重建非均匀积分曲线下的图像复原模型,假设红外热像仪的积分曲线为

$\rho(t)$，当平台静止时，成像模型为：$g(x,y)=\int_0^T\rho(t)f(x,y)\mathrm{d}t$。而平台运动时，成像模型为

$$g(x,y)=\int_0^T\rho(t)f(x-x_0(t),y-y_0(t))\mathrm{d}t \tag{3-21}$$

显然，积分曲线 $\rho(t)$ 应该是一个归一化函数，即有在积分时间 T 内，

$$\int_0^T\rho(t)\mathrm{d}t=1 \tag{3-22}$$

对上式进行分析，要计算点扩散函数，必然要从中分离出点扩散函数的频谱 $H(u,v)$。对式(3-21)作傅里叶变换有

$$\begin{aligned}
G(u,v)&=\iint_{-\infty}^{\infty}g(x,y)\exp[-\mathrm{j}2\pi(ux+vy)]\mathrm{d}x\mathrm{d}y\\
&=\int_{-\infty}^{\infty}\int_{-\infty}^{\infty}\left[\int_0^T\rho(t)f(x-x_0(t),y-y_0(t))\mathrm{d}t\right]\exp[-\mathrm{j}2\pi(ux+vy)]\mathrm{d}x\mathrm{d}y\\
&=\int_0^T\rho(t)\left\{\int_{-\infty}^{\infty}\int_{-\infty}^{\infty}f(x-x_0(t),y-y_0(t))\exp[-\mathrm{j}2\pi(u(x-x_0(t))\right.\\
&\qquad\qquad\left.+v(y-y_0(t)))]\mathrm{d}x\mathrm{d}y\right\}\\
&\quad\times\exp[-\mathrm{j}2\pi(ux_0(t)+vy_0(t))]\mathrm{d}t
\end{aligned} \tag{3-23}$$

而由傅里叶变换的形式知

$$\begin{aligned}
F(u,v)=&\int_{-\infty}^{\infty}\int_{-\infty}^{\infty}f(x-x_0(t),y-y_0(t))\exp[-\mathrm{j}2\pi(u(x-x_0(t))\\
&+v(y-y_0(t)))]\mathrm{d}x\mathrm{d}y
\end{aligned}$$

所以可得

$$G(u,v)=F(u,v)\int_0^T\rho(t)\exp(-\mathrm{j}2\pi(ux_0(t)+vy_0(t)))\mathrm{d}t \tag{3-24}$$

即点扩散函数的频谱为

$$H(u,v)=\int_0^T\rho(t)\exp(-\mathrm{j}2\pi(ux_0(t)+vy_0(t)))\mathrm{d}t$$

至此，已分析求得非均匀积分点扩散函数的连续形式，对于匀速线性运动，同理有 $x_0(t)=\dfrac{a}{T}t$，$y_0(t)=\dfrac{b}{T}t$，代回上式得

$$H(u,v)=\int_0^T\rho(t)\exp\left(-\mathrm{j}2\pi\left(\frac{uat}{T}+\frac{vbt}{T}\right)\right)\mathrm{d}t \tag{3-25}$$

式(3-25)只是一个连续形式,要进行图像复原,需要求得其离散的点扩散函数,因此,通过一种空间离散化的方法来推导点扩散函数。为了求解方便,这里只考虑在 x 方向上的运动,此时有

$$g(x,y) = \int_0^T \rho(t) f(x - x_0(t), y)\,\mathrm{d}t \tag{3-26}$$

经推导,得到退化函数为

$$g(x,y) = \frac{T}{L} \sum_{i=0}^{L-1} \rho\left(\frac{T}{L}i\right) f(x - i, y) \tag{3-27}$$

由此得到点扩散函数为

$$h(x,y) = \begin{cases} \dfrac{T}{L}\rho\left(\dfrac{T}{L}x\right), & 0 \leqslant x \leqslant L-1 \\ 0, & \text{其他} \end{cases} \tag{3-28}$$

所以,在成像传感器非均匀积分的情况下,点扩散函数与传感器的积分时间 T、模糊长度 L 和非均匀积分曲线 $\rho(t)$ 有关。

2. 红外热像仪的非均匀积分曲线测试及分析

上面推导的理论结果表明,要获取红外热像仪的点扩散函数,除知道传感器积分时间和模糊长度外,还须知道红外热像仪的非均匀积分曲线。为此,专门设计了一个黑体实验来获取它。其主要实验装置是一台口径为 800mm 的大型平行光管,在平行光管的焦平面位置处安放一个热点源目标,在其出瞳位置处安放一台红外搜索跟踪系统装置。当红外搜索系统做快速匀速转动时,安装其上的红外热像仪会对平行光管产生的远距离热点源目标成像,其输出图像是一个带拖尾的轨迹图像,如图 3-13 所示。

(a) 红外搜索跟踪系统输出的点目标成像轨迹

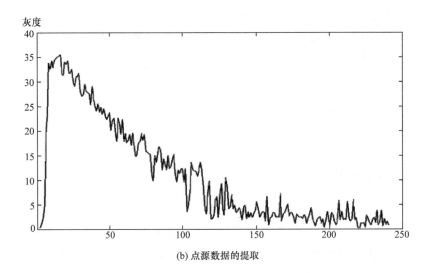

(b) 点源数据的提取

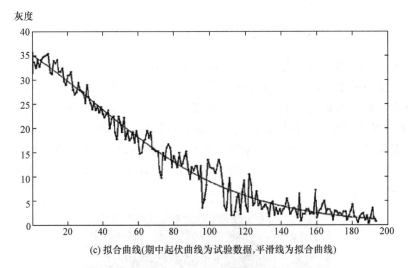

(c) 拟合曲线(期中起伏曲线为试验数据,平滑线为拟合曲线)

图 3-13　PSF 曲线拟合

1) 试验参数与数据处理

a. 试验参数

黑体温度:800K;

室温:17℃;

光栅半径:2.07mm;

采集格式:PAL 标准,720×576,帧频 25Hz。

b. 数据处理

仔细观察试验数据,可发现点目标图像在横向上占据 4 个像素,并且红外热像仪是隔行采样,所以我们隔行取 4 个点像素值的均值为点目标的像素值。另外,由于红外搜索跟踪系统成像的环境并非完全的黑暗环境,成像时有漏光,为了减少误差,应对背景进行抑制。背景抑制采取的方法是使用 4 点像素值减去行均值。即最终的数据为:$p = \sum_{i=1}^{4} f_t(i) - \bar{f}$, f_t 为目标像素灰度值,$\bar{f}$ 为每行背景的平均值。

2) 试验结果分析

a. 点扩散函数曲线拟合

在获取的系列图像中选择有目标且目标轨迹完整的图像,如图 3-13(a)所示;然后提取每幅图像的目标数据,如图 3-13(b)所示,注意在图 3-13(b)中,横坐标为采集的图 3-13(a)的纵轴的像素点,纵坐标为对应像素的灰度值。为了能从图 3-13(b)采集的试验数据中获得点扩散函数曲线,须对采集的数据进行拟合。认真观察采集数据的曲线,其拟合曲线采用指数函数形式较为合适:

$$\sigma(x) = \frac{50}{1 + \exp(a + bx)} \tag{3-29}$$

这个函数需要估计两个参数 a 和 b。使用 Matlab 中的非线性拟合函数 nlinfit 来拟合曲线,最终得到

$$a = 8.06326, \quad 95\% \text{的置信区间}[8.0353, 8.0919]$$
$$b = 0.014496, \quad 95\% \text{置信区间}[0.0139, 0.015092]$$

拟合后的曲线如图 3-13(c)中平滑线所示,试验数据基本在拟合曲线上下波动,表明拟合效果较好。

上面拟合的 PSF 曲线还应进行归一化处理,即

$$\text{PSF}(x) = \frac{\sigma(x)}{\sum_{i=1}^{L} \sigma(i)} \tag{3-30}$$

根据式(3-28)点扩散函数与积分曲线的关系可得积分曲线

$$\rho\left(\frac{T}{L}x\right) = \frac{L}{T}\text{PSF}(x), \quad 1 \leqslant x \leqslant L \tag{3-31}$$

积分曲线的参数是时间,设单位为 ms,令 $t = \frac{T}{L}x$,代入上式得到连续曝光曲线

$$\rho(t) = \frac{L}{T}\text{PSF}\left(\frac{Lt}{T}\right), \quad \frac{T}{L} \leqslant t \leqslant T \tag{3-32}$$

实验中所使用的红外热像仪的曝光时间为 4ms,模糊长度 $L = 200$ 个像素,将这些数值代入上式,可得到本实验系统红外热像仪的积分曲线为

$$\rho(t) = 50\text{PSF}(50t), \quad \frac{1}{50}\text{ms} \leqslant t \leqslant 4\text{ms} \tag{3-33}$$

结合式(3-29)和式(3-30)再对公式(3-33)中的点扩散函数作归一化处理,可最终得到该红外热像仪的积分曲线如图 3-14 所示。

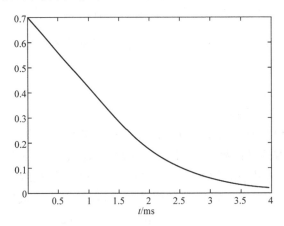

图 3-14 红外热像仪积分曲线

b. 点扩散函数的验证

为了验证上面获取的拟合曲线的合理性,使用另一幅实验得到的包含目标轨迹的图像(图 3-15(a))来进行实验验证。图 3-15(b)是从图 3-15(a)按上面同样的方法提取和处理的试验数据曲线;而图 3-15(c)内的起伏曲线是从图 3-15(b)中截取的一段包含目标轨迹的试验数据,参照图 3-15(a)所示的目标轨迹不难看出,这段数据对应 3-15(b)中的后半段(即右侧)的数据曲线。再将图 3-13 中的拟合曲线(平滑线)放入图 3-15(c)中,将其与新的试验数据曲线进行比较可以看出,新的试验数据与拟合曲线也吻合得比较好。这就从实验上验证了上面选用的拟合曲线形式及其数据处理方法是合理的。

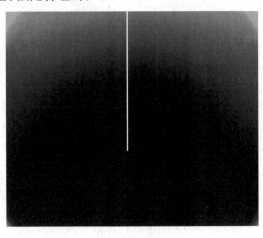

(a) 点目标成像轨迹

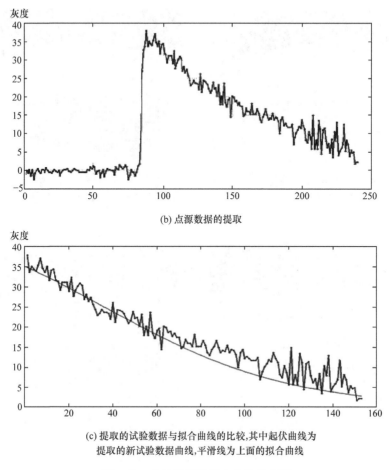

(b) 点源数据的提取

(c) 提取的试验数据与拟合曲线的比较,其中起伏曲线为
提取的新试验数据曲线,平滑线为上面的拟合曲线

图 3-15 点扩散函数拟合曲线的验证

3. 仿真复原效果比较

为了进一步从实验上验证上面研究的红外热像仪的非均匀积分运动模糊图像的复原处理方法,对一系列红外热像仪外场获取的红外实验图像,分别采用均匀积分和非均匀积分模糊图像复原算法进行了处理。如图 3-16 所示,(a)是原清晰红外图像;(b)是水平模糊长度为 20 个像素的模糊图像;(c)是使用均匀积分的方法进行复原的效果图;(d)是使用非均匀积分的方法进行复原的效果图。由于前者对运动模糊图像采用的是按均匀积分的方式获取点扩散函数,不符合红外热像仪成像过程的物理事实,所以点扩散函数不正确,难以复原图像;而后者直接根据红外热像仪成像过程的物理事实,来获取点扩散函数,复原模型正确,所以复原效果也好。

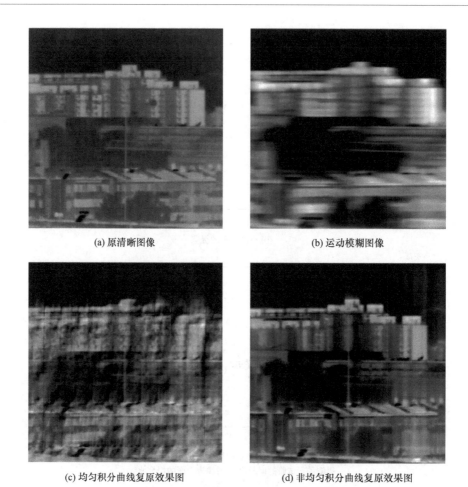

(a) 原清晰图像   (b) 运动模糊图像

(c) 均匀积分曲线复原效果图   (d) 非均匀积分曲线复原效果图

图 3-16 两种红外图像复原方法复原效果比较

3.3 旋转模糊图像复原

如前所述,安装在旋转炮弹或旋转导弹导引头(即旋转平台)上的光电成像传感器随弹体做高速旋转运动时,在传感器的曝光时间内,传感器与场景之间存在很大的相对旋转运动,致使传感器输出的图像出现严重的旋转模糊。而且这种模糊图像同线性模糊图像相比很不一样,它的模糊程度随半径的变化而变化,离旋转轴心越远,模糊越严重,即模糊长度越长。所以,旋转模糊称为空间可变的图像模糊(space-variant blur),其复原要比线性运动模糊复原困难很多。线性运动模糊图像是空间不变的图像复原,所有像素点的模糊长度和模糊角度都是相同的,即从图像信号处理来看都具有相同的点扩散函数;而旋转运动模糊是空间可变的模糊图像复原,不同半径下像素点的点扩散函数是不同的,故又称为径向可变模糊。

对于这种旋转模糊图像,Sawchuk 等使用极坐标变换(coordinate transformations restoration,CTR)的方法进行图像复原[14-16],其算法流程如图 3-17 所示,先将二维直角坐标系下的图像变换到极坐标下,极坐标系下的变量是半径 r 和角度 θ,同一半径下像素点的模糊长度相同,这样就将直角坐标系下的图像旋转模糊转换为极坐标下的空间不变模糊(space-invariant blur),即相当于极坐标系下 θ 方向的水平线性运动模糊,从而可以借用 3.2 节研究的线性模糊复原方法进行复原。然后,实施极坐标反变换,将复原后的图像变换回直角坐标系下,从而得到最终的复原图像。但是这种方法假定背景为零,只对圆周内的像素进行复原,适合于背景简单的图像复原,如空中目标和文本图像等。同时,CTR 方法采用了两次坐标变换,图像存储为离散的点,每次坐标变换时都需要进行一次双线性灰度插值,因而运算量很大,增加了存储负担和时间消耗,而且插值引入的计算误差容易导致原图像部分信息丢失,也就会导致图像的附加降质(或退化)。

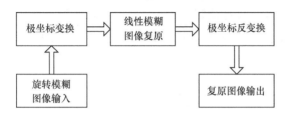

图 3-17　CTR 复原方法流程图

针对旋转模糊图像模糊长度径向可变的特点,本节拟采用提取模糊路径的图像复原方法,避免运算量大的坐标变换和灰度插值运算。该方法通过数据分离,将二维图像旋转模糊复原转换为一维的反卷积复原。对提取出来的一维模糊数据使用维纳反卷积方法进行复原。由于维纳反卷积只需要分别对点扩散函数和模糊路径上的像素作一维的傅里叶变换运算,所以能够快速复原模糊像素。此外,本节还研究了一种改进逆滤波器的对角加载复原算法,比较以前的对数极坐标、最小二乘法等复原算法,能较好地解决旋转角度较大时的图像复原问题,而且具有运算速度快、实时性较好的优点。

3.3.1　旋转模糊退化分析

如图 3-18 所示,旋转模糊是一种沿路径的径向运动模糊,即原始图像的像素灰度值沿以旋转轴心为圆心的一系列同心圆路径在像平面内进行模糊,这一系列同心圆的路径称为模糊路径。

由于原始图像是沿同心圆路径卷积模糊的,所以,旋转模糊图像的复原也应沿模糊路径进行复原。从成像原理分析,光电成像传感器成像的过程其实就是像素

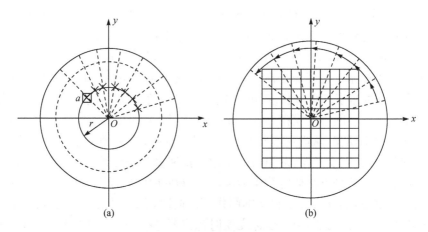

图 3-18　旋转模糊路径示意图

灰度的积分过程,而图像模糊就可看成是场景中运动轨迹上若干个点的能量在传感器像平面上的积累。设原清晰图像为 $f(x,y)$,因平面旋转而得到的模糊图像为 $g(x,y)$,则在曝光时间 T 内,模糊图像 $g(x,y)$ 与原图像 $f(x,y)$ 的关系可表述为

$$g(x,y) = \frac{1}{T}\int_0^T f(x - r\cos(\omega t), y - r\sin(\omega t))\mathrm{d}t \tag{3-34}$$

其中,ω 为旋转角速度;$r = \sqrt{x^2 + y^2}$。

若上式采用极坐标表示,则有

$$g(r,\theta) = \frac{1}{T}\int_0^T f(r, \theta - \omega t)\mathrm{d}t \tag{3-35}$$

为了便于离散化处理,用弧长 $l = r\theta$ 来代替角度 θ 坐标,并令 $s = r\omega t, a_r = r\omega T$,则有

$$g(r,l) = \frac{1}{a_r}\int_0^{a_r} f(r, l - s)\mathrm{d}s \tag{3-36}$$

将上式沿模糊路径分离,即将二维的卷积过程分解为同一相同半径下的一维卷积过程

$$g_r(l) = \frac{1}{a_r}\int_0^{a_r} f(r, l - s)\mathrm{d}s \tag{3-37}$$

进行空间离散化,即用空间坐标 i 代替 l,则有

$$g_r(i) = \frac{1}{a_r}\sum_{x=0}^{a_r - 1} f_r(i - x), \quad i = 0,1,2,3,\cdots,N_r - 1 \tag{3-38}$$

$g_r(i)$ 表示模糊图像的像素灰度值;$f_r(i)$ 表示清晰图像像素灰度值;N_r 是圆周上像素的数量。这样就将二维图像的旋转模糊问题转化为一维的线性运动模糊问题。$g_r(i)$ 即对应半径为 r 的图像数据,其中 a_r 为沿模糊路径的模糊长度。

观察式(3-38),将 $f_r(i)$ 周期延拓,即有 $f_r(i)=f_r(i+N_r)$;并定义对应于半径为 r 时的一维点扩散函数

$$h_r(i)=\begin{cases}\dfrac{1}{a_r}, & 0\leqslant i<a_r\\[2mm] 0, & a_r\leqslant i\leqslant N_r-1\end{cases} \tag{3-39}$$

可将其写成离散卷积的形式

$$g_r(i)=\sum_{l=0}^{N_r-1}h_r(i)f_r(i-l)=h_r(i)\times f_r(i) \tag{3-40}$$

写成矩阵形式,有 $g=Cf$,引入噪声项 n,则基于旋转模糊图像的退化模型为

$$g=Cf+n \tag{3-41}$$

其中 $g=(g(0),g(1),\cdots,g(N-1))^{\mathrm{T}},f=(f(0),f(1),\cdots,f(N-1))$,其中 C 是点扩散函数 $h_r(i)$ 扩展得到的 $N\times N$ 阶循环矩阵,其元素的值随点扩散函数的变化而变化,即随模糊长度的不同而变化。

$$C=\begin{bmatrix} h(0) & h(N-1) & \cdots & h(2) & h(1)\\ h(1) & h(0) & \cdots & h(3) & h(2)\\ \vdots & \vdots & & \vdots & \vdots\\ h(N-2) & h(N-3) & \cdots & h(0) & h(N-1)\\ h(N-1) & h(N-2) & \cdots & h(1) & h(0) \end{bmatrix} \tag{3-42}$$

这样就将二维的旋转模糊复原问题转化为模糊路径上一维数据的复原,而同一模糊路径上的模糊是空间不变的,即同半径上的图像像素模糊长度相同,具有相同的点扩散函数。因此,为了复原图像,可以逐一地沿圆周模糊路径反卷积消除模糊[17]。公式(3-42)表明,有了点扩散函数 h,就能得到退化循环矩阵 C,进而就可对相应的模糊数据进行复原,但是由于 C 不一定可逆,所以不能直接求解其逆过程,即不能使用逆滤波复原。关于这一点将在 3.3.4 节中进行专门讨论。

3.3.2　模糊路径提取

由上面的理论推导可知,旋转模糊复原首先要提取模糊路径上的像素灰度值。传感器成像是将场景中的能量信息记录在二维的离散像平面上,离散平面上的像素点并不一定在标准的圆周上,如图 3-18 所示。一种可行的方法是用双线性差值将离散直角坐标上的像素转化到圆周上,但这种方法难免导入复杂的运算,计算量大。因此,这里使用最小偏差圆弧插补法来提取模糊路径(图 3-19),提取的模糊路径为近似圆周,见图 3-19(b)。

最小偏差圆弧插补最早用于数控机床加工。最小偏差插补的原理是:选取变化快的坐标作为连续变化的坐标,然后按照偏差最小的原理判断另一坐标是否运行。详细算法见文献[18]。本节结合最小偏差圆弧插补算法和图像旋转模糊原

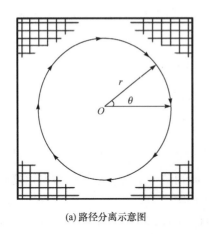

(a) 路径分离示意图　　　　　　　　　(b) 实际路径提取效果图

图 3-19　模糊路径提取法

理,用插补法提取 1/4 圆弧的模糊路径,然后根据圆对称性求得其他三个象限模糊路径。下面具体介绍第一象限圆弧插补的基本流程:

(1) 以第一象限的起点 $(R,0)$ 作为插补的起点坐标 (x_0,y_0),设定初始偏差值为 $f_0 = -2x_0 + 4y_0 + 3$;

(2) 判断 f_i 的值,若 $f_i \geqslant 0$,走 $(-\Delta x, \Delta y)$ 步,即 $x_{i+1} = x_i - 1$, $y_{i+1} = y_i + 1$,更新偏差值,$f_{i+1} = f_i - 4x_i + 4y_i + 10$;

(3) 若 $f_i < 0$,走 $(0, \Delta y)$ 步,即 $x_{i+1} = x_i$, $y_{i+1} = y_i + 1$,更新偏差值,$f_{i+1} = f_i + 4y_i + 6$。

第二象限的插补流程相似,表 3-1 给出整个第一象限的插补公式。

表 3-1　第一象限的圆弧插补公式

$x \geqslant y$	$f_0 = -2x + 4y + 3$	$f_i \geqslant 0$	$(-\Delta x, +\Delta y)$	$f_{i+1} = f_i - 4x_i + 4y_i + 10$
		$f_i < 0$	$(+\Delta y)$	$f_{i+1} = f_i + 4y_i + 6$
$x < y$	$f_0 = C2 - 4x + 2y + 3$	$f_i \geqslant 0$	$(-\Delta x)$	$f_{i+1} = f_i - 4x_i + 6$
		$f_i < 0$	$(-\Delta x, -\Delta y)$	$f_{i+1} = f_i - 4x_i + 4y_i + 10$

提取的路径如图 3-19(b)所示,并非理想的标准圆,但插补法提取的路径上的点与理想圆弧上的点误差小于 0.5 个像素点,且图像灰度值高度相关,所以模糊路径上的各像素点与理想圆周上点的像素值非常接近。最小偏差插补法只需要在步进时进行简单的误差判断,避免了三角函数、开方等复杂的运算,大大减少了计算量。

最小偏差插补法在给定运动模式下能够提取任意轨迹的路径,包括直线、圆弧和非圆弧曲线,所以在图像旋转模糊路径为非正规圆时,也可以用最小偏差插补法提取模糊路径。也就是在旋转轴心不稳定的情况下,最小偏差插补法提取路径仍然有效,仍可以在模糊路径上复原图像,这种能力是极坐标变换法所不具备的。

3.3.3 基于维纳滤波的旋转模糊图像复原

对于上述的一维图像模糊数据可用一维的维纳滤波复原。基于卷积定理,对式(3-41)作傅里叶变换,转换到频域,则有

$$G(u) = F(u)H(u) + N(u) \qquad (3\text{-}43)$$

图像噪声可以看作是随机过程,图像复原其实就是一个基于统计估计的数据复原过程,即维纳滤波就是求出一个原图像 f 的估计值 $\hat{f}$,使得它们之间的均方误差最小,即使 $e^2 = E\{(f-\hat{f})^2\}$ 最小。由此可推导,常量维纳滤波得到一维复原数据的频谱

$$\hat{F}(u) = \frac{H^*(u)}{|H(u)|^2 + k} G(u) \qquad (3\text{-}44)$$

k 是维纳滤波常量,与图像的信噪比有关。应用傅里叶反变换得到复原后的一维空域数据 $\hat{f}_r(i)$,将复原后的一维数据还原到二维的图像坐标下就得到复原图像。

3.3.4 基于对角加载的旋转模糊图像复原

1. 逆滤波复原及循环矩阵病态性分析

提取路径后,模糊路径上有 N 个像素点,其周期也正好为 N,模糊数据 $g = Cf + n$,噪声是随机变量,显然估计清晰图像数据 $\hat{f}$ 是一个统计过程,可以建立一个准则函数

$$J(\hat{f}) = \| g - C\hat{f} \|^2 \qquad (3\text{-}45)$$

使 $J(\hat{f})$ 最小时的 $\hat{f}$ 就是 f 的最佳估计,这里不对 $\hat{f}$ 作任何约束,所以是一种非约束的代数法复原。为使 $J(\hat{f})$ 最小,对 $\hat{f}$ 作微分运算,并使其结果为 0

$$\frac{\partial}{\partial \hat{f}} J(\hat{f}) = -2C^t(g - C\hat{f}) = 0 \qquad (3\text{-}46)$$

由此式可得

$$\hat{f} = (C^tC)^{-1}C^tg \qquad (3\text{-}47)$$

循环矩阵 C 为方阵,则可得

$$\hat{f} = C^{-1}g \qquad (3\text{-}48)$$

这就是逆滤波的代数法表示,对循环矩阵 C 对角化后可推导得其频域复原表达式

$$F(u) = \frac{1}{H(u)}G(u) = F(u) + \frac{N(u)}{H(u)} \qquad (3\text{-}49)$$

但是,循环矩阵一般并不是可逆的,此时采用逆滤波就会产生病态复原问题,显然,

当 $H(u)$ 的特征值为 0 或者较小时,噪声会急剧放大,甚至完全淹没图像。

关于循环矩阵 C 的不可逆性,可以从数学上进行证明。由循环矩阵性质可知,C 可对角化,即 $C = \overline{W} \Lambda \overline{W}^{-1}$,其中对角阵

$$\Lambda = \mathrm{diag}(\lambda_0, \lambda_1, \cdots, \lambda_{N-2}, \lambda_{N-1}), \lambda_0, \lambda_1, \cdots, \lambda_{N-2}, \lambda_{N-1}$$

为循环阵 C 的特征值。

$$\lambda(k) = \sum_{n=0}^{N-1} h(i) \mathrm{e}^{-\mathrm{j}\frac{2\pi kn}{N}}, \quad k = 0, 1, \cdots, N-1 \tag{3-50}$$

对于模糊路径上的数据,结合公式(3-39)可得

$$\lambda(k) = \frac{1}{a} \sum_{n=0}^{a-1} \mathrm{e}^{-\mathrm{j}\frac{2\pi kn}{N}} = \frac{1}{a} \sum_{n=0}^{a-1} \left[\cos\left(\frac{2\pi kn}{N}\right) + \mathrm{j}\sin\left(\frac{2\pi kn}{N}\right) \right], \quad k = 0, 1, \cdots, N-1 \tag{3-51}$$

显然,当 $\frac{2\pi kn}{N}$ 为 2π 的整数倍,即 $\frac{kn}{N}$ 为整数时,特征值 $\lambda(k) = 0$,对角阵 Λ 不可逆,其相似循环矩阵 C 不可逆,这就从数学上解释了为什么不能直接用逆滤波来复原。

2. 对角加载算法

对角加载算法主要是源于对逆滤波的改进。由于矩阵 C 具有零特征值或小特征值,C 具有零特征值时 C 不可逆,具有小特征值时,求逆会带来严重的振荡。所以,逆滤波会出现严重病态问题。一种解决矩阵病态问题的方法是使用对角加载技术,这种技术已广泛用于信号处理,用来改进矩阵的鲁棒性[19-22]。修正循环矩阵 C,修正后的矩阵为:$C' = C + \Delta\lambda I$,I 为单位矩阵,可证明 C' 的特征值变为 $\xi(k) = \lambda(k) + \Delta\lambda$,$\lambda(k)$ 是原循环矩阵 C 的特征值。

证明 1

C' 的特征值为

$$E(C') = E(C + \Delta\lambda I) = E(C) + E(\Delta\lambda I) = E(C) + \Delta\lambda E(I)$$

由于 $E(C) = \lambda(k)$,所以

$$E(C') = \lambda(k) + \Delta\lambda \tag{3-52}$$

即修正后循环矩阵的特征值为 $\lambda(k) + \Delta\lambda$,且 C' 只是改变原矩阵 C 对角元素的值,所以修正后的矩阵仍然为循环矩阵。

证明 2

分析循环矩阵的性质,循环矩阵的特征值为

$$\lambda(k) = \sum_{n=0}^{M-1} h(n) \exp\left(-\mathrm{j}\frac{2nk\pi}{N}\right) = \frac{1}{a} \sum_{n=0}^{a-1} \exp\left(-\mathrm{j}\frac{2nk\pi}{N}\right) \tag{3-53}$$

显然有 $\lambda(k) \geq 0$。所以只要微量加载量 $\Delta\lambda > 0$,则修正矩阵 C' 的特征值 $\xi(k) = \lambda(k) + \Delta\lambda > 0$,即 C' 可逆。

通过对循环矩阵给予微量的对角加载,可使加载后的矩阵可逆,解决了复原过程中矩阵的病态问题。

修正前的循环矩阵为

$$C = \begin{bmatrix} h(0) & h(N-1) & \cdots & h(2) & h(1) \\ h(1) & h(0) & \cdots & h(3) & h(2) \\ \vdots & \vdots & & \vdots & \vdots \\ h(N-2) & h(N-3) & \cdots & h(0) & h(N-1) \\ h(N-1) & h(N-2) & \cdots & h(1) & h(0) \end{bmatrix} \tag{3-54}$$

修正后的矩阵为

$$C' = C + \Delta\lambda I = \begin{bmatrix} h(0)+\Delta\lambda & h(N-1) & \cdots & h(2) & h(1) \\ h(1) & h(0)+\Delta\lambda & \cdots & h(3) & h(2) \\ \vdots & \vdots & & \vdots & \vdots \\ h(N-2) & h(N-3) & \cdots & h(0)+\Delta\lambda & h(N-1) \\ h(N-1) & h(N-2) & \cdots & h(1) & h(0)+\Delta\lambda \end{bmatrix}$$

$$\tag{3-55}$$

显然,C' 仍然是循环矩阵,所以仍然可以对角化。应用修正后的估计退化模型就可以得到 f 的估值

$$\hat{f} = (C+\Delta\lambda I)^{-1}g, \quad \Delta\lambda > 0$$

其中 $h=(h(0),h(1),\cdots,h(N-1))$ 是点扩散函数,比较修正前后的循环矩阵可知,经过对角加载后的点扩散函数变为 $h'=(h(0)+\Delta\lambda,h(1),\cdots,h(N-1))$,设其傅里叶变换频谱为 $H'(u)$。加载后的滤波矩阵变为

$$\hat{F}(u) = \frac{1}{H'(u)}G(u) \tag{3-56}$$

3. 梯度加载算法

从上面推导对角加载算法可以看出,采用对角加载技术后,对角加载可能会影响矩阵的小特征量,使得小特征量趋向等于加载量 λ,导致复原图像高频分量加强,反映在图像上就是使复原图像引起一定的振荡,抗噪能力降低。如果在保持低复杂度的情况下,通过引入一种新的算法,在修复病态性的同时,还能提高算法的抗噪能力和鲁棒性,将是一举两得的解决方案。在实验过程中可以发现,由于退化函数模型的特殊性,在引入对角加载的过程中,将产生针对像素点的单向平滑效应。针对这一特点,只需要引入相应有方向性的简单约束,即可实现对图像的更好平滑,而梯度算子正是这样的一种合适算子[23]。

梯度加载 $C''=C+\Delta\lambda \nabla$,即由梯度矩阵取代原来对角加载的单位矩阵。前面分析,逆滤波是一种无约束的复原,对角加载只是改善了矩阵的病态性,并没有给

$\hat{f}$ 任何约束, 仍然是一种无约束的复原。在 $f(x)$ 的一阶导数即梯度 $\frac{\partial}{\partial x}f(x)\approx$ $f(x+1)-f(x)$, 记该梯度算子为 ∇, 引入梯度算子就相当于给 $\hat{f}$ 简单的方向性约束, 即可实现图像的平滑。

梯度算子矩阵为

$$\nabla=\begin{pmatrix} 1 & 0 & 0 & \cdots & 0 & -1 \\ -1 & 1 & 0 & \cdots & 0 & 0 \\ \vdots & \vdots & \vdots & & \vdots & \vdots \\ 0 & \cdots & -1 & \cdots & 1 & 0 \\ 0 & \cdots & 0 & \cdots & -1 & 1 \end{pmatrix} \tag{3-57}$$

即修正后的矩阵为

$$C'=C+\Delta\lambda\,\nabla=\begin{pmatrix} h(0)+\Delta\lambda & h(N-1) & \cdots & h(2) & h(1) \\ h(1)-\Delta\lambda & h(0)+\Delta\lambda & \cdots & h(3) & h(2) \\ \vdots & \vdots & & \vdots & \vdots \\ h(N-2) & h(N-3) & \cdots & h(0)+\Delta\lambda & h(N-1) \\ h(N-1) & h(N-2) & \cdots & h(1)-\Delta\lambda & h(0)+\Delta\lambda \end{pmatrix}$$
$$\tag{3-58}$$

C' 仍然是循环矩阵, 比较可得, 梯度算子加载后的点扩散函数变为

$$h''=(h(0)+\Delta\lambda,h(1)-\Delta\lambda,\cdots,h(N-1)) \tag{3-59}$$

其频谱为 $H''(u)$, 梯度加载后 f 的估计值为

$$\hat{f}=(C+\Delta\lambda\,\nabla)^{-1}g$$

加载后的滤波矩阵变为

$$\hat{F}(u)=\frac{1}{H''(u)}G(u) \tag{3-60}$$

通过梯度加载量的引入, 既可以避免图像复原的退化矩阵的病态性, 又可以实现图像的更好平滑。相对极坐标变换法和约束最小二乘法, 梯度加载算法的计算量大大减少, 梯度加载复原只需要进行一次退化函数的傅里叶变换, 可以用傅里叶变换计算, 避免了前面算法的大量乘法运算和多次傅里叶变换计算, 计算量显著降低, 这对实时图像处理具有重要的意义。

不管是维纳滤波还是对角加载滤波复原, 都是首先沿模糊路径快速提取模糊像素的灰度值 $g(i)$, 然后在频域内进行滤波得到估计值的频谱 $\hat{F}(u)$, 再快速傅里叶逆变换得到 $\hat{f}(i)$, 这样按同心圆从小到大改变半径, 逐步恢复各模糊路径上的图像数据。由于模糊路径上的点不能全部映射直角坐标系下的像素点, 所以恢复后的图像会出现空穴点(即未恢复的像素点), 这里可以把这些空穴点看作椒盐噪声, 使用中值滤波或邻域求均值的方法可去除这些椒盐噪声(亦即消除空穴点)。

3.3.5　几种旋转模糊图像复原算法的效果比较

为了验证本节基于模糊路径的旋转模糊图像复原算法的效果,下面先将其与 Sawchuk 提出的旋转模糊图像 CTR 算法进行比较,包括复原效果和运算时间;然后分别使用维纳滤波、对角加载和梯度加载法进行复原试验,比较它们的复原效果。

1. 极坐标变换图像复原

CTR 算法假定旋转中心和旋转角度是已知的。这里选取一幅旋转角度为 $10°$ 的模糊实验图像。图 3-20 给出了 CTR 算法的全过程:图 3-20(a)是在曝光时间 T 内旋转角度为 $10°$ 的模糊图像;先将模糊图像变换到极坐标 (r,θ) 下,如图 3-20(b) 所示,这时旋转模糊就变为一个方向的线性模糊图像;然后利用匀速线性模糊图像复原法对极坐标下的模糊图像进行复原,得到复原后的极坐标图像,如图 3-20(c)所示;最后通过极坐标逆变换将复原图像恢复到直角坐标系下,如图 3-20

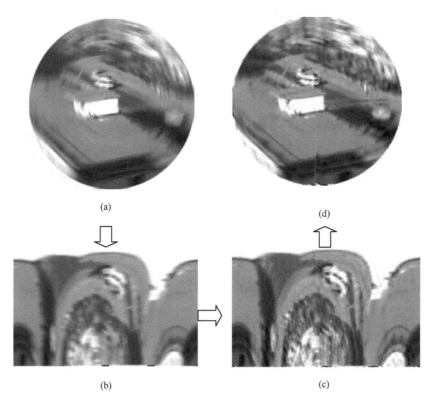

图 3-20　基于 CTR 算法的图像复原过程

(d)所示,即得到最终的旋转模糊复原图像。实验过程说明,CTR算法的实质是将空间可变的旋转模糊转化为相同模糊程度的沿 θ 方向的空间不变模糊,然后按均匀线性模糊图像复原算法进行处理。算法的优点是使复杂的空间可变模糊问题处理得到了明显的简化,不足的地方是算法要求进行两次坐标变换,运算量大,同时复原后的图像存在明显失真和振铃效应。而且,实验证明图像模糊越大,复原效果越差,振铃效应也越明显。

2. 维纳滤波图像复原

与 CTR 算法不同,本节研究的基于模糊路径的复原方法,是沿模糊路径由小到大逐个消除其空间可变模糊。图 3-21 为基于模糊路径的维纳滤波仿真图像复原效果图,分别是旋转角度为 $10°$、$20°$ 和 $30°$ 的模糊图像及其复原效果图。从图中可以看出,即使在旋转模糊角度较大的情况下,其算法仍能得到较好的复原效果。这主要是因为采用了沿模糊路径的空间自适应算法,不同于 CTR 算法使用相同的点扩散函数,该算法根据不同的模糊路径长度采用不同的点扩散函数,因而能够较好地复原模糊路径较大的旋转模糊图像。

(a) 旋转模糊图像(旋转角度为10°)

(b) 图(a)的复原图像

(c) 旋转模糊图像(旋转角度为20°)

(d) 图(c)的复原图像

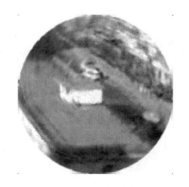

(e) 旋转模糊图像(旋转角度为30°)　　　　　　　　(f) 图(e)的复原图像

图 3-21　基于模糊路径维纳滤波算法对不同旋转角度的模糊图像的复原

3. 对角加载与梯度加载图像复原

图 3-22 是曝光时间内不同旋转角度条件下的对角加载和梯度加载的图像复原效果,旋转角度分别为 10°、20° 和 30°。从图中可以看出,对角加载的复原图像在模糊角度较大时,边缘处有振荡条纹,主要是直接引入对角加载无约束造成的,而引入约束的梯度加载复原则明显地降低了振荡效应。

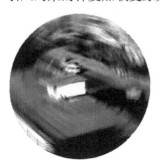

(a) 旋转角度为10°　　　　　(b) 图(a)的对角加载复原图像　　　　(c) 图(a)的梯度加载复原图像

(d) 旋转角度为20°　　　　　(e) 图(d)的对角加载复原图像　　　　(f) 图(d)的梯度加载复原图像

　　　(g) 旋转角度为30°　　　　　(h) 图(g)的对角加载复原图像　　　(i) 图(g)的梯度加载复原图像

图 3-22　　对角加载与梯度加载的旋转模糊复原效果

4. 采用复原质量评价标准的量化比较

　　对于图像复原效果,人们总是希望能采用客观评价标准,给出图像质量改善的定量结果。至今,已发展有多种图像质量评价标准,包括主观评价标准和客观评价标准,感兴趣的研究者可参看文献[24]～[27],以获取更多的相关知识,这里仅选用两种较为常用的评价标准来说明。

　　一种是均方根误差(RMSE),即

$$\text{RMSE} = \left\{ \frac{1}{MN} \sum \sum \left[f(i,j) - \hat{f}(i,j) \right]^2 \right\}^{1/2} \tag{3-61}$$

另一种是改善信噪比 ISNR,即

$$\text{ISNR} = 10 \log_{10} \frac{\| f - g \|^2}{\| f - \hat{f} \|^2} \tag{3-62}$$

　　均方根误差表示复原图像与原清晰图像之间的差值,差值越小则复原图像与清晰图像越接近,复原效果越好;改善信噪比表示复原后的信噪比改善程度,值越大复原效果越好。

　　对不同程度噪声的旋转运动模糊图像进行一系列的复原实验,统计复原图像的 RMSE 值和 ISNR 值。在旋转运动模糊图像上加入不同程度的高斯白噪声,使信噪比 SNR 分别为∞(无噪)、40dB、30dB 和 20dB,分别使用本节研究的维纳滤波、对角加载和梯度加载的算法进行复原。其复原后的 RMSE 如表 3-2 所示,IS-NR 如表 3-3 所示。

表 3-2 不同信噪比条件下的 RMSE 值

信噪比 SNR/dB	∞	40	30	20
CTR	33.651	35.323	40.012	55.362
维纳滤波	30.119	31.814	30.151	34.053
对角加载	32.95	33.117	33.64	38.652
梯度加载	32.732	33.537	35.011	46.902

表 3-3 不同信噪比条件下的 ISNR 值

信噪比 SNR/dB	∞	40	30	20
CTR	2.3312	1.8125	1.3524	1.1125
维纳滤波	2.6816	2.7749	2.6792	2.5034
对角加载	2.6195	2.7765	1.4688	1.3528
梯度加载	2.7697	2.7642	2.5283	1.8316

由表可见,原模糊图像信噪比越低,复原后的图像的 RMSE 值越大,ISNR 值越小,复原效果越差。而在相同信噪比的情况下,维纳滤波相对于对角加载和梯度加载,其 RMSE 值略小,ISNR 值略大,即复原效果略好于后两种方法,这是因为维纳滤波能够较好地抑制噪声。而且,维纳滤波和梯度加载法的 RMSE 值明显小于 CTR 法,ISNR 值也明显大得多,即这些方法的复原效果要好于 CTR 法。

对几种算法的运算时间进行比较,在 Matlab6.5 仿真环境下运行程序,计算从读取单帧图片到最终复原处理的完整过程时间进行比较,结果如表 3-4 所示。

表 3-4 各种算法的运算时间比较

图片大小/像素	128×128	256×256	512×512
CTR/s	0.124	1.100	17.789
维纳滤波/s	0.085	0.633	8.58
对角加载/s	0.061	0.364	5.803
梯度加载/s	0.066	0.421	6.339

由表可见,处理所需的时间随着图像大小的增长按指数级增长,其中梯度加载与对角加载算法和维纳滤波法相比,算法复杂度较低,运算时间更短,而维纳滤波法和传统的 CTR 相比,处理时间又要短得多,仅为 1/3～1/2,并且处理的图像越大,这种差距越为明显。可见,基于模糊路径提取的方法与 CTR 法相比,算法复杂度大大降低,实时性得到了显著提高,同时进一步提高了算法的抗噪性与鲁棒性,这点对于要求实时图像信号处理的应用是很重要的。

3.4　小　　结

　　本章分别对线性模糊图像和旋转模糊图像的复原进行了研究。对于线性模糊图像,在缺少先验信息的情况下,先通过提取模糊图像傅里叶变换对数频谱的亮条纹方向和采用对数频谱与尖顶检测函数相关的方法分别估计出点扩散函数的方向和宽度,然后,采用维纳滤波方法进行复原,并对非均匀积分的红外模糊图像的复原进行了研究。对于旋转模糊图像,研究了一种沿模糊路径反卷积复原的算法,即采用最小偏差插补算法提取模糊路径上的像素灰度值,将空间可变模糊沿模糊路径分解为一系列的空间不变模糊,在一维空间不变模糊的情况下进行消模糊。这种算法不同于以往的 CTR 复原算法,其突出优点是复原效果好;而且不需要进行坐标变换的繁琐运算,运算量小,实时性好,更适于实时图像处理应用。

参 考 文 献

[1] Ayers G R,Dainty J C. Iterative blind deconvolution method and its applications. Optics Letters,1988,13:547-549

[2] Kundur D,Hatzinakos D. Blind image deconvolution. IEEE Signal Process. Magazine. ,1966, 13:43-64

[3] Kenneth R. Castleman digital image processing. New Jersey:Prentice-Hall,Inc. ,1996

[4] Yitzhaky Y,Kopeika N S. Identification of motion blur for blind image restoration. Electro-optics,Part of the IEEE Symposium in Tel-Aviv,1995

[5] Yitzhaky Y,Kopeika N S. Evaluation of the blur parameters from motion blurred images. IEEE,1996

[6] Yitzhaky Y,Kopeika N S. Identification of blur parameters from motion blurred images. CVGIP,Graphical Models and Image Processing,1997,59(5):321-332

[7] 冈萨雷斯. 数字图像处理. 北京:电子工业出版社,2005

[8] 刘微. 运动模糊图像恢复算法的研究与实现. 博士学位论文. 兰州:西北师范大学,2005

[9] 邹谋炎. 反卷积和信号复原. 北京:国防工业出版社,2001

[10] Tanake M,Yoneji K,Okutomi M. Motion blur parameter identification from a linearly blurred image. Consumer Electronics,IEEE,2007:1-2

[11] Lim H,Tan K C,Tan B T G. Windowing techniques for image restoration. CVGIP,1991, 53:491-500

[12] Lim H,Tan K C,Tan B T G. Edge errors in inverse wiener filter restoration of motion-blurred images and their windowing treatment. CVGIP,1991,53(3):186-195

[13] Trimeche T M,Vehvilainen M. Motion blur identification based on differently exposed images. Image Processing,IEEE International Conference,2006:2021-2024

［14］ Sawchuk A A. Space variant image restoration by coordinate transformations. J. Opt. Soc. Am. ,1974,64(2):138-144

［15］ Sawchuk A A. Space variant image motion degradation and restoration. Proc. IEEE,1972, 60(7):854-861

［16］ 洪汉玉. 成像探测系统图像复原算法研究. 博士学位论文. 武汉:华中科技大学,2004

［17］ 韩超阳. 旋转运动模糊图像复原及电子稳像技术研究. 硕士学位论文. 上海:上海交通大学,2008

［18］ 赵巍. 数控系统的插补算法及减速控制方法研究. 博士学位论文. 天津:天津大学,2004

［19］ Ma N,Goh J T. Efficient method to determine diagonal loading value. Proceedings,IEEE International Conference,2003,5(1):341-344

［20］ Hiemstra J D,Weippert M E,Nguyen H N,et al. Insertion of diagonal loading into the multistage wiener filter. Sensor Array and Multichannel Signal Processing Workshop Proceedings,2002:379-382

［21］ Sirianunpiboon S. A novel alternative to diagonal loading for robust adaptive beamforming. Signal Processing and Its Applications,Proceedings of the Eighth International Symposium, 2005:399-402

［22］ 张杰,廖桂生. 对角加载对信号源数检测性能的改善. 电子学报,2004,32(12):2094-2097

［23］ Han C Y,Li J X,Chen X,et al. Real-time restoration of rotational blurred image using gradient loading. Chinese Optics Letters,2008,6(5):334-339

［24］ Eskicioglu A M,Fisher P S. Image quality measures and their performance. IEEE Transaction Communications,1995,43:2959-2965

［25］ Abdou I E,Dusaussoy N J. Survey of image quality measurements. Proceeding 1986 ACM Fall Joint Computer Conference,Dallas,Texas,United States,1986

［26］ Dosselmann R,Yang X D. Existing and emerging image quality metrics. Canadian Conference Electrical and Computer Engineering,Saskatoon,Canadian,2005

［27］ Avcibas I,Sankur B,Sayood K. Statistical evaluation of image quality measures. Journal of Electronic Imaging,2002,11:206-223

第 4 章　基于信息处理的电子稳像方法

4.1　引　　言

安装在运动平台上的光电成像传感器由于受到成像载体姿态变化和振动的影响,会导致成像器输出的序列图像模糊和不稳定,严重影响获取图像信息的有效利用。图像稳像的目的就是通过稳像技术消除或减轻成像载体运动对输出序列图像的影响,改善获取图像的质量,这对军事侦察跟踪制导、民用航测以及各种摄像应用均很重要。

稳像技术按其实现原理可分为三类:机械稳像、光学稳像和电子稳像。机械稳像多利用陀螺等传感器和伺服系统构成的稳定平台来补偿动基座上成像系统的相对运动来实现稳像。这在一些大型系统(如武器系统和靶场观测设备)中应用较多。光学稳像则是在光学系统中,通过少数元件的补偿运动来实现成像器的稳定成像,如镜头防抖就是在镜头中设置专门的防抖补偿镜组,根据相机的抖动方向和程度,补偿镜组相应调整位置和角度,使其光路保持稳定,可变光楔稳像和别汉棱镜稳像就属于此类。这在手持光电成像器和望远镜等小型成像设备上应用较多。电子稳像技术是 20 世纪 80 年代提出、90 年代迅速发展起来的现代稳像技术[1-4],它应用电子技术或计算机数字图像处理的方法来确定图像序列的帧间偏移矢量并用像素重排技术进行运动补偿,以实现稳像。根据获得帧间运动偏移矢量方法的不同,电子稳像方法又可分为两种:一种是利用传感器检测成像器的运动矢量再转化为图像帧间运动矢量,然后采用数字图像处理的方法对像素进行重组,实现图像稳定。例如,Holder 等为导弹制导装置提出的电子稳像方法[5]和 Oshima 等设计的家用光电成像器电子稳像系统[6]就使用了这种方法。此方法易于实现,但需增加高精度陀螺传感器等器件,不方便小型化和低成本集成应用。第二种是基于信息处理的电子稳像方法,即本章研究的内容,它利用高性能的图像信号处理器,对成像器输入的图像信号直接处理,利用帧间图像内容的差异估计图像帧间运动矢量,并进行运动补偿以稳定图像。这种方法的优点是硬件少、体积小、功耗低、智能化程度高,特别适合于对体积、重量、功耗要求十分苛刻的天基和空基成像系统[7,8],并且在民用方面有着十分广阔的应用前景,如机器人、家用摄录机、电影和电视节目制作等。

本章在介绍电子稳像的基本原理和方法的基础上,重点研究了一种基于块匹配的电子稳像算法,并用仿真实验验证了它的有效性和稳定性。

4.2 图像运动模型和电子稳像原理

如前所述,电子稳像的目的是去除或减轻因光电成像器平台的随机运动(包括平移、旋转和抖动等)所造成的视频图像的不稳定,从而消除因视觉暂留而造成观察到的视频图像的模糊和抖动,提高视频图像的平稳性,改善人的观察效果,同时利于后续的信号处理。

获取光电成像器平台的运动参数是电子稳像技术的关键,这需要用到图像分析和处理方法。由于光电成像器平台的运动会造成三维空域场景的变化,而成像器输出的视频图像只能反映随时间变化的三维空域场景向二维图像平面的时间投影,所以,必须研究三维空域场景与它投影到二维图像平面上的图像之间的映射关系,然后通过处理二维图像,得到二维图像间的运动矢量,进而推出光电成像器平台的运动参数。为此,须建立三维空域中运动目标成像的数学模型。

本节在介绍时变的三维场景向图像平面投影方式(包括透视投影和正交投影)的基础上,研究在这两种方式下三维空间场景和它的二维投影图像之间映射关系的数学表示及光电成像器运动对映射关系的影响,并给出几种基于不同映射关系的图像运动模型。最后阐明基于信息处理的电子稳像技术原理及关键技术。

4.2.1 摄像机成像模型分析

光电成像器在拍摄三维空间中的场景时,其拍摄对象是位于正对光电成像器的某一角度范围内的空间景物。在 t 时刻,对于所拍摄的空间中某目标点 (X, Y, Z, t),经过波长为 λ 的光的照射,在该点有一定的反射能量,形成某种反射信息,这里假设信息模型为 $L(X, Y, Z, \lambda, t)$。经过光电成像器的投影成像,在成像平面上会形成一个二维图像 $I(x, y, t)$,沿着时间轴多个这样的投影成像就构成了视频序列图像。下面将详细描述场景中物体的三维结构以及它向二维平面投影所形成的实际图像。

1. 物体三维空间坐标变换

在笛卡儿坐标系中,一个物体的三维空域位置变化可以用以下仿射变换式来表达[9]:

$$X' = RX + T \tag{4-1}$$

其中 $X = (x, y, z)^{\mathrm{T}}$,$X' = (x', y', z')^{\mathrm{T}}$,分别表示刚体外表面上的一个点在时刻 t 和 t' 相对于坐标中心的坐标矢量;R 为代表旋转变换的一个 3×3 的旋转矩阵,$T = (t_1, t_2, t_3)^{\mathrm{T}}$ 表示一个三维平移变换矢量。公式(4-1)表明,在笛卡儿坐标系中,三维空域中场景的位置变化可以表示为三维旋转和三维平移之和。下面讨论三维空域场景如何投射到二维平面上成像。

2. 二维图像的生成模型

人们实际看到的二维图像是成像系统利用光电成像器获取的三维空间场景在二维平面上的投影。从三维空域场景到二维图像平面有许多不同的投影方式,其中最主要和常用的两种投影方式是透视(perspective)投影和正交(orthographic)投影。

1) 透视投影

透视投影[10]使用一种基于几何光学原理的理想小孔(ideal pinhole)成像原理来描述二维图像的形成,所有从三维空域场景中发出的光线均通过称为"投影中心"的透镜中心。假设空间目标的三维坐标为(X,Y,Z),XOY平面与成像平面平行,Z轴垂直于成像平面,原点O是光心,且成像平面位于光电成像器的焦平面处,物体在成像平面上的二维图像坐标为(x,y),则空间目标与目标图像之间的关系如图 4-1 所示。由图 4-1 根据几何原理,描述三维空域场景中的点(X,Y,Z)与二维图像平面上的透视投影对应点(x,y)之间坐标变换关系的数学表达式为

$$x=\frac{fX}{Z}, \quad y=\frac{fY}{Z} \tag{4-2}$$

其中,f为光电成像器光学镜头的焦距。

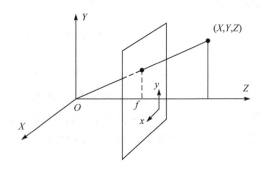

图 4-1　透视投影原理图

2) 正交投影

正交投影[11,12]也称为平行投影(parallel projection),是实际图像处理的一个近似方法。这种投影模型假设所有从三维场景出发到图像平面的光线走向相互平行。当图像平面和全局坐标系统的XOY平面相平行时,正交投影如图 4-2 所示。

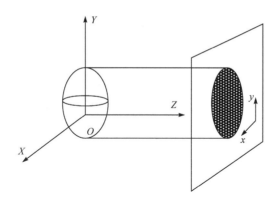

图 4-2　正交投影原理图

在正交投影下,三维场景中的点(X,Y,Z)和它在图像平面上的投影点(x,y)之间坐标变换关系为

$$x=X, \quad y=Y \tag{4-3}$$

由正交投影模型可以看出,不管光电成像器与三维空域场景之间的距离相距多远,总可以产生相同的图像。当场景与光电成像器之间的距离大大超过场景上的点相对于自身坐标系的深度时,正交投影将提供更好的近似表示,并且在这种情况下,由于正交投影为线性投影,所以图像处理时数学推导和计算较为简便。

4.2.2　图像运动模型

在光电成像器存在平移、旋转和变焦等运动方式时,系统可采用图像运动模型对目标的三维运动进行描述。假设在时刻 t_k 三维空域场景中某一点的坐标为(X, Y,Z),在时刻 t_{k+1} 该点运动到(X',Y',Z')。由公式(4-1),这一运动可用代表旋转变换的矩阵 R 和代表平移变换的矢量 T 的合成运动来描述。可将这一结论表示成如下更一般性的形式:

$$\begin{bmatrix} X' \\ Y' \\ Z' \end{bmatrix} = R \begin{bmatrix} X \\ Y \\ Z \end{bmatrix} + T = \begin{bmatrix} r_{11} & r_{12} & r_{13} \\ r_{21} & r_{22} & r_{23} \\ r_{31} & r_{32} & r_{33} \end{bmatrix} \begin{bmatrix} X \\ Y \\ Z \end{bmatrix} + \begin{bmatrix} t_1 \\ t_2 \\ t_3 \end{bmatrix} \tag{4-4}$$

而在二维成像平面上,相应的点从时刻 t_k 的坐标(x,y)变化到时刻 t_{k+1} 的坐标(x',y'),如何从相邻两帧图像中估计出相应点坐标变换的关系是解决稳定视频图像问题的关键。典型的图像运动模型有[13]:基于透视投影的八参数模型、基于平行投影的六参数模型以及基于旋转平移假设的四参数模型。

1. 基于透视投影的八参数模型

八参数模型是基于透视投影的成像原理,在成像平面中的目标点坐标(x,y)与目标三维点坐标(X,Y,Z)的关系为

$$(x,y)=\left(\frac{fX}{Z},\frac{fY}{Z}\right),(x',y')=\left(\frac{fX'}{Z},\frac{fY'}{Z}\right) \tag{4-5}$$

由式(4-4)、式(4-5)可得

$$\begin{cases} x'=f\times\dfrac{r_{11}X+r_{12}Y+r_{13}Z+t_1}{r_{31}X+r_{32}Y+r_{33}Z+t_3} \\[3mm] y'=f\times\dfrac{r_{21}X+r_{22}Y+r_{23}Z+t_2}{r_{31}X+r_{32}Y+r_{33}Z+t_3} \end{cases} \tag{4-6}$$

式(4-6)的分子分母同除以 Z 并根据式(4-5)可得

$$\begin{cases} x'=\dfrac{r_{11}x+r_{12}y+r_{13}f+t_1f/Z}{r_{31}x+r_{32}y+r_{33}+t_3/Z} \\[3mm] y'=\dfrac{r_{21}x+r_{22}y+r_{23}f+t_2f/Z}{r_{31}x+r_{32}y+r_{33}+t_3/Z} \end{cases} \tag{4-7}$$

进一步处理将分子、分母同除以 $r_{33}+t_3/Z$,上式可变为

$$\begin{cases} x'=\dfrac{a_1x+a_2y+a_3}{a_7x+a_8y+1} \\[3mm] y'=\dfrac{a_4x+a_5y+a_6}{a_7x+a_8y+1} \end{cases} \tag{4-8}$$

其中, $a_1=\dfrac{r_{11}}{r_{33}+t_3/Z}$; $a_2=\dfrac{r_{12}}{r_{33}+t_3/Z}$; $a_3=\dfrac{r_{13}f+t_1f/Z}{r_{33}+t_3/Z}$; $a_4=\dfrac{r_{21}}{r_{33}+t_3/Z}$; $a_5=\dfrac{r_{22}}{r_{33}+t_3/Z}$; $a_6=\dfrac{r_{23}f+t_2f/Z}{r_{33}+t_3/Z}$; $a_7=\dfrac{r_{31}}{r_{33}+t_3/Z}$; $a_8=\dfrac{r_{32}}{r_{33}+t_3/Z}$。

　　这样成像平面中成像点的坐标变换就取决于以下八个参数: $a_1,a_2,a_3,a_4,a_5,a_6,a_7,a_8$。利用当前帧和前一帧的图像信息对此八个参数进行估计,就可以得到图像的运动参数。

2. 基于平行投影的六参数模型

　　六参数模型是基于平行投影的成像原理,在成像平面中目标点坐标 (x,y) 与目标三维点坐标 (X,Y,Z) 之间的关系为

$$(x,y)=(X,Y),\quad (x',y')=(X',Y') \tag{4-9}$$

由式(4-4)、式(4-9)可得

$$\begin{cases} x'=r_{11}X+r_{12}Y+(r_{13}Z+t_1) \\ y'=r_{21}X+r_{22}Y+(r_{23}Z+t_2) \end{cases} \tag{4-10}$$

进一步可表示为

$$\begin{cases} x'=a_1x+a_2y+a_3 \\ y'=a_4x+a_5y+a_6 \end{cases} \tag{4-11}$$

其中 $a_1=r_{11}$; $a_2=r_{12}$; $a_3=r_{13}Z+t_1$; $a_4=r_{21}$; $a_5=r_{22}$; $a_6=r_{23}Z+t_2$。

这样成像平面中成像点的坐标变换就取决于以下六个参数：a_1，a_2，a_3，a_4，a_5，a_6。利用当前帧和前一帧的图像信息对此六个参数进行估计，就可以得到图像的运动参数。

3. 基于旋转平移假设的四参数模型

由式(4-4)表示的三维空域场景中的运动可表示成旋转和平移运动的合成运动，如图 4-3 所示。

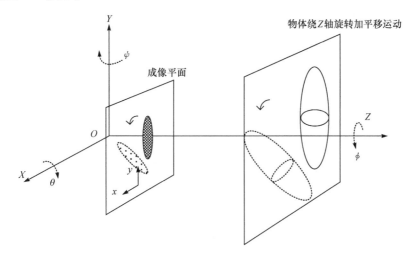

图 4-3 三维空域场景运动变化示意图

图 4-3 中 θ、ψ、ϕ 表示相对于三个坐标轴 X、Y、Z 的欧拉角，旋转变换矩阵 $R=R_\theta R_\psi R_\phi$，采用图 4-3 表示的投影模型，假设目标绕 X、Y 轴的旋转很小，且对目标成像影响很小，则可忽略目标绕 X、Y 轴的旋转，而只考虑目标绕 Z 轴的旋转，旋转矩阵可表示为

$$R=R_\phi=\begin{bmatrix} \cos\phi & -\sin\phi & 0 \\ \sin\phi & \cos\phi & 0 \\ 0 & 0 & 1 \end{bmatrix} \tag{4-12}$$

由式(4-1)、式(4-5)可得

$$\begin{cases} x'=f\times\dfrac{X\cos\phi-Y\sin\phi+t_1}{Z+t_3} \\[3mm] y'=f\times\dfrac{X\sin\phi+Y\cos\phi+t_2}{Z+t_3} \end{cases} \tag{4-13}$$

上式分子分母同除以 Z，再结合式(4-5)可得

$$\begin{cases} x' = \dfrac{x\cos\phi - y\sin\phi + t_1 f/Z}{1 + t_3/Z} \\[3mm] y' = \dfrac{x\sin\phi + y\cos\phi + t_2 f/Z}{1 + t_3/Z} \end{cases} \tag{4-14}$$

进一步处理可得

$$\begin{cases} x' = a_1 x - a_2 y + a_3 \\ y' = a_2 x + a_1 y + a_4 \end{cases} \tag{4-15}$$

其中, $a_1 = \dfrac{\cos\phi}{1 + t_3/Z}$; $a_2 = \dfrac{\sin\phi}{1 + t_3/Z}$; $a_3 = \dfrac{t_1 f/Z}{1 + t_3/Z}$; $a_4 = \dfrac{t_2 f/Z}{1 + t_3/Z}$。

这样成像平面中成像点的坐标变换就取决于以下四个参数: a_1, a_2, a_3, a_4。利用当前帧和前一帧的图像信息对此四个参数进行估计,就可以得到图像的运动参数。

4. 简化的平移模型

当光电成像器平台只有纯粹的抖动而不存在旋转或缩放时,图像运动模型可以简化为最简单的平移模型

$$\begin{cases} x' = x + d_1 \\ y' = y + d_2 \end{cases} \tag{4-16}$$

这样成像平面中成像点的坐标变换只取决于以下两个参数: d_1, d_2。利用当前帧和前一帧的图像信息对此两个参数进行估计,就可以得到图像的运动参数。

4.2.3 电子稳像原理

基于信息处理的电子稳像技术是从原始视频图像的帧间内容差别中,估计出图像的运动参数,并根据图像运动参数判断这种运动是属于光电成像器平台的随机抖动,还是人为使光电成像器的扫描运动,然后通过运动补偿算法来消除或减轻光电成像器平台的随机抖动对视频图像造成的影响,实现视频图像的稳定。

如图 4-4 所示,基于信息处理的电子稳像处理主要是由图像预处理、运动矢量检测和运动补偿三部分组成。图像预处理是为了消除噪声,增强对比度或提取边缘等,以利于下一步处理。运动矢量检测就是通过选择合适的算法对图像进行处理,估算出图像序列的帧间运动矢量,从而得到光电成像器平台的运动参数。运动补偿则是利用运动矢量检测得到的图像运动矢量去控制各帧图像像素的重组,以得到稳定、清晰的视频图像。

图 4-4　电子稳像处理流程框图

快速准确地检测图像序列帧间运动矢量是电子稳像的关键。获取图像运动矢量可采用硬件方法和软件方法来实现,其中硬件方法是使用高精度陀螺作传感器来检测光电成像器的运动,获得图像帧间的运动矢量,进行图像补偿,它的优点是速度快,缺点是体积大、成本高。而软件方法是采用图像处理方法,利用运动估计算法对图像序列进行处理,从帧间内容的差异估计出图像运动矢量,得到运动补偿参数。因此,运动估计算法的好坏对电子稳像的精度、实时性和稳定性影响很大,它是研究电子稳像的重点和难点。

目前国内外提出的运动估计算法有很多种:灰度投影法、相位相关法、块匹配法、位平面匹配法、特征量匹配法和梯度法等,它们各有各的优缺点和适用范围。灰度投影法是利用灰度投影曲线相关得到图像位移值,该算法简单且处理速度快,缺点是要求图像灰度变化丰富,且只能处理只有平移的图像序列。相位相关法利用傅里叶变换性质求得运动参数,可以匹配旋转角度大、大小迥异的两幅图像,但是计算量很大。块匹配算法是一种简单而且实用的运动矢量估计算法,它假定块内的像素具有相同的运动矢量,在当前图像中寻找与参考图像中大小相同块的最佳匹配位置,从而得到偏移矢量。它的精度和复杂度与块的大小、布局以及搜索范围、搜索方法有关。位平面匹配法是把一幅图像分解成 8 个位面,只用其中一个位面来估计运动矢量,计算量很小,但精确度有所降低。特征量匹配法首先要找到一个具有平移、旋转和缩放不变性的特征量,然后寻找特征量相关度最高的图像块,就可以得到运动矢量。梯度法是利用图像的梯度信息和高斯-牛顿非线性最小化方法迭代求解运动矢量的一种方法,该方法精度高,但只能匹配运动矢量较小的图像。下面将对这些运动估计算法进行详细介绍。

4.3 运动估计算法

比较实用的运动估计算法有灰度投影法、梯度法和块匹配法[4,14],其中块匹配法是 MPEG-4 标准推荐的运动估计方法。

4.3.1 灰度投影法

灰度投影法[15,16]利用图像灰度变化的规律性来求取运动矢量。当光电成像器平台抖动时,尽管图像序列帧间存在着几何变化和照度变化,但对于相邻帧的图像在其重合区域内灰度分布特点是基本相同的。基于这一原理,人们提出了灰度投影算法,将图像上的二维图像信息映射成两个独立的一维波形,再求取其相关曲线,相关曲线的峰值即为补偿图像的某一个方向的位移值,其实现由三个步骤组成:即图像的灰度投影、投影滤波处理及运动矢量提取。

1. 图像的灰度投影

图像灰度投影可用公式表示如下：

$$I_k(x) = \sum_y I_k(x, y) \tag{4-17}$$

$$I_k(y) = \sum_x I_k(x, y) \tag{4-18}$$

其中，$I_k(x, y)$ 表示第 k 帧图像坐标位置 (x, y) 处的灰度值。经过如上灰度投影变换，可得到图像列和行方向的灰度变化曲线，分别如图 4-5(a) 和图 4-5(c) 所示。

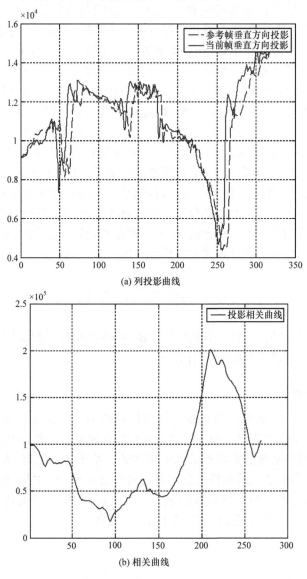

(a) 列投影曲线

(b) 相关曲线

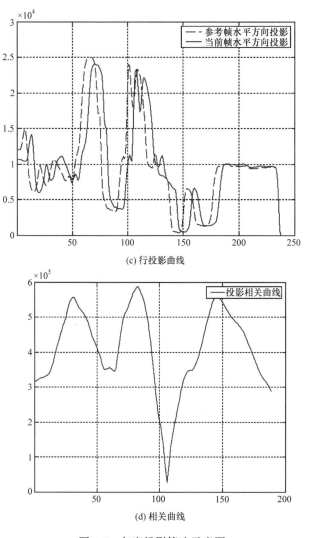

(c) 行投影曲线

(d) 相关曲线

图 4-5　灰度投影算法示意图

2. 投影滤波处理

当图像的位移量大时,由于每一幅图像的边缘信息是唯一的,所以投影的波形在边缘处会出现差异性,在进行相关计算时,会对互相关峰值产生影响而降低精度。解决此问题可通过余弦平方滤波器进行滤波,它的作用是降低边界信息的幅值而保留中心区域的波形,从而能降低边界对互相关峰值的影响,提高其位移矢量的检测精度。

3. 运动矢量的提取

一般地,分别将当前帧图像的行、列投影波形与参考帧图像的行、列的投影波形作互相关计算,根据两条相关曲线唯一的谷值即可确定当前帧图像相对于参考图像的行和列的运动矢量,如图 4-5(b)和 4-5(d)所示。

灰度投影法的优点是算法简单、易于硬件实现、速度快可实时处理、能达到一定的精度。但灰度投影算法的缺点也是很明显的,由于它是从投影曲线的相关峰值求得位移矢量的,所以要求图像灰度变化一定要丰富,否则投影曲线平缓,相关后波谷不够明显,很难确定位移矢量。对于有旋转运动的序列图像,灰度投影算法也无能为力。另外,灰度投影算法是基于整幅图像的投影,对于内部有小物体运动的情况,匹配效果也会变差。

4.3.2　梯度法

梯度法[14,17,18]的核心思想是构造一个准则函数,沿梯度下降最快的方向,用迭代的方法逼近准则函数的最小点。它所基于的图像运动模型是建立在如下假设的基础之上的:图像块内的像素具有相同的运动特征,相应的图像块之间只是做了简单的平移运动,偏移矢量为 $d=(d_x,d_y)^T$。设 I,J 为相对应的两幅图像,则有

$$J(\mathrm{x}+d)=I(d) \tag{4-19}$$

其中,$\mathrm{x}=(x,y)^T$,式(4-19)也可写成

$$J\left(\mathrm{x}+\frac{d}{2}\right)=I\left(\mathrm{x}-\frac{d}{2}\right) \tag{4-20}$$

则求解偏移矢量 d 的问题可转化为最小化准则函数 ε 的问题

$$\varepsilon=\iint_W\left[J\left(\mathrm{x}+\frac{d}{2}\right)-I\left(\mathrm{x}-\frac{d}{2}\right)\right]^2\omega(\mathrm{x})\mathrm{d}\mathrm{x} \tag{4-21}$$

其中,W 代表 $M\times N$ 的图像块;$\omega(\mathrm{x})$ 为加权系数,一般情况下取 $\omega(\mathrm{x})=1$。由泰勒公式可得

$$J\left(\mathrm{x}+\frac{d}{2}\right)\approx J(\mathrm{x})+\frac{d_x}{2}\frac{\partial J}{\partial x}(\mathrm{x})+\frac{d_y}{2}\frac{\partial J}{\partial y}(\mathrm{x}) \tag{4-22}$$

$$I\left(\mathrm{x}-\frac{d}{2}\right)\approx I(\mathrm{x})-\frac{d_x}{2}\frac{\partial I}{\partial x}(\mathrm{x})-\frac{d_y}{2}\frac{\partial I}{\partial y}(\mathrm{x}) \tag{4-23}$$

由式(4-22)、式(4-23)可得

$$\frac{\partial \varepsilon}{\partial d}=\iint_W\left[J\left(\mathrm{x}+\frac{d}{2}\right)-I\left(\mathrm{x}-\frac{d}{2}\right)\right]\left[\frac{\partial J\left(\mathrm{x}+\frac{d}{2}\right)}{\partial d}-\frac{\partial I\left(\mathrm{x}-\frac{d}{2}\right)}{\partial d}\right]\mathrm{d}\mathrm{x}$$

$$\approx\iint_W\left[J(\mathrm{x})-I(\mathrm{x})+\frac{1}{2}g(\mathrm{x})^T d\right]g(\mathrm{x})\mathrm{d}\mathrm{x} \tag{4-24}$$

其中图像块的梯度矢量记作 $g(\mathrm{x})=\left(\dfrac{\partial(I+J)}{\partial x},\dfrac{\partial(I+J)}{\partial y}\right)^{\mathrm{T}}$，为求取偏移矢量，令式(4-24)等于零，得

$$\frac{\partial\varepsilon}{\partial d}=\iint\limits_{W}\left[J(\mathrm{x})-I(\mathrm{x})+\frac{1}{2}g(\mathrm{x})^{\mathrm{T}}d\right]g(\mathrm{x})\mathrm{d}\mathrm{x}=0 \tag{4-25}$$

移项得

$$\iint\limits_{W}\left[g(\mathrm{x})^{\mathrm{T}}g(\mathrm{x})\mathrm{d}\mathrm{x}\right]d=2\iint\limits_{W}\left[I(\mathrm{x})-J(\mathrm{x})\right]g(\mathrm{x})\mathrm{d}\mathrm{x} \tag{4-26}$$

令 $Z=\iint\limits_{W}g(\mathrm{x})^{\mathrm{T}}g(\mathrm{x})\mathrm{d}\mathrm{x},e=2\iint\limits_{W}\left[I(\mathrm{x})-J(\mathrm{x})\right]g(\mathrm{x})\mathrm{d}\mathrm{x}$，则式(4-26)可写作

$$Zd=e \tag{4-27}$$

重复迭代求解上式，直到 ε 小到某一值，即可得到偏移矢量 d。

梯度法最大的优点是精度高，可以到达亚像素级。缺点是稳定性差，迭代搜索时容易陷入局部最小，造成误匹配；同时可检测最大偏移矢量小，一般不大于 7 个像素，无法应用于运动矢量较大的序列图像。

4.3.3　特征量匹配法

图像的特征量是指所获取的图像场景中具有标志属性的部分。利用特征量匹配法[19,20]估计视频图像序列的帧间运动矢量，首先要在参考帧图像中确定一组特征量作为标识，并对当前帧图像进行搜索，以寻找到对应的特征结构，从而获得图像序列的帧间运动矢量。特征量匹配可分两个步骤进行：特征量提取和运动估计。

1. 特征量提取

为了能够估计视频图像相邻帧之间的平移、旋转和缩放运动参数，就需要找到一种具有平移、旋转和缩放不变性的特征量。一般情况下，视频序列中相邻帧之间的旋转和平移运动是很小的，但是当光电成像器平台存在剧烈抖动或旋转时，所获取的相邻图像帧之间的全局运动还是很大的，所以通常采用的基于特征点的匹配方法会由于偏移量较大而不能正确地匹配。下面介绍一种实用的具有旋转不变特性的特征提取方法。

首先，提取出参考帧图像的灰度信息 $I(x,y)$ 和梯度信息 $G(x,y)$。为了保证提取特征具有旋转不变属性，梯度算子选择应该具有旋转不变性。因此，采用具有旋转不变性的高斯-拉普拉斯算子生成梯度图像。事实上，只有强的边缘才有较高的可信度，因此，采用了一个阶梯函数从 G 中去除弱的边缘

$$G(x,y)=\begin{cases}G(x,y), & G(x,y)\geqslant T\\0, & G(x,y)<T\end{cases} \tag{4-28}$$

然后,可以通过式(4-28)从一个包含 N 个像素的块区域 W 中提取出具有旋转不变性的 4 个特征量:

$$f_1 = \sum_{(x,y)\in W, G(x,y)>0} G(x,y)/G(x,y)$$

$$f_2 = \frac{1}{N} \sum_{(x,y)\in W} G(x,y)$$

$$f_3 = \frac{1}{N} \sum_{(x,y)\in W} I(x,y) \qquad\qquad (4\text{-}29)$$

$$f_4 = \frac{1}{f_1} \sum_{\substack{(x,y)\in W \\ G(x,y)>0}} \left[(x-\bar{x})^2 + (y-\bar{y})^2\right]$$

其中

$$\bar{x} = \frac{1}{f_1} \sum_{\substack{(x,y)\in W \\ G(x,y)>0}} x; \quad \bar{y} = \frac{1}{f_1} \sum_{\substack{(x,y)\in W \\ G(x,y)>0}} y$$

f_1 代表强边缘的像素个数;f_2 和 f_3 分别代表平均梯度和平均灰度;f_4 代表强边缘的离散度;它们构成一个特征向量 $\bar{f} = (f_1, f_2, f_3, f_4)^{\mathrm{T}}$,该向量具有旋转不变性。

2. 运动估计

提取出参考帧图像的区域块的旋转不变特征量后,进行基于二维运动搜索的特征量匹配操作,以获取相邻帧图像的运动矢量。搜索范围是当前帧图像内的一定区域,评价函数为参考帧图像和当前帧图像的特征向量的标准差分,当评价函数取得最小值时为最佳匹配,从而可以得到图像的运动矢量。假设 A 代表参考图像的区域块,B 代表搜索范围内的区域块,S 为搜索区域,则最佳匹配为

$$\arg \min_{B \in S}\{\parallel \bar{f_A} - \bar{f_B} \parallel\} \qquad\qquad (4\text{-}30)$$

4.3.4　块匹配法

块匹配法[21-23]由于精度高、计算简单、稳定性好、易于硬件实现,所以对于实时运动处理来说是一种有效的、研究较多的方法。在块匹配中,运动矢量的估计是通过在一定区域内进行块的搜索与匹配来进行的。在参考帧图像中选择一定大小的图像块,然后在当前帧图像中一个较大的搜索窗口 W 内寻找尺寸相同的最佳匹配块的位置,即可得到图像块的偏移矢量,如图 4-6 所示。

有关块匹配的电子稳像处理算法将放在 4.4 节进行详细研究。

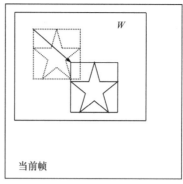

图 4-6　块匹配法示意图

4.3.5　其他运动估计方法

除了上面介绍的以外,还有其他一些运动估计方法,如位平面法、傅里叶变换法(FFT)和光流法,这些方法在电子稳像实践中很少用到,下面仅简单介绍。

1. 位平面法

位平面法[24,25]是把原始数字图像分解成为若干个二值位平面,匹配方法和块匹配法类似,区别在于位平面法只使用一个位平面进行匹配,大大减少了计算量。通常情况下的 256 色位图,每一个像素的灰度值可用一个 8 位二进制数表示,这样便可把原始位图的数字矩阵按二进制数的位数分解成 8 个位面的二进制矩阵。在进行相邻帧图像运动估计时,只使用其中一个位面,而且在匹配时计算机只需处理二进制数据,所以计算速度很快。但位平面法不足之处也很明显,由于它在匹配时只使用了原始图像的一部分信息(一个位平面),所以匹配精度不高,容易出现误匹配。

2. 傅里叶变换法

傅里叶变换法[26]是根据傅里叶变换的一些性质来求取图像运动矢量的。假设参考帧图像为 $I(x,y)$,当前帧图像为 $J(x',y')$,若

$$I(x,y)=J(x',y') \tag{4-31}$$

其中,$\begin{bmatrix} x' \\ y' \end{bmatrix} = \begin{bmatrix} \cos\theta_0 & \sin\theta_0 \\ -\sin\theta_0 & \cos\theta_0 \end{bmatrix} \begin{bmatrix} x \\ y \end{bmatrix}$,即参考帧图像和当前帧图像存在旋转变换,式(4-31)可写作

$$I(x,y)=J(x\cos\theta_0+y\sin\theta_0,-x\sin\theta_0+y\cos\theta_0) \tag{4-32}$$

式(4-32)两边作傅里叶变换,可得

$$F_1(\rho,\theta)=F_2(\rho,\theta-\theta_0) \tag{4-33}$$

其中,$F_1(\rho,\theta)$和$F_2(\rho,\theta-\theta_0)$分别是$I(x,y)$和$J(x',y')$的傅里叶变换。由此可以很方便地求出选择运动参数$\theta_0$。此外,根据傅里叶变换的标尺性质很容易求取存在缩放变化图像的运动参数。

傅里叶变换法精度高,可以处理大角度旋转和剧烈缩放的图像序列,但运算量大、实时性差,一般只用于图像分析处理。

3. 光流法

由于景物与光电成像器之间的相对运动会在光电成像器的成像面上产生连续的灰度变化,根据这种变化可以推导出图像像面上的速度场分布。把这种空间运动物体被观测表面上的像素点运动瞬时速度场称为光流,光流法[27]因此得名。光流法是通过对像素灰度的偏导进行计算求其运动速度的。1986 年 Horn 和 Schunck 推出了光流运动约束方程,从此运动约束方程成为光流法研究的基础。光流计算存在孔径问题和遮挡问题,这是光流法的不确定性。根据运动约束方程仅能求出沿梯度方向的速度,从图像本身无法计算各个像素点的光流,由运动引起的图像上每一点灰度的变化只提供了一种约束,必须引入约束条件,才能确定光流的唯一解。因此,光流法的研究难点和重点就是如何引入约束条件克服不确定问题,不同的约束条件将会导致不同的光流计算方法。

基于光流的电子稳像算法的研究近几年比较活跃,然而,光流法在理论和实际应用中仍面临一些问题。主要表现在:①光流约束方程并非严格成立,只有在梯度很大的点上,理论上是漫反射的特殊表面结构和平移运动占优的情况下,基本关系式才严格成立。因此,基于运动约束方程计算的光流是不精确的;②光流的计算存在较大的噪声和误差。其原因除了基本约束方程的不精确性,还有微分对噪声的敏感性,附加约束条件的不完善性等因素,这些导致在有噪声的图像上精确计算光流产生了困难;③光流计算要求图像序列有较大的帧率,因此,大数据量的处理也会给实时性带来困难。

4.4　基于块匹配的电子稳像方法

块匹配法简单实用、稳定性好,是 MPEG-4 标准推荐的局部运动矢量检测方法。本节在块匹配的基础上,将通过对算法某些环节的优化处理,使基于块匹配的电子稳像效果变得更好。其具体方法是在参考帧图像中提取若干小块,在当前帧图像中搜索每一小块的最佳匹配位置,获得每一小块的局部运动矢量,再根据局部运动矢量用仿射变换模型求得全局运动矢量,最后进行运动补偿。基于块匹配的电子稳像算法如图 4-7 所示,输入的原始视频图像先进行图像预处理消除噪声,然后进行图像运动估计,得到图像运动参数后对图像进行运动补偿,最后输出稳定的视频图像。

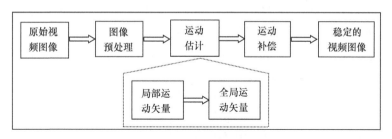

图 4-7　基于块匹配的电子稳像算法框图

块匹配法的精度和计算复杂度与块的大小、块的位置以及搜索范围、搜索方法有很大关系,本节将重点研究如何改进算法的这些方面,以降低计算复杂度和提高运动估计精度。

4.4.1　图像预处理

对于实际远距离的成像系统由于作用距离远、工作环境复杂、同时受大气衰减的影响,其输出图像信噪比往往比较低。为了能够准确地估计出图像的运动矢量,提高稳像精度,在利用块匹配法进行运动估计之前,首先需对图像进行预处理。图像预处理的目的是增强目标图像特征和滤除噪声。这里采用中值滤波法去除噪声,利用侧抑制网络增强目标图像。

1. 中值滤波

中值滤波是一种抑制噪声的非线性处理方法。对于给定的 n 个数值,将它们按大小有序排列。当 n 为奇数时,位于中间位置的那个数值称为这 n 个数值的中值。当 n 为偶数时,位于中间位置的两个数值的平均值称为这 n 个数的中值。中值滤波就是这样的一个变换,图像值滤波后对应点像素的灰度值等于该像素邻域内 n 个像素灰度的中值。邻域的大小决定了多少个数值求中值,窗口的形状决定了在什么样的几何空间中取像素计算中值。对二维图像,窗口的形状可以是矩形、圆形或十字形等,中心一般位于被处理点上。这里选择在十字形窗口内求 5 像素中值,如图 4-8 所示。

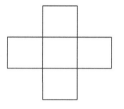

中值滤波法运算简单,易于实现,在去除噪声的同时能较好地保护图像边缘信息。

图 4-8　十字形 5 像素窗口

2. 侧抑制网络

侧抑制效应[28]是神经系统信息处理的一个基本原则,从原始的节肢动物到人,其视觉神经系统都存在着侧抑制作用。简单地讲,就是某一视觉神经细胞的响应不但与它所受到刺激的兴奋度有关,而且与同时受到刺激的相邻细胞给予它的抑制性影响有关。侧抑制作用是相互的,但在视网膜影像中,光照很亮的区域中强烈兴奋的感受单元对光照很暗的区域中的感受器单元所施加的抑制作用比后者对前者的抑制作用要强得多,这样就加剧了这些感受器活动的不一致性。因为靠得很近的相邻单元之间的抑制作用比分隔很远的单元的抑制作用要强,故视网膜影像中强的梯度和边界就被反差强调。感觉信息的这种"畸变"常常起到一种有益的作用,它可以强调和"突出"视觉影像的边缘信息以及重要特征,从而提高视觉效果。因此,侧抑制效应可以用于图像预处理,增强图像。这里使用如下侧抑制网络模型:

$$I(x,y) = \begin{bmatrix} -0.02 & -0.03 & -0.02 \\ -0.03 & 1.20 & -0.03 \\ -0.02 & -0.03 & -0.02 \end{bmatrix} \begin{bmatrix} I(x-1,y-1) & I(x-1,y) & I(x-1,y+1) \\ I(x,y-1) & I(x,y) & I(x,y+1) \\ I(x+1,y-1) & I(x+1,y) & I(x+1,y+1) \end{bmatrix}$$

$$(4\text{-}34)$$

其中,$I(x,y)$是坐标(x,y)处的灰度值。

侧抑制网络实际上是一种衰减低频响应的高通滤波器,可以增强图像对比度和目标的边缘,对下一步的块匹配实现很有利。

3. 明暗调整

由于成像环境的复杂性,如闪光灯、照明灯的影响以及阳光遮挡等,相邻帧图像的整体明暗程度可能会有很大变化,这会对块匹配的结果带来较大误差。为了保证块匹配的稳定性,必须检测相邻帧图像的明暗变化,并在必要时消除这种变化,其方法是

$$E_I = \left(\sum_{x=2, y=2}^{M/2, N/2} I(2x, 2y) \right) / (MN/4) \tag{4-35}$$

$$E_J = \left(\sum_{x=2, y=2}^{M/2, N/2} J(2x, 2y) \right) / (MN/4) \tag{4-36}$$

其中,$I(x,y)$,$J(x,y)$分别代表参考帧和当前帧图像的灰度值;$M \times N$是图像大小,E_I和E_J分别是参考帧和当前帧图像的像素灰度均值。当$|E_I - E_J| \geqslant 15$时,需要进行明暗调整。调整方法如下:

$$J(x,y) \times E_I / E_J \tag{4-37}$$

4.4.2　运动估计模型

1. 局部运动估计模型

块匹配法假设同一块内的像素具有一致的运动矢量,这种假设对于大小不超过 16×16 的图像块来说比较合理。对于大小不超过 16×16 的图像块,在整幅图像存在旋转(小于 $8°$)和轻微畸变时,图像块的形变很小,相邻帧对应图像块之间的运动完全可以简化为只有平移运动。简化造成的误差对块匹配的结果和最终得到的全局运动矢量几乎没有影响,而计算量和运算复杂度大大减小,所以在求局部运动矢量时可采用简单的平移模型:

$$I(x,y) = J(x',y'), \quad \begin{bmatrix} x' \\ y' \end{bmatrix} = \begin{bmatrix} x+d_1 \\ y+d_2 \end{bmatrix}, \quad d = (d_1, d_2) \tag{4-38}$$

其中,d 为平移矢量;$I(x,y)$ 和 $J(x',y')$ 分别是参考图像块和与其匹配的当前图像块的灰度值。

局部运动估计模型合理的简化为平移模型,减轻了计算复杂度,提高了效率,而且不影响结果的精度。从这里也可以看出,这种基于块匹配的电子稳像方法可以处理含有旋转(小于 $8°$)和轻微畸变的图像序列。

2. 全局运动估计模型

仿射变换模型有很高的精确度,计算量也不是很大,所以求取全局运动矢量时采用仿射变换模型

$$I(x,y) = J(x',y'), \quad \begin{bmatrix} x' \\ y' \end{bmatrix} = \begin{bmatrix} a & b \\ c & d \end{bmatrix} \begin{bmatrix} x \\ y \end{bmatrix} + \begin{bmatrix} e \\ f \end{bmatrix} \tag{4-39}$$

另外,在只有平移和旋转的情况下,仿射变换模型可以简化为四参数模型:

$$I(x,y) = J(x',y'), \quad \begin{bmatrix} x' \\ y' \end{bmatrix} = s \begin{bmatrix} 1 & -\theta \\ \theta & 1 \end{bmatrix} \begin{bmatrix} x \\ y \end{bmatrix} + \begin{bmatrix} d_1 \\ d_2 \end{bmatrix} \tag{4-40}$$

从局部运动估计得到各个图像块的运动矢量后,就可以得到参考帧图像和当前帧图像的对应坐标对,把对应坐标对的坐标值代入上面的全局运动估计模型,解方程就可以得到全局运动参数。

4.4.3　局部运动矢量估计

块匹配运动矢量估计可以从三个方面研究:块匹配准则、块匹配的搜索方法、块的形状大小和位置,这三个方面决定了块匹配法的精度、速度和效率。这里拟对经典的块匹配准则和块匹配搜索方法做些改进,采用一种新的块形状、大小和位置的选择方法。

1. 块匹配准则

块匹配准则是判断块相似程度的依据,匹配准则的好坏直接影响了运动估计的精度,同时,匹配运算的速度也在很大程度上取决于所采取的块匹配准则,因此选择合理的块匹配准则很重要。常用的块匹配准则有最小绝对差准则(MAD)、最小均方差准则(MSE)、最大匹配像素统计准则(MPC)和相关函数匹配准则(CCF)等[29]。以 B 表示所选的图像块,块的大小为 $N_1 \times N_2$,$I(x,y)$ 和 $J(x,y)$ 表示参考帧图像和当前帧图像的像素灰度值,图像块运动矢量为 $d=(d_1,d_2)^T$,下面介绍几种典型的块匹配准则。

1) 最小绝对差准则

MAD 定义如下:

$$\text{MAD}(d_1,d_2) = \frac{1}{N_1 N_2} \sum_{(x,y) \in B} |I(x,y) - J(x+d_1, y+d_2)| \qquad (4\text{-}41)$$

对搜索窗内每一个点计算其绝对差,绝对差最小的那一点就是图像块的偏移位置,由此可以得到局部运动矢量为:$(d_1,d_2)^T = \arg\min\limits_{(x,y \in B)} \text{MAD}(d_1,d_2)$。

2) 最小均方差准则

MSE 定义如下:

$$\text{MSE}(d_1,d_2) = \frac{1}{N_1 N_2} \sum_{(x,y) \in B} [I(x,y) - J(x+d_1, y+d_2)]^2 \qquad (4\text{-}42)$$

局部运动矢量为:$(d_1,d_2)^T = \arg\min\limits_{(x,y \in B)} \text{MSE}(d_1,d_2)$

最小均方差准则精确度很高,但计算量大,主要原因是硬件实现平方运算有相当大的困难,在实时处理中用的较少。

3) 最大匹配像素统计准则

MPC 的做法是先将窗口内的像素按下式分为两类:

$$T(x,y,d_1,d_2) = \begin{cases} 1, & |I(x,y) - J(x+d_1, y+d_2)| \leqslant G \\ 0, & \text{其他} \end{cases} \qquad (4\text{-}43)$$

其中,G 是预先确定的阈值。$T=1$ 的为匹配像素,$T=0$ 的为非匹配像素。这样,最大匹配像素统计准则为

$$\text{MPC}(d_1,d_2) = \sum_{(x,y) \in B} T(x,y,d_1,d_2)$$

$$(d_1,d_2)^T = \arg\max\limits_{(x,y \in B)} \text{MPC}(d_1,d_2) \qquad (4\text{-}44)$$

4) 相关函数匹配准则

CCF 定义如下:

$$\mathrm{CCF}(d_1,d_2)=\frac{\sum\limits_{(x,y)\in B}I(x,y)J(x+d_1,y+d_2)}{\left[\sum\limits_{(x,y)\in B}I^2(x,y)\sum\limits_{(x,y)\in B}J^2(x+d_1,y+d_2)\right]^{1/2}}$$

局部运动矢量为

$$(d_1,d_2)^{\mathrm{T}}=\arg\max_{(x,y\in B)}\mathrm{CCF}(d_1,d_2) \tag{4-45}$$

实验表明,MSE 和 CCF 匹配准则的精度最高,但其乘方运算在硬件实现上比较困难。MAD 和 MPC 的匹配精度相当,但 MAD 简单实用,计算量小,易于硬件实现,所以,这里选择 MAD 作为块匹配的准则。如果采用相同形状大小的块来进行匹配,N_1N_2 都是相同的,所以对 MAD 准则作如下改动:

$$\mathrm{MAD}(d_1,d_2)=\sum_{(x,y)\ni B}\mid I(x,y)-J(x+d_1,y+d_2)\mid$$

这样就可以省去耗时的除法运算,提高了块匹配的速度,而对精度没有任何影响。另外,在计算 MAD 的过程中,当发现块的部分 MAD 已经大于前面最小的 MAD 时,可以中途停止,进一步减少计算量。

2. 块匹配的搜索方法

最简单的搜索方法是全搜索法(FS),它穷尽当前帧图像搜索窗内的所有可能点进行比较,找出 MAD 最小的匹配块,从而得到运动矢量。显然,全搜索法的估计精度是很高的,但全搜索法耗时也是所有搜索算法中最大的,这对某些硬件系统,要做到实时处理还有很大难度。为了提高速度,人们提出了各种各样的快速搜索算法,如三步搜索法(TSS)[30]、新三步搜索法(NTSS)[31]、四步搜索法(FSS)[32]、快速三步搜索法(FTSS)[33]、一维搜索法(ODS)[34]和菱形搜索法(DS)[35]等,如图 4-9 所示。

1) 经典快速搜索算法

a. 三步搜索法

三步搜索法于 1981 年由 Koga 提出[22],最初用于图像编码,是最经典的快速搜索算法之一。由于早期的搜索范围为±7,该算法经过三步搜索即可结束,故此得名。如图 4-9(a)所示,三步搜索法包括以下三个步骤:

（Ⅰ）以起始点(x,y)为中心,以 4 为步长,根据 MAD 值来检测中心点和外围 8 个方向上的共 9 个搜索点。例如,如果$(x-4,y+4)$点的 MAD 值最小,则该点为第一步搜索的匹配点。

（Ⅱ）以第一步搜索的匹配点$(x-4,y+4)$为中心点,以 2 为步长,用相同的方法检测周围的 8 个搜索点,找到一个新的匹配点$(x-4,y+6)$,则该点为第二步搜索的匹配点。

（Ⅲ）以第二步搜索的匹配点$(x-4,y+6)$为中心点,比较邻域 8 个点的 MAD 值,找出 MAD 值最小的一个$(x-3,y+6)$点,即是最佳匹配点。由此可以得到图像块的运动矢量为$(-3,6)$。

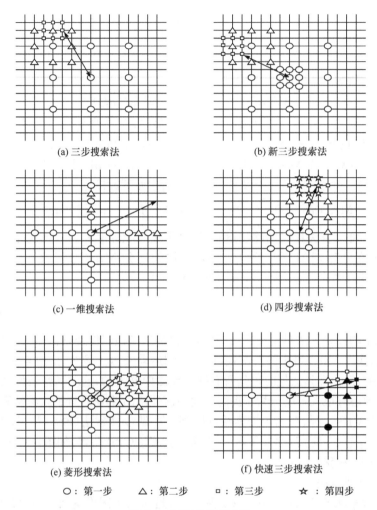

(a) 三步搜索法　　　　　　　　(b) 新三步搜索法

(c) 一维搜索法　　　　　　　　(d) 四步搜索法

(e) 菱形搜索法　　　　　　　　(f) 快速三步搜索法

○：第一步　　△：第二步　　□：第三步　　☆：第四步

图 4-9　不同的搜索方法

　　三步搜索法一共需要比较 25 个搜索点,和全搜索法的 225 个搜索点相比,大大节省了时间,所以很快得到广泛的应用。三步搜索法最初的设计是用于图像压缩编码的,相邻帧图像块的运动矢量一般很小,第一步搜索以 4 为步长在一些情况下略嫌过大,故此出现了新三步搜索法。新三步搜索法利用视频运动矢量的中心偏置分布特点,加强搜索中心区域,将第一步搜索点数增加到 17 个,如图 4-9(b)所示。

　　b. 四步搜索法

　　新三步搜索法考虑了图像块运动矢量中心偏置的特性,在初步搜索时对中心附近的位置作了匹配运算,当物体做小范围运动时,这种改进很见效,可以大大减少运算量,然而,在物体做大范围运动时,这样改进却带来了额外的运算量。因此1996 年 Po 和 Ma 提出了四步搜索法[32],这种算法考虑到了图像块运动的中心偏

置特性,同时兼顾了图像块的大范围运动。四步搜索法示意图如图 4-9(d)所示,具体算法如下:

（Ⅰ）对在中心位置周围、等步长的 5×5 的矩形框上的 9 个点作匹配运算,如果得到的最小 MAD 值在窗口的中心位置,则将搜索窗口改为 3×3,跳到第四步,否则跳到第二步。

（Ⅱ）第二步搜索窗口的位置依照第一步的结果而定:如果第一步得出的最小 MAD 值点的位置在四个边上,则额外的三个位置需要做匹配运算;如果第一步得出的最小 MAD 值点的位置在四个顶点上,则额外的五个位置需要做匹配运算。如果这一步得出的最小 MAD 值匹配位置在窗口的中心位置,则直接跳到第四步,否则跳到第三步。

（Ⅲ）第三步与第二步的搜索过程相同,只是做完搜索后直接跳到第四步。

（Ⅳ）对 3×3 的搜索窗口里的 9 个点作匹配运算,得出最佳匹配位置就是最终的匹配位置。

四步搜索法可以明显减少匹配运算量,如果物体不运动只需要 17 个点的匹配运算,如果物体做大范围的运动,则这种算法最多需要做 27 个点的匹配运算。虽然它在搜索速度上不一定快于三步搜索法,但计算复杂度比三步搜索法低,而且搜索幅度比较平滑,不至于出现方向上大的误差。

c. 菱形搜索法

菱形搜索法是目前快速算法中性能最优异的算法之一。菱形搜索法算法采用两种搜索模板,分别是 9 个检测点的大模板和 5 个检测点的小模板。搜索时先按大模板进行计算,当 MAD 最小点出现在中心点时,将大模板换成小模板,再进行匹配计算,这时 5 个点中的最小 MAD 值点即为最佳匹配点。如图 4-9(e)所示,具体步骤如下:

（Ⅰ）用大模板在搜索区域中心及周围 8 个点处进行匹配运算,若匹配点位于中心点,则跳到第三步,否则跳到第二步。

（Ⅱ）以第一步找到的匹配点为中心,用大模板进行匹配运算,若新的匹配点位于模板的中心点则跳到第三步,否则重复第二步。

（Ⅲ）以上次找到的匹配点作为中心点,用小模板进行匹配运算,得到的匹配点就是最佳匹配位置。

菱形搜索法的特点在于它分析了视频图像中运动矢量的基本规律,选用了大小不同的两个搜索模板。先用大模板搜索,由于步长大,搜索范围广,可以进行粗定位,使搜索过程不会陷入局部最小。当粗定位结束后,可以认为最佳匹配点在大模板所围的菱形区域中,这时再用小模板来准确定位,使搜索不至于有大的起伏。另外,菱形搜索法搜索时各步骤之间有很强的相关性,模板移动时只需在几个新的检测点进行匹配计算,所以也提高了搜索速度。但是它不能根据图像的内容(运动类型)作出灵活处理,即不管是什么样的运动,一律先用大模板来搜索,再使用小模板,这对于小运动是一种浪费。

2) 改进的三步搜索法

三步搜索法是最早提出的快速搜索算法,无论是新三步搜索法、四步搜索法、快速三步搜索法,还是一维搜索法、菱形搜索法,都是在三步搜索法基础上改进得到的,各有自己的优点和适用范围。新三步搜索法适用于运动矢量较小的图像序列,四步搜索法适用于运动矢量较大的图像序列,一维搜索法适用于图像内容比较平滑的图像序列。但对于电子稳像系统来说,需要稳像的场景各种各样,相邻帧图像的运动矢量有大有小,针对特定的场景或内容的搜索算法无法使用,所以这里提出一种改进的三步搜索法(modified three-step searching,MTSS)。

上面已经提到,三步搜索法最初是为视频图像编码设计的,相邻帧图像的运动矢量一般比较小,而三步搜索法最大可检测矢量为±7,对于视频图像编码来说已经足够。但对于电子稳像系统来说,相邻帧图像的运动矢量可以到达±40个像素,甚至更大,三步搜索法显然难以胜任。

这里提出的改进的三步搜索法,它和三步搜索法的区别在第一步。如图4-10所示,三步搜索法第一步的搜索模板是固定的9个点,而改进的三步搜索法第一步的搜索模板的点数不固定,可根据实际情况随意扩展,以适应大小不同运动矢量的场合。同时改进的三步搜索法吸取了菱形搜索法的优点,靠近搜索中心的8个点的搜索步长为4,外围的搜索点的步长为5,即考虑到了块矢量中心偏置特性,又适应了大范围的运动变化。所以改进的三步搜索法在不同的稳像场合都有较高的鲁棒性。

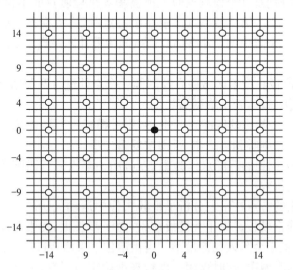

图 4-10　改进的三步搜索法第一步搜索点模板

临近中心的八个搜索点的步长为4,其余搜索点的步长为5,搜索范围可随意扩展

3) 进一步提高局部运动估计速度的方法

改进的三步搜索法虽然大大缩短了块匹配的搜索时间,但当搜索范围扩大时,搜索过程仍然十分耗时。从图 4-10 可以看出,当搜索范围为±40 时,每一个图像块的匹配需要搜索多达 289 个点,耗时很大。为了减少搜索点个数,同时又不影响匹配精度,可使用金字塔分解技术来加快局部运动估计速度。

图像的金字塔分解就是按分辨率的不同将图像分解成具有金字塔形的多级子图像,如图 4-11 所示,最左边是第一级,为原图像,它的分辨率最高,像素点数也最多,依次往右分辨率降低,像素点数也减少。不同级图像的关系为

$$I_{k+1}(x,y)=\frac{1}{4}\left[I_k(2x-1,2y-1)+I_k(2x-1,2y)+I_k(2x,2y-1)+I_k(2x,2y)\right]$$

其中,$I_{k+1}(x,y)$代表低一级的子图像,即像素个数少的子图像;$I_k(x,y)$代表高一级的子图像。原始图像的级别最高,为第一级。

图 4-11　金字塔分解示意图

在对相邻两帧图像进行高斯金字塔分解后,再用块匹配法从两幅图像的最低一级子图像开始进行匹配并据此求出子图像的全局运动参数。在对下一级子图像进行类似处理之前,将前一帧该级子图像按上一级估计出的运动参数进行预补偿。上一级估计出的全局运动参数传递到下一级时,表示行方向与列方向平移量的两个因子 e、f 都要扩大一倍。图像的金字塔处理技术的中心思想就是要在低的分辨率子图像层估计出两帧图像间较大的运动矢量,粗略地进行图像补偿,而在图像的高分辨率子图像层估计出图像间较小的运动,精确地进行图像补偿。由于较低分辨率的子图像尺寸小,估计较大的运动矢量耗费的时间也比较少,而在较高分辨率的子图像层虽然图像尺寸较大,但两幅图像间已经过了上一级子图像层的粗补偿,运动偏移量已大为减少,故块匹配所耗费的时间也就大大缩短。从基于多分辨率技术的图像运动估计与补偿的过程可以看出,该方法在没有降低运动参数估计精度的情况下,极大地缩短了存在较大运动矢量的两帧图像间的运动估计时间。例

如,当搜索范围是±40时,改进的三步搜索法第一步需要搜索 289 个点。使用金字塔分解技术,把原始图像分为三级,第三级子图像的长和宽只有原始图像的1/4,相应的最大运动矢量为±10,这时改进的三步搜索法第一步只需要搜索 25 个点,耗费的时间大大减少。

3. 匹配块的合理选择

块匹配法的对象是图像块,算法的速度和精度与图像块的大小、形状和位置有很大关系。这里通过实验的方法,同时考虑精度和速度的要求,确定图像块的最佳大小、形状和位置。图 4-12 是用于实验的 6 幅图像,分别是停车场、滑冰场、山地林道、汽车、码头和建筑物图像。

(a) 停车场　　　　　　　　　　　　　(b) 滑冰场

(c) 山地林道　　　　　　　　　　　　(d) 汽车

(e) 码头　　　　　　　　　　　　　　(f) 建筑物

图 4-12　实验图像

1) 匹配块的大小和形状的选择

块匹配法隐含着如下假设:同一图像块内像素的运动是一致的。显然这个假设具有一定的片面性,特别是图像有旋转运动和畸变时,但选择合适的图像块在一定程度上可以消除这种片面性。一般来说,图像块的形状使用正方形是比较自然的选择,这样既便于图像块的划分,又有利于块匹配准则函数的计算。关于图像块的大小,显然块越小,块内像素的一致性越高,但包含的有效信息量就少,容易造成误匹配;而块越大,匹配正确率越高,就会增加运算量,造成效率的降低。如何选择图像块的大小是一个值得认真研究的问题。这里选择了 6 幅图像做实验,试图确定最佳的图像块大小。实验方法如下:以原始图像作为参考帧图像,从中随机选择100 个点作为图像块的中心;把原始图像顺时针旋转 3°、平移矢量(3,−5)得到当前帧图像,在当前帧图像里用块匹配法搜索参考帧图像中选中的 100 个图像块。实验结果如表 4-1 所示。

为了更方便分析,把 6 幅图像得到的结果做统计平均,如表 4-2 所示。从表中可以看出,改进的三步搜索法第二、第三步选用 3×3 的图像块匹配效果很差,而选用 5×5 和 7×7 的图像块时匹配正确率相差不大,考虑时间效应,改进的三步搜索法第二、第三步选用 5×5 的图像块较合适。改进的三步搜索法第一步使用 7×7、9×9 和 11×11 的图像块匹配正确率差距比较大,从 11×11 到 13×13 匹配正确率的增加量减少,所以选择 11×11 的图像块比较好。综上分析,改进的三步搜索法第一步搜索时选用 11×11 大小的图像块,第二、第三步搜索时选用 5×5 大小的图像块较好。

上面 11×11 和 5×5 的组合只是理论上的最佳选择,但在实际应用中,还应考虑处理时间问题。本实验是在 CCS2.0(Code Composer Studio Version 2.0)上用美国 TI 公司生产的 TMS320C6400 做仿真实验,得到匹配一个图像块所费的平均时间,结果如表 4-3 所示。从中可以看出,选用的图像块越大,耗用的时间越长。所以,在实际应用中,还应根据所选硬件的性能指标综合考虑,选择合适的图像块大小。

表 4-1　实验结果

		7×7	9×9	11×11	13×13
	3×3	66	71	78	76
停车场	5×5	69	75	80	82
	7×7	71	76	80	83
		7×7	9×9	11×11	13×13
	3×3	42	49	56	55
滑冰场	5×5	52	56	67	70
	7×7	53	58	69	74

		7×7	9×9	11×11	13×13
山地林道	3×3	46	51	64	65
	5×5	71	80	89	91
	7×7	71	82	90	93
		7×7	9×9	11×11	13×13
汽车	3×3	39	45	44	56
	5×5	63	74	79	82
	7×7	65	75	81	80
		7×7	9×9	11×11	13×13
码头	3×3	45	56	57	54
	5×5	65	71	75	74
	7×7	65	70	76	77
		7×7	9×9	11×11	13×13
建筑物	3×3	49	58	65	64
	5×5	66	69	78	79
	7×7	67	71	77	81

注:行方向代表改进的三步搜索法第一步选用的图像块的大小,列方向代表第二、第三步选用的图像块的大小,表格中的数字代表匹配正确的图像块的个数,一共有100个图像块。

表 4-2　平均正确率　　　　　　　　　　（单位:%）

	7×7	9×9	11×11	13×13
3×3	47.8	55.3	60.6	58.0
5×5	64.1	70.8	75.6	78.2
7×7	65.5	72.0	78.8	81.3

注:行方向代表改进的三步搜索法第一步选用的图像块的大小,列方向代表第二、第三步选用的图像块的大小,表格中的百分数表示匹配的平均正确率。

表 4-3　时间分析

组合种类	7×7(5×5)	9×9(5×5)	11×11(5×5)	13×13(5×5)
耗时(时钟周期)	48000	73000	105000	142000

2) 匹配块的位置选择

关于图像块位置的选择,国内外研究者有各种不同的提法[36,37],如选择纹理丰富即梯度大的图像块,选择平均灰度高的图像块,或是选择以最大灰度值为中心的图像块等。为了验证这些想法,这里做了一组对比实验。还是利用上面的 6 幅图像,从参考帧图像中选取 100 个图像块,在当前帧图像中搜索这 100 个图像块的位置,改进的三步搜索法选用 11×11 和 5×5 大小的图像块,只是选择图像块的标准不同。结果如表 4-4 所示,中间的数字代表匹配正确的点的个数。

表 4-4　实验结果

图像块的选择标准	停车场	滑冰场	山地林道	汽车	码头	建筑物
均匀分布	79	67	84	79	75	78
四邻域绝对值最大	78	65	83	82	77	80
八邻域绝对值最大	81	60	90	84	76	74
灰度值最大点	81	65	82	83	70	77
绝对梯度值最大	77	68	91	70	74	75

从表 4-4 可以看出,所谓的"好的图像块",如邻域绝对值最大点、灰度值最大点以及绝对梯度值最大与随机选择均匀分布的图像块相比,匹配正确率并没有明显提高,在一些情况下反而有所下降。而且这些方法都需要选择符合标准的图像块,增加了额外的计算量,但效果并不理想,所以,这里选择均匀分布的图像块来进行块匹配。具体做法是,在参考帧图像中选择 10×10 共 100 个均匀分布的图像块,在当前帧图像中用新三步搜索法搜索最佳匹配位置。选择的 10×10 个图像块均匀分布,同时尽量远离图像边缘地带,避免由于图像块的运动矢量过大而在当前帧图像中移出图像边界。

选择 10×10 的均匀分布的图像块有下面几点好处:①不需要选择特定的图像块,节省了计算量,同时保持匹配正确率不下降;②图像块均匀分布,避免了选择特定图像块时图像块过于集中在一个区域的情况,使估计得到的全局运动矢量更加准确;③可以适应不同场景的图像,提高电子稳像算法的适应性;④便于软件编程,有利于硬件设计的实现。

4.4.4　全局运动矢量估计

得到局部运动矢量后,就可以求取全局运动矢量。从表 4-2 中可以看出,块匹配的平均正确率在 70%~80%,也就是说局部运动矢量估计结果中有 20%~30% 的数据偏差较大或者是错误的数据,称为坏的数据,这些坏的数据对全局运动矢量估计的结果影响很大。为了得到准确的全局运动矢量,必须先对局部运动矢量进行筛选,剔除这些坏的数据。如何进行数据筛选不单是块运动估计,也是困扰其他稳像算法的一个问题,人们提出了各种各样的方法,但都计算复杂,而且收效甚微。根据上面选择的均匀分布的图像块的做法,这里拟采用中心数据保留法进行数据筛选,它计算量小且效果较明显。

1. 中心数据保留法

1)几何原理

考虑图像旋转的情况,如图 4-13 所示,A 和 B 是图像上的两点,下面证明在图

像旋转角度为 a(小于 8°)的情况下，A 点和 B 点的水平偏移矢量 AD 和 BH 近似相等。因为

$$\frac{BF}{CG}=\frac{OB}{OC}=\frac{OB}{OA}=\sin\angle OAD=\sin\left(\frac{\pi}{2}\angle DAE-\frac{a}{2}\right)=\cos\left(\angle DAE+\frac{a}{2}\right)$$

所以

$$BH=BF\cos\angle FBH=BF\cos\frac{a}{2}=CG\cos\left(\angle DAE+\frac{a}{2}\right)\cos\frac{a}{2}$$

因为

$$AE=CG$$

所以

$$AD=AE\cos\angle DAE=CG\cos\angle DAE$$

当旋转角度 a 不大时，$\cos\frac{a}{2}\approx 1$，$\cos\angle DAE\approx\cos\left(\angle DAE+\frac{a}{2}\right)$。所以有

$$AD\approx BH \tag{4-46}$$

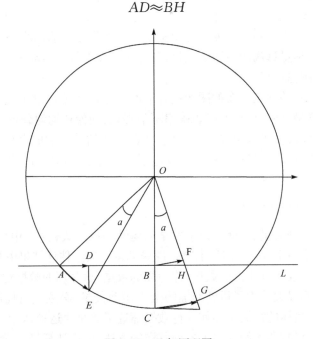

图 4-13　几何原理图

　　式(4-46)是在本算法允许误差内的近似等式。当 $\angle DAE=90°$，a 取最大值时，式(4-46)误差达到最大。假设圆半径为 100，当 $\angle DAE=90°$，$a=8°$时，最大误差为 ± 1，这一误差对于数据处理来说是可以接受的。

　　在旋转角度为 a 的情况下，A 点和 B 点的水平偏移矢量近似相等，同理，可以推出水平直线 L 上的所有点的水平偏移矢量近似相等，垂直直线 OC 上面所有点的垂

直偏移矢量近似相等。利用这一性质,可以用中心数据保留法处理得到的数据。

2) 中心数据保留法

对一组 N 个数值近似相同的数据 $a_i(i=1,2,3,\cdots,N)$,求取均值 $\bar{a}$ 和方差 d,凡满足 $\bar{a}-d<a_i<\bar{a}+d$ 的数值给予保留。此方法循环进行,直至方差小于某一值为止,此时保留下来的数据称为好的数据。若最后保留下来的数据个数少于总数的 1/3,则判定这一组数据全部是坏的数据。

块匹配时选择的是 10×10 的均匀分布的 100 个图像块,图像块的中心位置呈均匀网格状分布,当图像发生平移和旋转时,同一水平线(或垂直线)上的 10 个图像块的水平偏移矢量(或垂直偏移矢量)近似相等。用中心数据保留法处理得到的每一行和每一列上的数据,好的数据才保留,最后把水平偏移矢量和垂直偏移矢量都保留下来的点挑出来,称为好的匹配点。得到好的匹配点之后,就可以进行全局运动矢量估计了。

2. 全局运动矢量估计的最小二乘解

定义 4.1[38]　设向量 $w\in R^n$ 且 $w^{\mathrm{T}}w=1$,称矩阵 $H(w)=E-2ww^{\mathrm{T}}$ 为初等反射矩阵(或称为 Householder 变换),其中 E 为单位矩阵。

定理 4.1(约化定理)　设 $x=(x_1,x_2,\cdots,x_n)^{\mathrm{T}}\neq0$,则存在初等反射矩阵 H 使 $Hx=-\sigma e$,其中 σ 为一常数,e 为单位向量。

定理 4.2　设 $A\in R^{m\times n}$ 且为非零矩阵,则存在初等反射矩阵 $H_1,H_2,\cdots,H_s$ 使 $H_s\cdots H_2H_1A=A^{s+1}$ 为上梯形矩阵。可用约化定理证明。

设 $Ax=b$,其中 $A\in R^{m\times n}$,当 $m>n$ 时称为超定方程组,一般没有通常意义下的解。寻求 $x^*\in R^n$ 使

$$\min_{x\in R^n}\parallel b-Ax\parallel_2^2=\parallel b-Ax^*\parallel_2^2$$

成立,则称 x^* 为超定方程组的最小二乘解。可以利用定理 4.2 把 A 约化为上梯形矩阵来求超定方程组 $Ax=b$ 的最小二乘解。选择初等反射矩阵 $H_1,H_2,\cdots,H_n$,使

$$H_n\cdots H_2H_1A=\begin{bmatrix}R\\0\end{bmatrix}{}^n_{m-n},\quad H_n\cdots H_2H_1b=\begin{bmatrix}c\\d\end{bmatrix}{}^n_{m-n}$$

其中,$R\in R^{n\times n}$ 为非奇异矩阵,$c\in R^n$,则有

$$\begin{bmatrix}R\\0\end{bmatrix}x=\begin{bmatrix}c\\d\end{bmatrix}$$

即

$$Rx=c \tag{4-47}$$

方程(4-47)为一齐次方程组,可以求得正常意义下的解,它的解即为方程 $Ax=b$ 的最小二乘解。

在用中心数据保留法得到好的匹配点之后,将匹配点的坐标代入六参数的仿射变换模型,即可求得图像的全局运动参数。为使方程的解具有更好的鲁棒性,每五对匹配点组成一个超定方程组,用初等矩阵约化的方法求解方程组的最小二乘解。设(x_1,y_1),(x_2,y_2),(x_3,y_3),(x_4,y_4),(x_5,y_5)为参考帧图像中的点坐标,(x_1',y_1'),(x_2',y_2'),(x_3',y_3'),(x_4',y_4'),(x_5',y_5')为当前帧图像中的匹配点坐标,代入公式(4-39)可得

$$\binom{x_n'}{y_n'}=\begin{bmatrix} a & b \\ c & d \end{bmatrix}\binom{x_n}{y_n}+\binom{e}{f}, \quad n=1,2,3,4,5$$

五组方程可以组成一个超定方程组

$$\begin{bmatrix} x_1 & y_1 & 1 & 0 & 0 & 0 \\ 0 & 0 & 0 & x_1 & y_1 & 1 \\ x_2 & y_2 & 1 & 0 & 0 & 0 \\ 0 & 0 & 0 & x_2 & y_2 & 1 \\ x_3 & y_3 & 1 & 0 & 0 & 0 \\ 0 & 0 & 0 & x_3 & y_3 & 1 \\ x_4 & y_4 & 1 & 0 & 0 & 0 \\ 0 & 0 & 0 & x_4 & y_4 & 1 \\ x_5 & y_5 & 1 & 0 & 0 & 0 \\ 0 & 0 & 0 & x_5 & y_5 & 1 \end{bmatrix}\begin{pmatrix} a \\ b \\ e \\ c \\ d \\ f \end{pmatrix}=\begin{pmatrix} x_1' \\ y_1' \\ x_2' \\ y_2' \\ x_3' \\ y_3' \\ x_4' \\ y_4' \\ x_5' \\ y_5' \end{pmatrix} \tag{4-48}$$

求超定方程组(4-48)的最小二乘解,便可以得到相邻帧的全局运动矢量(a,b,e,c,d,f)。

这里一共选择100个图像块,其中好的匹配块至少有50个,便可以组成10个超定方程组,解方程得到10组最小二乘解,再用中心数据处理法处理,就可以得到一个精确度很高的全局运动矢量,使稳像精度达到亚像素级。

4.4.5 运动补偿

1. 补偿参数的确定

上面得到的全局运动矢量是相邻帧图像之间的运动矢量,还不能直接作为补偿参数用于图像补偿。在成像过程中,既有光电成像器平台无效的随机运动,又有光电成像器正常的扫描运动,图像补偿的结果要求消除无效的随机运动,而保留正常的扫描运动,所以必须合理地确定运动补偿参数。这里用平均滤波法来确定补偿参数。为方便起见,全局运动矢量记作$q=(a,b,e,c,d,f)$,则第k帧图像相对于第$k-1$帧图像的全局运动矢量为q_k。设第0帧图像为参考帧图像,第k帧图像

相对于参考帧图像的运动矢量为

$$p_k = \sum_{i=1}^{k} q_i \qquad (4\text{-}49)$$

平均滤波法定义的第 k 帧图像的补偿参数为

$$q'_k = \frac{1}{2N+1} \sum_{k-N}^{k+N} p_i - q_k \qquad (4\text{-}50)$$

其中,N 为常数,这里取 $N=4$。

为了验证平均滤波法的合理性,设计了两组实验。为简明起见,只考虑一维运动矢量,以垂直方向为例,第一组图像序列只存在无效的抖动,第二组图像序列不但存在无效的抖动,光电成像器也在做扫描运动,实验数据如表 4-5 和表 4-6 所示,实验结果如图 4-14 和图 4-15 所示。

表 4-5 第一组实验数据

帧序列号	1	2	3	4	5	6	7	8	9	10	11	12	13	14	15
垂直运动矢量	1	−2	2	3	0	−2	−4	−1	2	5	6	3	0	−1	−3
帧序列号	16	17	18	19	20	21	22	23	24	25	26	27	28	29	30
垂直运动矢量	−4	−6	−4	−1	2	4	3	0	−2	−4	−5	−3	−1	0	2
帧序列号	31	32	33	34	35	36	37	38	39	40	41	42	43	44	45
垂直运动矢量	−4	−6	−4	−2	0	2	4	3	0	1	−1	−3	−4	−1
帧序列号	46	47	48	49	50	51									
垂直运动矢量	0	1	3	2	4	2									

表 4-6 第二组实验数据

帧序列号	1	2	3	4	5	6	7	8	9	10	11	12	13	14	15
垂直运动矢量	1	−1	4	10	6	6	3	10	15	18	23	20	19	20	19
帧序列号	16	17	18	19	20	21	22	23	24	25	26	27	28	29	30
垂直运动矢量	20	19	25	29	34	40	38	38	38	39	34	41	45	48	51
帧序列号	31	32	33												
垂直运动矢量	46	42	50												

两幅图像中,实线代表原始的图像运动轨迹,虚线代表用平均滤波法补偿后的图像运动轨迹。由图 4-14 可以看出,补偿后的垂直矢量曲线更加平滑,抖动的序列图像得到了很好的稳定。由图 4-15 可以看出,补偿后的垂直矢量曲线保留了光电成像器的正程扫描运动而滤出了平台的无效抖动。实验结果说明平均滤波法确定的补偿参数比较合理。

稳像过程中,随着时间的推移,参考帧图像和当前帧图像的差异变大,必须适时地更换参考帧图像。当出现下面情形之一时,就要更换参考帧图像:①当前帧

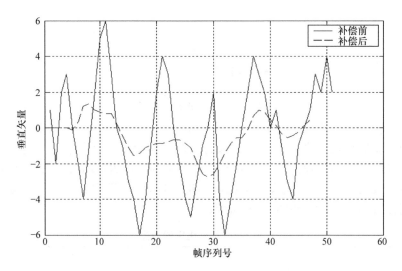

图 4-14　抖动实验结果

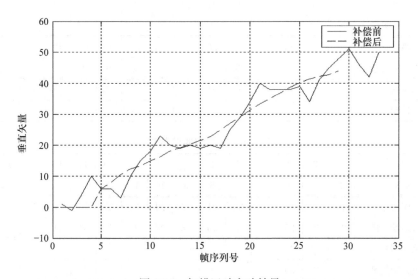

图 4-15　扫描运动实验结果

图像相对于参考帧图像的运动矢量达到某一阈值,即 $|p| \geqslant G$,G 为预先设定的阈值;②$|p| \leqslant G$,但当前帧图像相对于参考帧图像的时间间隔达到某一阈值,即 $t \geqslant T$,T 为预先设定的时间阈值。

2. 双线性插值法

把补偿参数代入仿射变换模型计算后,得到的坐标值(x', y')不是整数值,必须对该坐标处的灰度值进行估算。最简单的一种估算方法是最临近赋值[39]，即在 (x',y') 周围 4 个临近点中指定离它最近点的像素灰度值作为 (x',y') 的灰度值。这种方法计算简单，但容易损失图像细节，带来较大的人为误差。这里采用双线性插值法来估计 (x',y') 处的灰度值。如图 4-16 所示，(x',y') 为补偿后得到的坐标值，(x,y)，$(x+1,y)$，$(x,y+1)$ 和 $(x+1,y+1)$ 是 (x',y') 周围的四个坐标值，对应的灰度值分别是 $I(x,y)$，$I(x+1,y)$，$I(x,y+1)$ 和 $I(x+1,y+1)$。F_1 和 F_2 代表了贴近自身位置处的灰度值，目的是求 (x',y') 处的灰度值 $I(x',y')$。方便起见，记 $\alpha=x'-x,\beta=y'-y$，双线性插值法是先计算 F_1，为

$$F_1 = I(x,y)+\beta[I(x,y+1)-I(x,y)]$$
$$= (1-\beta)I(x,y)+\beta I(x,y+1)$$

再计算 F_2，得

$$F_2 = I(x+1,y)+\beta[I(x+1,y+1)-I(x+1,y)]$$
$$= (1-\beta)I(x+1,y)+\beta I(x+1,y+1)$$

最后计算 $I(x',y')$，有

$$I(x',y')=F_1+\alpha(F_2-F_1)$$
$$= (1-\alpha)F_1+\alpha F_2$$
$$= (1-\alpha)(1-\beta)I(x,y)+\beta(1-\alpha)I(x,y+1)$$
$$+\alpha(1-\beta)I(x+1,y)+\alpha\beta I(x+1,y+1) \tag{4-51}$$

式(4-51)就是估计坐标灰度值的双线性插值公式，双线性插值计算量较大，但所得结果令人满意，重组精度可达到亚像素级，没有灰度不连续的缺点，这也保证了稳像的精度。根据得到的补偿参数对图像进行双线性插值后，图像像素得到了重组，输出后即可得到稳定的视频图像。

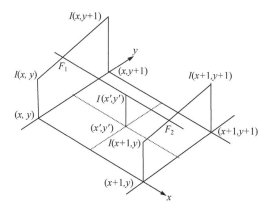

图 4-16　双线性插值法示意图

4.4.6　电子稳像仿真实验结果

用本节研究的算法对多种外场采集的图像进行了电子稳像实验,这里仅列举了四组视频图像的实验结果,分别是码头视频图像、汽车视频图像、建筑物视频图像和停车场视频图像。

均方差(MSE)方法是电子稳像质量客观保真度评价标准之一,为了说明和比较下面稳像实验的效果,这里首先介绍一下这种 MSE 稳像质量评价标准。它是通过计算补偿后相邻帧图像的灰度差别来评价稳像质量的,如果相邻两帧图像间的相对变化量完全补偿了,那么两帧图像对应的像素灰度差值应为零。因此,MSE 方法[40]定义如下:

$$\mathrm{MSE}(I_k, I_{k+1}) = \frac{1}{MN} \sum_{x=1}^{M} \sum_{y=1}^{N} \left[I_{k+1}(x, y) - I_k(x, y) \right]^2 \tag{4-52}$$

其中 $I_k(x, y)$ 和 $I_{k+1}(x, y)$ 表示相邻帧图像补偿后在点 (x, y) 处的灰度值;$M \times N$ 表示图像的面积。$\mathrm{MSE}(I_k, I_{k+1})$ 值越小,说明两幅图像重合度越高,补偿效果相应越好。如果两幅图像完全重合,则有 $\mathrm{MSE}(I_k, I_{k+1}) = 0$。下面将使用 MSE 方法来衡量算法的稳像质量。实验中,为了能更准确地反映运动估计算法的精度,直接用求得的相邻帧图像的运动矢量补偿后一帧图像,然后和前一帧图像比较,求得它们的 MSE。下面是基于块匹配的电子稳像方法的实验结果,为了便于与其他的电子稳像算法的结果进行比较,同时列出了灰度投影法和梯度法的实验结果。

1. 码头视频图像实验结果

码头视频图像共包含 400 帧,图 4-17 是其中的几帧图像,它是由行进中的车载光电成像器拍摄的,分辨率为 320×240,内容为码头和波动的海面。视频的特点是画面场景存在小幅度的抖动(平移小于 6 个像素),但背景有大面积的海面波动。

(a) 第1帧　　　　　　　　　　　　　　　　(b) 第50帧

(c) 第100帧　　　　　　　　　　　　　(d) 第200帧

(e) 第300帧　　　　　　　　　　　　　(f) 第400帧

图 4-17　码头视频图像

　　图 4-18 是实验结果,只画出了前 100 帧图像的 MSE 曲线。其中图(a)中的虚线是原始视频图像的 MSE 曲线,实线是用基于块匹配稳像方法补偿后的 MSE 曲线。可以看出,补偿后 MSE 显著减小,说明本稳像方法有效。图(b)是块匹配法、梯度法和灰度投影法稳像得到的结果,从中可以看出,梯度法和块匹配法具有几乎相当的效果,稳像质量都不错;灰度投影法得到的 MSE 曲线相对前两者起伏大得多,对原始视频图像几乎没有稳定作用。原因在于画面背景中有大面积的海水波动,相邻帧图像的灰度投影图变化很大,导致运动估计的偏差很大。

　　2. 汽车视频图像实验结果

　　汽车视频图像一共 225 帧,是用车载光电成像器跟踪前面一辆汽车拍摄的,分辨率为 320×240,图 4-19 是其中的几帧图像。它的特点是画面场景抖动十分剧烈,帧间最大偏移量多达 51 个像素。

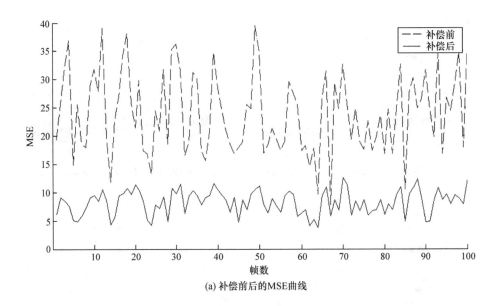

(a) 补偿前后的MSE曲线

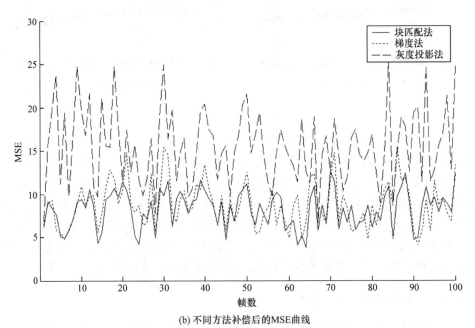

(b) 不同方法补偿后的MSE曲线

图 4-18　码头视频图像实验结果

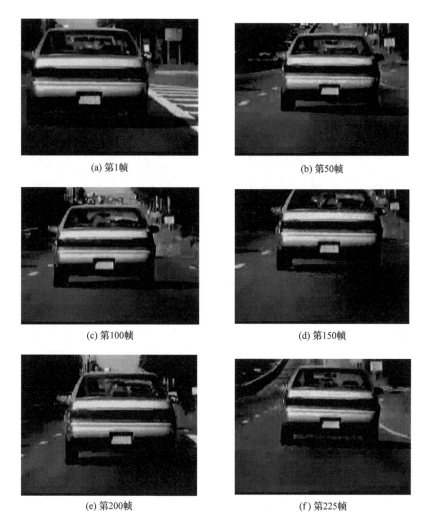

(a) 第1帧　　　　　　　　　　　　　　(b) 第50帧

(c) 第100帧　　　　　　　　　　　　　(d) 第150帧

(e) 第200帧　　　　　　　　　　　　　(f) 第225帧

图 4-19　汽车视频图像

图 4-20 是汽车视频图像的实验结果。其中图(a)中的虚线是原始视频图像的 MSE 曲线,实线是用基于块匹配稳像方法补偿后的 MSE 曲线。可以看出,补偿后 MSE 明显减小,说明本稳像方法有效。图(b)是块匹配法、梯度法和灰度投影法稳像得到的结果,从中可以看出,灰度投影法也取得了不错的效果,但在一些地方的 MSE 值偏大,原因在于灰度投影曲线过于平缓。梯度法 MSE 曲线变化剧烈,在一些地方 MSE 值很大,超出了正常范围,说明这些地方运动矢量估计错误,原因是梯度法不适合于视频图像抖动剧烈、运动偏移量过大的视频图像稳像。

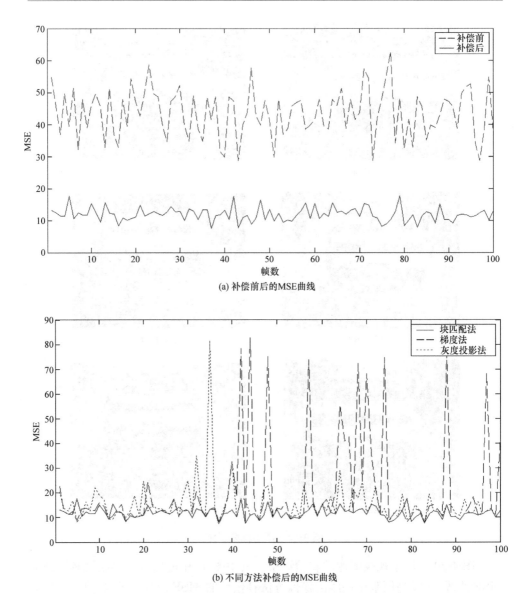

(a) 补偿前后的MSE曲线

(b) 不同方法补偿后的MSE曲线

图 4-20　汽车视频图像实验结果

3. 建筑物视频图像实验结果

建筑物视频图像一共 125 帧，它是用安装在旋转平台上的光电成像器拍摄的楼宇序列视频图像，分辨率为 720×576。它的特点是相邻帧图像有旋转运动，如图 4-21 所示。

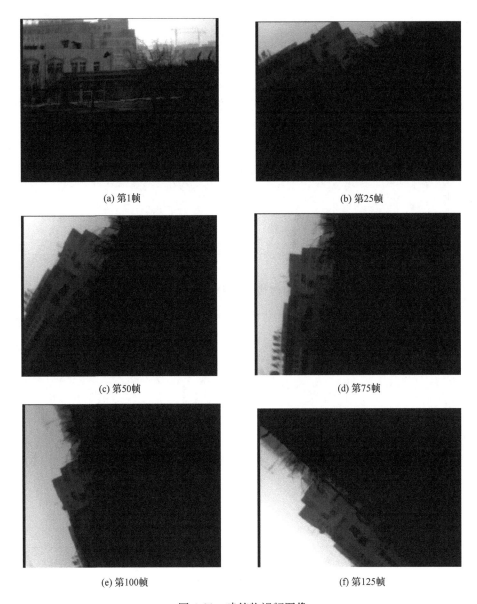

(a) 第1帧　　　　　　　　　　　　　　　　(b) 第25帧

(c) 第50帧　　　　　　　　　　　　　　　　(d) 第75帧

(e) 第100帧　　　　　　　　　　　　　　　(f) 第125帧

图 4-21　建筑物视频图像

　　实验结果如图 4-22 所示。从图(a)中可以看出,补偿后的 MSE 比补偿前的 MSE 值大大减小,说明块匹配法对旋转的图像也能取得很好的稳像效果。图(b) 是块匹配法、梯度法和灰度投影法的比较结果,可以看出,灰度投影法的 MSE 曲线明显高于块匹配法和梯度法,而梯度法的 MSE 曲线稍稍高于块匹配法。实验结果说明灰度投影法不能处理具有旋转运动的图像;块匹配法的稳定性优于梯度法。

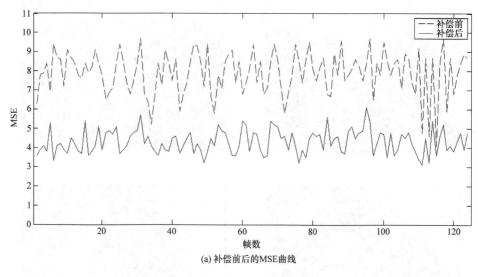

(a) 补偿前后的MSE曲线

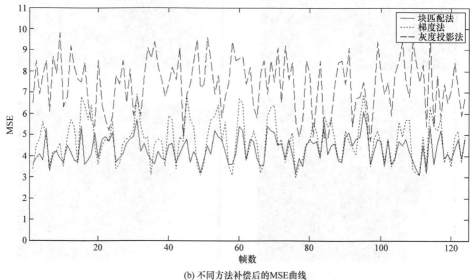

(b) 不同方法补偿后的MSE曲线

图 4-22　建筑物视频图像实验结果

4. 停车场视频图像实验结果

停车场视频图像一共有 100 帧,是用机载光电成像器从空中拍摄的,内容为停车场和道路。视频图像的特点是相邻帧图像既有平移运动又有旋转运动和轻微畸变,而且运动变化快慢不规则。图 4-23 是其中的几帧图像。

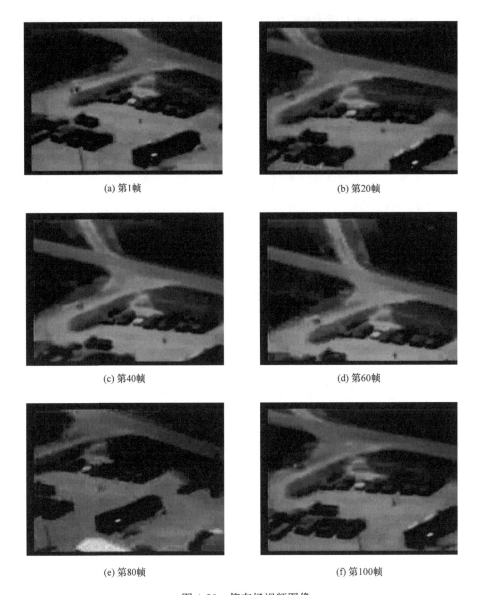

(a) 第1帧　　　　　　　　　　　　　　　(b) 第20帧

(c) 第40帧　　　　　　　　　　　　　　　(d) 第60帧

(e) 第80帧　　　　　　　　　　　　　　　(f) 第100帧

图 4-23　停车场视频图像

　　实验结果如图 4-24 所示,从图(a)中可以看出,补偿后的 MSE 曲线大大低于补偿前的 MSE 曲线,说明使用基于块匹配稳像方法处理该视频图像起到了很好的稳像作用。图(b)是块匹配法、梯度法和灰度投影法的 MSE 曲线比较结果,灰度投影法的 MSE 曲线明显高于块匹配法和梯度法的 MSE 曲线。块匹配法的 MSE 曲线前半段低于梯度法的 MSE 曲线,后面一小段稍高于梯度法的 MSE 曲线,其原因在于视频图像的前半段运动剧烈而后半段运动平缓,梯度法适宜处理运动平缓的视频图像,而对运动剧烈的视频图像不能处理,块匹配法则不受此影响。

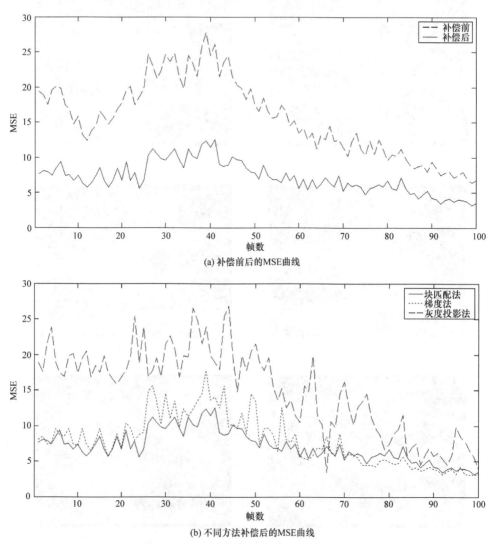

(a) 补偿前后的MSE曲线

(b) 不同方法补偿后的MSE曲线

图 4-24　停车场视频图像实验结果

　　对上面的实验结果分析可以得出如下结论:块匹配法可以处理具有平移、旋转和轻微畸变的序列图像,稳像效果较好;灰度投影法虽处理速度快,但只能处理具有平移运动的序列图像;梯度法能处理平移、旋转的序列图像,但对运动激烈、运动偏移量较大的视频图像处理效果不好(实验估计最大可检测偏移量为 7 个像素左右)。因此,实验证明,块匹配法相对于梯度法和灰度投影法,在稳像的总体效果方面,包括稳像精度、适应性和鲁棒性均具有一定优势。

4.5　小　　结

本章首先依据摄像机的成像原理,推导了非平稳光电成像与图像运动的关系,并介绍了几种主要的图像运动估计方法。然后在此基础上,详细地研究了一种基于块匹配的电子稳像算法。该算法先用中值滤波法和侧抑制网络对输入视频图像进行预处理,以提高图像信噪比;再用改进的三步搜索法对图像进行局部运动矢量估计,通过对匹配块大小、位置的选择并用中心数据保留法筛选,得到图像的局部运动矢量;最后将其结果代入仿射变换模型估计出全局运动矢量,并用双线性插值法重组图像,从而得到稳定的输出视频图像序列,即达到了电子稳像的目的。仿真实验也证明,基于块匹配的电子稳像方法相对于梯度法和灰度投影法,稳像效果较好,对不同视频图像处理具有更好的适应性、稳定性和鲁棒性。

参 考 文 献

[1] Lewis G R. Image stabilization techniques for lang rang camera. Proc. SPIE,1980,242(8): 153-158

[2] 张永生. 遥感图像信息系统. 北京:科学出版社,2000

[3] Nester Y. Image stabilization. Optical Engineering,1982,11(9)

[4] Maheux J,Cruickshank J,Sevigny L. Video-rate image stabilization system. SPIE,1998, 3414:232-240

[5] Holder D W,Philips W R. Electronic Image Stabilization. U. S. Patent:4,1987

[6] Oshima M. VHS camcorder with electronic image stabilizer. IEEE. Trans. Consumer Electronics,1989,35(4):749-758

[7] 钟平. 机载电子稳像技术研究. 博士学位论文. 北京:中国科学院长春光机所,2003

[8] 张永祥. 基于陀螺仪的船载电子稳像技术研究. 博士学位论文. 北京:中国科学院长春光机所,2006

[9] Bozdagi G. An improvement to MBASIC algorithm for 3-D motion and depth estimation. IEEE Transactions on Image Processing,1994,3(5):711-716

[10] Dementhon D. Exact and approximate solutions of the perspective three point problem. IEEE Transactions on PAMI,1992,14(11):1100-1104

[11] Huang T S. Motion and structure from orthographic projections. IEEE Transactions on PAMI,1989,11(5):536-540

[12] 周渝斌,赵跃进. 基于单向投影矢量的数字电子稳像方法. 北京理工大学学报,2003, 23(4):509-512

[13] 李智勇,等. 动态图像分析. 北京:国防工业出版社,1999

[14] Okuma K. Automatic acquisition of motion trajectories:tracking hockey players. The Thesis of Hiram College,2000

[15] Morimoto C,Chellappa R. Fast electronic digital image stabilization for off-road navigation. Real-Time Imaging,1996,(2):285-296

[16] Yao Y S,Burlina P,Chellappa R. Electronic image stabilization using multiple visual cues. IEEE Transaction on Image Processing,1995,1(4):191-194

[17] Shi J B,Tomasi C. Good Features to Track. IEEE,1994:593-600

[18] Keller Y,Averbuch A. Fast gradient methods based on global motion estimation for video compression. IEEE Transaction on Circuits and Systems for Video Technology, 2003, 13(4):300-309

[19] Yao Y S,Chellappa R. Selective stabilization of images acquired by unmanned ground vehicles. IEEE Transactions on Robotics and Automation,1997,13(5):693-708

[20] 宋永江,夏良正,杨世周. 基于多直线特征的电子图像稳定算法. 中国图像学报,2002, 7(4):363-368

[21] Jain J R,Jain A K. Displacement measurement and its application in interframe image coding. IEEE,1981,29(2):1799-1808

[22] Koga T. Motion compensated interframe coding of video conferencing//Proc. Nat. Telecommun. Conf. New Orleans,LA,1981:G5.3.1-G5.3.5

[23] Musmann H G,Pirsch P,Grallert H J. Advances in picture coding. Proc. IEEE, 1985, 73(3):523-548

[24] Ko S J,Lee S H,Lee K H. Digital image stabilizing algorithms based on bit-plane matching. IEEE Transactions on Consumer Electronics,1998,44(3):618-622

[25] Jeon S W. Fast digital image stabilizer based on gray-coded bit-plane matching. IEEE Transactions Consumer Electronics,1999,45(3):598-603

[26] Reddy B S,Chatterji B N. An FFT-based technique for translation,rotation,and scale-invariant image registration. IEEE Transaction on Image Processing,1996,5(8):1266-1271

[27] Yao J Y. Digital image translational and rotational motion stabilization using optical flow technique. IEEE Trans. Consumer Electronics,2002,48(1):108-115

[28] 顾凡及,等. 侧抑制网络中的信息处理. 北京:科学出版社,1983

[29] 勒中鑫. 数字图像信息处理. 北京:国防工业出版社,2003

[30] Koga T,Iinuma K,Hirano A,et al. Motion compensation interframe coding for video conferencing. IEEE Transaction on Circuits and Systems for Video Technology, 1981, 3 (5): 531-535

[31] Li R,Zeng B. A new three-step search algorithm for block motion estimation. IEEE Transaction on Image Processing,1994,4(4):438-442

[32] Po L M,Ma W C. A novel four-step search algorithm for fast block motion estimation. IEEE Transaction on Circuits and Systems for Video Technology,1996,6(3):313-317

[33] Kim J N,Choi T S. A fast three-step search algorithm with minimum checking points using unimodal error surface assumption. IEEE Transactions on Consumers Electronics, 1998, 44(3):638-648

［34］ Chen M J,Chen L G,Chiueh T D. One-dimensional full search motion estimation algorithm for video coding. IEEE Transaction on Image Processing,1994,4(5):421-429

［35］ Tham J Y, Ranganath S, Ranganath M, et al. A novel unrestricted center-biased diamond search algorithm for block motion estimation. IEEE Transaction on Image Processing, 1998,8(4):369-377

［36］ 周骥,石教英,赵友兵. 图像特征点匹配的强壮算法. 计算机辅助设计与图形学学报,2002, 14(8):754-757

［37］ 罗诗途,张玘,王艳玲,等. 一种基于特征匹配的实时电子稳像算法. 国防科技大学学报, 2005,27(3):45-48

［38］ 李庆扬,王能超,易大义. 数值分析. 4 版. 北京:清华大学出版社,2001

［39］ 阮秋琦. 数字图像处理. 北京:电子工业出版社,1998

［40］ 汪孔桥,沈兰荪. 一种基于视觉兴趣性的图像质量评价方法. 中国图像图形学报,2000, 5(4):300-303

第 5 章 基于模糊数学的目标检测方法

5.1 引 言

在实际图像处理过程中,由于图像信息本身的复杂性和相关性,在图像处理的过程中常出现不确定性和不精确性,这些不确定性和不精确性主要体现在灰度的模糊性、几何模糊性以及知识的不确定性等方面。这种不确定性并不一定是随机的,因此,不一定适合用概率论来处理。模糊集理论对于图像的不确定性有很好的描述能力,并且对于噪声具有很好的鲁棒性,将其应用到图像处理中,特别是在图像增强、图像分割以及边缘检测的应用中,可取得较好的效果。

本章在介绍模糊理论中的模糊集和模糊度概念的基础上,分析了几种常用的模糊增强算法,然后,作为示例采用改进的正弦函数模糊增强算法对图像进行目标检测,并按模糊性指数准则对图像增强效果进行了评价。

5.2 模糊数学理论

5.2.1 模糊集

在经典的集合理论中集合 A 可由其特征函数来唯一确定;而在模糊理论中,要将离散的两点 0、1 扩充为连续状态的区间 $[0,1]$,将普通集合的特征函数扩展为模糊集的隶属函数,要判断元素属于集合的程度。下面给出了模糊集和模糊度的定义[1,2]。

定义 5.1 设在论域 X 上,给定了映射

$$\mu_A : X \to [0,1], \quad x \to \mu_A(x) \tag{5-1}$$

则说 μ_A 确定了 X 上的一个模糊子集 A,简称为模糊集,称 μ_A 为 A 的隶属函数,$\mu_A(x)$ 为 x 对 A 的隶属度。$\mu_A(x)$ 越接近于 1,x 就越属于 A;反之,$\mu_A(x)$ 越接近于 0,x 就越不属于 A。

模糊集有多种表示方法,一般可分为:

(1) 序对表示法:$A = \{(x, \mu_A(x)) \mid x \in X\}$;

(2) 向量表示法:X 为有限集,$A = \sum \dfrac{\mu_A(x_i)}{x_i}$;$X$ 为无限集,$A = \displaystyle\int \dfrac{\mu_A(x)}{x}$,

其中的 $\sum$ 和 $\int$ 并不表示普通的求和与积分运算,而是表示论域 X 上的各元素 x 与其对应的隶属函数 $\mu_A(x)$ 的总体。

隶属函数有多种表达方式,根据模糊集分布的不同,可以采用不同的隶属函数。

对称型中的哥西型:

$$\mu_A(x) = \frac{1}{1 + \alpha (x - \alpha)^\beta}, \quad \alpha > 0, \beta \text{ 为正偶数}$$

岭型:

$$\mu_A(x) = \begin{cases} 0, & x \leqslant -a_2 \\ \dfrac{1}{2} + \dfrac{1}{2} \sin \dfrac{\pi}{a_2 - a_1} \left(x - \dfrac{a_2 + a_1}{2} \right), & -a_2 < x \leqslant -a_1 \\ 1, & -a_1 < x \leqslant a_1, a_2 > a_1 > 0 \\ \dfrac{1}{2} - \dfrac{1}{2} \sin \dfrac{\pi}{a_2 - a_1} \left(x + \dfrac{a_2 + a_1}{2} \right), & a_1 < x \leqslant a_2 \\ 0, & x > a_2 \end{cases}$$

当要表示一个元素 x 确实属于某一模糊集时,就必须要求其隶属度大于某一给定的阈值 $\alpha \in [0, 1]$,这就是 α 截集的概念。

定义 5.2 设 $A \in \Gamma(X), \alpha \in [0, 1]$,称普通集合

$$A_\alpha = \{ x \mid x \in X, \mu_A(X) \geqslant \alpha \}$$

为 A 的 α 截集。α 截集满足下列性质:

(1) $(A \cup B)_\alpha = A_\alpha \cup B_\alpha, (A \cap B)_\alpha = A_\alpha \cap B_\alpha$;

(2) 若 $\alpha \leqslant \beta$,则 $A_\alpha \supseteq B_\beta$;

(3) 一般地,$(\overline{A})_\alpha \neq (\overline{A_\alpha})$。

5.2.2 模糊度

定义 5.3 所谓 $\Gamma(X)$ 上的模糊度是指这样一个映射

$$d : \Gamma(X) \to [0, +\infty], \quad A \to d(A) \tag{5-2}$$

满足:

(1) $d(A) = 0 \Leftrightarrow A$ 是 X 的普通子集;

(2) $d(A)$ 取得最大值 $\Leftrightarrow \forall x \in X, \mu_A(X) = \dfrac{1}{2}$;

(3) 如果 $\forall x \in X, \mu_B(x) \leqslant \mu_A(x) \leqslant \dfrac{1}{2}$ 或 $\mu_B(x) \geqslant \mu_A(x) \geqslant \dfrac{1}{2}$,则 $d(B) \leqslant d(A)$;

(4) $d(\overline{A}) = d(A) (\overline{A}$ 与 A 一样模糊)。

则称 $d(A)$ 为 A 的模糊度。

模糊度可作为度量一个模糊集的模糊性程度的数学指标,表达了决定哪一个元素属于、哪一个元素不属于一个给定模糊集的困难程度,常用模糊性指数和模糊熵两种表达方式。

定义 5.4 模糊集的模糊性指数定义为

如果一模糊集 A 具有 n 个元素,则模糊集 A 的模糊性指数为

$$\gamma(A) = \frac{2}{n^k} d(A, \widetilde{A}) \tag{5-3}$$

式中,$d(A, \widetilde{A})$ 表示模糊集 A 与其最接近的普通集 $\widetilde{A}$ 之间的距离。$\widetilde{A}$ 的隶属度函数可选取为

$$\mu_{\widetilde{A}}(x_i) = \begin{cases} 0, & \mu_A(x_i) \leqslant 0.5 \\ 1, & \mu_A(x_i) > 0.5 \end{cases} \tag{5-4}$$

在取 d 为广义汉明距离 $d(A, \widetilde{A}) = \sum_i |\mu_A(x_i) - \mu_{\widetilde{A}}(x_i)|$,并注意到式(5-4)后,可得

$$d(A, \widetilde{A}) = \sum_i \mu_{A \cap \overline{A}}(x_i)$$

其中 $\overline{A}$ 为 A 的补集,且 $\mu_{\overline{A}}(x_i) = 1 - \mu_A(x_i)$,$k = 1$ 时得到的线性模糊性指数为

$$L(A) = \frac{2}{n} \sum_i \mu_{A \cap \overline{A}}(x_i) = \frac{2}{n} \sum_i \min\{\mu_A(x_i), \mu_{\overline{A}}(x_i)\}$$

$$= \frac{2}{n} \sum_i \min\{\mu_A(x_i), (1 - \mu_A(x_i))\} \tag{5-5}$$

定义 5.5 模糊集的模糊熵定义为

$$H(A) = \frac{1}{n\ln 2} \sum_i \mathrm{Sn}(\mu_A(x_i)) \tag{5-6}$$

式中,$\mathrm{Sn}(\cdot)$ 是 Shannon 熵

$$\mathrm{Sn}(\mu_A(x_i)) = -\mu_A(x_i)\log\mu_A(x_i) - (1 - \mu_A(x_i))\log(1 - \mu_A(x_i)) \tag{5-7}$$

5.3 基于模糊数学的目标检测算法

5.3.1 图像模糊增强的模型

在图像处理中,图像增强技术对于提高图像质量有着重要的意义,所谓增强就是处理一幅给定的图像,使其结果对某特定应用来说比原始图像更适合使用,即有选择地强调图像中的某些信息,抑制另外一些信息,使要求的图像特征得到明显增强,这样可增加图像特征的效用。

由于图像本身具有模糊性,在采用模糊函数[3-7]对图像进行模糊增强处理时,图像的模糊增强只能在模糊域中进行。因此,首先将图像从图像空间域变换到模

糊域,在模糊域中进行增强后再变换回到空间域,也即一般采用如图 5-1 的图像模糊增强处理模型。

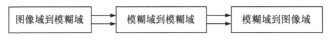

图 5-1　图像模糊增强处理一般模型

按照模糊集的概念,一幅 $M \times N$ 大小且具有 L 个灰度等级的图像 X,可以作为一个模糊点集阵来处理,记 X 为

$$X = \begin{pmatrix} p_{11}/x_{11} & p_{12}/x_{12} & \cdots & p_{1N}/x_{1N} \\ p_{21}/x_{21} & p_{22}/x_{22} & \cdots & p_{2N}/x_{2N} \\ \vdots & \vdots & & \vdots \\ p_{M1}/x_{M1} & p_{M2}/x_{M2} & \cdots & p_{MN}/x_{MN} \end{pmatrix}_{M \times N} \quad (5\text{-}8)$$

其中 p_{mn}/x_{mn} 表示图像第 (m,n) 个像素 x_{mn} 具有某种特征的程度,其程度表示为 p_{mn}($0 < p_{mn} < 1$)。在图像由空间域点 x_{mn} 变换到模糊域点 p_{mn} 的过程(常称为图像模糊化)中需要选择一个映射 G 作为隶属函数,映射必须满足下面的条件:

(1) 若 $G: x \to p$,则 $p_{mn} \in [0, 1]$;

(2) 若 x_{mn} 是单调变化的,则 p_{mn} 也是单调变化的;

(3) G 是可逆的。

根据隶属函数的选择基准不同,Tizhoosh[8] 将图像模糊化划分为三类:

(1) 基于直方图的灰度模糊化;

(2) 局部模糊化;

(3) 特征模糊化。

在实际应用中常用基于直方图的灰度模糊化和特征模糊化或二者的结合。

直方图模糊化通常的做法是:首先求出图像的直方图 $H(i)$,$i = 1, 2, \cdots, L$。其中 i 表示灰度级,L 表示最大灰度值。然后建立一个模糊集 A,其隶属函数为

$$\mu_A(i) = \frac{H(i)}{\sum\limits_{j=1}^{L} H(j)} \quad (5\text{-}9)$$

则该模糊集表示灰度级 i 属于图像的程度,从而实现了图像的模糊化。

特征模糊化通常的做法是:以灰度作为其特征,然后建立一个模糊集 B,其隶属函数为

$$\mu_B(i) = \frac{i}{L} \quad (5\text{-}10)$$

该模糊集 B 表示灰度级 i 亮的程度,从而实现了图像的模糊化。

5.3.2　常用的模糊增强算法

根据隶属函数的选择不同可以得到多种模糊增强算法,以下对常用的标准的

模糊函数 S 函数、经典 PAL 函数、正弦函数进行描述[9-12]。

1. 标准的模糊函数 S 函数

1）图像域至模糊域的变换函数

若令 x_{mn} 表示坐标为 (m,n) 像素的灰度级，x_{max} 表示最大灰度级，则隶属函数 $\mu_{mn}(x_{mn})$ 可以由空间域 (x_{mn}) 按标准的模糊函数 S 函数提取得到。

$$p_{mn}=S(x_{mn},a,b,c)=\begin{cases} 0, & x_{mn}<a \\ 2\left[(x_{mn}-a)/(c-a)\right]^2, & a\leqslant x_{mn}\leqslant b \\ 1-2\left[(x_{mn}-c)/(c-a)\right]^2, & b<x_{mn}\leqslant c \\ 1, & x_{mn}>c \end{cases} \quad (5\text{-}11)$$

式（5-11）中 $b=(a+c)/2$，在 $S(x_{mn},a,b,c)$ 函数中，参数 b 是渡越点，即当 $x_{mn}=b$ 时，$S(x_{mn},a,b,c)=S(b,a,b,c)=0.5$；在图像分割中，$b$ 是分割阈值。

图 5-2 中实曲线为 S 函数曲线，两条虚曲线为左右极限位置，$[a,c]$ 为模糊区，$[L_{min},a]$ 和 $[c,L_{max}]$ 为非模糊区。

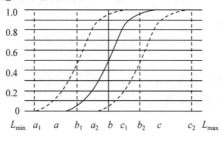

图 5-2　S 函数曲线

2）模糊域至模糊域的变换函数

$$p'_{mn}=T_j(p_{mn})=\begin{cases} 2^{(j-1)}p_{mn}^j, & 0\leqslant p_{mn}\leqslant 0.5 \\ 1-2^{(j-1)}(1-p_{mn})^j, & 0.5<p_{mn}<1 \end{cases} \quad (5\text{-}12)$$

3）模糊域至图像域的变换函数

$$x_{mn}=S^{-1}(p'_{mn}) \quad (5\text{-}13)$$

标准的 S 函数法将图像空间分成多个区域，每个区域的确定与模糊上下界限 a 与 c 值的选择有着很大的关系。

2. 经典的 PAL 函数法

1）图像域至模糊域的变换函数

经典的 PAL 函数法定义隶属函数为

$$p_{mn}=G(x_{mn})=\left[1+\frac{x_{max}-x_{mn}}{F_d}\right]^{-F_e} \quad (5\text{-}14)$$

其中，F_e 和 F_d 分别称为指数型和倒数型模糊性因子，它们直接影响到模糊特征平面上的模糊性大小；模糊特征 p_{mn} 具体表明了坐标为 (m,n) 的像素具有最大灰度级的程度。

2）模糊域至模糊域的变换函数

$$p'_{mn}=T_j(p_{mn})=\begin{cases}2^{(j-1)}p_{mn}^j, & 0\leqslant p_{mn}\leqslant 0.5\\1-2^{(j-1)}(1-p_{mn})^j, & 0.5<p_{mn}<1\end{cases} \tag{5-15}$$

3）模糊域至图像域的变换函数

$$x_{mn}=x_{\max}-F_d\left[\frac{1}{\sqrt[F_e]{p_{mn}}}-1\right] \tag{5-16}$$

经典的 PAL 函数法因为要进行指数和根数运算，运算量大。

3. 正弦函数法

1）图像域至模糊域的变换函数

由于正弦函数曲线形似于 S 曲线，在用正弦函数将图像由空间域转换到模糊域时常定义为

$$p_{mn}=G(x_{mn})=\sin\left(\frac{\pi}{2}\left(1-\frac{x_{mn}}{x_{\max}}\right)\right) \tag{5-17}$$

2）模糊域至模糊域的变换函数

$$p'_{mn}=T_j(p_{mn})=\begin{cases}2^{(j-1)}p_{mn}^j, & 0\leqslant p_{mn}\leqslant 0.5\\1-2^{(j-1)}(1-p_{mn})^j, & 0.5<p_{mn}<1\end{cases} \tag{5-18}$$

3）模糊域至图像域的变换函数

$$x_{ij}=x_{\max}\left(1-\frac{2\sin^{-1}p_{ij}}{\pi}\right) \tag{5-19}$$

正弦函数法比经典 PAL 函数法简单，又比较接近标准函数，在图像增强中被广泛采用。

5.3.3　改进的模糊增强算法

基于以上的分析，综合考虑增强效果和计算效率，可采用如下一种改进的正弦函数作为隶属函数：

$$p_{mn}=G(x_{mn})=\sin\left[\frac{\pi}{2}\left(1-\frac{x_{\max}-x_{mn}}{D}\right)\right] \tag{5-20}$$

其中，D 为模糊参数，D 的大小与图像空间域的分界点 x_c 的确定相关。分界点要满足：当 $x_{mn}>x_c$ 时，$p_{mn}>0.5$；当 $x_{mn}<x_c$ 时，$p_{mn}<0.5$。

图像处理时，对图像经过模糊增强后自动调节参数 D，基本流程如图 5-3

所示。

图 5-3　模糊增强阈值分割流程图

　　在空间域变换到模糊域中采用改进的正弦函数法有着两方面的优点：一是因为正弦函数形似于标准函数，是指数函数的一种近似。因此，算法简单且有依据；二是改进的正弦函数引入参数 D，整个函数形式不变，而参数的自适应调节可更好地增强图像。在实验过程中，分界点 x_c 的初值取为图像的中值，选择 D 满足：$x_{max} > D > \dfrac{1}{2}(x_{max} - x_{min})$ 的范围，模糊增强算子可采用通用的迭代方法。实验发现改进的正弦函数法因参数 D 的自适应调节，比正弦函数法能够更好地增强图像。

5.3.4　实验结果

　　实验中选取对比度较差的图像（目标在云层的边缘），分别采用正弦函数法和改进的正弦函数法，在不同的模糊增强算子下进行比较。图 5-4 给出了对于同一幅图像（第 305 帧图像），在模糊增强算子中迭代次数 j 取不同值（$j=1.5$，$j=2.5$，$j=3$）时所得到的模糊增强曲线，水平方向为增强前的模糊值，垂直方向为增强后的模糊值，交点处模糊值为 0.5。从图中可看出模糊增强算子随着迭代系数 j 的增加，曲线越来越陡峭。

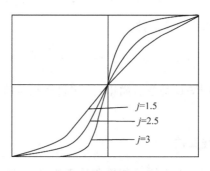

图 5-4　模糊增强曲线

　　为了定量地评价图像的质量，特别是为了便于比较增强处理前后图像质量的改善程度，常采用"模糊性指数"和"模糊熵"来评价，根据前面给出的模糊性指数和模糊熵的定义可知模糊熵的计算量要比模糊性指数大得多。在此将模糊性指数推广到二维图像 X 中，有

$$L(X) = \frac{1}{MN} \sum_m \sum_n \min(p_{mn}, (1 - p_{mn})) \tag{5-21}$$

当图像不确定性较大时,模糊性指数大,反之,模糊性指数就小。表 5-1 中给出了图像采用不同的迭代次数 j 所得到的模糊性指数。

表 5-1 改进正弦函数法不同的迭代次数 j 时的模糊性指数

图像	$j=1.5$	$j=2.0$	$j=2.5$
第 150 帧	0.2501	0.2354	0.1975
第 155 帧	0.2455	0.2331	0.1938
第 160 帧	0.2508	0.2327	0.1965
第 165 帧	0.2504	0.2337	0.1967
第 300 帧	0.2668	0.2501	0.2123
第 305 帧	0.2639	0.2486	0.2123
第 310 帧	0.2714	0.2535	0.2161
第 315 帧	0.2704	0.2539	0.2154

图 5-5～图 5-12 给出了云天背景序列红外图像采用正弦函数法和改进正弦函数法对图像进行增强和目标检测的结果。

(a) 正弦函数法

(b) 改进的正弦函数法

图 5-5 对第 150 帧图像处理后得到的模糊增强图像及目标检测结果

(a) 正弦函数法

(b) 改进的正弦函数法

图 5-6　对第 155 帧图像处理后得到的模糊增强图像及目标检测结果

(a) 正弦函数法

(b) 改进的正弦函数法

图 5-7　对第 160 帧图像处理后得到的模糊增强图像及目标检测结果

(a) 正弦函数法

(b) 改进的正弦函数法

图 5-8　对第 165 帧图像处理后得到的模糊增强图像及目标检测结果

(a) 正弦函数法

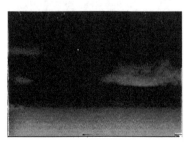

(b) 改进的正弦函数法

图 5-9　对第 300 帧图像处理后得到的模糊增强图像及目标检测结果

(a) 正弦函数法

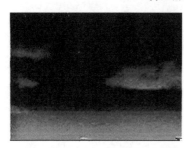

(b) 改进的正弦函数法

图 5-10　对第 305 帧图像处理后得到的模糊增强图像及目标检测结果

(a) 正弦函数法

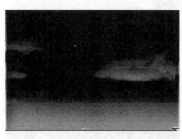

(b) 改进的正弦函数法

图 5-11　对第 310 帧图像处理后得到的模糊增强图像及目标检测结果

(a) 正弦函数法

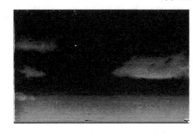

(b) 改进的正弦函数法

图 5-12 对第 315 帧图像处理后得到的模糊增强图像及目标检测结果

表 5-2 中给出了用改进的正弦函数法与正弦函数法处理后所得图像的模糊性指数。

表 5-2 图像模糊性指数比较

图像	改进正弦函数法	正弦函数法
第 150 帧	0.2354	0.3039
第 155 帧	0.2331	0.2976
第 160 帧	0.2327	0.3072
第 165 帧	0.2337	0.3035
第 300 帧	0.2501	0.3154
第 305 帧	0.2486	0.3116
第 310 帧	0.2535	0.3181
第 315 帧	0.2539	0.3179

从表 5-2 中所得数据可以看出：改进的正弦函数法模糊增强后的模糊性指数要比原来的正弦函数法模糊性指数平均减少 0.05；根据模糊性指数的定义，模糊性指数越小，说明图像中目标越清晰，图 5-5～图 5-12 的实验结果也证明了改进的正弦函数法能够更有效地增强目标，抑制背景，有利于目标分割，从而使检测得到的目标更准确，虚警更小。

5.4 小　　结

本章在简要介绍图像模糊增强理论的基础上,研究了多种图像模糊增强算法,并对其中的正弦函数模糊增强算法进行了改进。改进的正弦函数模糊增强算法选择正弦函数作为隶属函数,既保持了标准函数的 S 形式,又简化了运算量,同时通过增加 D 参数并自适应调节 D 可以更好地增强图像;在图像模糊域进行增强时给出了不同的迭代次数下图像的模糊性指数,分析比较选择了 2 次迭代对图像进行处理,实验得出改进的模糊增强算法是一种更为有效的图像增强和目标检测算法。

参 考 文 献

[1] 郭桂蓉,庄钊文.信息处理中的模糊技术.长沙:国防科技大学出版社,1993

[2] 汪培庄.模糊集合论及其应用.上海:上海科学技术出版社,1986

[3] Pal S K,King R A. Image enhancement using smoothing with fuzzy sets. IEEE Transactions on Systems,Man and Cybernetics,1981,11(7):494-501

[4] Pal S K,King R A. Image enhancement using fuzzy set. Electronic Letters,1980,16(10):376-378

[5] Bedrosian S D,Buchsbaum G. An application of fuzzy concepts to image processing. The First Sino-American Symposium on Fuzzy Sets and Applications,Beijing,1984,1:14-20

[6] 陈佳鹃,陈晓光.基于遗传算法的图像模糊增强处理方法的研究.计算机工程与应用,2001,21:109-112

[7] 薛景浩,章毓晋,林行刚.一种新的图像模糊散度阈值化分割算法.清华大学学报,1999,39(1):47-50

[8] Tizhoosh H R. Fuzzy image processing:potential and state of the art//Proceedings of 5th International Conference on Soft Computing,1998,1:321-324

[9] 徐立亚,林纯春,戚飞虎.图像目标区域定位模糊法实现.红外与毫米波学报,1998,17(3):209-214

[10] 吴薇.基于模糊增强的图像阈值分割.计算机应用,2002,9:78-81

[11] 雷向康.一种改进的图像模糊增强方法.系统工程与电子技术,1997,12:21-24

[12] 金立左,夏良正.图像分割的自适应模糊阈值法.中国图像图形学报,2000,5:390-396

第6章 基于数学形态学的目标检测方法

6.1 引　言

数学形态学[1-3]（mathematical morphology）诞生于 1964 年,是一门建立在严格数学理论基础上的新兴的图像分析学科,其基本理论和方法在视觉检测、机器人视觉、医学图像分析等诸多领域都获得了成功的应用。从某种特定意义上讲,形态学图像处理是以几何学为基础,着重研究图像的几何结构。这种结构表示的可以是分析图像的宏观性质,也可以是微观性质。形态学研究图像几何结构的基本思想是利用一种结构元素（structuring element）去探测一幅图像,看是否能够将这种结构元素很好地填放在图像的内部,同时验证填放结构元素的方法是否有效。通过对图像内适合放入结构元素的位置作标记,便可得到关于图像结构的信息。这些结构信息和结构元素的尺寸与形状有关。因而,这些信息的性质取决于结构元素的选择。也就是说,结构元素的选择与从图像中抽取何种信息有密切的关系,从而构造不同的结构元素,便可完成不同的图像分析,得到不同的分析结果。

数学形态学的主要内容是设计一套概念和交换运算,用以描述图像的基本特征或基本结构,亦即图像的各个像素之间的关系。在数学形态学[4,5]中,所有的变换运算都定义在集合上,集合就代表二值或灰度图像的形状。在高维欧氏空间中,集合还可以代表图像的颜色,因此,可以说集合论就是数学形态学的语言。本章通过对二值形态滤波理论和灰值形态滤波理论的分析,研究了基于灰值扁平结构元素的背景估计方法,该方法以水平方向处理和垂直方向处理相结合,开运算和闭运算相结合,能有效应用于以云天或地物为背景的目标检测中。

6.2 形态滤波理论

6.2.1 二值形态滤波理论

在二值数学形态学中,最基本的变换运算是膨胀和腐蚀。

1. 膨胀

所谓膨胀就是两个集合中元素的向量和,具体定义如下:

定义 6.1 设 A、B 是 n 维欧氏空间 E^n 中的两子集,那么 A 被 B 膨胀定义为:$A \oplus B = \{c \in E^n : c = a + b, a \in A, b \in B\}$ 或

$$A \oplus B = \bigcup_{b \in B} A_b \tag{6-1}$$

图 6-1 和图 6-2 给出了二值膨胀的数学和物理示意图。

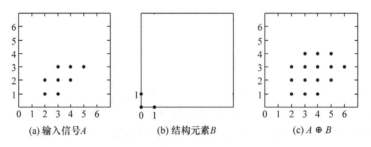

(a) 输入信号 A (b) 结构元素 B (c) $A \oplus B$

图 6-1 二值膨胀数学示意图

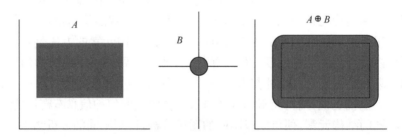

图 6-2 二值膨胀物理示意图

2. 腐蚀

数学形态中的腐蚀运算是膨胀运算在一定意义下的对偶,其定义如下:

定义 6.2 设 A、B 是 n 维欧氏空间 E^n 中的两子集,那么 A 被 B 腐蚀定义为:$A \ominus B = \{c \in E^n : c + b \in A, 任意 \ b \in B\}$,或 $A \ominus B = \{c \in E^n : B_c \subseteq A\}$,或

$$A \ominus B = \bigcap_{b \in B} A_{-b} \tag{6-2}$$

膨胀与腐蚀运算之间的对偶关系为:$(A \ominus B)^c = A^c \oplus \breve{B}$。

图 6-3 和图 6-4 给出了二值腐蚀的数学和物理示意图。

尽管膨胀与腐蚀运算是对偶运算,但在数学形态学等式中不能进行消解。比如 $A = B \ominus C$,等式两边同时被 C 膨胀,则 $A \oplus C = B \ominus C \oplus C \neq B$,其实 $B \ominus C \oplus C$ 是数学形态学中又一种基本运算,即开运算,与开运算相对偶的为闭运算。

定义 6.3 设 A、B 是 n 维欧氏空间 E^n 中的两子集,用 B 对 A 作开运算定义为

$$A \circ B = (A \ominus B) \oplus B \tag{6-3}$$

用 B 对 A 作闭运算定义为

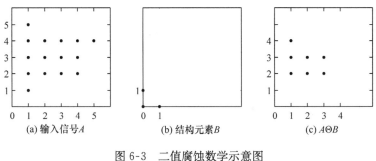

图 6-3　二值腐蚀数学示意图

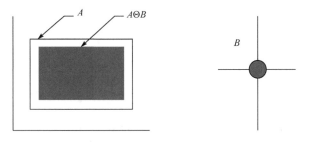

图 6-4　二值腐蚀物理示意图

$$A \cdot B = (A \oplus B) \ominus B \tag{6-4}$$

开运算和闭运算之间的对偶关系表示为：$(A \cdot B)^c = A^c \circ \breve{B}$

图 6-5 和图 6-6 分别给出了二值开运算和二值闭运算的示意图。

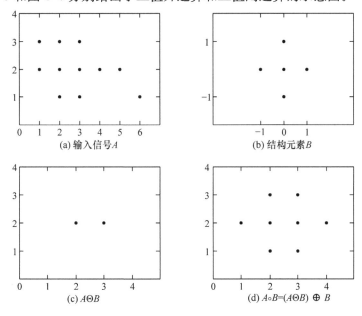

图 6-5　二值开运算示意图

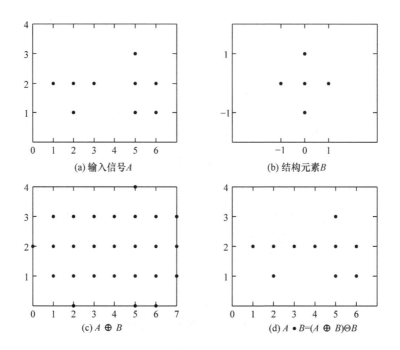

图 6-6　二值闭运算示意图

6.2.2　灰值形态滤波理论

以上讨论的是二值图像,实际应用中绝大多数遇到的是灰值图像,一般情况可以选取适当阈值将灰值图转换为二值图,再用相应的运算处理,但是这种转换势必会损失一些有用的信息,况且,由二值图再恢复为灰值图又是一件极为困难的工作。为此,在本节引入灰值图的图像代数运算[6]。

设 $f(x,y),(x,y)\in D$ 表示一幅灰值图,其中 (x,y) 为图像上点的坐标,它们都取整数。$f(x,y)$ 为 (x,y) 点的灰度值,它也取整数,通常取 $0,1,\cdots,g-1,g$ 为某一自然数。此时,也称 g 为图像 $f(x,y)$ 的灰度级。

1. 投影、表面与阴影

设 A 为一幅图 $\{(x,f(x))|x\in E,f(x)\in G\}$,其中 $G=\{0,1,\cdots,g-1\}$。A 的投影按下式定义:

$$F(A)=\{x|x\in E;\exists z\in G,(x,z)\in A\} \tag{6-5}$$

直观地讲,$F(A)$ 就是 A 在坐标轴 E 上的普通意义下的投影。

A 的表面按下式定义:

$$Su(A)(x)=\max_{(x,z)\in A} z \tag{6-6}$$

设有函数 $h(x),x\in H,H\subset E,h(x)\in G$,则 h 的阴影按下式定义：

$$U(h)=\{(x,z)\,|\,0\leqslant z\leqslant h(x),x\in H\}\qquad(6-7)$$

图 6-7 显示了一个集合 A 在 E 上的投影以及它的表面函数,图 6-8 显示了函数 h 与它的阴影 $U(h)$。

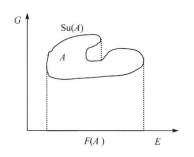

图 6-7　集合 A 与它的投影和表面函数　　　　图 6-8　函数 h 和它的阴影 $U(h)$

2. 图像的膨胀

设 h 和 k 分别为定义在 E 的子集 H 和 K 上的函数,则 h 和 k 膨胀后仍然是一个函数,记为 $h\underset{g}{\oplus}k$,它由下式定义：

$$h\underset{g}{\oplus}k(x)=S_u(U(h)\oplus U(k))(x)\qquad(6-8)$$

根据定义,图像膨胀具有 $h\underset{g}{\oplus}k(x)=\max\limits_{\substack{v\in K\\x-v\in H}}\{h(x-v)+k(v)\}$ 的重要性质。

图 6-9 给出了函数 h 被函数 k 膨胀的例子。

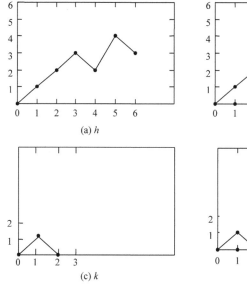

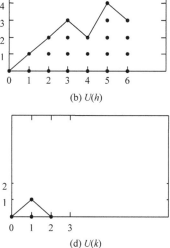

(a) h　　　　　　(b) $U(h)$

(c) k　　　　　　(d) $U(k)$

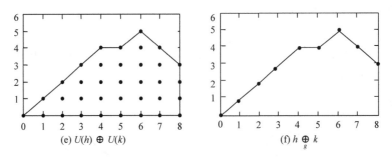

图 6-9　函数 h 被函数 k 膨胀

3. 图像的腐蚀

设 H 和 K 都是 E 的子集,且有函数 $h: H \rightarrow G, k: K \rightarrow G, h$ 被 k 腐蚀仍为函数,记为 $h \underset{g}{\ominus} k$,它按下式定义:

$$
\begin{aligned}
& h \underset{g}{\ominus} k: H \ominus K \rightarrow G \\
& h \underset{g}{\ominus} k(x) = S_u(U(h) \ominus U(k))(x)
\end{aligned}
\tag{6-9}
$$

根据定义,图像腐蚀具有 $h \underset{g}{\ominus} k(x) = \min\limits_{\substack{v \in K \\ x+v \in H}} \{h(x+v) - k(v)\}$ 的重要性质。

图 6-10 给出了函数 k 对函数 h 腐蚀的例子。

从图 6-9 和图 6-10 以及图像膨胀与腐蚀的重要性质可以得出:膨胀图像的灰度为对应点 x 的 K 邻域上的最大灰度值,腐蚀图像的灰度为对应点 x 的 K 领域上的最小灰度值。

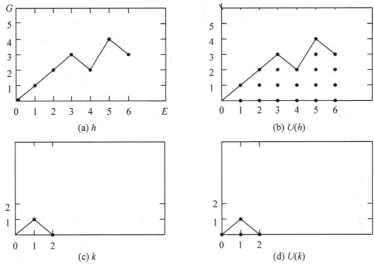

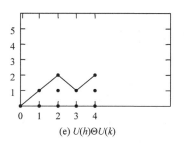

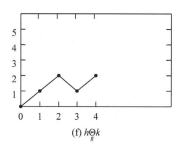

(e) $U(h)\Theta U(k)$　　　　　　　　(f) $h\Theta_g k$

图 6-10　函数腐蚀

4. 开运算和闭运算

与二值图的开运算与闭运算相似,可以用灰度图的腐蚀与膨胀定义灰度的开运算与闭运算。

设函数 h,k 的定义域都是 E 的子集,h 被 k 开运算定义为

$$h \underset{g}{\circ} k = (h\underset{g}{\Theta}k)\underset{g}{\oplus}k \tag{6-10}$$

h 被 k 闭运算定义为

$$h \underset{g}{\bullet} k = (h\underset{g}{\oplus}k)\underset{g}{\Theta}k \tag{6-11}$$

图 6-11 给出了函数 k 对函数 h 开运算和闭运算的例子。

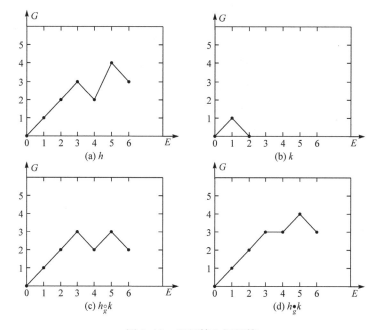

图 6-11　开运算和闭运算

6.3 基于形态滤波的目标检测算法

由图像膨胀与腐蚀的重要性质可知,当 $k(v)$ 取一种特殊函数时,对任何 $v \in K$ 都有 $k(v)=0$,则 h 被 k 膨胀成为在 x 的某种领域内(由 K 决定)取 h 的最大灰值,h 被 k 腐蚀成为在 x 的某种领域内取 h 的最小灰值;称此时的 $k(v)$ 为扁平结构元素。扁平结构元素指在定义域上取常数的结构元素。根据结构元素的平移性质,在讨论扁平结构元素时,可以假设结构元素在其定义域上为 0。如果不为 0,则可纵向平移结构元素,使其为 0,运算完成后,再沿相反方向平移结构元素,使其回到原位。因此,扁平结构元素可以看作是一类在其定义域上值为 0 的结构元素。

因此,当扁平结构元素宽为 L 时,开运算能够消去图像中宽度小于 L 的尖峰,闭运算能够填平宽度小于 L 的低谷。所以,可以利用这一性质实现对图像中小目标的检测。

以一维为例,假设扁平结构元素的宽度为 $2N+1$,中心在图像中的 i 点,由重要性质可将膨胀与腐蚀表示为

$$膨胀 \quad D(i)=\max[X(i-N),\cdots,X(i),\cdots,X(i+N)] \quad (6\text{-}12)$$

$$腐蚀 \quad E(i)=\min[X(i-N),\cdots,X(i),\cdots,X(i+N)] \quad (6\text{-}13)$$

其中,$X(i)$ 是 i 点的灰度值。

由开运算和闭运算的定义可得出:经开运算处理过的点的灰度值小于等于其初始值;经闭运算处理过的点的灰度值大于等于其初始值,考虑到背景的相关性和广义平稳性,且开闭运算可以消去和填平宽度小于扁平结构元素宽度的脉冲,因而将原始图像减去经开运算处理后的图像就可以从较暗的背景中提取较亮的目标,而将经闭运算处理后的图像减去原始图像就可以从较亮的背景中提取较暗的目标,这就是 Top-Hat 变换,前者称为 White Top-Hat 变换,用 WTH 表示;后者称为 Black Top-Hat 变换,用 BTH 表示[7-9]。但由于背景,如云、树等的不规则边缘的影响,显然只在一个方向处理是有缺陷的,它会造成该方向上宽度小于扁平结构元素宽度的背景边缘的泄漏,从而直接影响到后续的处理。考虑到通常这些较窄的背景边缘在其他方向上是连续的,因而可以采取多个方向同时对原始图像处理,然后在这些处理后图像的相同位置取最佳值的方法,以达到对背景的更恰当估计。

由于经开运算处理后的图像的灰度值小于等于其初始值,所以对经多个方向开运算处理后的图像,在相同的位置应取它们中的最大值作为最佳值,同理,对经多个方向闭运算处理后的图像,在相同的位置应取它们中的最小值作为最佳值。考虑到实时性的需要,显然在很多方向对图像处理是不现实的,经实验验证,在两

个方向对原始图像进行处理即可达到对背景的较合理估计,且满足实时信息处理机的时间要求,从而为算法的实际应用开辟了广阔的空间。图 6-12 和图 6-13 分别是从较暗的背景中提取亮目标和从较亮的背景中提取暗目标的流程示意图。图 6-14 是对实际红外图像开运算处理的仿真结果,从中可以看出两个方向或多个方向处理的必要性。只用水平方向开运算,从图 6-14(b)中可以看出,在路背景的尽头存在着较大的背景泄漏,显然对背景的估计不够准确;而只用垂直方向开运算,从图 6-14(c)中也可以看出,背景明显失真,因此,必须将两个方向的结果结合起来,这样就可以达到对背景的较合理估计,如图 6-14(d)所示,从而再经过适当的后续处理,即可达到对目标的准确检测。

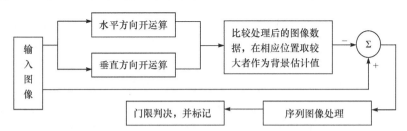

图 6-12　从较暗的背景中提取较亮目标的流程示意图

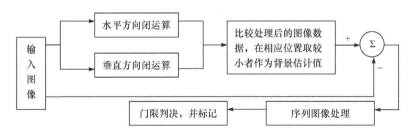

图 6-13　从较亮的背景中提取较暗目标的流程示意图

(a) 输入图像　　　　　　　(b) 水平方向处理结果　　　　　　(c) 垂直方向处理结果

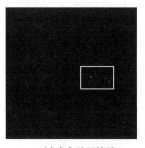

（d）两个方向处理结果　　　　　　　（e）目标检测结果

图 6-14　对实际红外图像的形态滤波处理效果

对红外跟踪,只用 WTH 变换即可检测出小目标,但对电视跟踪,由于目标存在着极性反转,即目标有时较暗,有时较亮,所以单纯用 WTH 变换或 BTH 变换均不能保证能够准确检测出目标,因而必须将二者结合起来,找出一种更合适的解决极性反转的方法。一种方法是首先对图像施行 WTH 变换找出图像中较亮的目标,再取阈值求出目标的位置并标记;然后对图像进行 BTH 变换找出图像中较暗的目标,取阈值求出目标位置并标记,最后取两标记图像的并集作为最终的目标检测结果。这种方法比较复杂,且对数据的利用率不高,实时性较差。考虑到经开运算处理后的图像的灰度值小于等于其初始值,而经闭运算处理后的图像的灰度值大于等于其初始值,因此可采取同时使用开运算和闭运算,然后求闭运算与开运算差的方法实现对电视图像目标的检测,其流程示意图如图 6-15 所示。图 6-16 是对山地行进坦克实际电视图像的处理结果,从图中可以看出,该方法能较好地实现对电视目标的检测,从而恰当地解决了电视跟踪中的目标极性反转问题。

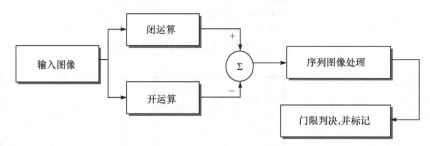

图 6-15　电视跟踪目标检测示意图

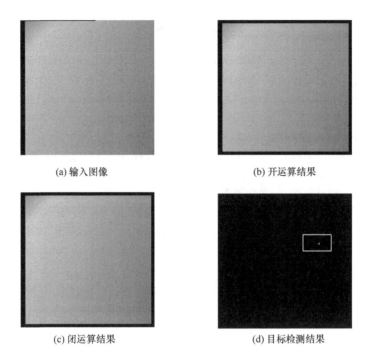

(a) 输入图像　　　　　　　　　　(b) 开运算结果

(c) 闭运算结果　　　　　　　　　(d) 目标检测结果

图 6-16　对实际电视图像的处理效果

6.4　小　　结

本章研究了数学形态学的基本理论与性质,对二值形态学和灰值形态学分别进行了论述,并通过算法仿真对形态滤波应用于光电跟踪的特点进行了分析。通过在两个方向分别对背景进行估计,然后取二者中最佳值的方法实现了对背景的有效估计,且对存在一定对比度的目标的边缘基本无影响,从而可以精确定位目标的位置,为后续的精密跟踪创造了条件。为解决电视跟踪中较为棘手的目标极性反转问题,通过对扁平结构元素应用于开运算和闭运算的实质分析,将闭运算和开运算的结果相减,就能将由电视摄像机摄取的对比度较低的亮目标或暗目标检测出来。

从形态学独特的滤波效果来看,该方法可以广泛应用于以云天或低空地物为背景的目标检测,同时该方法可以采用水平方向和垂直方向并行处理,采用一定的逻辑函数实现算法的硬件设计和快速实时处理。

参 考 文 献

［1］ Serra J. Image Analysis and Mathematical Morphology. New York：Academic Press，1982

［2］ Dougherty E R. Mathematical Morphological Image Processing. New York：Marcel Dekker，1993

［3］ Heijams H. Morphological Image Operators. New York：Academic Press，1994

［4］ Maragos P，Schafer R W. Morphological filters. IEEE Transactions on Acoustics Speech and Signal Processing，1987，35(8)：1153-1184

［5］ 陈向东. 数学形态学和子波分析理论及其在图象处理与分析中的应用. 博士学位论文，长沙：国防科技大学，1998

［6］ 崔屹. 图像处理与分析——数学形态学方法及应用. 北京：科学出版社，2000

［7］ Barnett J T，Billard B D，Lee C. Nonlinear morphological processors for point-target detection versus an adaptive linear spatial filter：a performance comparison. SPIE，1993，1954：12-24

［8］ Tom V T，Peli T，Leung M，et al. Morphology-based algorithm for point target detection in infrared backgrounds. SPIE，1993，1954：2-11

［9］ Rivest J F，Fortin R. Detection of dim targets in digital infrared imagery by morphological image processing. Optical Engineering，1996，35(7)：1886-1893

第7章　形态滤波与遗传算法相结合的目标检测方法

7.1　引　言

如第6章所述,数学形态学[1-3]是以形态为基础对图像进行分析的数学工具。它的基本思想是用具有一定形态的结构元素去度量和提取图像中对应的形状以达到对图像分析和识别的目的。运用数学形态学可以简化图像数据,保持它们基本的形状特征,并除去不相干的结构。它能比较正确地估计出目标区域中的背景,在图像分割中对于减小背景起伏和背景泄漏的影响有很好的背景抑制作用。

数学形态学算法可分解为形态学运算和结构元素选择两个基本操作,形态学运算的规则由数学形态学的定义确定,于是形态学算法的性能就取决于结构元素的选择,亦即结构元素决定着形态学算法的目的和性能。因此,在目标检测应用中,如何自适应地优化结构元素,就成为研究更好目标检测算法的关键。由于目标背景复杂,背景起伏噪声较大,目标运动速度较快或者目标较多,一般单一的结构元素不大可能取得满意的效果,解决此问题的一种有效方法就是采用多结构元素进行运算。然而怎样才能使得结构元素能更好地满足目标和背景的结构特征?目前有三种较好的学习优化算法,即自适应神经网络、启发式遗传算法和模拟退火算法。它们各有自身的优缺点:自适应神经网络学习算法的跟踪性能好、收敛速度快,但容易落入局部最优解的陷阱,难以保证全局最优。启发式遗传算法的搜索范围广、优化精度高、能够依据概率收敛于全局最优解,有较高的并行性,但运行速度慢,实时性较差。模拟退火算法在优化精度和收敛速度上介于二者之间。本章重点研究利用启发式遗传算法对结构元素进行优化学习。

遗传算法[4-6]的思想来源于自然界物竞天择、优胜劣汰、适者生存的演化规律和生物进化原理,并引用随机统计理论而形成,具有高效并行全局优化搜索能力,能较好地解决机器学习中参数的复杂优化和组合优化等难题。遗传算法的三个主要环节:交叉、变异和选择操作。交叉是以双亲的染色体交叉的方式产生出子代的染色体,从而使子代个体遗传双亲的基本特征。变异是实现交叉的优化改良,为交叉过程中可能丢失的某些遗传基因进行修复和补充,它丰富了种群的多样性。选择操作的任务就是对群体的个体按照它们对环境的适应程度施加一定的操作,从而实现优胜劣汰的进化过程,它为进化确定了方向。所以通过自适应优化训练使形态滤波结构元素具有图像目标的形态结构特征,从而使结构元素具有目标特定的知识,在形态滤波过程融入特有的智能,以实现对复杂变化的图像具有良好的滤波性能和稳健的适应能力,建立有效结构元素,并准确有效地进行目标检测与识别。

本章首先介绍遗传算法,包括遗传算法的概念、基本性质、特点和机理。然后研究基于形态滤波与遗传算法相结合的目标检测算法,并结合实际外场场景图像对其目标检测算法的效果进行检验。

7.2　遗传算法基本理论

遗传算法(genetic algorithm,GA)的基本思想基于 Darwin 进化论和 Mendel 的遗传学说[7]。它是受生物进化思想的启发而得出的一种全局优化算法。它引用随机统计理论,采用群体搜索策略和群体中个体之间的信息交换,不依赖于梯度信息,尤其适用于那些传统搜索方法难以解决的复杂和非线性问题,能有效解决机器学习中参数的复杂优化和组合优化等问题。遗传算法把问题的解表示为“染色体”,在算法中以编码的串表示。在执行遗传算法之前,给出一群初始的“染色体”,即假设解。然后,把这些假设解置于问题的“环境”中,并按适者生存的原则,从中选择出较适应环境的“染色体”,再通过交叉、变异过程产生更适应环境的新一代“染色体”群。这样,一代一代地进化,最后就会收敛到最适应环境的一个“染色体”上,它就是问题的最优解。这种遗传算法目前在模式识别、神经网络、图像处理、机器学习、工业优化控制、自适应控制、生物科学和社会科学等方面都得到了广泛的应用。

7.2.1　遗传算法的基本概念

遗传算法基于自然选择的生物进化,是一种模仿生物进化过程的随机方法。在遗传算法中,会用到以下的基本概念。

编码:遗传信息在染色体长链上按照一定的模式排列,也即进行了遗传编码。遗传编码可以看作是从问题空间到遗传编码空间的映射。

染色体:是遗传物质的主要载体,由多个遗传因子——基因组成。在遗传算法中它表示待求解问题的一个可能解,由若干基因组成,是 GA 操作的基本对象。

遗传因子:遗传算法的基本单位,也称为基因,是组成染色体的单元,可以表示为一个二进制位、一个整数或一个字符等。

个体:指染色体带有特征的实体。

种群:染色体带有特征的个体的集合。由一定数量的个体组成,是 GA 的遗传搜索空间。

进化:生物在其延续生存的过程中,逐渐适应其生存环境,使得其品质不断得到改良,这种生命现象称为进化,生物的进化是以种群的形式进行的。

适应度:用来度量某个物种对于生存环境的适应程度。适应程度较高的物种将获得更多的繁殖机会,而适应程度较低的物种,其繁殖机会将会相对较少,甚至逐渐灭绝。在遗传算法中代表一个个体所对应解的优劣,通常由某一适应度函数表示。

选择:指以一定的概率从种群中选择若干个体的操作(往往是较适应环境的个体)。即根据个体的适应度,在群体中按照一定的概率选择可以作为父本的个体,选择依据是适应度大的个体被选中的概率高。一般而言,选择的过程是一种基于适应度的优胜劣汰的过程。选择在遗传算法中属于基本操作之一,选择操作体现了适者生存,优胜劣汰的进化规则。

交叉:生物在繁殖下一代时,两个染色体的某一相同位置处被切断,其前后两串分别交叉形成两个新的染色体,是 GA 的基本操作之一,它将父本个体按照一定的概率随机交换基因而形成新的个体。

变异:染色体在复制过程中可能以小的概率产生某些复制差错,从而使遗传物质变异,产生出新的染色体,表现出新的性状。在 GA 中,也属于基本操作之一,即按一定概率随机改变某个体的基因值。在二进制编码中,对个体中的某些基因执行异向转化。在染色体中,如果某位基因为 1,产生变异时就是把它变成 0,反之亦然。

7.2.2　遗传算法的编码及适应度函数

1. 遗传编码

当用遗传算法求解问题时,必须在目标问题实际表示与遗传算法的染色体位串结构之间建立联系,即编码。由于遗传算法的鲁棒性,它对编码的要求并不苛刻。实际上,大多数问题都可以采用基因呈一维排列的定长染色体表现形式,尤其是基于{0,1}符号集的二进制编码形式。然而编码的策略或方法对于遗传算子,尤其是对交叉和变异算子的功能和设计有很大的影响。

由于编码形式决定了交叉算子的操作方式,编码问题往往称作编码-交叉问题,作为遗传算法中的第一步,它直接影响到算法的实现。编码问题一般应满足以下三条原则。

(1) 完备性:问题空间中的所有点(可行解)都能成为 GA 编码空间中的点的表现型;

(2) 健全性:GA 编码空间中的染色体位串必须对应问题空间中的某一潜在解;

(3) 非冗余性:染色体和潜在解必须一一对应。

随着遗传算法的发展,编码的方式多种多样,但最基础的、应用范围最广的编码方式是二进制编码。二进制编码将问题空间的参数表示为基于字符集$\{0,1\}$构成的染色体位串。但二进制编码存在着连续函数离散化时的映射误差,个体编码较短时,可能达不到精度要求;而个体编码的长度较长时,虽然能提高精度,但却会使算法的搜索空间急剧扩大。同时会造成遗传算法的效率降低。

除二进制编码外,还有大字符集编码、序列编码、实数编码、树编码、自适应编码等方式。

2. 适应度函数

遗传算法在进化搜索中基本不利用外部信息,仅以适应度函数为依据,所以适应度函数的形式直接决定着群体的进化行为。因此适应度函数的选取至关重要,直接影响到遗传算法的收敛速度以及能否找到最优解。一般而言,适应度函数是由目标函数变换而成的。

适应度函数设计主要满足以下条件:

(1) 单值、连续、非负、最大化;

(2) 合理、一致性:要求适应度值反映对应解的优劣程度,这个条件的达成往往比较难以衡量;

(3) 计算量小:适应度函数设计应尽可能简单,这样可以减少计算时间和空间上的复杂性,降低计算成本;

(4) 通用性强:适应度对某类具体问题,应尽可能通用,最好无须使用者改变适应度函数中的参数。

适应度函数基本上有以下三种:

(1) 直接将待求解的目标函数 $f(x)$ 转变为适应度函数 $\mathrm{Fit}(f(x))$,即

若目标函数为最大问题:$\mathrm{Fit}(f(x)) = f(x)$ 　　　　　　　　　　(7-1)

若目标函数为最小问题:$\mathrm{Fit}(f(x)) = -f(x)$ 　　　　　　　　　(7-2)

这种适应度函数简单直观,但存在两个问题,其一是可能不满足常用的轮盘赌选择中概率非负的要求;其二是某些待求解的函数在函数值分布上相差很大,由此得到的平均适应度可能不利于体现种群的平均性能,从而影响算法的性能。

(2) 若目标函数为最小问题,则

$$\mathrm{Fit}(f(x)) = \begin{cases} c_{\max} - f(x), & f(x) < c_{\max} \\ 0, & \text{其他} \end{cases} \tag{7-3}$$

式中,$c_{\max}$ 为 $f(x)$ 的最大值估计。

若目标函数为最大问题,则

$$\mathrm{Fit}(f(x)) = \begin{cases} f(x) - c_{\min}, & f(x) > c_{\min} \\ 0, & \text{其他} \end{cases} \tag{7-4}$$

式中，c_{min} 为 $f(x)$ 的最小值估计。

这种方法是对第一种方法的改进，可以称为"界限构造法"，但存在界限值预先估计困难和难以精确的问题。

（3）若目标函数为最小问题，则

$$\text{Fit}(f(x)) = \frac{1}{1+c+f(x)}, \quad c \geqslant 0, \ c+f(x) \geqslant 0 \tag{7-5}$$

若目标函数为最大问题，则

$$\text{Fit}(f(x)) = \frac{1}{1+c-f(x)}, \quad c \geqslant 0, \ c-f(x) \geqslant 0 \tag{7-6}$$

这种方法与第二种方法类似，c 为目标函数界限的保守估计值。

7.2.3　遗传算法的基本操作

遗传算法的操作算子一般包括选择（selection）、交叉（crossover）和变异（mutation）三种基本形式，它们构成了遗传算法强大搜索能力的核心，是模拟自然选择以及遗传过程中发生的繁殖、杂交和突变现象的主要载体[8,9]。算子的设计是遗传策略的主要组成部分，也是调整和控制进化过程的基本工具。

1. 选择

选择是用来确定重组或交叉的个体，以及被选个体将产生多少个子代个体。选择过程的第一步是计算适应度。在被选集中每个个体具有一个选择概率，这个选择概率取决于种群中个体的适应度及其分布。常用的方法如下所示。

1）轮盘赌选择

这是最简单的一种选择方法。类似于博彩游戏中的轮盘赌。个体适应度按照比例转化为选中概率。为选择交配个体，需要进行多轮选择。每一轮产生一个介于[0,1]的均匀随机数，将该随机数作为选择指针来确定被选择个体。适应度大的个体其被选中的概率也较大。

2）Boltmann 选择

在群体进化过程中，不同阶段需要不同的选择压力。早期阶段选择压力较小，希望较差的个体也有一定的生存机会，使得群体保持较高的多样性。后期阶段选择压力较大，希望 GA 缩小搜索领域，加快当前最优解改善的速度，根据不同阶段选择压力不同的情况，Goldberg 设计了 Boltmann 选择方法[5]。

3）排序选择

排序选择方式是将群体中个体按其适应值由大到小的顺序排成一个序列，然后将设计好的序列概率分配给每个个体。

4) 联赛选择

联赛选择的基本思想是从当前群体中随机选择一定数量的个体,将其中适应值最大的个体保存到下一代。反复执行这一过程,直到下一代个体数量到达预定的群体规模。

5) 精英选择

精英选择是指下一代群体的最佳个体适应值小于当前群体最佳个体的适应值,则将当前群体最佳个体或者适应值大于下一代最佳个体适应值的多个个体直接复制到下一代,随机替代或替代最差的下一代群体中的相应数量的个体。

2. 交叉

交叉是把两个父个体的部分结构相互替换重组而生成新个体的操作,可根据父代种群的信息来产生新的种群。重组的目的是能够产生新个体,从而使遗传算法的搜索能力得以飞跃地提高。这是遗传算法中获取新的优良个体的最重要的手段。

二进制交叉常用算法有:

1) 一点交叉

一点交叉式是 Holland[4] 提出的最基础的方式,它以两个个体变量的交叉点处为分界,相互交换位串。

2) 多点交叉

为了增加交叉的信息量,遗传算法发展了多点交叉,它随机选取多个交叉点,连续的相互交换,从而产生两个新的后代。

3) 一致交叉

一致交叉,即染色体位串上的每一位按相同概率进行随机均匀交叉。

3. 变异

变异是一种局部随机搜索,与选择、交叉算子结合,保证了遗传算法的有效性,使遗传算法具有局部的随机搜索能力,同时保持了种群的多样性。当交叉操作产生的后代个体的适应值不再比它们的前辈好,但又未达到全局最优时,就会出现成熟前收敛或早熟收敛。这时引入变异操作往往能产生很好的效果。一方面,变异算子可以使群体进化过程中丢失的等位基因信息得以恢复,以保持群体中个体的差异性,防止发生成熟前收敛。另一方面,当种群规模较大时,在交叉操作的基础上引入适应度的变异,也能够提高遗传算法的局部搜索能力。

总之,遗传算法的过程包括基于适应度的选择和再生、交叉和变异操作。遗传算法的优化准则,可根据问题的不同,而确定不同的方式。比如种群的最佳个体的适应度超过某阈值、种群的平均适应度超过某阈值或世代数达到最大世代数等。

7.2.4　遗传算法模式理论和特点

1. 遗传算法的模式理论

在遗传算法工作过程中,遗传算子建立并管理着参数空间、编码空间、模式空间和适应值空间[6],它们之间的相互关系如图 7-1 所示。

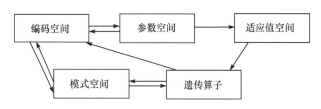

图 7-1　遗传算法空间结构关系

对于二进制编码空间,表示为 $SL=\{0,1\}L$,该空间的基数为 2L。而扩展字符集编码空间表示为 $S_e^L=\{0,1,*\}L$,* 是通配符,可以任意表示为 0 或 1,则扩展空间的基数为 3L,则称 S_e^L 为 SL 的模式空间。

模式是由 SL 中具有共同特征的位串所组成的集合,它描述了该集合中位串上共同的基因特征。

模式的阶:模式中所含有的 0、1 确定基因位的个数,用 $O(H)$ 表示。

模式的长度:模式中从左到右第一个非 * 和最后一位非 * 之间的距离,用 $\delta(H)$ 表示。

模式的适应值:模式的适应值是群体中其所包含的全部个体的适应值的平均值

$$f(H,t)=\sum_{j=1}^{m}\frac{f(a_j)}{m} \tag{7-7}$$

其中,m 为模式 H 在群体中所包含位串数量;$f(a_j)$ 为个体的适应值。

对于一个群体规模为 n 的位串集合,其中任何一个个体位串上的每一位串均为确定值,它属于该位为原定值或 * 的模式。对于长度为 L 的位串,总共属于 2L 个模式。那么,考虑到群体中位串之间的差异性和相似性,整个群体最多属于 n×2L 个模式。规模为 n 的群体对应模式空间中的 2L~n×2L 个模式。

遗传算法在群体进化过程中,可以看作是通过选择、交叉、变异算子不断发现重要基因、寻求较好模式的过程。高适应值的个体被选择的概率大于低适应值的个体,同样根据模式适应值的定义,选择算子对于模式的作用表现为:适应值越高,被选中的概率也就较大。所以好的模式在群体中的个体采样数量会不断增加,其上的重要基因或者有效基因也得以遗传下来。对交叉算子来说,如果它不分割一个模式,则该模式不变;反之,可以导致模式消失或所包含高适应值个体数量减少,同时交叉算子还可以创建新的模式。变异算子的变异概率很小,但对模式生成和破坏同样会产生作用。所以,遗传算法的三个遗传算子都将对模式的生存数量有一定的影响。

1) 选择对模式 H 数量的影响

假定在 t 代群体 $P(t)$ 中模式 H 生存数量为 $m(H,t)$,在选择操作中,个体概率为

$$p_i = \frac{f(a_i)}{\sum\limits_{i=1}^{n} f(a_i)} \tag{7-8}$$

则在 $t+1$ 代,模式 H 的生存数量为

$$m(H,t+1) = m(H,t) \times n \times \frac{f(H)}{\sum\limits_{i=1}^{n} f(a_i)} \tag{7-9}$$

其中,$f(H)$ 表示在 t 代模式 H 的串的平均适应度。群体的平均适应值为

$$\overline{f} = \frac{\sum\limits_{i=1}^{n} f(a_i)}{n} \tag{7-10}$$

将上式代入式(7-9)中,式(7-9)可改写为

$$m(H,t+1) = m(H,t) \cdot \frac{f(H)}{\overline{f}} \tag{7-11}$$

该式表明下一代群体中模式 H 的生存数量与模式的适应值成正比,与群体的平均适应值成反比。当 $f(H) > \overline{f}$ 时,H 的生存数量增加;当 $f(H) < \overline{f}$ 时,H 的生存数量减少。

设 $f(H) - \overline{f} = c \times \overline{f}$,式中 c 为常数,则式(7-11)改写为

$$m(H,t+1) = m(H,t) \times \frac{\overline{f} + c \times \overline{f}}{\overline{f}} = m(H,t) \times (1+c) \tag{7-12}$$

群体从 $t=0$ 开始选择操作,假设 c 保持不变,则上式可以表示为

$$m(H,t) = m(H,0) \times (1+c)^t \tag{7-13}$$

式(7-13)表明,在种群平均适应度以上(以下)的模式将按指数增长(减少)的方式被复制。这种变化仅仅是数量上的变化而已,并没有产生新的模式。

2) 交叉算子对模式 H 生存数量的影响

交叉操作对模式的影响与其定义的长度 $\delta(H)$ 有关,$\delta(H)$ 越大,模式被破坏的可能性越大。若染色体长度为 L,在单点交叉算子作用下模式 H 的存活概率为 $p_s = 1 - \frac{\delta(H)}{L-1}$,在交叉概率为 p_c 时,模式 H 的存活概率为

$$p_s \geqslant 1 - p_c \cdot \frac{\delta(H)}{L-1} \tag{7-14}$$

其中,L 为编码长度。如同时考虑选择、交叉对模式的影响,由于选择、交叉是不相关的,则子代模式的估计为

$$m(H,t+1) \geqslant m(H,t) \cdot \frac{f(H)}{\bar{f}} \cdot \left[1 - p_c \cdot \frac{\delta(H)}{L-1} \right] \tag{7-15}$$

3) 变异对模式 H 生存数量的影响

变异操作是以概率 p_m 随机地改变某个位上的值。为了使模式 H 能存活,特定的位必须存活。单个位存活的概率为 $1-p_m$,并且每次变异相互独立,因此,模式 H 的存活概率为

$$(1-p_m)^{O(H)} \approx 1 - O(H) \cdot p_m \quad (p_m \ll 1) \tag{7-16}$$

因此,在选择、交叉、变异同时作用的情况下,一个特定模式在下一代中期望出现的数目为

$$m(H,t+1) \geqslant m(H,t) \cdot \frac{f(H)}{\bar{f}} \cdot \left[1 - p_c \cdot \frac{\delta(H)}{L-1} - p_m \cdot O(H) \right] \tag{7-17}$$

式(7-17)表明,在变异概率一定的情况下,模式的增长和衰减取决于两个因素,一是模式的适应值是在种群平均适应值之上还是之下,二是模式具有相对长还是相对短的定义距,那些适应值在平均适应值之上而且具有短定义距的模式将按指数增长。

Holland 根据以上分析提出了模式定理:在遗传算子选择、交叉、变异的作用下,具有低阶、短定义距以及平均适应度高于种群平均适应度的模式在子代中呈指数增长,称为遗传算法进化动力学的基本理论,是遗传算法分析的基础。

2. 遗传算法模式特点

(1) 遗传算法从问题解的串集开始搜索,而不是从单个解开始。这是遗传算法与传统优化算法的最大区别。传统优化算法是从单个初始值迭代求最优解的,容易误入局部最优解。遗传算法从串集开始搜索,覆盖面大,利于全局择优。

(2) 遗传算法求解时使用特定问题的信息极少,容易形成通用算法程序。由于遗传算法使用适应值这一信息进行搜索,在求解过程中它只需要适应值和串编码等通用信息,容易形成通用算法程序,几乎可处理任何问题。

(3) 遗传算法有极强的容错能力。遗传算法的初始位串集本身就带有大量与最优解甚远的信息;通过选择、交叉、变异操作能迅速排除与最优解相差极大的串,这是一个强烈的滤波过程,并且是一个并行滤波机制,所以,遗传算法有很强的容错能力。

(4) 遗传算法中的选择、交叉、变异都是随机操作,而不是确定的精确规则。

遗传算法是采用随机方法进行最优解搜索,选择体现了向最优解逼近,交叉体现了最优解的产生,变异体现了全局最优解的覆盖。

(5) 遗传算法具有隐含的并行性。由于遗传算法采用种群的方式组织搜索,因此可同时搜索解空间内多个区域。对于规模为 n 的群体,它隐含着 $2^L \sim n \cdot 2^L$ 个模式。例如,当一个长度为 3 的串 011 变化为 001 时,受影响的模式有 $*1*$,$*0*$,$01*$,$00*$,$*11$,$*01$,011,001。故采用这种搜索方式,虽然每次只执行了与种群规模 n 成比例的计算,但实际进行了大约 $O(n^3)$ 次有效搜索,从而使遗传算法以较少的计算获得较大的受益。

由于遗传算法的并行性、自组织、自适应和自学习等智能特征,所以其在很多方面得到了广泛运用,尤其在传统搜索方法难以解决的复杂和非线性问题方面,能有效解决机器学习中参数的复杂优化和组合优化等难题[8]。本章研究的一种利用形态滤波与遗传算法相结合的方法,正是利用了遗传算法这些特性,使其对形态滤波的结构元素进行自适应优化组合,使之能更有效地对红外图像目标进行检测和识别。

7.3　形态滤波与遗传算法在目标检测中的运用

形态结构的多样性是图像景物的突出特征之一,图像所反映的两类基本特征:(形态)结构和(目标)属性是互为依存的对应关系。数学形态学对信号的处理具有直观上的简明性和数学上的严谨性,在定量描述图像的形态特征上具有独特的优势,为基于形状细节对图像进行准确分析提供了强有力的手段。数学形态学主要通过腐蚀、膨胀、开、闭 4 种基本变换并选择相应的结构元素来处理和分析图像,一旦选定了所用的形态滤波算子,结构元素便成为形态滤波运算的关键。选择不同的结构元素会导致运算对不同几何结构信息的分析和处理,亦即结构元素决定着形态学变换的目的和性能。

形态滤波器结构元素设计属组合优化问题,其组合计算量往往呈"指数增长",想穷尽搜索其组合以获得一个理想的最佳结果对于实际应用则不近现实。为此,在确保优化质量的前提下又能促使算法快速高效地运行则显得尤为重要。遗传算法是一种通用性的问题求解方法,由于它所具有的本质并行性以及自组织、自适应和自学习等智能特征,所以遗传算法在那些难以用传统的方法进行求解的复杂问题中得到了较为广泛的运用。遗传算法可以用于解决形态滤波器设计这一机器学习中的知识获取和知识精炼问题,通过自适应优化学习,可使结构元素逐渐获取图像目标的形态结构特征,从而赋予其特定的知识,使形态滤波过程融入特有的智能,进而实现对复杂变化的场景图像具有良好的滤波性能和稳健的适应能力。

7.3.1　目标检测算法

数字形态滤波器作为一种非常重要的非线性滤波器,在图像处理中得到了广泛的应用。它基于图像的几何结构特性,利用结构元素对信号进行匹配或局部修正:用开运算来消除与结构元素相比尺寸较小的亮细节,而保持图像整体灰度值和大的亮度区域基本不变;用闭运算来消除与结构元素相比亮度比较小的暗细节,而保持图像整体灰度值和大的暗区域基本不变。如果将这两种操作结合起来可以消除亮区域和暗区域里的多种噪声。由于在形态滤波算子确定的情况下,结构元素便成为形态滤波运算的关键,所以,本节将利用遗传算法全局寻优的特点,根据目标特性和环境特性自适应优化训练使形态滤波结构元素具有目标的形态结构特征,亦即使结构元素具有表征目标特性的知识,以进一步改善和提高形态滤波的环境适应能力。这种利用形态滤波与遗传算法相结合的目标检测算法方框图可用图 7-2 表示。

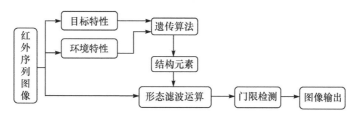

图 7-2　形态滤波与遗传算法相结合的目标检测算法方框图

如前所述,遗传算法具有高效并行全局优化搜索能力,能有效地解决机器学习中参数的复杂优化和组合优化等难题,能运用于复杂背景情况下目标的检测与识别。遗传算法提取结构元素的流程图如图 7-3 所示。

遗传算法的关键是三个遗传算子,它们构成了遗传算法强大搜索功能的核心,是遗传过程中的主要载体,它利用遗传算子生成新一代群体来实现群体进化。

7.3.2　遗传算子确定

1. 适应度函数

由于适应值是群体中个体生存机会选择的唯一确定性指标,所以适应函数的形式直接决定了群体的进化行为,本节以最小均方误差为准则。如输入 $N \times N$ 的数字图像,d_k 为期望信号,y_k 为形态滤波后的输出,在最小均方误差准则下,目标函数定义为

$$E = \frac{1}{N^2} \sum_{k=1}^{N^2} (y_k - d_k)^2 \tag{7-18}$$

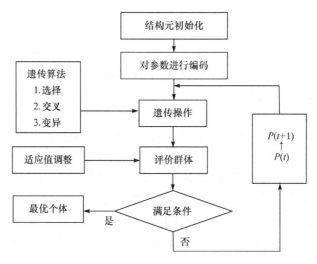

图 7-3　提取结构元素流程图

于是个体的适应度函数定义为

$$f(i) = \frac{1}{E} \tag{7-19}$$

2. 群体规模

在适应度函数确定的情况下，GA 就以群体规模和遗传算子为基础，所以群体和遗传算子的设计以及参数设置，直接影响着 GA 克服局部或全局模式欺骗性的能力。群体作为 GA 进化过程的基础，从某种程度上来讲，群体的性质决定了 GA 的搜索能力，GA 的收敛性取决于群体的收敛性。GA 初始群体中的个体是随机产生的，根据问题的先验知识，分析最优解子空间在整个问题空间中的分布情况，将最优解所在子空间设定为初始生成区域。或者将整个可行域设定为初始群体的生成区域，随机生成一定数量的个体，从中挑选出较好的个体构成 GA 的初始群体。

根据模式理论和隐含并行性，群体规模越大，遗传算子所处理的模式就越多，生成有意义的模块并逐渐进化为最优解的机会就越高。同时群体规模越大，群体中个体的多样性越好，算法陷入局部解的危险就越小。但是群体规模越大，个体适应值计算与评估计算次数增加，计算量也随着增加，算法效率会显著降低。另外，群体规模较小将使得 GA 在编码空间的搜索范围受限，新模式生成的能力下降，可能导致欺骗问题的形成或者陷入局部最优解。

按照模式理论，染色体位串长度为 L 的编码空间包含 $2L$ 个个体，若群体规模为 n，每个个体在群体中所属的模式数越多，则群体的多样性就越丰富。设群体处理的模式数 $O(n^3) = n^3$，那么由 $O(n^3) = n \times 2^L$，得出 $n = 2^{\frac{L}{2}}$。为了满足隐性并行性,群体个体数只要设定为 $2^{\frac{L}{2}}$ 即可,对于目前大多数优化问题和可获得的计算能力而言,这个数值设置偏大,但它说明了群体规模与位串长度有关的性质。

3. 选择算子

选择操作是遗传算法中环境对个体适应性的评价方式,也是实现群体优良基因传播的基本方式。由于个体适应值是选择算子运行的基础,而选择算子直接影响着 GA 的性能,所以合理确定目标函数值到适应值的映射关系具有重要意义。一般采用最多的选择方式为轮盘赌选择方式,也称为比例选择。这里拟采用适应值比例选择,该方式首先计算每个个体的适应值,然后计算出此适应值在群体适应值中所占的比例,即表示个体在选择过程中被选中的概率。对于给定规模为 n 的群体 $P=\{a_1,a_2,\cdots,a_n\}$,个体 $a_j\in P$ 的适应值为 $f(a_i)$,其选择概率 $p_s(a_i)$ 为

$$p_s(a_i)=\frac{f(a_i)}{\sum_{i=1}^{n}f(a_i)},\quad i=1,2,\cdots,n \tag{7-20}$$

上式决定个体在下一代群体中所占的概率分布,其父代群体中个体生存的期望数为

$$P(a_i)=n\cdot p_s(a_j),\quad j=1,2,\cdots,n \tag{7-21}$$

在 GA 运行的初始阶段,群体中可能存在少数适应值很高的个体,若使用基于适应值的概率选择方法,这些个体就会大量繁殖,从而在群体中占有很大比重。而适应值很低的个体在群体中过早地被淘汰,造成群体的多样性急剧下降。这样可能导致群体成熟前收敛,或者将 GA 搜索引导向局部极值点。

在 GA 运行的后期阶段,在采用一定的变异概率的变异算子作用下,群体保持了相对稳定的多样性,对于最优解附近变化比较平缓的适应度函数,群体中大多数个体都有很高的适应值,群体平均值和最大适应值差异变得比较小,个体被选中的概率几乎相同,选择渐近为随机过程,群体性能在很长的代数内得不到显著改进。

因此,有必要对适应度函数进行针对性的调整,或者减少个体选择概率差异,即降低选择压力;或者增大个体选择概率的差异,即提高选择的压力,统称适应值标度变换。适应值调整可以保持群体中个体间存在一定程度的竞争,从而促进所期望的群体进化过程。适应值调整的方法有以下几种:

1) 线性变换

线性适应值标度变换的一般公式为

$$f'=af+b \tag{7-22}$$

其中,f 为原始适应度函数值;f' 为变换后适应度函数值;a 和 b 为系数。一般要求满足 $\overline{f'}=\overline{f}$,即变换前后群体的平均适应值相等。

在实际应用中,通常变换后当前群体中最佳个体的适应值设为 $f'_{max}=c\times\overline{f}$,

$c=1.2\sim2.0$。

对于适应值较低的个体，若 $f'<0$，则取 $f'=0$，则变换后的个体选择概率为

$$p'_j = \frac{f'_j}{\sum\limits_{i=1}^{n} f'_i} = \frac{af_j+b}{a\sum\limits_{i=1}^{n} f_i + nb} = \frac{af_j+b}{n(a\overline{f}+b)} = \frac{af_j+b}{n\overline{f'}} = \frac{af_j+b}{n\overline{f}} = ap_j + \frac{b}{n\overline{f}}$$

(7-23)

若取 $c=\dfrac{f'_{\max}}{\overline{f}}$，则 $b=0, a=1, P'_j=P_j$ 个体选择概率保持不变。

2）幂函数变换

幂函数变换公式为

$$f' = f^k \tag{7-24}$$

其中，k 依赖于具体问题性质和 GA 性能控制选择。变换后个体选择概率为

$$p'_j = \frac{f'_j}{\sum\limits_{i=1}^{n} f'_i} = \frac{f^k_j}{\sum\limits_{i=1}^{n} f^k_i} \geqslant \frac{f^{k-1}_j f_j}{f^{k-1}_{\max}\sum\limits_{i=1}^{n} f_i} = \left(\frac{f_j}{f_{\max}}\right)^{k-1} p_j \tag{7-25}$$

3）指数函数变换

指数函数变换公式为

$$f' = e^{af} \tag{7-26}$$

其中，$a>0$ 依赖于具体问题性质和 GA 性能控制选择，当前群体最佳个体的选择概率随 $a>0$ 变化而变化。对于具体的适应度函数，当 a 比较小时，当前群体最佳个体的选择概率减小，当 a 比较大时，当前群体的选择概率增大。

对于上面几种变换都是一种单调的变换，根据以上变换的理论，本节采用非单调适应值变换。

设规模为 n 的群体 $p=\{a_1, a_2, \cdots, a_n\}$，$f_{\min}=\min\{f(a_j), j=1,2,\cdots,n\}$，$f_{\max}=\max\{f(a_j), j=1,2,\cdots,n\}$。适应值的非单调标度变换为

$$f'(a_j) = |f(a_j)-\overline{f'}|, \quad a_j\in p, j=1,2,\cdots,n \tag{7-27}$$

其中，$\overline{f'}=f_{\min}+a(f_{\max}-f_{\min}), a\in[0,1]$。当 $a=0$ 时，该变换为传统的标度变换；当 $a=1$ 时，为破坏程度最大的标度变换。选择合适的 a 值，可以控制非单调变换的选择效果。

考虑到 GA 整个搜索过程不同阶段的要求，限定采用非单调适应值标度变换的有效代数范围。设最大进化代数为 T，采用适应值非单调标度变换的有效代数为 $t\leqslant\beta T, 0\leqslant\beta\leqslant1$，一般取 $\beta=\dfrac{2}{3}$。当 $t\leqslant\beta T$ 时，GA 处于搜索阶段，最大程度上实现了全局搜索；当 $t>\beta T$ 时，GA 转为正常的定向选择操作，开始局部求精的搜索过程。

4. 交叉算子

GA 交叉算子是模仿自然界有性繁殖的基因重组过程,在该过程中群体的个体品质得以提升。直观来讲,选择算子将原有的优良基因遗传给下一代,而交叉算子则可以生成包含更多优良基因的新个体[10]。

染色体位串的交叉设计,一般与所求问题的特征有关,通常考虑到如下要求:

(1) 必须保证优良基因能够在下一代中有一定的遗传和继承的机会;

(2) 必须保证通过交叉操作存在一定的生成优良基因的机会;

(3) 交叉方式的设计与问题编码紧密相关,必须结合编码位串的结构来设计高效的交叉算子。

针对字符集编码,交叉操作通常使用的算子包括一点交叉、两点交叉、多点交叉、均匀交叉等形式。对位串长度为 L 的两个个体,以单点交叉的设置数量为 $L-1$,而 K 点交叉的设置数量为 C_L^k。为了减少计算量,采用单点交叉。从群体中随机选取两个串 $s_1=a_{11}a_{12}\cdots a_{1l_1}a_{1l_2}\cdots a_{1L}$,$s_2=a_{21}a_{22}\cdots a_{2l_1}a_{2l_2}\cdots a_{2L}$,随机选取一个交叉位 $x\in\{1,2,\cdots,L-1\}$,设 $l_1<x<l_2$,以交叉概率为 p_c 对两个位串右侧部分的染色体进行交换,产生两个子串:$s_1'=a_{11}a_{12}\cdots a_{1l_1}a_{1l_2}\cdots a_{1L}$,$s_2'=a_{21}a_{22}\cdots a_{2l_1}a_{2l_2}\cdots a_{2L}$。根据群体多样性测度函数分析,群体的多样性不管是单点交叉还是多点交叉,群体的多样性测度保持不变。

5. 变异算子

变异操作按一定的概率 p_m 对位串上的某些基因位的值进行变异,即 1 变为 0,或 0 变为 1。由于变异的概率很小,在整个遗传算法中有些位串不会发生变异,所以先对个体进行判断,再对群体进行其变异概率的计算。

随机取个体 $s_j=a_1a_2\cdots a_j\cdots a_L$,以初始变异概率 p_m 为基础,则整个个体变异的概率为

$$p(a_j)=1-(1-p(m))^L \tag{7-28}$$

由此可见,在变异算子作用下的整个个体变异概率仅与位串的变异概率有关而不随着多样性的变化而变化。

对于随机给定的均匀变量 $x\in(0,1)$,若 $x\leqslant p(a_j)$,则该位串发生变异,否则表示不发生变异。传统方式下群体发生变异的次数为 $n\times L$,而经过判断后群体发生变异的次数为 $n\times L\times p(a_j)$,因此两者相比较,变异次数相差 $n\times L\times(1-p(a_j))$,所以减少了计算量。

7.3.3　自适应遗传策略算法

标准 GA 通常采用固定的控制参数,对于复杂优化往往难以同时获得编码空

间上的搜索与开发、求泛与求精的能力,出现群体早熟现象或者陷入局部极值点[6]。群体规模 n 太小时难以求出最优解,太大则增长收敛时间;对于单点交叉,交叉概率 p_c 太小时难以向前搜索,太大则容易破坏高适应值的结构;变异概率 p_m 太小时难以产生新的基因结构,太大则遗传算法成了单纯的随机搜索。基于此,自适应遗传策略以群体规模、交叉概率、变异概率、自适应值标度变换方式、选择策略等遗传参数为基础实施调整,其结构图如图 7-4 所示。

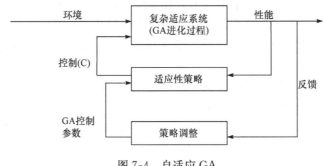

图 7-4　自适应 GA

遗传算法中的交叉概率 p_c 和变异概率 p_m 的选择是影响遗传算法行为和性能的关键,直接影响遗传算法的收敛性,p_c 越大,新个体产生的速度就越快。但 p_c 过大时遗传模式被破坏的可能性就越大,高适应度个体的结构可能很快被破坏;若 p_c 过小,会使搜索过程变慢,甚至停滞不前。同样,对于变异概率 p_m 来说,如果过大,遗传算法同随机搜索算法相比就没有多大区别了,但过小的话,也会导致搜索变慢,不易产生新个体。对不同问题常常要反复试验来确定 p_c 和 p_m,而且不易获得最佳值。Srinivas[11]讨论了基于个体适应值的交叉概率和变异概率的自适应遗传算法(adaptive GA,AGA),使得 p_c 和 p_m 能根据适应度自动改变。当种群适应度比较分散时,减少 p_c 和 p_m,在种群各个体适应度趋向一致或者趋于局部最优解时,增加 p_c 和 p_m。同时,对于适应度值高于种群平均适应度的个体,取较低的 p_c 和 p_m,使得该解得以保护;而对于适应度低于种群平均适应度的个体,取较高的 p_c 和 p_m,使该解被淘汰或进化的概率增加。因此,自适应调整 p_c 和 p_m 能够提供相对于某个问题最佳的 p_c 和 p_m,从而保证算法的收敛性。

在自适应遗传算法中,p_c 和 p_m 按如下公式进行调整:

$$p_c = \begin{cases} \dfrac{k_1(f_{\max}-f')}{f_{\max}-\overline{f}}, & f' \geqslant \overline{f} \\ k_2, & f' < \overline{f} \end{cases} \tag{7-29}$$

$$p_m = \begin{cases} \dfrac{k_3(f_{\max}-f)}{f_{\max}-\overline{f}}, & f \geqslant \overline{f} \\ k_4, & f < \overline{f} \end{cases} \tag{7-30}$$

式中，$f_{\max}$ 为当前群体中最佳个体适应值；$\overline{f}$ 为当前群体的平均适应度值；f' 为要交叉的两个个体中较大的适应度值；f 为要变异的个体的适应度值。式中 k_1，k_2，k_3，k_4 为预设参数，取 $(0,1)$ 区间的值即可。

上述自适应调整算法还存在一定的问题。当个体的适应度值低于种群的平均适应度时，说明该个体性能不好，对它采取较大的交叉概率和变异概率；而适应度值高于种群平均适应度的个体，说明该个体性能优良，对它根据其适应度值采取相应的交叉概率和变异概率。可以发现，适应度越大，其交叉概率和变异概率就越小，当等于最大适应度时，交叉概率和变异概率为零。这在进化初期是不利的，这时群体中的优良个体几乎不发生变化，而此时优良个体不一定是全局最优解，这样往往使进化走向局部最优解。为此，可作如下调整，使得群体中最大适应度的个体的交叉概率和变异概率不为零，分别提高到 p_{c2} 和 p_{m2}，这样使得它们不会停滞不前，以防止优良个体被破坏。改进后的 p_c 和 p_m 的表达式如下：

$$p_c=\begin{cases} p_{c1}-\dfrac{(p_{c1}-p_{c2})(f_{\max}-f')}{f_{\max}-\overline{f}}, & f'\geqslant\overline{f} \\ p_{c1}, & f'<\overline{f} \end{cases} \tag{7-31}$$

$$p_m=\begin{cases} p_{m1}-\dfrac{(p_{m1}-p_{m2})(f_{\max}-f)}{f_{\max}-\overline{f}}, & f\geqslant\overline{f} \\ p_{m1}, & f<\overline{f} \end{cases} \tag{7-32}$$

因此，通过上式改进后，动态调控 p_c，既可以避免算法陷入局部极值的陷阱，使低于或等于平均适应值 $\overline{f}$ 的劣质解彻底分解；同时又保护超过平均适应值 $\overline{f}$ 的高质解不被分化破坏，使 p_c 随着适应值的增高而逐渐降低，但在最大值 $f_{\max}$ 处亦不为 0。对于变异概率 p_m 通过自适应调整，既能保证性能不好的个体的变异率，又能防止适应度接近或达到最大适应度的优良个体停滞不前，以免陷入局部最优解。

7.3.4　基于遗传算法的自适应形态滤波目标检测算法

根据以上分析和设计，基于遗传算法的自适应形态滤波目标检测算法[12,13]流程图如图 7-5 所示，其算法主要由两个部分组成，一个是遗传算法程序，一个为形态滤波算法程序。遗传算法采用非单调选择、自适应交叉和自适应变异的方法，并根据图像的目标特性和环境特性进行结构元素提取，结构元素提取流程如图 7-3 所示。形态滤波算法利用遗传算法优化后的结构元素对图像进行目标检测运算。其流程如图 7-5 所示。为了比较分析，下面分别给出了利用中值滤波、高斯滤波、形态滤波和基于遗传算法自适应形态滤波对不同的红外图像进行处理的结果，如图 7-6 和图 7-7 所示。

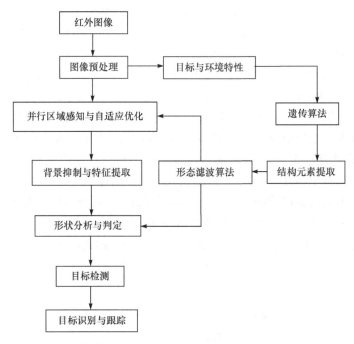

图 7-5　基于遗传算法的自适应形态滤波目标检测算法流程图

图 7-6　简单背景图像处理结果

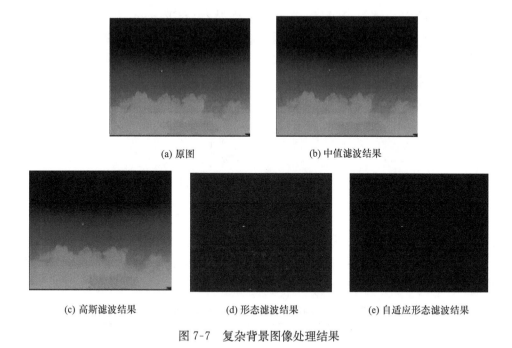

(a) 原图　　　　　　　　　　　　　(b) 中值滤波结果

(c) 高斯滤波结果　　　　　(d) 形态滤波结果　　　　　(e) 自适应形态滤波结果

图 7-7　复杂背景图像处理结果

　　实验结果表明,对于红外弱小目标,采用常用的中值滤波器和高斯滤波器,滤波后仍存在背景干扰,目标检测效果不是很好。相对于中值滤波和高斯滤波器,形态滤波器虽然消除了绝大部分的背景,但仍有一些背景泄漏。而经自适应形态滤波器处理后的图像能更干净地去除背景,突显目标,显著地提高了图像的信噪比。图 7-8 是形态滤波与自适应形态滤波对同一场景处理的结果。

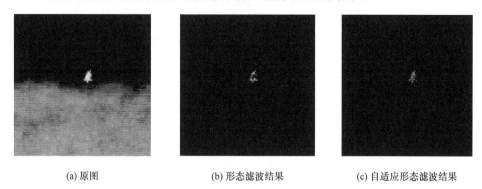

(a) 原图　　　　　　　　(b) 形态滤波结果　　　　　(c) 自适应形态滤波结果

图 7-8　形态滤波与自适应形态滤波处理结果

　　由图 7-8 可以看出:对于较大目标的检测,采用形态滤波检测出现较大的背景泄漏,目标内部目标点损失较多,检测结果不甚理想;而采用自适应形态滤波检测,目标内部目标点未损失,背景泄漏也很小,能取得更好的目标检测效果。

对上面的实验结果,还可以引入信杂比增益(SCR gain)和背景抑制因子(background suppress factor,BSF)两个参数来评估检测效果,两个参数定义如下。

信杂比增益:

$$SCR \quad gain = \frac{\left(\frac{s}{\sigma}\right)_{out}}{\left(\frac{s}{\sigma}\right)_{in}} \tag{7-33}$$

背景抑制因子:

$$BSF = \frac{\sigma_{in}}{\sigma_{out}} \tag{7-34}$$

其中,s 为目标信号强度;σ 为一帧图像(杂波)标准差。

针对上面三种图像,采用几种不同滤波器进行处理,得到它们的 SCR gain 和 BSF 值列于表 7-1。

表 7-1　几种不同滤波器的 SCR gain 和 BSF

滤波器类型		中值滤波		高斯滤波		形态滤波		自适应形态滤波	
比较场景	原图 SCR	SCR gain	BSF	SCR gain	BSF	SCR gain	BSF	SCR gain	BSF
图 7-6	2.27	1.131	1.143	1.191	1.104	2.631	2.678	2.663	2.694
图 7-7	1.96	1.142	1.151	1.207	1.121	3.026	3.055	3.219	3.277
图 7-8	2.43					2.934	2.989	3.102	3.162

表 7-1 说明,对于弱小目标检测,中值滤波和高斯滤波器由于抑制背景噪声效果不明显,其信杂比改善很小;而形态滤波和自适应形态滤波由于能很好地抑制噪声,在信杂比增益和背景抑制因子方面均能得到很好的改善,尤其是自适应形态滤波效果更为明显。

7.4　小　　结

本章结合形态滤波算法的特点和复杂背景目标检测的需求,对遗传算法在形态滤波器优化学习方面的应用进行了研究,特别是对遗传算法的一些关键技术,如适应度函数、选择、交叉和变异算子进行了理论分析和合理设计,研究了一种形态滤波与遗传算法相结合的目标检算方法。该算法利用目标与环境特性通过遗传算法寻求形态滤波器的最佳结构元素,以实现对目标的自适应检测,并结合实际红外场景图像进行了处理。实验结果表明,该算法更能有效地抑制超低空强背景的干扰,适应环境的变化,检测出复杂背景下的低信杂比目标,具有较好的环境适应能力和稳健的目标检测性能。

参 考 文 献

［1］Serra J. Image Analysis and Mathematical Morphology. London：Academic Press，1988

［2］Dougherty E R. Mathematical Morphological Image Processing. New York：Marcel Dekker，1993

［3］Heijams H. Morphological Image Operators. New York：Academic Press，1994

［4］Holland J H. Concerning efficient adaptive systems//Yovits M C，Self-Organizing Systems，1962：215-230

［5］Goldberg D E. Genetic algorithm in search，optimization，and gachine learning. London：Addison-Wesley，1989

［6］李敏强，寇纪淞. 遗传算法的基本理论与应用. 北京：科学出版社，2003

［7］Dobzhansky T. 遗传学与物种起源. 谈家桢，等译. 北京：科学出版社，1982

［8］Whitey L D，Vose M D. Foundations of genetic algorithms 3. San Mateo，CA：Morgan Kaufmann，1995

［9］Davis L. Handbook of Genetic Algorithms. New York：Van Nostrand Reinbold，1991

［10］王小平，曹立明. 遗传算法——理论、应用与软件实现. 西安：西安交通大学出版社，2002

［11］Srinivas M，Patwair L M. Adaptive probabilities of crossover and mutation in genetic algorithms. IEEE Transactions on Systems，Man and Cybernetics，1994，24(4)：656-667

［12］Yu N，Li Y S，Wang R S. Optimal morphological filters using genetic algorithm for automatic target detection. Chinese Journal Computers，2001，24(4)：337-346

［13］赵春晖，孙圣和. 基于整体退火遗传算法的柔性形态滤波器优化设计. 电子学报，2002，30(1)：54-57

第 8 章 基于分形学的目标检测方法

8.1 引 言

分形学最早由美国数学家 B. B. Mandelbrot[1,2] 提出,用来研究自然界和社会活动中广泛存在的无序而具有自相似性的系统。利用分形学进行目标检测,是考虑到自然背景与人造物体之间不仅存在着几何差异,而且因其构成机理不同,还存在着分形特征上的本质区别。由于分形模型在一定尺度范围内能很好地与自然背景相吻合,而人造物体却不能,所以,若研究对象符合分形模型则可判定为自然背景,否则判定为潜在人造目标。通常人造物体的表面是比较光滑的,自然物体的表面相比之下就要粗糙一些,从图像处理角度来看,分形维数 D 可作为物体表面粗糙度(roughness)的一种度量。D 越小,表面越光滑;D 越大,表面越粗糙。

分形技术用于自动目标检测与识别的理论基础主要是基于离散分形布朗增量随机场(discrete fractal brownian increment random field,DFBIR)模型,用分形模型对图像上的各点求分形维数 D,根据 D 的取值就可判断相应像素点的归属。本章通过对分形维数,特别是 DFBIR 场维数的系统分析,研究基于分形维数和基于分形图像误差的目标检测算法。

8.2 分 形 理 论

分形是一种不规则的集合,人们通常用分形维数来刻画分形集的复杂性[3-6]。关于分形维数已有多种定义,豪斯道夫维数是分形理论中一种最基本的分形维数,它是建立在相对比较容易处理的豪斯道夫测度概念的基础上,但豪斯道夫维数理论性很强,在多数情况下,计算一个分形集合的豪斯道夫维数比较复杂而且困难。因此,寻找一种既能表示分形的复杂性又便于计算或直观估计的分形维数是十分必要的。

8.2.1 分形维数

1. 分形维数的定义

定义 8.1 设 (X, ρ) 是一个度量空间,A 是 X 中的一个紧集。$0 < r < 1$,$C > 0$

是两个实数,令 $\varepsilon_n = C\gamma^n$。如果

$$D = \lim_{n \to \infty} \frac{\ln N(A, \varepsilon_n)}{\ln(1/\varepsilon_n)} \tag{8-1}$$

则 A 具有分形维数 D。

该分形维数定义是基于"变尺度 δ 覆盖"的思想,每次测量均忽略尺度小于 δ 时集合的不规则性,但是要考虑当 $\delta \to 0$ 时测量值变化的状况。

2. 分形维数一般具有下列性质

单调性:若 $A \subseteq B \subset \mathbf{R}^n$,则 $D(A) \leqslant D(B)$。

稳定性:若 $A, B \subset \mathbf{R}^n$ 且 $D(A) \geqslant D(B)$,则 $D(A \bigcup B) = D(A)$。

几何不变性,若存在一个变换 $f : \mathbf{R}^n \to \mathbf{R}^n$ 完成的是平移、旋转、相似等仿射变换,则对 $A \subset \mathbf{R}^n$ 有 $D(f(A)) = D(A)$。

这些性质表明,在实轴上分形维数小于 1 的任何集合必定是非常稀疏以至于全不连通,即它的任意两点都不在同一连通区域之内。如果集合包含了一段线段,则维数必然是 1。

3. 分形维数表征的物理意义

自然表面的粗糙度可用其表面的分形维数来表示:较小的分形维数表示光滑表面,较大的分形维数表示粗糙表面。对于二维图像映射而成的灰度表面来说,有意义的分形维数值 D 应局限在 2~3。从纹理描述的角度看,由于人造目标各个组成部分的表面通常是相当光滑的,所以呈现出较低的分形维数值;而自然背景往往具有相对粗糙的表面,反映出较大的分形维数值;同时,在人造物体和自然背景的交界处,一般具有较强的边缘,从而导致很高的分形维数值,或者因其无法得到很好的图像分形模型而产生异常值。因此,根据分形维数的大小及其奇异性可以区分人造目标、自然背景和边缘(或称为过渡区)。

8.2.2 DFBIR 场维数

Pentland[4] 曾对自然景物纹理图像进行了大量实验,证明 DFBIR 场作为自然景物图像模型较为合适,但自然界纹理在中、大尺度范围内并不满足 DFBIR 场;DFBIR 场具有平稳、易处理、易分析的特点,吸取了 DFBIR 场局部统计特性与自然物体图像的局部统计特性吻合较好的特点,适应性强。

设一图像灰度场满足 DFBIR 场,图像中某一点像素 (x, y) 的灰度值用 $I(x, y)$ 表示,则有如下关系:

$$E(|I(x_2, y_2) - I(x_1, y_1)|) \propto (\sqrt{(x_2 - x_1)^2 + (y_2 - y_1)^2})^H$$

令

$$\Delta I_{\Delta r} = |I(x_2,y_2) - I(x_1,y_1)|$$
$$\Delta r = \sqrt{(x_2-x_1)^2 + (y_2-y_1)^2}$$

则有

$$E(\Delta I_{\Delta r}) \propto \Delta r^H。$$

　　从理论上来讲，如果一个表面是完全分形，那么在所有的尺度范围内，分形维数应保持常数；但实际上，存在一个最大最小的尺度范围限制 Δr_{max} 和 Δr_{min}，只有在该范围内，估算出来的分形维数才基本保持常数。因此，在合适的尺度范围之内，有下面等式：

$$E(\Delta I_{\Delta r}) = K\Delta r^H$$
$$K = \text{const}$$

对上式两边取对数，有

$$\log(E(\Delta I_{\Delta r})) = H \cdot \log(\Delta r) + \text{const} \tag{8-2}$$

　　通过上面的分析，可总结出分形维数的计算步骤如下：

　　(1) 计算不同 Δr 下的 $E(\Delta I_{\Delta r})$ 值，$\Delta r_{min} \leqslant \Delta r \leqslant \Delta r_{max}$。在实际中，根据对多幅含有不同目标和背景的实际红外图像进行分析，Δr 的取值范围在 $1 \leqslant \Delta r \leqslant 6$ 内，估算的分形维数基本保持不变，当 Δr 超出此范围时，计算出的分形维数将发生改变。

　　(2) 根据步骤(1)计算出来的 $E(\Delta I_{\Delta r})$ 值在坐标平面上作出数据点对图：$\{\log(E(\Delta I_{\Delta r})), \log(\Delta r)\}$。

　　(3) 用最小二乘法对这些数据点对进行处理，所得直线的斜率即为 H，分形维数 $D = 3 - H$。

8.3　基于分形技术的目标检测算法

8.3.1　基于分形维数的目标检测

　　从 8.2.1 节分形维数所表征的物理意义可知，基于分形维数的目标检测算法的基本依据是：人造目标的各个组成部分由于其平滑性呈现出较低的分形维数值；而人造目标一般又具有较强的边缘，从而导致很高的分形维数值[7-9]。在检测时确定两个门限 T_{min} 和 T_{max}，其分形维数值位于两个门限值之间的像素点判定为自然背景；否则，判定为人造目标。检测过程如下。

　　首先，在原始灰度图像上，选择一定尺寸的滑动窗，对窗内数据进行处理，以获得窗中心处的分形维数值，然后以步长为 1 沿水平方向和垂直方向移动窗口，求得图像上每一点的分形维数，再选取合适的变换将其变换为图像灰度值(0~255)，得到原图的分形维数特征分布图，然后对特征分布图取适当的门限，得到初步的检测结果。利用单一的分形维数进行目标检测的流程如图 8-1 所示。

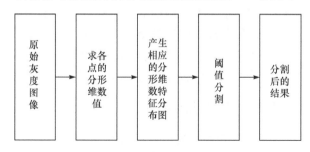

图 8-1　单一分形维数目标检测流程图

　　下面是针对实际红外图像进行的实验结果,其中,图 8-2 是一幅以云天为背景的单一目标红外图像,信杂比为 2.74;而图 8-3 是一幅以雪地为背景的多目标(车辆)的红外图像,在图中框内的目标信杂比为 1.15。

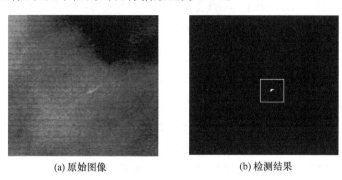

(a) 原始图像　　　　　　　　　(b) 检测结果

图 8-2　云天背景单一目标红外图像

(a) 原始图像　　　　　　　　　(b) 检测结果

图 8-3　雪地背景多目标红外图像

　　图 8-2 实验结果表明:在大范围自然背景中探测少量人造目标,用单一的分形维数就可以得到很好的检测效果。然而图 8-3 实验结果表明,应用这种方法的局

限性也是相当大的,由于实际自然条件的影响以及成像系统的作用,光滑的人造物体在最终获得的图像上很可能与不很粗糙的自然背景没有本质的区别,而灰度变化剧烈的自然背景也很可能与缓变的边缘相混淆,使得人造目标、自然背景和边缘在分形维数的数值上产生交叠,造成阈值选择困难,容易导致出现检测错误,特别是对低信杂比复杂的地物背景中的目标检测,虚警率较大。

8.3.2 基于分形模型图像误差的目标检测

分形维数 D 是物体表面粗糙度的度量值,较小的 D 值表征人造物体,较大的 D 值表征自然背景;而分形图像误差 e 的数值代表了测度值和度量尺度之间的关系偏离幂指数率的程度,即与分形模型的吻合程度,表明图像是否可以用分形模型来描述,较小的 e 值对应于自然背景,较大的 e 值对应于人造目标。

对于一个分形表面[5],由分形定义可得:$\log[A(r)]=C_2\log(r)+C_1$。

对不同尺度 r,求得相应的测度值 $A(r)$,$r=1,2,\cdots,M$。在 $\log[A(r)]$ 与 $\log(r)$ 的坐标系中,作直线的最小二乘法图像,即可求得参数 C_1 和 C_2,以及最小二乘图像误差 e

$$e = \sum_{k=1}^{M} |\log[A(k)] - C_2\log(k) - C_1| \qquad (8-3)$$

这一图像误差可以视为分形模型图像误差,因为它的数值代表了测度值和度量尺度之间的关系偏离幂指数率的程度,即与分形模型的吻合程度,表明图像是否可以用分形模型来描述。以上分析表明:基于分形模型图像误差值的目标检测只需确定一个门限即可得到初步的检测结果,其步骤与基于分形维数的目标检测步骤基本相同,基于分形模型图像误差的目标检测[10,11]流程如图 8-4 所示。

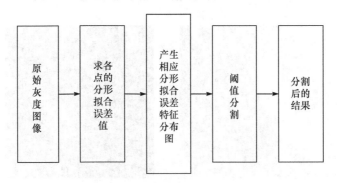

图 8-4　基于分形模型拟合误差的目标检测流程图

图 8-5 给出了采用分形模型拟合误差对图 8-2 和图 8-3 原始图像检测的结果。

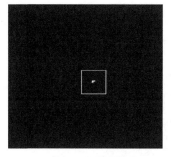 

(a) 对图8-2原图检测结果　　　　　　　(b) 对图8-3原图检测结果

图 8-5　分形模型拟合误差检测结果图

实验结果表明：基于分形图像误差的目标检测同样也存在着与基于分形维数目标检测的不足和缺陷。但是在进行目标检测时，分割分形维数 D 特征参数分布图时须确定两个门限，对于不同的目标类型，有时须对门限进行适当的调整；而分割分形图像误差特征分布图时只需一个门限就行，并且由于分形模型的固有差异也不局限于某一类具体目标，对不同的目标类型具有适应性，门限值不需调整。也就是说基于分形拟合误差的人造目标检测法有如下两个优点：

（1）允许分形维数在一定的范围内任意变化，而不致影响最后的判别结果；

（2）由于分形模型可以描述大量的自然景物，与模型的固有差异也不局限于某一类具体目标，因此，该方法对多种自然背景环境和人造目标类型具有适应性。

但是，基于分形图像误差目标检测方法也有这样的缺陷：在计算各点的分形模型图像误差时，窗口移动步长选为 1，又是对该点为中心的窗口内数据进行计算，使包含边界的区域会重复出现，造成边缘轮廓较粗，难以保持目标的原始形状。因此，在实际应用时，还应根据需要来合理选择分形维数和分形图像误差这两种分形目标检测方法。

8.3.3　基于分形技术改进的目标检测算法

通过前面对单纯采用分形技术目标检测方法的分析以及其实验结果可以得出：在大范围自然背景中检测少量人造目标，用单纯的分形技术就能得到比较满意的目标检测结果，但对于复杂背景中的低信杂比目标检测，其结果不太理想，存在较大的虚警。针对这一问题，本章又研究了一种以分形方法为主，辅以一些传统方法（如高通滤波和序列图像处理）的目标检测方法，来弥补单一分形技术的不足和缺陷，实验证明对检测复杂背景目标能取得较好的效果，该方法的目标检测流程如图 8-6 所示。

图 8-7 给出了该方法对雪地背景多目标红外图像的检测结果。

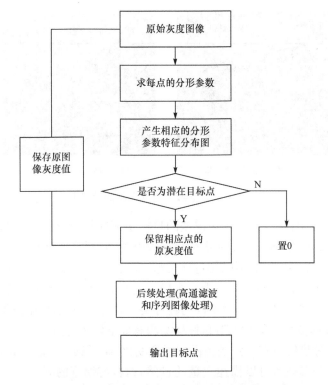

图 8-6　基于分形技术的改进目标检测流程图

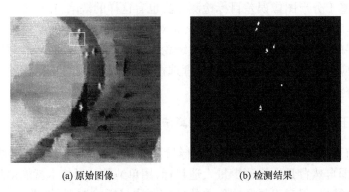

(a) 原始图像　　　　　　　　　(b) 检测结果

图 8-7　改进后的多目标红外图像检测结果

从检测结果可以看出,使用基于分形技术改进的目标检测算法能很好地弥补单一分形技术的不足,对低信杂比的复杂背景图像目标检测能得到很好的效果。

在实际红外图像中,根据红外传感器工作的环境不同,红外图像的背景可分为地物背景、云天背景(含大气背景)、海背景(含海天背景)和太空背景等。来自大气层内的实际红外图像不可避免地受到随机噪声、起伏背景的污染,且起伏背景是主要的干扰成分,弱的小目标常常淹没在强的起伏背景中。因此,在目标检测之前,必须对红外图像进行背景抑制,以达到抑制起伏背景和增强目标信号的双重目的。

传统的背景对消方法是首先设法估计出图像的起伏背景,然后将原始图像减去起伏背景估计,则可以得到不含慢起伏背景仅含目标和噪声点的红外差值图像。背景对消方法的关键是背景估计的准确性,形态滤波作为一种很好的背景估计技术,对云天背景估计有着很好的效果,但是当应用于复杂的地物背景时有时也会出现较大的背景泄漏,并且当图像的信杂比很低时,还将出现漏检的情况,而基于分形技术的改进方法有时就能较好地解决这类问题。为验证和比较单纯采用分形技术、形态滤波技术和基于分形技术改进的目标检测效果,本章针对存在复杂地物背景中的目标图像,分别采用上述三种方法进行了一系列的实验。

从图 8-8 中可以看出:单一分形检测方法能够检测到所有目标,但存在道路的边缘泄漏;形态滤波检测方法检测出了六个目标中的五个目标,但紧靠路的边缘处的目标由于信杂比低而被漏检;但改进的分形检测方法将所有的目标都检测出来了,没有出现虚警和漏检,表明目标检测效果比较好。

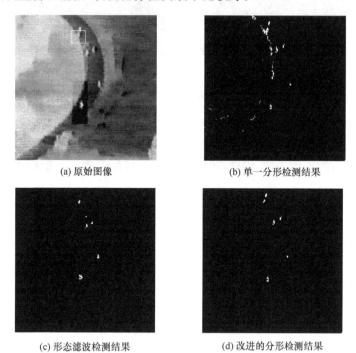

(a) 原始图像   (b) 单一分形检测结果

(c) 形态滤波检测结果   (d) 改进的分形检测结果

图 8-8 雪地背景红外图像多目标检测

图 8-9 是一幅含小目标的复杂红外图像,信杂比为 2.79,经过三种方法检测结果如图所示。

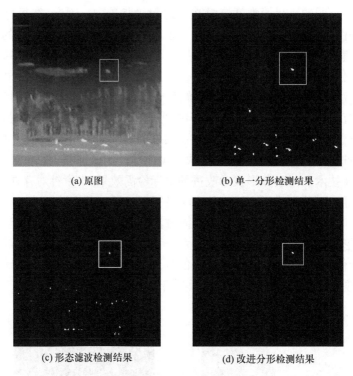

(a) 原图　　　　　　　　　　　　(b) 单一分形检测结果

(c) 形态滤波检测结果　　　　　　　(d) 改进分形检测结果

图 8-9　复杂红外图像目标检测

从图 8-9 中可看出：单一分形检测方法由于近处地面上的高亮点物体的目标特性和人造飞行物相似，所以存在背景泄漏，但由于这些虚警点的高亮特性和静止特性，可通过后续处理去掉，因此，改进后的分形目标检测方法能取得比较满意的检测效果。

8.4　小　　结

本章比较系统地介绍了分形维数和 DFBIR 场维数，根据分形维数的性质，首先采用了单一的基于分形维数和基于分形模型拟合误差两种方法对图像进行目标检测，实验结果证明，基于单一分形参数的目标检测方法对于检测大范围自然背景中的高信噪比的人造目标效果较好，而且具有较好的抗干扰能力；但在处理低信杂比复杂的地物背景图像时，虚警大。改进的分形目标检测方法，将分形技术与传统的序列图像处理方法相结合，对检测复杂的地物背景中的人造目标，能得到较好的效果。

由理论分析及实验证明，利用分形方法进行目标检测具有如下优势：

(1) 能够捕捉人类在感知复杂物体时的主要定性信息，充分利用自然背景与人造物体的表面和空间结构在分形模型所表现的规律性的固有差异,并通过分形参数来体现。因此,分形目标检测方法适应性较强,能对多种自然背景和人造目标的检测取得较好的效果。

(2) 对人造目标的检测性能不受目标姿态、目标运动、目标灰度极性变化(特别是对电视图像)的影响;若将分形模型图像误差作为特征参量,则自然环境条件和成像系统也不会对处理结果产生过多的影响。因此,该方法抗干扰、抗畸变性较好。

因此,基于分形技术的目标检测方法有望在比较复杂的背景目标检测方面发挥作用。

参 考 文 献

[1] Mandelbrot B B. The Fractal Geometry of Nature. San Francisco:Freeman,1982

[2] Mandelbrot B B. Self-affine Fractal Sets:Fractals in Physics. North-Holland:Amsterdam,1986

[3] Falconer J K. Fractal geometry:mathematics foundations and applications. Biometrics,1990, 46(3):499

[4] Pentland A P. Fractal-based description of natural scenes. IEEE Transactions on Pattern Analysis and Machine Intelligence,1984,6:661-674

[5] 谢和平,薛秀谦. 分形应用中的数学基础与方法. 北京:科学出版社,1998

[6] 王东生,曹磊. 混沌、分形及其应用. 北京:中国科学技术大学出版社,1995

[7] Stein M C. Fractal image models and object detection. SPIE,1987,845:293-300

[8] Cleghon Timothy F E. Detection and image segmentation of space scenes using fractal analysis. SPIE,1992,1705:34-42

[9] 薛东辉. 分形理论及其在图像特征提取与目标检测中的应用. 博士学位论文. 武汉:华中科技大学,1997

[10] 李捷. 分形理论在特征检测和识别中的应用. 博士学位论文. 武汉:华中科技大学,1996

[11] 龙泉. 分形技术在图像处理中的应用. 博士学位论文. 北京:北京工业大学,1997

第9章　基于子波变换的目标检测方法

9.1　引　　言

子波变换作为傅里叶变换和加窗傅里叶变换的突破,具有一种所谓的"移近"和"远离"的能力,对于高频率的信息,相对窄的时间间隔可以给出较高的分析精度,对于低频率的信息,相对宽的时间间隔可以给出完整的信息,因此,子波变换具有伸缩和平移不变性,能够实现对图像的频率选择和多尺度分解,将这种性质运用到图像处理中可以起到抑制背景噪声和增强目标信息的作用,较大地提高目标信噪比,从而有利于目标的检测。

本章在简要分析子波变换理论的基础上,利用红外点目标的空间频率分布特性和子波变换模极大值,研究了基于子波变换的目标检测算法,重点突出算法的有效性和实用性。

9.2　子波变换理论

下面首先简要介绍连续子波变换和离散子波变换[1-5],然后重点讨论与目标检测相关的多分辨率分析、子波基函数选择及子波变换模极大值。

9.2.1　连续子波变换

定义 9.1　设 $x(t)$ 是平方可积函数[记作 $x(t) \in L^2(R)$], $\psi(t)$ 是被称为基本子波或母子波(mother wavelet)的函数,则

$$WT_x(a,\tau) = \frac{1}{\sqrt{a}} \int x(t) \psi^* \left(\frac{t-\tau}{a} \right) \mathrm{d}t = \langle x(t), \psi_{a\tau}(t) \rangle \qquad (9\text{-}1)$$

称为 $x(t)$ 的连续子波变换(continuous wavelet transform,CWT)。式中, $a > 0$,是尺度因子; τ 反映位移,其值可正可负(上标"$*$"代表区共轭); $\psi_{a\tau}(t) = \frac{1}{\sqrt{a}} \psi \left(\frac{t-\tau}{a} \right)$,是基本子波的位移和尺度伸缩。

CWT 与短时傅里叶变换(STFT)不同之处在于:对 STFT 来说,带通滤波器的带宽 Δf 与中心频率 f 无关;对于 CWT 而言,采用不同的 a 作处理时,所得的中心频率和带宽都不一样,但品质因数(中心频率/带宽)却保持不变,即滤波器的

带宽 Δf 正比于中心频率 f：

$$\frac{\Delta f}{f} = C \tag{9-2}$$

C 为常数,这种具有恒定的相对带宽滤波器在生物信息处理中被称为"等 Q 结构",也就是子波变换的时频形式。

9.2.2　离散子波变换

由连续子波变换的概念可知,在连续变化的尺度及时间值下,子波基函数具有很大的相关性,信号的连续子波变换系数的信息量是冗余的。虽然在有些情况下,其冗余性是有益的,但是更多情况下,希望在不丢失原始信号信息的情况下,尽量减少子波变换系数的冗余度,为此,可将子波基函数中的变量进行离散点取值,转化为离散子波变换。

定义 9.2　对于尺度和位移均离散化的子波序列,若取离散的 $a_0 = 2, \tau_0 = 0$,即相当于尺度参数 a 以二进序列变化,因此,又被称为二进子波变换

$$\psi_{2^j, \tau}(t) = \frac{1}{2^j} \psi \left(\frac{t - \tau}{2^j} \right), \quad j \in \mathbf{Z} \tag{9-3}$$

二进子波对尺度参数进行了离散化,在时间域上平移量仍保持连续变化,若对子波变换的尺度伸缩二进离散化,同时也对卷积的平移离散化,即当 $a = 2^j, j \in \mathbf{Z}$ 时,考虑在时间轴上的 $\tau = \dfrac{k}{2^j}$ 离散化,就可得到一类对时间-尺度都离散化的子波变换,即多分辨率分析,这类分析方法在视觉图像处理中非常有用。

9.2.3　多分辨率分析

多分辨率分析[6-8]（multi-resolution analysis, MRA）,又称为多尺度分析,它为正交子波变换的快速算法提供了理论依据。一个多分辨率分析 $\{V_j\}, j \in \mathbf{Z}$ 对应一个尺度函数。实际物理信号总是有有限的分辨率,假设该分辨率为"1",设空间 $\{V_j\}, j \in \mathbf{Z}, \phi_j(t)$ 为对应的尺度函数,由于 $\phi_{2^j}(t - 2^{-j}n) \in V_{2^j} \subset V_{2^{j+1}}$,所以 $\phi_{2^j}(t - 2^{-j}n)$ 可以在正交基上展开：

$$\phi_{2^j}(t - 2^{-j}n) = 2^{-j-1} \sum_{k \in \mathbf{R}} \langle \phi_{2^j}(u - 2^{-j}n), \phi_{2^{j+1}}(u - 2^{-j-1}k) \rangle \cdot \phi_{2^{j+1}}(t - 2^{-j-1}k) \tag{9-4}$$

令 H 代表离散滤波器,其脉冲响应 $h(n) = \langle \phi_{2^{-1}}(u), \phi(u - n) \rangle$；$G$ 为镜像滤波器,其脉冲响应 $g(n) = h(-n)$,则

$$A_{2^j}^d f = \sum_{k \in \mathbf{R}} g(2n - k) \langle f(u), \phi_{2^{j+1}}(u - 2^{-j-1}k) \rangle = (g(u) \times A_{2^{j+1}}^d f)(2n) \tag{9-5}$$

即 $A_{2^j}^d f$ 可以通过将 $A_{2^{j+1}}^d f$ 和滤波器 G 进行卷积,然后对结果隔点采样而获得。对于 $j<0$ 的所有离散逼近 $A_{2^j}^d f$,可以由 $A_1^d f$ 通过反复迭代而得出,该算法简称"金字塔算法"。因此在二维图像中,图像逼近 $A_{2^{j-1}}^d f$ 和细节信号 $D_{2^j}^1 f,D_{2^j}^2 f$, $D_{2^j}^3 f$ 可写成内积形式:

$$\begin{cases} A_{2^{j-1}}^d f = \langle f(x,y),\phi_{2^j}(x-2^{-j}n)\phi_{2^j}(y-2^{-j}m)\rangle \\ D_{2^j}^1 f = \langle f(x,y),\phi_{2^j}(x-2^{-j}n)\psi_{2^j}(y-2^{-j}m)\rangle \\ D_{2^j}^2 f = \langle f(x,y),\psi_{2^j}(x-2^{-j}n)\phi_{2^j}(y-2^{-j}m)\rangle \\ D_{2^j}^3 f = \langle f(x,y),\psi_{2^j}(x-2^{-j}n)\psi_{2^j}(y-2^{-j}m)\rangle \end{cases} \tag{9-6}$$

式(9-6)表明,二维图像分解成正交表示 $(A_{2^{j-1}}^d f,D_{2^j}^1 f,D_{2^j}^2 f,D_{2^j}^3 f)$,其中, $A_{2^{j-1}}^d f$ 给出了图像信号的最低频率分量; $D_{2^j}^1 f$ 给出了 x 方向的低频和 y 方向上的高频分量(x 方向的边缘); $D_{2^j}^2 f$ 给出了 y 方向的低频和 x 方向上的高频分量(y 方向的边缘); $D_{2^j}^3 f$ 同时给出了 x、y 方向的高频分量(对应角点)。

9.2.4　子波基函数分析

子波基函数的选择[9-11]对信号分析有着重要的影响,由于图像的子波变换可以用分离式的一维子波变换来近似,所以可将对二维图像目标检测的分析用一维的信号检测来近似。图 9-1 为实际云层背景红外图像目标所在行的信号函数图,对该信号图采用了不同的子波基函数进行分析,其中 dbN 是正交、非对称的子波基函数;symN 是正交、近似对称的子波基函数;biorN 是双正交且对称的子波基函数,所得信号分解图如图 9-2～图 9-4 所示。

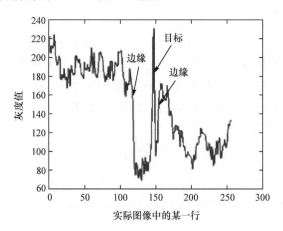

图 9-1　一种实际云层背景红外图像目标所在行的信号

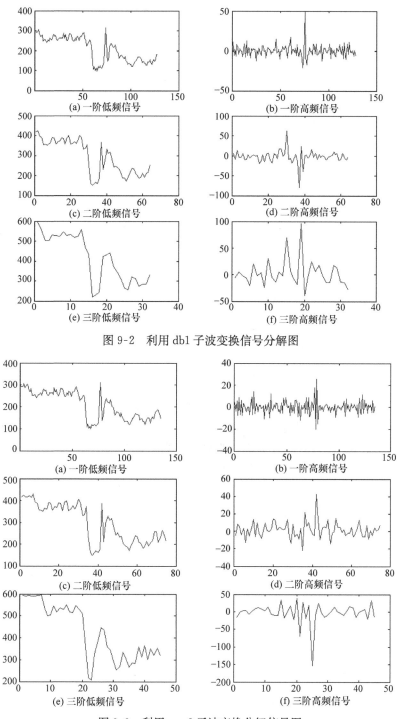

图 9-2　利用 db1 子波变换信号分解图

图 9-3　利用 sym8 子波变换分解信号图

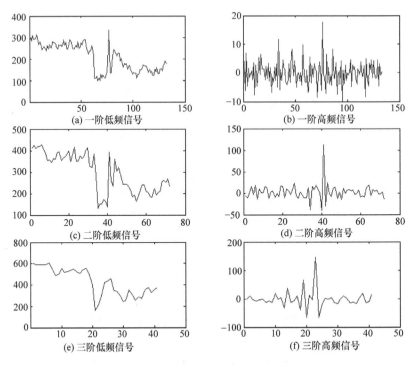

图 9-4　利用 bior1.5 子波变换分解信号图

从上述分解图可以看出：低频部分的分量逐渐模糊化以至于消失，对于不同的子波基而言，模糊化的程度各有不同：haar(db1) 和 bior1.5 子波分解的模糊化大致相同，且较 sym8 的子波基的分解明显。在高频部分的分量，对于 haar(db1) 和 bior1.5 子波而言，因为两者的低频分解类似，所以高频部分也相对类似，略有差别的在于高尺度时极性不同而已；对于 sym8 而言，高频信号的保持性较好，也就是说信号的分量尽可能地保持在低频部分，随着尺度的变化而逐渐被分解到细节部分。从上面的图中还可以看出，不同子波的偏移量有所不同，随着子波基函数结构长度的增加而增加。大量的实验证明，双正交的子波基函数带通部分偏移量比正交基子波函数的带通部分偏移量要小，也就是说双正交子波基函数对目标的定位比正交子波基函数要准确，而且不同尺度的子带中具有相同函数起源的系数看起来互相之间都有不同程度的相关性，它们的边缘都是大约在对应的相同位置，这样一来就有利于进一步的目标检测。

9.2.5　信号奇异性及子波变换模极大值

在信号处理中，带奇异性的或者不规则的突变结构往往携带有重要的特征信息。图像中亮度的不连续往往存在于图像中某一同质的边缘、纹理或小目标，这恰恰是认识图像最有意义的部分[12-16]。

在数学分析中,信号奇异性往往用一个函数是否具有 Lipschitz 指数来衡量, $f(x)$ 在 x_0 点的 Lipschitz a 指数刻画了函数在该点的光滑程度,Lipschitz a 指数越大,函数越光滑。若函数在 x_0 点一次连续可微或在该点可导,而导数有界但不连续时,Lipschitz a 指数为 1;如果 $f(x)$ 在 x_0 的 Lipschitz $a<1$,则称函数在 x_0 点是奇异的。一个在 x_0 点不连续但有界的函数,该点的 Lipschitz a 指数为 0。

设实函数 $\phi(x)$ 满足 $\int_{\mathbf{R}} \phi(x)\mathrm{d}x = 1$,且 $\phi(x) = O(1/(1+x^2))$,称为光滑函数。如果选择子波函数为光滑函数的一阶导数,即 $\psi(x) = \mathrm{d}\phi(x)/\mathrm{d}x$,同时记 $\phi_s(x) = \frac{1}{s}\phi\left(\frac{x}{s}\right)$。这时子波变换可表示为

$$Wf(s,x) = f(x) * \psi_s(x) = f(x) * \left(s\frac{d\phi_s}{dx}\right)(x) = s\frac{d}{dx}[f(x) * \phi_s(x)] \quad (9\text{-}7)$$

式(9-7)子波变换 $Wf(s,x)$ 与 $f(x)$ 经过 $\phi(x)$ 光滑后所得的导数成正比。对于某一特定尺度,$Wf(s,x)$ 的极大值对应 $f(x) * \phi_s(x)$ 突变点。若 $\phi(x)$ 是可微的,$\phi_s(x)$ 的等效宽度足够小,则 $Wf(s,x)$ 的极值点的位置应出现在 $f(x)$ 的突变点附近。也就是说,通过子波分解的模极值点可以找到原始信号的突变点。

9.3 基于子波变换的目标检测算法

一般目标检测可以分为三个步骤:图像预处理,图像背景抑制,图像序列处理。其中图像预处理的目的在于滤除图像中的部分噪声;背景抑制是去除相关性较强的背景;图像序列处理则是利用目标特征及时间连续性等信息去除剩余噪声,最终确定目标。本章采用的目标检测算法的流程图如图 9-5 所示。

图 9-5 图像目标检测算法流程图

9.3.1 图像预处理

图像滤波是图像预处理中比较关键的环节,其作用在于突出图像的期望特征,抑制图像噪声,从而提高目标的信噪比。利用子波变换的方法对图像进行预处理,可以将图像信号分解到多尺度的频带中,通过对不同尺度的不同系数的取舍达到

图像去噪的目的。具体的基于子波变换的红外图像滤波的流程如图9-6所示。

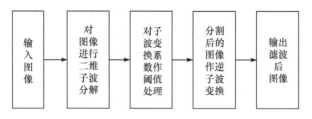

图 9-6　基于子波变换的红外图像滤波的流程图

图9-7和图9-8中给出了海天背景的红外图像基于子波变换的滤波结果,其中采用了全局均值和方差的方法进行阈值分割:保留低频图像分量不作任何处理,将第一、二级的行列子波变换系数进行阈值处理,对角方向的高频分量则全部置零。

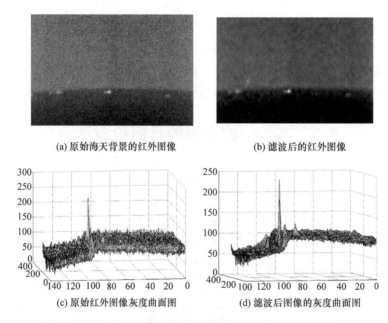

(a) 原始海天背景的红外图像　　　　　(b) 滤波后的红外图像

(c) 原始红外图像灰度曲面图　　　　　(d) 滤波后图像的灰度曲面图

图 9-7　海天背景中舰船目标的红外图像滤波实验结果

从图9-7和图9-8的灰度曲面图可以看出,子波滤波图像中的噪声基本被去除,图像对比度得到明显增强,从而目标信噪比得到了改善。

9.3.2　潜在目标图像区域划分

对于海上目标观测,在低空或超低空的条件下,点目标一般都处于海天线或海天线以上的空域中,如能在图像处理中将这部分潜在目标区域划分出来,对消除海

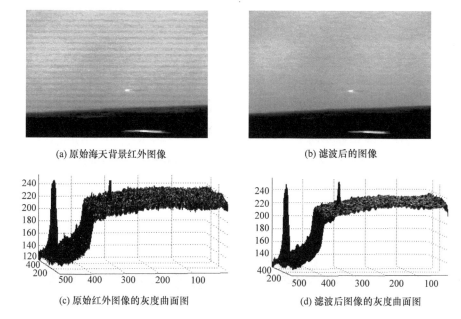

(a) 原始海天背景红外图像　　　　　　　　　(b) 滤波后的图像

(c) 原始红外图像的灰度曲面图　　　　　　(d) 滤波后图像的灰度曲面图

图 9-8　海天背景中红外飞机目标的图像滤波结果

杂波干扰有效提取潜在目标是十分有利的。由子波变换理论可知,子波具有检测局域突变信息的能力,红外图像中两种不同区域交界处的边缘也可以看成是在某一个方向上有奇异值点的集合,因此可采用子波变换来进行潜在目标区域划分,其具体流程如图 9-9 所示。

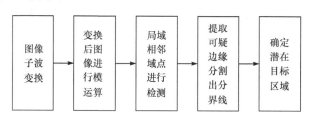

图 9-9　基于子波变换的潜在目标区域划分流程图

　　图 9-10 给出了海天背景的红外序列图像采用 bior1.5 双正交子波进行边缘提取和区域划分的结果。在边缘提取过程中,结合子波分解的相位特性,进行了沿相位方向求模极值。处理后的非目标区(或背景区)用黑色标示。

　　图 9-10 的实验结果说明,采用子波变换方法划分图像区域,潜在目标区和背景区分界线十分清楚,尤其是子波处理后的目标区,目标对比度明显得到增强,背景变得单一、均匀且起伏较小,这将有利于后续的目标检测和识别。

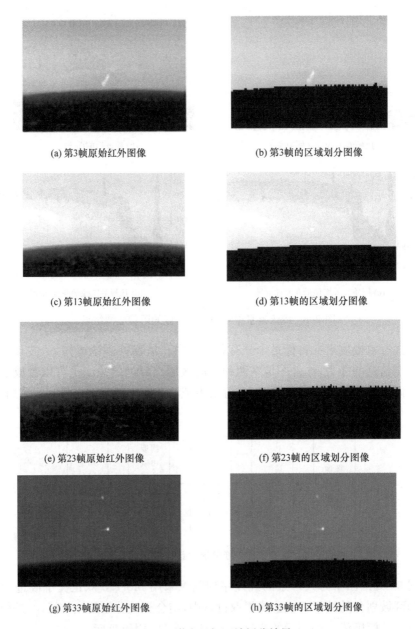

(a) 第3帧原始红外图像　　　　　　(b) 第3帧的区域划分图像

(c) 第13帧原始红外图像　　　　　　(d) 第13帧的区域划分图像

(e) 第23帧原始红外图像　　　　　　(f) 第23帧的区域划分图像

(g) 第33帧原始红外图像　　　　　　(h) 第33帧的区域划分图像

图 9-10　潜在目标区域划分结果

9.3.3　潜在目标检测

红外图像经过预处理和图像区域划分以后,目标区剩余的干扰主要是杂波、云层和与目标特性类似的残余噪声。为消除这部分非目标的图像干扰,可采用基于统计方法的目标提取算法。具体的基于子波变换的目标检测算法可参照图 9-11 的算法流程进行。图 9-12 给出了对海天背景红外图像的目标检测结果,图 9-13 给出了地物背景红外图像的目标检测结果。

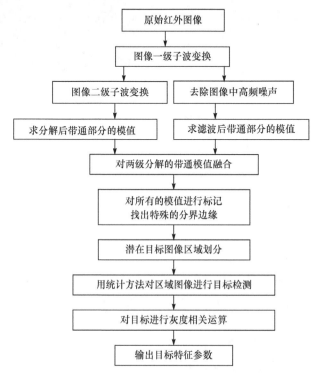

图 9-11　基于子波变换的目标检测算法流程图

(a) 第45帧红外原始图像

(b) 目标检测后的图像

图 9-12　海天背景红外图像目标检测结果

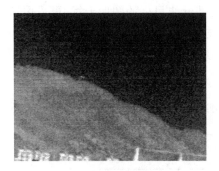 

(a) 第120帧红外原始图像　　　　　　　　　　(b) 目标检测后的图像

图 9-13　地物背景红外图像目标检测结果

从图 9-12 和图 9-13 目标检测结果可以看出,基于子波变换模极大值的目标检测方法能有效地消除海背景和地物背景的干扰,从中可靠地检测出潜在目标。

9.4　小　　结

由于子波变换具有伸缩和平移不变性,能够实现对图像的频率选择和多尺度分解,可以起到抑制背景噪声和增强目标信息的作用,较大地提高了目标信噪比,从而有利于检测出目标。本章在分析子波变换理论的基础上,利用子波变换模极大值及区域划分的方法对图像进行了目标检测。

实验证明基于子波变换的目标检测算法是有效可行的,同时也发现子波基函数的选择以及子波分解级数的确定是影响图像去噪效果的关键。因此,进一步深入研究子波基函数,确定子波分解级数,优化算法减少运算量,是提高基于子波变换目标检测算法实用性和适应性的有效途径。

参 考 文 献

[1] 彭玉化. 子波变换与工程应用. 北京:科学出版社,1999

[2] 陈逢时. 子波变换理论及其在信号处理中的应用. 北京:国防工业出版社,2001

[3] 李建平. 子波分析与信号处理——理论、应用及软件实现. 重庆:重庆大学出版社,1997

[4] 程正兴. 子波分析算法与应用. 西安:西安交通大学出版社,2000

[5] Wickerhauser M V. Two fast approximate wavelet algorithms for image processing, classification and recognition. Optical Engineering,1994,33(7):2225-2235

[6] Xia X G,Suter B W. Design of prefilters for discrete multiwavelet transforms. IEEE Transactions on Signal Processing,1996,44:25-35

[7] Li B,Zhuang T G. A speckle suppression method based on nonlinear threshold wavelet packet

in ultrasound images. Journal Infrared and Millimeter Waves,2001,20(4):307-310

[8] Mallat S G. Multi-frequency channel decompositions of images and wavelet models. IEEE Transactions on Acoustics Speech and Signal Processing,1989,37:2091-2110

[9] Tewfid A H,Sinha D,Jorgensen P. On the optimal choice of a wavelet for signal representation. IEEE Transactions on Information Theory,1992,38(2):747-765

[10] Strickland R N. Wavelet transform methods for object detection and recovery. IEEE Transactions on Image Processing,1997,6(5):724-735

[11] 王志武. 自适应提升子波变换与图像去噪. 红外与毫米波学报,2002,21(6):447-450

[12] 李国宽,彭嘉雄. 基于子波变换的红外成像弱小目标检测方法. 华中科技大学学报,2000,28(5):68-71

[13] Ye Z J,Wang J G,Ruan Y,et al. Wavelet treatment used recognition of objects in IRST systems. SPIE,1998,3561:202-206

[14] Chen D W. A wavelet CFAR detector for automatic target detection. SPIE,1999,3718:323-331

[15] Gregoris D J,Yu S K W,Tritchew S,et al. Detection of dim targets in FLIR imagery using multiscale transforms. SPIE,1994,2269:62-71

[16] Boccignone G,Chianese A,Picariello A. Small target detection using wavelets. IEEE Transactions on Circuits and Systems for Video Technology,1998,8:1776-1778

第 10 章 基于神经网络的目标检测方法

10.1 引　言

人脑的认知过程是信息处理过程,也是一种计算过程,认知科学认为"认知即计算",因此,智能与计算紧密联系在一起,形成计算智能的新概念。

神经网络、进化计算、模糊控制是计算智能的三大支柱。神经网络是在现代神经科学关于人脑中枢神经的研究成果基础上提出的,它在一定程度上反映了人脑活动的网络系统。它由大量的基本单元——神经元按照一定的拓扑结构互连而成,具有非线性映射、快速并行分布处理、自学习、自组织、自适应以及鲁棒性等特点,因此,神经网络广泛应用在模式识别、复杂优化问题和数字图像处理以及计算机等相关领域。

本章根据图像目标检测的需要,从运动图像的时变特性分析入手,简要介绍神经网络的一般学习规则和自适应 BP 学习算法,详细介绍形态学神经网络算法,分析 BP 前馈网络的误差反传学习算法的缺陷,采用自适应的调节方式进行引导学习,以期得到更好的目标检测效果。

10.2　神经网络基础

利用神经网络进行模式识别,它要求的输入知识较少,也比较适合于并行实现。一个神经网络由一组互相连接的相同节点构成,这些节点也称为处理单元,每个处理单元中的操作都比较简单(基本上都是对输入矢量和权矢量的乘积求和),它从网络中多个上游的处理单元接收输入,产生一个标量输出并将其送到下游的一组处理单元[1-5]。

10.2.1　运动图像的时变特性

动态序列图像为人们提供了比单一(静态)图像更为丰富的信息,其动态图像分析在科学研究和工程应用上具有十分诱人的应用和发展前景。但是动态序列图像的时变性和复杂性也增加了目标检测与跟踪的难度,关于这一点,从以下对神经网络前期的样本选取就可以看出。

一是光标点击目标 A 后,将得到有关 A 的一组训练样本集(特征数据片段)。

从性能上讲,训练后结构元素的优化曲面应尽量准确地体现出这些特征数据所反映的形态特征。但是,这种准确是有代价的,准确度越高,总体误差越小,而训练时间(迭代次数)则势必越长,这将严重影响系统的响应速度,难以保证对运动目标的持续可靠跟踪。

二是目标在运动过程中其航向、姿态及形体大小都在不断发生变化,这将导致目标形态结构的变化。因此,任意时刻的优化结构元素的分布特性不可能固定不变,而是随着目标在运动过程中所表现出的不同形态而发生相应的变化。

由此看来,结构元素的优化训练不能只是针对某一时刻进行"短期"的静态学习,而应当是能自动适应其不断变化的一种"长期"的动态学习过程,进而能实现对模式样本时变结构特征的记忆与跟踪。

10.2.2　神经网络学习规则

这里讨论的神经网络学习规则仅限于如下关系所描述的单个神经元:

$$y_i = \psi(\omega_i^T x) = \psi(\mu_i) \tag{10-1}$$

式中,$x = (x_1, x_2, \cdots, x_n)^T$ 是神经元的输入信号;$\omega_i = (\omega_{i1}, \omega_{i2}, \cdots, \omega_{in})^T$ 是可调整的突触权值矩阵;$\mu_i = \omega_i^T x$ 是神经元的内部势;$\psi(\mu_i)$ 是可微的激活函数;y_i 是神经元的输出值。对于式(10-1)描述的神经元,可由广义赫布(Hebbian)规则构造出一系列学习算法

$$\frac{d\omega_i}{dt} = \mu(-\alpha\omega_i + \delta_i x) \tag{10-2}$$

式中,$\alpha \geqslant 0$ 是遗忘因子;$\mu > 0$ 是确定学习率的学习系数;$\delta_i = \delta(\omega_i, x, u_i, y_i, d_i)$ 是所谓的学习信号,通常它依赖于突触权值 ω_i、输入信号 x、内部信号 u_i、输出信号 y_i 和期望信号 d_i。遗忘因子 α 也称作延迟因子,在学习过程中以阻止突触权值 ω_i 的无限增长。延迟因子经常在学习的静止阶段参与增强鲁棒性,而且延迟因子能提高前馈网络的综合概括能力。

学习算法式(10-2)可以写成连续时间的标量形式

$$\frac{d\omega_{ij}}{dt} = \mu(-\alpha\omega_{ij} + \delta_i x_j) \tag{10-3}$$

或者离散时间的标量形式

$$\omega_{ij}^{(k+1)} = (1-\gamma)\omega_{ij}^{(k)} + \eta\delta_i^{(k)} x_j \quad (\eta > 0 \text{ 且 } 0 \leqslant \gamma < 1) \tag{10-4}$$

广义 Hebbian 规则式(10-2)可以看成是合理选择的李雅普诺夫能量函数的梯度下降最优化过程,即

$$\frac{d\omega_i}{dt} = -\mu\frac{\partial E(\omega_i)}{\partial \omega_{ij}} \tag{10-5}$$

一系列常用的学习规则可以由式(10-2)~式(10-4)推出。

实际应用中重要的学习规则：

1. 广义 LMS 学习规则

广义 LMS 学习算法中的能量函数为 $E(\omega_i) = \dfrac{\alpha}{2} \parallel \omega_i \parallel_2^2 + \sigma(e_i)$，其中 e_i 是误差代价函数；$\sigma(e_i)$ 是凸损失函数，按照梯度下降法，式（10-5）极小化能量函数的 LMS 学习规则为：$\dfrac{\mathrm{d}\omega_{ij}}{\mathrm{d}t} = \mu[-\alpha\omega_{ij} + \delta_i(e_i)x_j]$，学习信号为 $\delta(e_i) = \dfrac{\mathrm{d}\sigma(e_i)}{\mathrm{d}e_i}$。

2. 势学习规则

势学习规则中考虑能量函数 $E(\omega_i) = \dfrac{\alpha}{2} \parallel \omega_i \parallel_2^2 + \sigma(\omega_i^{\mathrm{T}}x)$，取 $u_i = \omega_i^{\mathrm{T}}x$，$\sigma(u_i)$ 为损失函数，根据式（10-5）得到势学习规则为：$\dfrac{\mathrm{d}\omega_{ij}}{\mathrm{d}t} = \mu[-\alpha\omega_{ij} + \delta_i(u_i)x_j]$，学习信号为 $\delta(u_i) = \dfrac{\mathrm{d}\sigma(u_i)}{\mathrm{d}(u_i)}$。

3. 相关学习规则

相关学习规则考虑能量函数 $E(\omega_i) = \dfrac{\alpha}{2} \parallel \omega_i \parallel_2^2 + d_i(\omega_i^{\mathrm{T}}x)$，根据式（10-5）得到相关学习规则为：$\dfrac{\mathrm{d}\omega_{ij}}{\mathrm{d}t} = \mu[-\alpha\omega_{ij} + d_ix_j]$，学习信号为 d_i。

4. Hebbian 学习规则

Hebbian 学习规则考虑能量函数 $E(\omega_i) = \dfrac{\alpha}{2} \parallel \omega_i \parallel_2^2 + \sigma(\omega_i^{\mathrm{T}}x)$，根据式（10-5）得 Hebbian 学习规则为：$\dfrac{\mathrm{d}\omega_{ij}}{\mathrm{d}t} = \mu[-\alpha\omega_{ij} + \delta_i(u_i)x_j]$，学习信号为 $\delta(u_i) = \dfrac{\mathrm{d}\sigma(u_i)}{\mathrm{d}(u_i)}$。

5. Oja 学习规则

Oja 学习规则是 Hebbian 学习规则的推广，可用微分方程来描述：$\dfrac{\mathrm{d}\omega_{ij}}{\mathrm{d}t} = \mu[y_ix_j - \omega_{ij}y_i^2] = \mu y_i(x_j - \omega_{ij}y_i)$。

6. 标准感知机学习规则

标准感知机学习规则考虑能量函数 $E(\omega_i) = \dfrac{1}{2}e_i^2 = \dfrac{1}{2}(d_i - u_i)^2$，根据式（10-5）

得到标准感知机学习规则为：$\dfrac{\mathrm{d}\omega_{ij}}{\mathrm{d}t} = \mu e_i \dfrac{\mathrm{d}\psi(u_i)}{\mathrm{d}t} x_j = \mu \delta_i x_j$，学习信号为 $\delta_i =$

$e_i \dfrac{\mathrm{d}\psi(u_i)}{\mathrm{d}t}$。

7. 广义感知机学习规则

广义感知机学习规则考虑能量函数 $E(\omega_i) = \sigma(e_i) = \sigma(d_i - y_i)$，根据式（10-5）

得到广义感知机学习规则为：$\dfrac{\mathrm{d}\omega_{ij}}{\mathrm{d}t} = \mu g(e_i)\psi'(u_i)x_j = \mu \delta_i x_j$，其中 $g(e_i) = \dfrac{\mathrm{d}\sigma(e_i)}{\mathrm{d}e_i}$，

$\psi'(u_i) = \dfrac{\mathrm{d}\psi(u_i)}{\mathrm{d}(u_i)}$。学习信号为 $\delta_i = g(e_i)\dfrac{\mathrm{d}\psi(u_i)}{\mathrm{d}u_i}$。

10.2.3　自适应 BP 学习算法

误差反向传播（back propagation，BP）算法早年由 Werbos 提出，1986 年美国 Rumelhart 和 Mcclelland[3]在其论著中，首次发现并揭示了 BP 算法能够有效解决多层网络的学习问题，从而使一度低迷和陷入困境的人工神经网络研究再次掀起热潮，由此开创了多层前向网络迅猛发展的新时期。目前它已成为信息处理中使用最频繁的神经网络模型。

BP 算法的学习过程由正向传播和反向传播两个过程组成。正向传播时，输入信息从输入层经隐含层逐层处理，并传向输出层。每一层神经元的状态只影响下一层神经元。如果在输出层不能得到期望的输出，则反向传播误差，沿着原信号通路返回。通过修改各层神经元的突触权值，使得误差信号最小。理论上已经证明（BP 定理），三层前馈网络能够以任意的误差精度逼近任何复杂的变换函数。

10.3　形态学神经网络目标检测算法

10.3.1　神经网络模型参数

形态学神经网络（morphological neural network，MNN）是国际上 20 世纪 90 年代以后采用的一种自适应优化学习结构元素参数的新方法[6-10]。该网络的模型参数——权矢量即为结构元素，学习的过程也就是网络参数（结构元素）不断调整、优化和逐步适应图像环境的过程，以便将目标形状的特征规律反映到网络结构上来，赋予其特有的智能，进而实现图像目标的检测功能。由第 6 章中形态学表示式可以看出：形态滤波器的优化设计实际上是构造合适的结构元素 B 的集合。形态滤波器参数——结构元素 B 主要由空间分布（形状）和数值分布（函数）两类数据

构成,它作为模板型的图像特征集合在三维坐标系中的空间分布呈现为一个特定的曲面。形态滤波器的窗口取决于结构元素 B 的形状,算法启动时可初始设定 B 的形状为正方形或半径为 R 的圆形。然后,按通常的图像处理结构模式和相应的扫描方式,将滤波窗口内的二维图像数据转换为一组 M 维的矢量数据(M 为滤波窗口大小)。为了限定值域搜寻空间,提高算法优化效率,须对结构元素的动态范围进行赋值预处理。

10.3.2　形态学变权神经网络算法

形态学变权神经网络算法(morphological adjusted-weight neural network,MANN)是一种渐近收缩误差、递推辨识模型参数的优化算法,其主导思想是渐变调控误差指标的大小,而非一步到位,即不指望由某一帧图像获得的一组训练样本集通过一轮学习(迭代 n 次),就使训练效果甚佳(误差率小)。误差率是在对运动目标的自动持续跟踪过程中通过多轮不断的训练与调整,才逐步衰退下来而渐近趋于一个幅值较小的残差量。检测处理的精度也随之变得越来越精细,不仅保证了对运动目标持续可靠的检测与跟踪,而且为进一步的目标/景物解释(目标部位鉴别)和多传感器数据融合提供完整、准确的目标特征信息。

在 BP 算法中设模式样本的矢量维数为 M,训练样本数 N,模式样本为 $F_k \in \mathbf{R}^M$,网络权值为 $B \in \mathbf{R}^M$,形态学网络的输出值为 Y_k,对应的期望信号为 d_k,则误差率代价函数(目标函数)为 $e = \sqrt{\dfrac{1}{N}\sum\limits_{k=1}^{N}(Y_k - d_k)^2 \Big/ d_k^2}$,则误差率代价函数对权值矢量的梯度为

$$\delta = \frac{\partial e}{\partial B} = \left(\frac{\partial e}{\partial b_1}, \cdots, \frac{\partial e}{\partial b_M}\right)^{\mathrm{T}} \tag{10-6}$$

由于在 e 的表达式中有开平方运算,所以其梯度表达式较为繁琐。为达到同样的分析内在变化规律的目的,并降低计算复杂度,则取 $E = e^2 = \dfrac{1}{N}\sum\limits_{k=1}^{N}(Y_k - d_k)^2 \Big/ d_k^2$ 为误差率代价函数的信号功率。相应的梯度矢量为

$$\delta = \frac{\partial E}{\partial B} = \left(\frac{\partial E}{\partial b_1}, \cdots, \frac{\partial E}{\partial b_M}\right)^{\mathrm{T}} \tag{10-7}$$

$$\delta_m = \frac{\partial E}{\partial b_m} = \frac{2}{N}\sum_{k=1}^{N}\{(Y_k - d_k) \times g(Y_k, b_m)/d_k^2\} \tag{10-8}$$

当形态变换为灰度腐蚀运算时

$$g(Y_k, b_m) = \begin{cases} -1, & Y_k = f_{km} - b_m, \ f_{km} - b_m > 0 \\ 0, & \text{其他} \end{cases}$$

这时权值的修正量为

$$\nabla b_m = -\eta\delta_m = -\frac{2\eta}{N}\sum_{k=1}^{N}\{(Y_k - d_k)\times g(Y_k, b_m)/d_k^2\} \tag{10-9}$$

这里 η 为学习率。于是网络权值(结构元素值)的迭代公式为

$$b_m(t+1) = b_m(t) + \nabla b_m = b_m(t) - \eta\delta_m \tag{10-10}$$

在实际的运算过程中,为了加快收敛速度,常采用超松弛法即增加动量项来平滑权值的变化。变为:$b_m(t+1) = b_m(t) - \eta\delta_m + \alpha[b_m(t) - b_m(t-1)]$,其中 $1\leqslant m\leqslant M$,α 为动量因子($0<\alpha<1$)。灰度膨胀运算时的迭代计算公式可写成

$$g(Y_k, b_m) = \begin{cases} 1, & Y_k = f_{kn} + b_m, \ f_{kn} + b_m < 1 \\ 0, & \text{其他} \end{cases} \tag{10-11}$$

由上面的公式及其推导过程不难发现:BP 前馈网络的误差反传学习算法存在以下固有缺陷:

(1)学习率 η 和动量因子 α 很难事先选定。过小的 η 值会使学习速度太慢,过大的 η 值则会引起振荡而难以收敛。过小的 α 起不了平滑作用,过大的 α 又会使修正量偏离梯度最大方向。

(2)BP 算法本质是 LMS 算法的推广,比较容易落入局部极值陷阱而难以保证全局最优,且易受到输入模式协方差矩阵特征值散布的影响。

(3)初始值选取对 BP 算法影响很大,不仅对学习速度有严重影响,有时甚至会导致算法收敛于局部极小值。

为此,必须破除 η 和 α 为固定常数的限制,转为采用自适应的调节方式进行引导学习。引导学习的直观策略是:在学习初期阶段学习率 η 选得大一些,可以使学习速度加快,而在临近最佳点时 η 则变得相对较小,以阻止权值振荡现象的发生并以较高的精度(更小的步幅)逼近最优解。于是,采用随迭代数 t 进行调节,其学习率函数 $\eta(t, m)$ 可取为

$$\eta(t, m) = \eta_{\max}(m)\cdot[1 - \Gamma^{(1-t/T)^S}] \tag{10-12}$$

式中,$\eta_{\max}(m) = \max\{\nabla b_m\}/\delta_m = (b_{\max} - b_m^{(0)})/\delta_m$,$b_{\max} = \min\{f_{\min}, L - f_{\max} - 1\}$,$b_m^{(0)}$ 是 b_m 在 $t=0$ 时的初始值;Γ 是 $[0,1]$ 上的随机数;S 是调节收敛速度的参数;T 是 BP 算法设置的最大迭代次数。

这样的选取可以使得每个权值分量 $b_m(1\leqslant m\leqslant M)$ 都拥有自己的学习率,即函数 $\eta(t, m)$ 将返回 $[0, \eta_{\max}(m)]$ 上的一个动态值并使这个值随着迭代数 t 的增大而渐近为 0。它允许算法初期权值分量 b_m 在各自可伸缩的空间沿最大梯度方向进行变化,这时步幅较大且通过适量的随机扰动以跳出局部极值陷阱而向最优解方向逼近。在算法后期步幅及扰动量都逐渐变小,以便在靠近最优解邻域时保护高质解不被分化破坏而收敛于峰点处。

对于动量因子 α 来说,α 越大则动量调整的惯性越大,即每一次的学习调整都

与前一次的学习状态更加密切相关。直观地讲,由于采用了动态调节学习率的方法,每次迭代产生的权值变化很大,那么现在又增加动量项的促进作用,必然会加速其收敛过程。作为经验法则的运用,常取 $\alpha=0.9$。

图 10-1 为采用形态学神经网络算法对图像处理的结果,原始图像中战机表现为多种随机状态,不同状态下目标的大小各不相同,背景云时有时无。

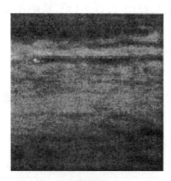

(a) 原始图像1

(b) 图像1对应的神经网络算法处理结果

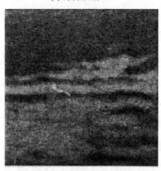

(c) 原始图像2

(d) 图像2对应的神经网络算法处理结果

(e) 原始图像3

(f) 图像3对应的神经网络算法处理结果

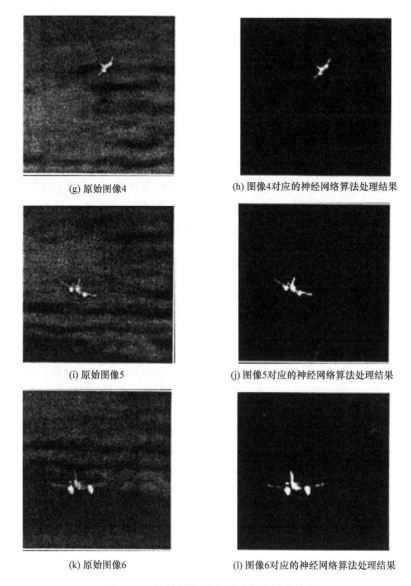

(g) 原始图像4　　　　　　　(h) 图像4对应的神经网络算法处理结果

(i) 原始图像5　　　　　　　(j) 图像5对应的神经网络算法处理结果

(k) 原始图像6　　　　　　　(l) 图像6对应的神经网络算法处理结果

图 10-1　神经网络算法对图像的处理结果

　　从实验结果可以看出：采用神经网络算法能够在环境复杂，背景知识不清楚、推理规则不十分明确的情况下很好地对目标进行检测跟踪，是一种较好的自适应检测算法。

10.4 小　结

　　神经网络是在现代神经科学关于人脑中枢神经的研究成果基础上提出的反映人脑活动的网络系统,它同时又是一个非线性动态系统,通过对样本的学习建立起记忆,然后对未知模式判决为其最接近的记忆。神经网络具有非线性映射、快速并行分布处理、自学习、自组织、自适应以及鲁棒性等特点。

　　本章在介绍动态图像的时变特性基础上,分析了 BP 前馈网络的误差反向传播学习算法的缺陷,采用了自适应的调节方式进行引导学习,证明了神经网络目标检测算法能用来处理一些环境较为复杂,背景知识不太清楚、推理规则不十分明确的问题,允许样品有较大的缺损和畸变,是一种比较有效的自适应目标检测算法。

参 考 文 献

[1] 史忠植. 神经计算. 北京:电子工业出版社,1993

[2] 罗发龙. 神经网络信号处理. 北京:电子工业出版社,1993

[3] 胡守仁,余少波. 神经网络导论. 长沙:国防科技大学出版社,1999

[4] 程相君,王春宁. 神经网络原理及其应用. 北京:国防工业出版社,1995

[5] Hopfield J J. Neural networks and physical systems with emergent collective computational abilities. Proceedings National Academy Science,USA,1982,79:2554-2558

[6] 黄德双. 神经网络模式识别系统理论. 北京:电子工业出版社,1996

[7] Lippmann R P. Pattern classification using neural networks. IEEE Communication Magazine,1989,(11):47-64

[8] Hong Z,Li P,Li L. A morphological neural approach for vehicle detection from high resolution satellite imagery. Lecture Notes in Computer Science,2006,4233:99-106

[9] Knopf G K,Gupta M M. A multipurpose neural processor for machine vision systems. IEEE Transactions on Neural Networks,1993,4(5):762-777

[10] Shirvaikar M V,Trivedi M M. A neural network filter to detect small targets in high clutter backgrounds. IEEE Transactions on Neural Networks,1995,6(1):252-257

第 11 章　基于粒子滤波器的先跟踪后检测方法

11.1　引　言

远距离目标在红外图像中以弱小目标的形式出现的,而且在复杂背景下,目标被地物、杂波、噪声所淹没,因此,目标的信噪比较低。在低信噪比条件下,检测与跟踪运动小目标的关键是解决沿未知目标轨迹的快速能量累积,把运动小目标的检测与跟踪问题看成是目标轨迹搜索及根据能量积累作出判决的过程,根据目标运动的连续性来检测目标。目前,存在两类弱小运动目标的检测与跟踪方法:先检测后跟踪方法和先跟踪后检测方法。

先检测后跟踪方法设置一个灰度阈值,超过阈值的像素认为是测量值,然后根据测量数据序列估计目标状态,实现对小目标的跟踪。典型的先检测后跟踪方法有:基于像素分析的方法[1],子波分析方法[2],基于数学形态学的检测方法[3],基于变换的方法[4]等。

先跟踪后检测方法在检测和目标轨迹确认之前采用跟踪思想,在跟踪过程中采用检测算法对估计的轨迹进行检测判决,以实现小目标沿轨迹累积能量的效果,以提高目标的信噪比和检测性能。与先检测后跟踪方法相比,先跟踪后检测方法先对多条目标轨迹进行跟踪,采用判据对每条轨迹的真实性作出软判断,逐步剔除虚假轨迹,维持真实轨迹。当软判断超过某一门限时,就作出该轨迹为目标航迹的硬判断。先跟踪后检测方法能够有效避免航迹漏检和提高检测概率。主要的先跟踪后检测方法有:多级假设检验方法[5]、基于动态规划的三维匹配滤波器[6]、基于非线性滤波的方法[7]等。

针对红外弱小目标检测与跟踪问题,本章重点研究一种基于粒子滤波器的先跟踪后检测方法,同时计算目标存在的后验概率和目标的状态估计。以目标存在的后验概率判断目标是否存在。先跟踪后检测方法的主要困难在于红外图像(测量数据)是目标状态的高度非线性函数,而粒子滤波器正好能有效解决非线性、非高斯贝叶斯滤波问题。因此,基于粒子滤波器的先跟踪后检测算法比较适合于弱小目标的检测与跟踪。后面的仿真实验表明基于粒子滤波器的先跟踪后检测方法能够有效地检测、跟踪红外弱小目标。

11.2 弱小目标的状态与测量模型

弱小目标状态由位置(x,y)、速度$(\dot{x},\dot{y})$以及目标的亮度I组成，$X=(x,y,\dot{x},\dot{y},I)$。在任意时刻$k$，弱小目标的状态模型为

$$X_k = f(X_{k-1}, V_{k-1}) \tag{11-1}$$

其中，V_{k-1}是系统噪声，概率分布已知。一般情况下，可以假设图像中的目标亮度与目标的位置和速度无关。

在任意时刻k，红外图像中的每个像素记录一个量测

$$z_k(i,j) = I_k(i,j \mid x,y) + n_k(i,j) \tag{11-2}$$

其中，量测噪声$n_k(i,j)$的分布为$p_n(i,j)$，且像素之间、每帧图像之间的噪声相互独立；$I_k(i,j \mid x,y)$表示在k时刻，目标位于(x,y)时对像素(i,j)的亮度贡献。对于弱小目标来说，通常由一个截断的二维对称的高斯密度函数[8,9]来表示：

$$I_k(i,j \mid x,y) = \frac{I_k}{2\pi\sigma^2} \exp\left\{ -\frac{(\Delta i - x)^2}{2\sigma^2} - \frac{(\Delta j - y)^2}{2\sigma^2} \right\} \tag{11-3}$$

其中，$|\Delta i - x| < \sigma$；$|\Delta j - y| < \sigma$；σ是亮度扩散程度。$\sigma \to 0$时，点扩散函数趋近于一个δ函数，点目标的亮度只分布在它所在的像素上。

检测弱小目标存在与否是先跟踪后检测方法的另一部分。令随机变量$e_k = 1$表示目标存在，$e_k = 0$表示目标不存在。随机过程$\{e_k\}$的转移概率定义为：

(1) $P_d = P\{e_k = 0 \mid e_{k-1} = 1\}$表示目标在$k-1$时刻存在，在$k$时刻不存在的概率；

(2) $1 - P_d = P\{e_k = 1 \mid e_{k-1} = 1\}$表示目标在$k$和$k-1$时刻都存在的概率；

(3) $P_b = P\{e_k = 1 \mid e_{k-1} = 0\}$表示目标在$k-1$时刻不存在，在$k$时刻出现的概率；

(4) $1 - P_b = P\{e_k = 0 \mid e_{k-1} = 0\}$表示目标在$k$和$k-1$时刻都不存在的概率。

方程描述了在k和$k-1$时刻目标都存在时其状态随时间的变化，即状态转移概率密度$p\{X_k \mid X_{k-1}, e_k = 1, e_{k-1} = 1\}$。如果在$k-1$时刻目标不存在，而在$k$时刻存在，则该目标是在$k-1$过渡到$k$时刻的过程出现的，没有状态演变，状态转移概率密度为$p_b(X_k)$，目标诞生模型通常选择为状态空间上的均匀分布。

11.3 先跟踪后检测方法的贝叶斯形式

从贝叶斯统计观点解释，同时检测与跟踪小目标即是递归估计联合概率分布$p(X_k, e_k \mid Z_{1,k})$，计算过程分为如下两步：

- 递归贝叶斯预测

$$p(X_k,e_k \mid Z_{1,k-1}) = \sum_{e_{k-1} \in \{0,1\}} \int p(X_k,e_k \mid X_{k-1},e_{k-1})$$
$$\times p(X_{k-1},e_{k-1} \mid Z_{1,k-1})\mathrm{d}X_{k-1} \tag{11-4}$$

- 递归贝叶斯更新

$$p(X_k,e_k \mid Z_{1,k}) = \frac{p(Z_k \mid X_k,e_k)\,p(X_k,e_k \mid Z_{1,k-1})}{p(Z_k \mid Z_{1,k-1})} \tag{11-5}$$

上式分母与状态无关,为归一化常数。

后验概率密度的计算完全依赖于状态转移概率密度和似然函数。首先考虑状态转移概率密度

$$p(X_k,e_k \mid X_{k-1},e_{k-1}) = p(X_k \mid X_{k-1},e_{k-1},e_k)$$
$$\times p(e_k \mid X_{k-1},e_{k-1}) \tag{11-6}$$

随机变量 e_k 的转移概率与状态 X_{k-1} 无关。如果 $e_k = 0$,即目标不存在,则式(11-6)是没有意义的。

讨论 $e_k = 1$,即目标存在的情况:

$$p(X_k \mid X_{k-1},e_{k-1},e_k) = \begin{cases} p(X_k \mid X_{k-1}), & e_{k-1} = 1 \\ p_b(X_k), & e_{k-1} = 0 \end{cases} \tag{11-7}$$

其中, $p(X_k \mid X_{k-1})$ 是目标连续存在时的状态转移分布,由高斯分布描述。

在实际问题中,目标的亮度分布仅限于目标所在的像素邻域,因此似然函数 $p(Z_k \mid X_k,e_k = 1)$ 由如下的似然比代替:

$$L(Z_k \mid X_k,e_k) = \begin{cases} \displaystyle\prod_{(i,j) \in C_k} \frac{p(z_k(i,j) \mid X_k,e_k)}{p(z_k(i,j) \mid e_k = 0)}, & e_k = 1 \\ 1, & e_k = 0 \end{cases} \tag{11-8}$$

其中, $p(z_k(i,j) \mid X_k,e_k = 1)$ 是目标位于 (x,y) 时像素 (i,j) 亮度的概率密度; $p(z_k(i,j) \mid X_k,e_k = 0)$ 是背景像素 (i,j) 亮度的概率密度; C_k 表示目标所在的像素邻域。

11.4　基于粒子滤波器的先跟踪后检测算法

从式(11-7)知,在当前时刻存在的目标来自两种假设:前一时刻存在的目标在当前时刻持续存在,或在前一时刻至当前时刻过渡过程中新出现的目标。对持续存在的目标,通过粒子滤波估计其概率分布;对新出现的目标,通过检测算法估计其概率分布。组合两部分粒子形成粒子滤波器的输出信息。基于粒子滤波器的先跟踪后检测算法以递归贝叶斯滤波的迭代形式来实现先跟踪后检测,包含四个

相关过程以估计目标状态的后验概率密度和目标存在的后验概率。

1. 目标持续存在

当目标持续存在时,已知 $k-1$ 时刻目标状态的概率密度,估计 k 时刻目标状态的概率分布,即在 $e_k=1$,$e_{k-1}=1$ 条件下,计算式(11-4)和式(11-5)。设 $e_{k-1}=1$ 时刻目标状态分布的粒子表示为 $\{(X_{k-1}^{c,n}, w_{k-1}^{c,n})\}$,$n=1,\cdots,N_c$,则 k 时刻目标状态的后验概率密度 $p(X_k|Z_{1:k}, e_{k-1}=1, e_k=1)$ 的递归估计过程如下:

(1) 产生预测样本:对如下试验分布随机采样,产生样本 $X_k^{c,n}$,$n=1,\cdots,N_c$

$$X_k^{c,n} = q(X_k|X_{k-1}^{c,n}, Z_k) \tag{11-9}$$

其中,$q(\cdot)$ 选择为先验分布 $p(X_k|X_{k-1}^{c,n})$,样本由状态方程产生。

(2) 估计重要性权值:已知 k 时刻的量测 Z_k,计算重要性权值,并归一化

$$\widetilde{w}_k^{c,n} = L(Z_k|X_k^{c,n}, e_k=1)$$

$$w_k^{c,n} = \widetilde{w}_k^{c,n} / \sum_{n=1}^{N_c} \widetilde{w}_k^{c,n} \tag{11-10}$$

(3) 令 $p_k^c = p(X_k|Z_{1:k}, e_{k-1}=1, e_k=1)$,则 p_k^c 的蒙特卡罗估计为

$$\hat{p}_k^c = \sum_{n=1}^{N_c} w_k^{c,n} \delta(X_k - X_k^{c,n}) \tag{11-11}$$

当目标持续存在时,该算法连续估计弱小目标的状态,完成先跟踪后检测算法中的跟踪任务。

2. 目标新出现

若目标是在 $k-1$ 时刻过渡到 k 时刻的过程中出现的,则样本 $X_k^{b,n}$ 从目标诞生模型 $p_b(X_k)$ 中产生。估计新出现目标的状态概率分布,即是计算 $e_{k-1}=0$,$e_k=1$ 条件下的式(11-4)和式(11-5)。令 $p_k^b = p(X_k|Z_{1:k}, e_{k-1}=0, e_k=1)$,则 p_k^b 的递归贝叶斯估计如下:

(1) 产生预测样本:随机产生 N_b 个样本 $X_k^{b,n}$

$$X_k^{b,n} = q(X_k|X_{k-1}^{b,n}, Z_k) \tag{11-12}$$

其中,$q(\cdot)$ 选择为目标诞生模型 $p_b(X_k)$。

(2) 估计重要性权值:已知 k 时刻的量测 Z_k,计算每个粒子 $X_k^{b,n}$ 的重要性权值 $w_k^{b,n}$,并归一化

$$\widetilde{w}_k^{b,n} = L(Z_k|X_k^{b,n}, e_k=1)$$

$$w_k^{b,n} = \widetilde{w}_k^{b,n} / \sum_{n=1}^{N_b} \widetilde{w}_k^{b,n} \tag{11-13}$$

(3) p_k^b 的蒙特卡罗估计为

$$\hat{p}_k^b = \sum_{n=1}^{N_b} w_k^{b,n} \delta(X_k - X_k^{b,n}) \tag{11-14}$$

在先跟踪后检测算法的初始化中,该算法搜索新出现的目标,并估计其概率分布。

3. 估计后验概率密度

对于 k 时刻存在的目标 $(e_k=1)$,其状态的后验概率密度由两类假设的概率密度组成,递归估计如下。

1) 目标状态分布预测

将式(11-4)展开得到

$$p(X_k, e_k=1|Z_{1:k-1}) = P_b(1-P_{k-1})\overline{p}_k^b$$
$$+ (1-P_d)P_{k-1}\overline{p}_k^c \qquad (11-15)$$

其中,$P_{k-1}=P\{e_{k-1}=1|Z_{1:k-1}\}$ 表示在 $k-1$ 时刻目标存在的后验概率;$\overline{p}_k^c$ 表示目标持续存在的预测概率密度;$\overline{p}_k^b$ 表示目标新出现的预测概率密度

$$\overline{p}_k^c = p(X_k|Z_{1:k-1}, e_{k-1}=1, e_k=1)$$
$$\overline{p}_k^b = p(X_k|Z_{1:k-1}, e_{k-1}=0, e_k=1) \qquad (11-16)$$

2) 更新预测分布

将式(11-5)展开计算得到

$$p(X_k, e_k=1|Z_{1:k}) = \frac{(1-P_d)P_{k-1}C_k}{p(Z_k|Z_{1:k-1})}p_k^c$$
$$+ \frac{P_b(1-P_{k-1})B_k}{p(Z_k|Z_{1:k-1})}p_k^b \qquad (11-17)$$

其中

$$C_k = \sum\nolimits_{n=1}^{N_c} \widetilde{w}_k^{c,n}, \quad B_k = \sum\nolimits_{n=1}^{N_b} \widetilde{w}_k^{b,n} \qquad (11-18)$$

在目标存在 $(e_k=1)$ 时,式(11-17)的分母就是分子关于状态 X_k 的积分,利用式(11-11)、式(11-15)得

$$p(Z_k|Z_{1:k-1}) = (1-P_d)P_{k-1}C_k + P_b(1-P_{k-1})B_k \qquad (11-19)$$

将两部分粒子集合式(11-11)和式(11-15)组成一个粒子滤波器,逼近目标状态的后验概率密度,过程如下。

(1) 根据式(11-17)、式(11-19),计算混合参数

$$\alpha_k^c = \frac{(1-P_d)P_{k-1}C_k}{p(Z_k|Z_{1:k-1})} \qquad (11-20)$$

$$\alpha_k^b = \frac{P_b(1-P_{k-1})B_k}{p(Z_k|Z_{1:k-1})} \qquad (11-21)$$

(2) 利用混合参数调整每个样本的重要性权值:

$$\overline{w}_k^{b,n}=\alpha_k^b w_k^{b,n}, \quad \overline{w}_k^{c,n}=\alpha_k^c w_k^{c,n} \tag{11-22}$$

（3）完整的后验概率密度的蒙特卡罗估计为

$$\hat{p}(X_k,e_k=1\mid Z_{1:k})=\sum_{i=1}^{N_j}\overline{w}_k^{j,i}\delta(X_k-X_k^{j,i}) \tag{11-23}$$

其中，$j=b,c$。

（4）对 N_b+N_c 个粒子集合进行重采样，使得目标存在时的粒子数量保持为 N_c，经过重采样之后样本的权值为 $1/N_c$。

4. 目标存在的后验概率

已知后验概率密度 $p(X_k,e_k\mid Z_{1:k})$，计算 k 时刻目标存在的后验概率，即计算该密度函数关于状态 X_k 的积分

$$p(e_k\mid Z_{1:k})=\frac{\int p(Z_k\mid X_k,e_k)p(X_k,e_k\mid Z_{1:k-1})\mathrm{d}X_k}{p(Z_k\mid Z_{1:k-1})} \tag{11-24}$$

则 $p(e_k=1\mid Z_{1:k})$ 的蒙特卡罗估计为

$$p(e_k=1\mid Z_{1:k})=\frac{(1-P_d)P_{k-1}\alpha_k^c C_k}{p(Z_k\mid Z_{1:k-1})}+\frac{P_b(1-P_{k-1})\alpha_k^b B_k}{p(Z_k\mid Z_{1:k-1})} \tag{11-25}$$

$$p(Z_k\mid Z_{1:k-1})=P_d P_{k-1}+(1-P_b)(1-P_{k-1})$$
$$+(1-P_d)P_{k-1}\alpha_k^c C_k+P_b(1-P_{k-1})\alpha_k^b B_k \tag{11-26}$$

根据目标检测门限 P_{th}，如果 $P_k>P_{\mathrm{th}}$，则判断目标存在。P_{th} 的值与漏检率、误检率有关，关于 P_{th} 的选择参见文献[10]，[11]。当目标存在时，其状态估计为

$$\hat{X}_k=\sum_{i=1}^{N_j}X_k^{j,i}\overline{w}_k^{j,i}, \quad j=b,c \tag{11-27}$$

这样在检测目标的同时跟踪目标的状态，经过多帧累积之后，可以得到目标的运动轨迹。

11.5　仿真实验及实验结果

在仿真实验中，模拟产生点目标出现、消失的过程，由 80 帧的图像序列组成，每帧图像大小是 110×170。点目标在第 11 帧出现，在第 41 帧消失；然后在 51 帧再次出现直到序列结束。图像的灰度级范围是 0～255。目标峰值亮度是 $I_k=60$，尖峰像素的信噪比为 4dB，在仿真实验中由于噪声干扰，目标的信噪比为 1～4dB。

目标状态由目标的位置、速度和亮度组成，$X=(x,\dot{x},y,\dot{y},I)$。该目标近似匀速直线运动

$$X_{k+1}=AX_k+Bw_k$$

其中

$$A=\begin{bmatrix} 1.0 & 1.1 & 0 & 0 \\ 0 & 1.0 & 0 & 0 \\ 0 & 0 & 1.0 & 1.1 \\ 0 & 0 & 0 & 1.0 \end{bmatrix}, \quad B=\begin{bmatrix} 1.0 & 0 \\ 0.4 & 0 \\ 0 & 1 \\ 0 & 0.4 \end{bmatrix}$$

成像传感器的点扩散函数(11-3)中标准差 $\sigma_{psf}=1$ 像素,$\Delta=1$。似然比式(11-8)中 C_k 为 3×3 的像素邻域。像素的噪声分布为 $p_n(z_k(i,j))=N(z_k(i,j)|0,\sigma_n^2),\sigma_n=10$。在当前图像帧中,目标的出现概率 $P_b=0.1$,目标的消失概率 $P_d=0.1$。

在基于粒子滤波器的先跟踪后检测算法中,弱小目标检测与跟踪过程是互相转化的,具体算法运行过程如下:检测算法搜索新目标,直至检测出目标,此时目标分布是新目标的状态概率密度,$C_k=0$;然后转入粒子滤波过程,在此过程中计算目标存在的后验概率,以此确认目标,目标分布是持续存在目标的状态概率密度,$B_k=0$。当目标不存在时,转入目标检测过程。算法初始化即是在图像中搜索目标,直至检测到目标。设目标的初始位置均匀分布在图像平面上,目标速度均匀分布在$[-1,+1]$,目标亮度服从$[100,200]$上的均匀分布,检测所用粒子数量 $N_b=15000$ 个。对持续存在的目标,所使用的粒子数量 $N_c=6000$。

在目标检测过程中,检测门限 $P_{th}=0.6$,如果目标存在的后验概率 $P_k>P_{th}$,判断目标出现。粒子滤波器在第13帧图像中第一次检测到目标,如图11-1所示,粒子集中在以位置估计为中心的有限邻域内。当检测到目标后,粒子滤波器开始跟踪目标,并估计目标存在的后验概率。目标轨迹估计如图11-2所示。

图11-1 目标第一次出现

图11-2 目标轨迹估计

11.6 小 结

本章详细推导了基于递归贝叶斯滤波的先跟踪后检测算法,给出了递归计算目标存在概率的公式。仿真实验验证该算法可以检测与跟踪低信噪比的、未知亮度的小目标。由于采用了粒子滤波器实现先跟踪后检测算法,背景噪声不再局限于高斯噪声,可以根据背景结构确定背景噪声类型。

在仿真实验中观察到,粒子滤波器的计算效率(实时性)与粒子数量有关,粒子数量较少其计算效率较高,实时性较好,反之则实时性较差。另一方面,虽然粒子滤波器的估计精度随着粒子数量的增加而提高,但是当粒子数量增加到一定程度时,粒子滤波器的估计精度没有明显改善。因此,在满足检测与跟踪性能要求的同时,利用先验信息或观测信息自适应调整每个分量的粒子数量,在性能与计算效率之间获得平衡,是实际应用的关键点。

从蒙特卡罗采样理论说,重采样多次复制重要性权值大的粒子,而摒弃重要性权值较小的粒子,因此,后验概率密度中最大模态得以更新,而其他次要模态被丢弃,即单个粒子滤波器的先跟踪后检测方法能够跟踪、检测单个弱小目标,但是不能跟踪、维持多模态概率密度,也就很难跟踪和检测多个弱小目标。在第 12 章中将重点研究基于粒子滤波器的先跟踪后检测算法如何推广用于多个弱小目标的检测与跟踪问题。

参 考 文 献

[1] Zaveri M A, Merchant S N, Desai U B. Multiple single pixel dim target detection in infrared image sequence. Proceedings of the 2003 International Symposium on Circuits and Systems, 2003, 2:380-383

[2] Davidson G, Griffriths H D. Wavelet detection scheme for small target in sea clutter. IEEE Electronics Letters, 2002, 19:1128-1130

[3] Wang Y, Zhen Q B, Zhang J P. Real-time detection of small target in IR grey image based on mathematical morphology. Infrared and Laser Engineering, 2003, 32(1):28-31

[4] Mahmoud S A. Motion detection and estimation of multiple moving objects in an image sequence using cosine area transform. IEE Proceedings, 1991, 138(5):351-356

[5] Blostein S D, Huang T S. Detecting small moving objects in image sequence using sequential hypothesis testing. IEEE Transactions on Signal Processing, 1991, 39(7):1611-1629

[6] Tonissen S M, Evans R J. Performance of dynamic programming track before detect algorithm. IEEE Transaction on Aerospace and Electronic Systems, 1996, 32(4):1440-1451

[7] Kligys S, Rozovsky B, Tratakovsky A. Detection algorithms and track before detect architec-

ture based on nonlinear filtering for infrared search and track systems. Technical Report CAMS-98. 9. 1,Center for Applied Mathematical Sciences,University of Southern California, 1998

[8] Samond D J, Birch H. A particle filter for track-before-detect. IEEE Proceedings of the American Control Conference,2001:3755-3760

[9] Rollason M,Samond D J. A particle filter for track-before-detect of a target with unknown amplitude. IEEE International Seminar on Tracking:Algorithms and Applications,2001:1-4

[10] Poor H V. An Introduction to Signal Detection and Estimation. New York:Springer Verlag, 1994

[11] Van Trees H L. Detection,Estimation,and Modulation Theory,Part I:Detection,Estimation,and Linear Modulation Theory. John Wiley & Sons,Inc. ,2001

第12章 基于混合粒子滤波的多目标检测与跟踪

12.1 引 言

红外弱小目标检测与跟踪一直是估计理论中的研究热点,在空间对地观测、光学遥感、智能视频监控和机器人视觉等领域均有着重要的应用。如何在尽可能远的距离上检测和跟踪多个目标,以赢得足够的信息和更多的反应时间,是很重要的。远距离目标在红外图像中以弱小目标的形式出现,而且背景和杂波对其影响较大,目标信号的信噪比低,所以多个红外弱小目标的检测与跟踪变得复杂而又困难,这是一项具有实际意义和挑战性的研究课题。

如第11章所述,弱小目标的检测与跟踪方法主要有两类:先检测后跟踪和先跟踪后检测。先检测后跟踪方法认为检测与跟踪过程是两个独立的过程,检测过程尽可能地抑制背景杂波,然后对每帧图像设置检测门限,将超过检测门限的像素作为跟踪的测量值。在多目标跟踪过程中,通过在多帧红外图像中将测量值与航迹关联起来,实现目标的航迹起始、确认与终结。联合概率数据关联[1,2]和多假设跟踪[3,4]是两种经典的多目标跟踪算法。然而,在低信杂比的条件下,单帧图像难以可靠地检测弱小目标,那么测量数据与目标源的数据关联也不可靠,使得目标状态估计不正确,虚警率很高。

先跟踪后检测方法在检测和目标轨迹确认之前采用跟踪思想,对多帧图像中可能的目标轨迹同时进行跟踪,采用某种判据对每条轨迹的真实性作出软判断,逐步剔除由噪声构成的虚假轨迹,维持真实轨迹。当软判断超过某一门限时,就作出该轨迹为目标航迹的硬判断,避免了因信噪比低而造成的航迹漏检,提高了检测概率。先跟踪后检测方法的优点在于同时检测与跟踪目标。经典的先跟踪后检测方法有三维匹配滤波器[5]、速度匹配滤波器组[6]、多级假设检验方法[7]、基于动态规划的方法[8]等。在单目标检测中,这几类处理方法表现出较好的性能。但是,在多目标检测与跟踪环境中,由于候选轨迹增加,其计算复杂度急剧增加。

针对目标数量可变的多个红外弱小目标的检测与跟踪问题,本章研究了一种基于混合概率密度模型的多目标先跟踪后检测方法,设计了一种新的混合粒子滤波器,即所谓混合 t 分布粒子滤波器来实现。该算法有如下特点:①通过混合概率密度模型维持和更新多目标概率密度的多模态。联合多目标粒子滤波器[9-11]通过

K-均值聚类维持多目标在联合状态向量中的排序,从而维持多目标概率密度的多模态。同时该算法不需要聚类,因而其计算量减少。②混合粒子滤波器算法中,多目标状态空间被分解成多个子空间,在每个子空间中一个粒子滤波器跟踪一个目标,因此它的计算复杂度是线性的。此外,重采样针对单个模态,克服 SIR 粒子滤波器丢失模态的问题[12,13]。然而在一般的联合多目标粒子滤波器中,样本产生规则基于样本与目标划分之间的欧氏距离判断划分是独立或重叠的,对于独立划分使用独立采样(independence proposal)产生样本,对于重叠目标,使用重叠采样[9-11](coupled proposal)产生样本。联合多目标粒子滤波器的计算复杂度不是线性的。③在混合粒子滤波器中,融合了序列似然比假设检验,以检测被跟踪目标的存在性;通过在图像网格中检测新出现的目标。根据两者的检测结果自适应删除或增加混合分量。

12.2　先跟踪后检测的贝叶斯形式

在实际多目标检测和跟踪问题中,目标运动存在不确定性,测量数据存在歧义性,而且目标数量可能随时间变化。通过概率分布描述系统状态的不确定性,由随机状态方程描述目标的运动,由似然函数表达测量的非完整性,更能准确描述多目标跟踪问题[14,15],是一种更好的解决多目标检测与跟踪问题的途径。

在概率框架下,针对低信噪比条件下弱小目标的检测与跟踪问题,提出了如图 12-1 所示的先跟踪后检测贝叶斯形式。在该算法中,利用跟踪器的输出信息确认被跟踪目标,得到确认的目标继续跟踪,没有通过确认的目标不再跟踪,与之对应的混合分量被删除。检测器检测到新目标,则在混合模型中增加对应的分量,利用检测信息初始化,之后转入跟踪状态。目标检测与跟踪的状态转移图如图 12-2 所示。

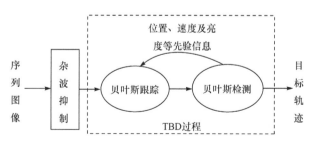

图 12-1　弱小目标检测与跟踪算法框图

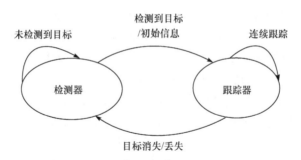

图 12-2　检测与跟踪过程转换

12.3　混合贝叶斯跟踪

1. 多目标动态模型

多目标的状态随时间动态演变通过随机扩散方程(12-1)描述,多目标状态测量过程由方程(12-2)描述

$$X_{k+1} = f(X_k, u_k) \tag{12-1}$$
$$Z_k = h(X_k, v_k) \tag{12-2}$$

其中,目标状态 $X_k = (X_k^1, \cdots, X_k^M)$,$M$ 是当前时刻目标的数量;$Z_k = (Z_1, \cdots, Z_k)$ 表示至测量时刻 k 的观测值序列;u_k 为过程噪声,其概率分布为 $p(u_k)$;v_k 为测量噪声,其概率分布为 $p(v_k)$;函数 $f(\cdot)$ 和 $h(\cdot)$ 是线性的或非线性的。一般情况下,多目标状态序列 $\{X_k, k \geqslant 0\}$ 是一个马尔可夫过程,在方程(12-1)中状态转移概率 $\pi(X_{k+1} | X_k)$ 将以概率分布的形式描述多目标运动。在方程(12-2)中似然函数 $\rho(Z_k | X_k)$ 将以概率分布的形式描述观测过程的不确定性。从贝叶斯滤波观点出发,目标跟踪即是递归构造多目标状态的后验条件概率密度函数 $p(X_k | Z^k)$ 的过程。

2. 混合跟踪

当使用一个观测似然函数测量多个目标的状态时,每个目标在后验概率密度中单独产生一个模态。对于每一个这样的模态,使用一个概率密度逼近它。基于有限混合密度模型的逼近思想,多目标状态的后验概率密度由有限概率密度的线性组合逼近,其数学表达式如下:

$$p(X_k | Z^k) = \sum_{i=1}^{M} \beta_k^i p_i(X_k | Z^k) \tag{12-3}$$

其中,$p_i(X_k | Z^k)$ 逼近后验概率密度的第 i 个模态;混合分量的权值 β_k^i 满足如下

条件：

$$\sum_{i=1}^{M} \beta_k^i = 1, \quad \beta_k^i \geqslant 0 \tag{12-4}$$

基于式(12-3)，多模态后验概率密度的递归估计由贝叶斯预测和贝叶斯更新两阶段组成递归完成。

1) 混合预测

在贝叶斯滤波中，混合分布式(12-3)经过状态转移模型(12-1)传播后，目标状态的混合预测分布为

$$p(X_k \mid Z^{k-1}) = \sum_{i=1}^{M} \beta_k^i p_i(X_k \mid Z^{k-1}) \tag{12-5}$$

其中，$p_i(X_k \mid Z^{k-1})$是第 i 个混合分量的预测分布，等于如下积分：

$$p_i(X_k \mid Z^{k-1}) = \int \pi(X_k \mid X_{k-1}) p_i(X_{k-1} \mid Z^{k-1}) \mathrm{d}X_{k-1} \tag{12-6}$$

2) 混合更新

在获得观测数据 Z_k，根据贝叶斯公式更新混合预测分布式(12-5)

$$p(X_k \mid Z^k) = \sum_{i=1}^{M} \beta_k^i p_i(X_k \mid Z^k) \tag{12-7}$$

其中，新的混合分量权值为

$$\beta_k^i = \frac{\beta_{k-1}^i \int \rho(Z_k \mid X_k) p_i(X_k \mid Z^{k-1}) \mathrm{d}X_k}{\sum_{i=1}^{M} \beta_{k-1}^i \int \rho(Z_k \mid X_k) p_i(X_k \mid Z^{k-1}) \mathrm{d}X_k} \tag{12-8}$$

第 i 个混合分量的后验概率密度为

$$p_i(X_k \mid Z^k) = \frac{\rho(Z_k \mid X_k) p_i(X_k \mid Z^{k-1})}{\int \rho(Z_k \mid X_k) p_i(X_k \mid Z^{k-1}) \mathrm{d}X_k} \tag{12-9}$$

贝叶斯跟踪的主要困难在于计算式(12-6)、式(12-8)和式(12-9)。当似然函数为高斯密度，动态方程为线性方程时，卡尔曼滤波器组是可用的。但是，对于基于红外图像序列的多个小目标跟踪问题，似然函数是多模态的、非高斯的概率密度，因此解析计算式(12-6)、式(12-8)和式(12-9)是难以实现的。为此，本章提出了一种基于混合概率密度模型的粒子滤波器，称为混合粒子滤波器(mixtures of particle filters)。

12.4　混合粒子滤波器

混合贝叶斯跟踪的思想是以多目标概率密度的多模态跟踪多目标，以分量概率密度逼近每个模态。粒子滤波器能够有效解决非线性、非高斯的贝叶斯估计问

题,适合于求解分量概率密度的估计问题。对于混合概率密度模型中的每个分量,定义一组粒子及其重要性权值的表示:

$$\hat{p}_k^i = \sum_{j=1}^{N_i} w_k^{i,j} \delta(X_k^i - X_k^{i,j}) \tag{12-10}$$

其中,$X_k^{i,j}$ 是第 i 个分量密度的粒子;$w_k^{i,j}$ 是粒子 $X_k^{i,j}$ 的局部重要性权值,且 $\sum_{j=1}^{N_i} w_k^{i,j} = 1$;$N_i$ 表示粒子数量。令 S_k^i 表示第 i 个分量密度的粒子集合 $\{(X_k^{i,j}, w_k^{i,j})\}_{j=1}^{N_i}$,则多目标概率密度由粒子集 S_k^i 的并集 $S_k = S_k^1 \bigcup \cdots \bigcup S_k^M$ 近似表示。

$$\hat{p}_k = \sum_{i=1}^{M} \beta_k^i \sum_{j=1}^{N_i} w_k^{i,j} \delta(X_k^i - X_k^{i,j}) \tag{12-11}$$

其中,β_k^i 是第 i 个分量的混合权值。

1. 混合分量的递归估计

在 $k-1$ 时刻,第 i 个混合分量的粒子估计是离散分布 $S_{k-1}^i = \{X_{k-1}^{i,j}, w_{k-1}^{i,j}\}_{j=1}^{N_i}$。混合分量的递归估计即是离散分布 S_{k-1}^i 的递归更新。产生有效的预测粒子集是分量粒子滤波器准确估计分量概率密度的关键,有效方法是构造恰当的重要性采样分布 $q_i(X_k^i | X_{k-1}^i, Z_k)$。重要性采样分布越接近真实的后验概率密度,从中随机抽取的预测粒子位于似然性较大的状态空间的数量越多,从而有效表示第 i 个混合分量的后验概率密度。令 $\{X_k^{i,j}\}_{j=1}^{N_i}$ 表示从重要性采样分布中随机抽取的样本集合,如下估计每个粒子的重要性权值 $\widetilde{w}_k^{i,j}$:

$$\widetilde{w}_k^{i,j} = w_{k-1}^{i,j} \frac{\rho(Z_k | X_k^{i,j}) \pi(X_k^{i,j} | X_{k-1}^{i,j})}{q_i(X_k^{i,j} | X_{k-1}^{i,j}, Z_k)} \tag{12-12}$$

在 k 时刻,第 i 个混合分量的粒子估计是离散分布 $\{(X_{k+1}^{i,j}, \widetilde{w}_{k+1}^{i,j})\}_{j=1}^{N_i}$。利用所有分量粒子滤波器的输出信息,估计式(12-8)中的混合权值 β_k^i

$$\hat{\beta}_k^i = \frac{\beta_{k-1}^i \sum_{j=1}^{N_i} \widetilde{w}_k^{i,j}}{\sum_{i=1}^{M} \beta_{k-1}^i \sum_{j=1}^{N_i} \widetilde{w}_k^{i,j}} \tag{12-13}$$

构造恰当的重要性采样分布 $q_i(X_k^i | X_{k-1}^i, Z_k)$ 是设计粒子滤波器的重点。重要的是,每个分量粒子滤波器是独立传播和更新的,因此,可以分别构造各自的重要性采样分布。选择预测分布与目标动态模型的混合为每个分量粒子滤波器的重要性采样分布

$$q_i(X_k^i | X_{k-1}^i, Z_k) = \alpha p_i(X_k^i | Z^{k-1})$$
$$+ (1-\alpha) \pi(X_k^i | X_{k-1}^i) \tag{12-14}$$

其中,$p_i(\cdot)$ 分布是第 i 个混合分量的预测分布;参数 α 根据跟踪条件调整,不会

影响混合粒子滤波器的收敛性,$0 \leqslant \alpha \leqslant 1$。当预测分布和先验分布重叠时,$\alpha > 0$;当没有重叠时,$\alpha = 0$。只有重要性采样分布(12-12)具有解析表达式,才能从中随机采样,而预测分布 $p_i(X_k \mid Z^{k-1})$ 通常没有解析表达式。集合 $S_{k-1}^i = \{X_{k-1}^{i,j}, w_{k-1}^{i,j}\}_{j=1}^{N_i}$ 经过动态模型(12-1)传播,得到 k 时刻的预测粒子集 $\{\overline{X}_{k-1}^{i,j}\}_{j=1}^{N_i}$。基于此集合以 t 分布逼近 $p_i(X_k \mid Z^{k-1})$。与多变量高斯分布相比,t 分布具有如下优点[16]:①t 分布的主支撑区域更宽,能够覆盖真实的目标分布的支撑区域;②t 分布的自由度可以调节 t 分布的形状;③t 分布的拖尾更长,使得异常观测数据对 t 分布的均值和方差估计影响小。因此在概率密度函数逼近中,t 分布比多变量高斯分布更加鲁棒。为了提高算法的计算效率,如下估计 t 分布的均值和方差,而非 ECME 算法迭代估计

$$\hat{\mu}_k^i = \frac{1}{N_i} \sum_{j=1}^{N_i} w_{k-1}^{i,j} X_k^{i,j} \tag{12-15}$$

$$\hat{\sum}_k^i = \frac{1}{N_i} \sum_{j=1}^{N_i} w_{k-1}^{i,j} (\hat{\mu}_k^i - X_k^{i,j})(\hat{\mu}_k^i - X_k^{i,j})^{\mathrm{T}} \tag{12-16}$$

已知均值和方差,通过 ECME 算法[17]估计 t 分布的自由度。出于减小计算量的目的,这里自由度事先给定。

2. 分模态重采样

重采样是解决粒子滤波器退化问题的有效方法。在混合贝叶斯检测和跟踪方法中,多目标后验概率密度由混合粒子滤波器逼近,那么多目标后验概率密度的粒子集是分量粒子集合的并集。如果直接对混合粒子集合重新采样,会使多数粒子集中于峰值较大的模态,而摒弃峰值较小的模态,从而丢失目标。而混合粒子滤波器采用分模态重采样策略,对各个分量粒子集合进行重采样,而不是对混合粒子集合进行重采样,从而避免了因重采样而丢失模态(或目标)的问题。选择最小方差重采样[18]规则对每个分量粒子集进行重采样。经过重采样之后,在分量粒子滤波器中的所有粒子都有相同的重要性权值 $w_k^{i,j} = 1/N_i$,$j = 1, \cdots, N_i$。

12.5　贝叶斯目标检测

对于目标数量可变的弱小目标检测与跟踪问题,不仅需要递归估计多个目标的状态,还需要确定当前时刻目标的数量。基于分量粒子滤波器的输出信息,通过序列似然比检验检测被跟踪目标的存在与消失。为了检测新出现的目标,在图像平面上建立离散占据网格,在离散占据网格上估计目标的出现概率。根据检测结果(目标消失、出现)调整(增加或删除)混合分量以更新和维持多模态后验概率密度。

1. 检测目标的存在

检测目标存在即在跟踪过程中检测被跟踪目标是否存在。在混合贝叶斯跟踪框架下,基于分量粒子滤波器的输出信息,通过序列似然比检验检测被跟踪目标的存在、消失。

给定两种假设:

H_0:表示在 k 时刻被跟踪目标 i 已经消失,则测量数据 Z_n^i 由杂波产生。

$$Z_n^i = v_n, \quad n = l, \cdots, k$$

H_1:表示在 k 时刻被跟踪目标 i 仍然存在,则观测数据 Z_n^i 由目标 i 及杂波产生

$$Z_n^i = h(X_n^i, v_n^i), \quad n = l, \cdots, k$$

定义如下似然比函数:

$$L(Z_l^i, \cdots, Z_k^i) = \frac{p(Z_l^i, \cdots, Z_k^i \mid H_1)}{p(Z_l^i, \cdots, Z_k^i \mid H_0)} \tag{12-17}$$

其中,$p(Z_l^i, \cdots, Z_k^i \mid H_0)$ 是测量噪声的概率密度(已知);而 $p(Z_l^i, \cdots, Z_k^i \mid H_1)$ 通常不存在解析表达式,因此,考虑利用分量粒子滤波器的输出估计似然比函数[19,20]。

在假设 H_0 中

$$p(Z_l^i, \cdots, Z_k^i \mid H_0) = \prod_{n=l}^{k} p_v(Z_n^i) \tag{12-18}$$

在假设 H_1 中

$$p(Z_l^i, \cdots, Z_k^i \mid H_1) = \prod_{n=l}^{k} p(Z_n^i \mid Z_{l,n-1}^i) \tag{12-19}$$

$$p(Z_n^i \mid Z_{l,n-1}^i) = \int \rho(Z_n^i \mid X_n^i, Z_{l,n-1}^i) p(X_n^i \mid Z_{l,n-1}^i) dX_n^i \tag{12-20}$$

于是

$$L(Z_l^i, \cdots, Z_k^i) = \prod_{n=l}^{k} \int \frac{\rho(Z_n^i \mid X_n^i, Z_{l,n-1}^i)}{p_v(Z_n^i)} p(X_n^i \mid Z_{l,n-1}^i) dX_n^i \tag{12-21}$$

对于基于红外成像传感器的弱小目标检测与跟踪问题,目标的亮度分布限于其所在的像素邻域,目标状态的似然函数定义为其所在邻域内的测量数据的似然比。令粒子的重要性权值 $\widetilde{w}_k^{i,j}$ 等于该测量似然比[21]

$$\widetilde{w}_n^{i,j} = \frac{\rho(Z_n^i \mid X_n^{i,j}, Z_{l,n-1}^i)}{p_v(Z_n^i)} = \prod_{(l,m) \in \mathbf{R}} \frac{\rho(z_n(l,m) \mid X_n^{i,j})}{p_v(z_n(l,m))} \tag{12-22}$$

其中,粒子 $X_n^{i,j}$ 来自于预测分布 $p(X_n^i \mid Z_{l,n-1}^i)$;$\mathbf{R}$ 表示粒子 $X_n^{i,j}$ 所在的像素邻域;$Z_n(l,m)$ 是 $\mathbf{R}$ 内像素 (l,m) 的测量值。基于第 i 个分量粒子滤波器的输出,序列似然比(12-17)的蒙特卡罗估计为

$$\hat{L}(Z_l^i, \cdots, Z_k^i) = \frac{\prod_{n=l}^k \sum_{j=1}^N \widetilde{w}_n^{i,j}}{N^{k-l+1}} \tag{12-23}$$

给定两类检测门限 T_1 和 T_0，似然比检验的贝叶斯准则为

$$\hat{L}(Z_{k-l}^i, \cdots, Z_k^i) > T_1, \quad 接受假设 H_1$$

$$\hat{L}(Z_{k-l}^i, \cdots, Z_k^i) < T_0, \quad 接受假设 H_0$$

$$T_0 \leqslant \hat{L}(Z_{k-l}^i, \cdots, Z_k^i) \leqslant T_1, \quad 被跟踪目标有待确认$$

2. 检测新目标

为了检测新出现的目标，将图像平面划分成一个离散占据网格，每个网格单元的大小是 $m \times n$ 个像素。在离散占据网格上随机抽取 N_b 个网格单元 B_j，且所抽取的随机网格单元不包含已被跟踪目标。基于似然比(12-22)计算每个网格单元中目标出现的概率 w_b^i。假设在每一时刻只有一个目标出现，则在当前帧图像中新目标出现的概率为

$$P_a = \sum_{j=1}^{N_b} w_b^j / N_b \tag{12-24}$$

给定新目标检测门限 η，若 $p_a > \eta$，判断新目标已经出现。新目标的初始状态估计是根据最大后验估计原则，选择离散分布 $\{B_j, w_b^j\}_{j=1}^{N_b}$ 中概率最大的网格单元在图像平面上的位置作为目标的初始位置。

3. 动态调整混合模型

混合粒子滤波器的初始化过程是通过新目标检测算法完成的。算法运行的开始阶段，新目标检测算法在全视场图像中搜索目标，在检测到目标的同时确定目标的初始位置，而初始速度假设服从一定区间上的均匀分布，区间大小依据网格单元大小确定，那么基于初始位置以及速度样本初始化对应的分量粒子滤波器。在下一帧图像中，该粒子滤波器开始对此目标进行跟踪，在跟踪过程检测其存在与否。

在算法运行阶段，新目标检测算法搜索每帧图像，当检测到一个新目标，即增加一个新分量到混合模型中，并利用目标状态的信息初始化该分量。与此同时，若没有检测到目标消失，则每个混合分量的权值调整为 $\beta_i = 1/(M+1)$，若检测到目标消失，则每个混合分量的权值调整为 $\beta_i = 1/M$，M 是当前已经存在的目标的数量。另一方面，在跟踪过程中，检测到目标消失，而没有新目标出现，则对应的分量粒子滤波器删除，并且设 $\beta_i = 0$，剩余混合分量的权值重新归一化。这样，混合粒子滤波器的结构根据当前目标数量自适应调整。

12.6 仿真实验

为了描述本章研究的基于混合粒子滤波器的先跟踪后检测算法的计算过程并验证其结果,模拟产生包含三个弱小运动目标的图像序列,共 80 帧,每帧图像大小是 200×240,图像的灰度级范围是 $0 \sim 255$。第一个点目标在第 11 帧出现,在第 70 帧消失;第二个目标在第 16 帧出现,在第 75 帧消失;第三个目标在第 21 帧出现直到图像序列结束。在仿真实验中目标的信噪比为 $1 \sim 3$dB。

设测量噪声 $\nu_k(l,m)$ 服从高斯噪声 $N(Z_k \mid 0, \sigma_\nu^2)$,标准差 $\sigma_\nu = 10$,且像素之间、每帧图像之间相互独立。设目标的平均红外辐射亮度为 $\bar{I}$,则红外成像传感器测量到的辐射亮度 I_k 服从如下分布:

$$p(I_k \mid \bar{I}) = \frac{1}{\bar{I} \Gamma(1)} \exp\left(-\frac{I_k}{\bar{I}}\right) \tag{12-25}$$

亮度为 I_k 的目标在红外成像传感器上的亮度分布为高斯分布 $p(z_k(l,m) \mid I_k, X_k) = N(z_k \mid I_k, \sigma_\nu^2)$。因此,测量似然比函数为

$$L(Z_k \mid I_k, X_k) = \prod_{(l,m) \in \mathbf{R}(X_k)} \exp\left[\frac{-I_k[I_k - 2z_k(l,m)]}{2\sigma_\nu^2}\right] \tag{12-26}$$

其中,$\mathbf{R}(X_k)$ 是目标所在的像素邻域。那么在混合粒子滤波器中,粒子的重要性权值等于粒子的测量似然比

$$\widetilde{w}_k^{i,j} = L(Z_k^i \mid I_k, X_k^{i,j}) \tag{12-27}$$

目标在图像平面上的状态由目标的位置(以像素为单位)和速度(像素/秒)组成,近似匀速运动:

$$X_{k+1} = AX_k + Bw_k, \quad A = \begin{bmatrix} 1 & 0 & 1.5 & 0 \\ 0 & 1 & 0 & 1.5 \\ 0 & 0 & 1 & 0 \\ 0 & 0 & 0 & 1 \end{bmatrix}, B = \begin{bmatrix} 0.5 & 0 \\ 0 & 0.5 \\ 1 & 0 \\ 0 & 1 \end{bmatrix}$$

在混合粒子滤波器的开始运行阶段,新目标检测算法在每帧图像中搜索目标,检测门限 $\eta = 0.5$。将图像平面划分成离散占据网格,网格单元大小是 3×3,随机抽取的网格单元数量是 3000。当检测到目标时,目标的初始位置是所在网格单元的位置,初始速度服从 $[-1, +1]$ 上的均匀分布。目标的平均亮度为 $\bar{I} = 25$。目标检测算法在第 14 帧,第 18 帧和第 23 帧检测到新目标如图 12-3 所示,检测概率分别为 $0.55, 0.57, 0.54$。在多目标跟踪过程中,每个分量粒子滤波器的粒子数量为 $N_t = 1000$ 个,两个检测门限 $T_1 = 0.5, T_0 = 0.4$,每个目标的序列确认概率如图 12-4 所示。混合粒子滤波器的跟踪结果如图 12-5 所示。

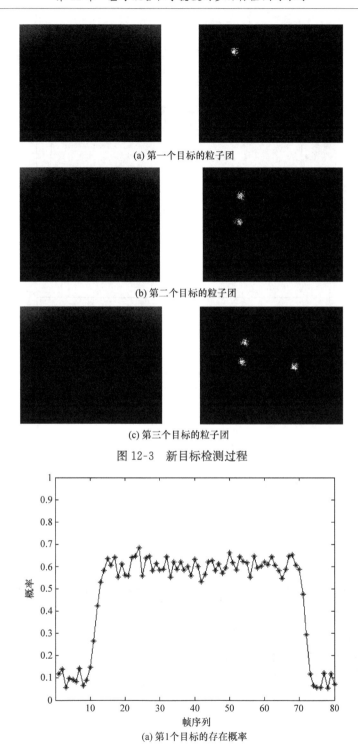

(a) 第一个目标的粒子团

(b) 第二个目标的粒子团

(c) 第三个目标的粒子团

图 12-3　新目标检测过程

(a) 第1个目标的存在概率

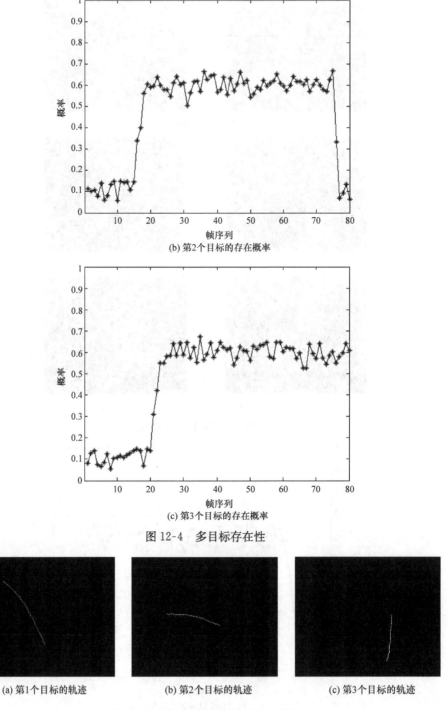

(b) 第2个目标的存在概率

(c) 第3个目标的存在概率

图 12-4　多目标存在性

(a) 第1个目标的轨迹　　　　　　(b) 第2个目标的轨迹　　　　　　(c) 第3个目标的轨迹

图 12-5　MTPF算法的运动轨迹估计

12.7　小　　结

　　针对目标数量可变的多个弱小目标检测问题,基于混合概率密度模型表示多目标概率密度,本章研究了一种混合 t 分布粒子滤波器以实现先跟踪后检测的方法。在混合粒子滤波器中,利用分量粒子滤波器的输出信息,根据序列似然比假设检验检测被跟踪目标存在与否。在图像平面上建立离散占据网格,从中随机抽取网格单元,基于似然比估计目标出现在其中的概率,以此估计新目标出现的概率作为检测新目标的准则。每个混合分量的权值基于分量粒子滤波器的输出估计。混合概率密度模型在算法运行过程中根据当前目标数量自适应调整。混合粒子滤波器将多目标状态空间分解成多个子空间,具有线性计算复杂度,从而避免了计算量随着目标数量的增加呈指数增长,而联合多目标粒子滤波器不具有线性计算复杂度。仿真实验表明研究的混合跟踪算法和序列似然比检测算法能够检测和跟踪多个弱小目标。

　　从算法结构上看,新目标检测过程与多目标跟踪过程能够并行处理,每个分量滤波器的重采样过程是单独完成的,多目标混合跟踪过程也可并行处理。因此在设计算法时,部分或全部过程实现并行计算,则算法的执行效率有明显提高。然而联合多目标粒子滤波器[9-11]的算法结构不具有并行性,不具有并行处理的潜力。另一方面,当目标数量增多时,联合多目标粒子滤波器中分块聚类(partition clustering)和排序聚类的计算量显著增加。对于可变数量的红外弱小目标检测与跟踪问题来说,与联合多目标粒子滤波器相比,本章研究的混合粒子滤波器更易于实现和更好应用。

参 考 文 献

[1] Kirubarajan T,Bar-Shalom Y. Probabilistic data association techniques for target tracking in clutter. Proceedings of the IEEE,2004,92(3):536-557

[2] Liebens M,Sakiyama T,Miura J. Visual tracking of multiple persons in a heavy occluded space using person model and joint probabilistic data association. IEEE International Conference on Multisensor Fusion and Integration for Intelligent Systems,2006:547-552

[3] Davey S J. Tracking possibly unresolved targets with PMHT. IEEE on Information,Decision and Control,2007:47-52

[4] Streit R L. Studies in probabilistic multi-hypothesis tracking and related topics. Naval Undersea Warfare Center,Publication SES-98-101,Newport,RI,1998

[5] Reed I,Gagliardi R,Stotts L B. Application of three-dimensional filtering to moving target detection. IEEE Transactions on Aerospace and Electronic Systems,1988,24(4):327-335

[6] Singer P F. Performance analysis of a velocity filter bank. SPIE Proceedings Signal and Data

Processing of Small Targets, 1997, 3163:96-107

[7] Artes-Rodriguez A, Perez-Cruz F, Fernandez-Lorenzana R, et al. On the uncertainty in sequential hypothesis testing. 5th IEEE International Symposium on Biomedical Imaging: From Nano to Macro, 2008:1223-1226

[8] Tonissen S M, Evans R J. Performance of dynamic programming track before detect algorithm. IEEE Transactions on Aerospace and Electronic Systems, 1996, 32(4):1440-1451

[9] Kreucher C M, Kastella K, Hero A O. Tracking multiple targets using a particle filter representation of the joint multitarget probability density. Signal and Data Processing of Small Targets 2003, SPIE 5204:258-269

[10] Kreucher C M, Kastella K, Hero A O. Multi-target tracking using the joint multitarget probability density. IEEE Transactions on Aerospace and Electronic Systems, Oct., 2005: 1396-1414

[11] Li J, Godsill N W, Vermaak J S. Online multi-target detection and tracking using sequential Monte Carlo methods. Proc. 8th International Conference on Information Fusion, 2005: 25-28

[12] Vermaak J, Doucet A, Perez P. Maintaining multi-modality through mixture tracking. Proceedings 9th IEEE International Conference on Computer Vision, 2003, 2:1110-1116

[13] King O, Forsyth D A. How does condensation behave with a finite number of samples? Proceedings 6th European Conference on Computer Vision, Dublin, Ireland, 2000, 1:695-709

[14] Stone L D, Barlow C A, Corwin T L. Bayesian Multiple Target Tracking. Boston: Artech House Inc., 1999

[15] Stone L D. A Bayesian approach to multiple-target tracking//Hall D L, Llinas J. Handbook of Multisensor Data Fusion, London: CRC Press, 2001

[16] Peel D, McLachlan G J. Robust mixture modeling using the t distribution. Statistics and Computing, 2000, 10:339-348

[17] Liu C H, Rubin D B. ML estimation of the t distribution using EM and its extensions. ECM and ECME. Statistica Sinica, 1995, 5:19-39

[18] Arulampalam M S, Maskell S, Gordon T C. A tutorial on particle filters for online nonlinear/non-Gaussian Bayesian tracking. IEEE Transactions on Signal Processing, 2002, 50(2): 174-188

[19] Boers Y, Driessen H. Particle filter based track before detect algorithms. Proceedings of SPIE, Signal and Data Processing of Small Targets, 2003, 5204:20-30

[20] Boers Y, Dries H. A particle-filter-based detection scheme. IEEE Signal Processing Letters, 2003, 10(10):300-302

[21] Samond D J, Birch H. A particle filter for track-before-detect. Proceedings of the American Control Conference, 2001:3755-3760

第 13 章　基于组合优化的目标检测方法

13.1　引　　言

虽然上面讨论了多种目标检测算法,但至今还没有找到一种对于任何场景图像均有效的目标检测算法,这就是说任何一种目标检测算法都有其自身的局限性。因此,要使目标检测算法效果好,应充分利用场景图像的知识(如目标特性、背景特性),并使算法更适合于这些特性的有效提取和运用。实践表明,一种提高目标检测算法效果的途径是选择几种针对性较强的算法,将其组合起来形成一种组合优化的算法。这也就是近些年来,针对复杂背景或强干扰情况下的目标检测的问题,人们越来越倾向于采用多信息源、多特征抽取和多种检测方法的组合来实现高性能的目标检测的原因。

基于组合优化的目标检测算法并非提出一种新的具体的检测算法,而是在以前的目标检测算法基础上,利用组合优化理论综合得到一种检测效果更好的方法。就组合结构而言,多种算法(也可称为多分类器)的组合可采用串联(或称级联)和并联两种形式。采用级联形式组合时前一级分类器为后一级分类器提供分类信息,指导下一级分类器的进程。而在并联形式中各分类器是独立设计的,组合的目的就是将各单个分类器的结果以适当的方式综合起来成为最终识别结果。以并联形式组合时,各分类器提供的信息可以是分类类别,也可以是有关类别的度量信息(如距离或概率等)。一般地,在实际应用中并联方式更具现实意义,因为在这种组合方式下各个分类器的设计是完全独立的,而不必考虑其他分类器的输出信息,这十分有利于将已有的独立分类器组合起来成为一个高性能的目标检测系统。

目前组合优化的主要方法有:神经网络多分类器组合、贝叶斯多分类器组合、Bagging 方法和 Boosting 方法等。

13.2　神经网络多分类器组合

神经网络分类技术已在很多领域得到成功的应用,但是,由于缺乏严密理论体系的指导,其应用效果多取决于使用者的经验。1990 年,Hansen 等[1]研究了一个开创性的方法,即神经网络集成法。他们证明,对神经网络分类器来说,可以简单地通过训练多个神经网络分类器并将其结果进行合成,能显著提高神经网络的泛化能力。由于该方法易于使用且效果明显,所以,被视为一种比较有效的工程化神经网络计算方法,也为前面提到的问题的解决提供了一个简易可行的方案。对神经网络分类器集成实现方法的研究与通常的神经网络集成一样,主要集中在两个方面,即如何生成集成中的个体网络分类器和怎样将多个神经网络分类器的输出结果进行优化组合。

神经网络多分类器组合算法:

假设样本共有 N 类,其类别由 $\omega_i,i=1,2,\cdots,N$ 表示。用 M 个分类器进行分类,分别记为 Classifier$_j,j=1,2,\cdots,M$。

对某个测试样本 x_i,各分类器得到 $p^i_{j1},p^i_{j2},\cdots,p^i_{jN},j=1,2,\cdots,M$。

此处 $p^i_{jk},j=1,2,\cdots,M,k=1,2,\cdots,N$ 为分类器 Classifier$_j$ 赋给类别 ω_i 后验概率的一个估计值,其满足

$$\sum_{k=1}^{N} p^i_{jk} = 1, \quad j=1,2,\cdots,M \tag{13-1}$$

根据贝叶斯理论,如果各分类器之间是独立的,且各类别的先验概率相等,则最终的分类结果 γ 为

$$\gamma = \underset{k}{\mathrm{argmax}} \prod_{j=1}^{M} p^i_{jk}, \quad k=1,2,\cdots,N \tag{13-2}$$

但在实际应用中,各分类器之间很难满足独立性的要求,所以上式的应用范围很有限。考虑到各分类器之间存在着的相关性及分类性能上的差异,可以利用线性拟合来进行组合,此时各成员分类器的权值反映了各分类器性能上的差异。

为了得到高可靠性的结果,在识别时应当考虑到拒识的情况,故在组合算法中研究了对拒识的判断。首先可能引起不可靠分类的情形通常有如下两种:

(1) 参与组合的分类器的分类结果十分分散,因此,没有一个类别的后验概率值足够大,从而获得较可靠的判断。

(2) 参与组合的分类器的分类结果划分为不同组,各组得到的不同类别对应的后验概率值十分接近,很难判断出占优势的类别。

对于以上两种情况可以用两个阈值来判断,令它们分别为 S,T。假设 $\tilde{p}_k,k=1,2,\cdots,N$ 为组合各成员分类器组合后得到的后验概率估计值。

$$d_1 = \max(\tilde{p}_k), \quad k=1,2,\cdots,N \tag{13-3}$$

$$d_2 = \max(\tilde{p}_l), \quad l=1,2,\cdots,N,l\neq k \tag{13-4}$$

即 d_1 为各类别中最大的后验概率值;d_2 为各类别中次大的后验概率值。

在上述分析的两种情况下,拒绝准则分别是

$$d_1 < S \quad (第1种情况) \tag{13-5}$$

$$d_1 - d_2 < T \quad (第2种情况) \tag{13-6}$$

显然此处的阈值 S,T 满足 $S\in[0,1],T\in[0,1]$。

无论哪种情况出现,都将拒绝识别此测试样本。

以下要解决的问题是如何确定阈值 S,T,以便在错误率与误识率之间获得最佳平衡。为此提出一相应的性能函数(performance function,PF)。

$$PF(S\ ,T)=C_cR_c(S,T)-C_wR_w(S,T)-C_rR_r(S,T),$$

其中,C_c,C_w,C_r 分别为正确识别获益,错误识别代价与拒绝识别代价,它们的值可根据实际应用预先确定;$R_c(S,T)$、$R_w(S,T)$、$R_r(S,T)$ 分别为以阈值 S,T 作参数的识别率、错识率与拒识率函数。显然

$$R_c(S,T)+R_w(S,T)+R_r(S,T)=1$$

由此有

$$PF(S,T)=R_c(S,T)(C_c+C_r)-R_w(C_w-C_r)-C_r \tag{13-7}$$

从定义可知:

$R_c(S,T)$ 分别在 $(0,0)$、$(1,1)$ 处取得最大、最小值,且 $R_c(1,1)=0$;

$R_w(S,T)$ 分别在 $(0,0)$、$(1,1)$ 处取得最大、最小值,且 $R_w(1,1)=0$。

上述的识别率、错识率函数可从训练样本集的分类结果估计得到。以 0.02 作步长,得到 $R_c(S,T),R_w(S,T)$ 在各点上的值,再代入式(13-7),得到 $PF(S,T)$ 为最大值时 S,T 的对应值,作为在识别中进行拒识的判别标准。

13.3　贝叶斯多分类器组合

贝叶斯分类器分两种。一种是朴素贝叶斯分类器,它假设一个属性对给定类的影响独立于其他属性,即特征独立性假设。当假设成立时,与其他分类算法相比,朴素贝叶斯分类器是较精确的。另一种是贝叶斯网络分类器,可以考虑属性之间的依赖程度,其计算复杂度比朴素贝叶斯高得多,但它的适应性更强。

贝叶斯分类器主要有如下特点:①贝叶斯分类并不把一个对象绝对地指派给某一类,而是通过计算得出属于某一类的概率,具有最大概率的类便是该对象所属的类;②一般情况下在贝叶斯分类中所有属性都潜在地起作用,即并不是一个或几个属性决定分类,而是所有的属性都参与分类;③贝叶斯分类对象的属性可以是离散的、连续的,也可以是混合的。

贝叶斯多分类器组合算法:

假设给定的模式空间 P 由 M 个互斥的集合组成,即 $P=C_1\cup C_2\cup\cdots\cup C_M$,其中 $C_i,i\in\Lambda=\{1,2,\cdots,M\}$ 称为一个类。对于一个来自 P 的样本 x,分类器 e 的任务就是指定 x 的所属类别,并用一个代表类别的特定标号 $j\in\Lambda\cup\{M+1\}$ 表示。当 $j\in\Lambda$ 时说明分类器 e 将模式 x 分类至类 C_j 中,$j\in\{M+1\}$ 则说明 e 对 x 拒识。现在不考虑分类器 e 的内部结构,也不考虑它是基于什么原理和方法,其输入为模式 x,输出为分类标号 j,即 $j=e(x)$。

如果有 K 个独立的分类器 $e_k, k=1,2,\cdots,K$ 分别作用于模式空间 P 的样本 x，则对应于该输入 x 每个分类器有一个标号 j_k 输出，即 $j_k=e_k(x)$。通常情况下难以保证 $j_1=j_2=\cdots=j_K$（尤其在 K 比较大时）。现在的问题是如何充分利用各分类器的结果 $j_k, k=1,2,\cdots,K$，将它们有效地组合起来实现一个综合分类器 E，使其对样本 x 有一个确定的标号 j，即 $E(x)=j, j\in\Lambda\bigcup\{M+1\}$。

为了讨论方便，首先针对分类结果 $e_k(x)=i$ 定义一个二值函数

$$T_k(x\in C_i)=\begin{cases}1, & \text{如果 } e_k(x)=i \text{ 且} \in\Lambda \\ 0, & \text{否则}\end{cases} \tag{13-8}$$

投票表决的更一般形式可表示为

$$E(x)=\begin{cases}j, & \text{如果 } T_E(x\in C_j)=\max_{i\in\Lambda}T_E(x\in C_i)>\lambda\times k \\ M+1, & \text{否则}\end{cases} \tag{13-9}$$

其中

$$T_E(x\in C_j)=\sum_{k=1}^{K}T_k(x\in C_j), \quad j=1,2,\cdots,M \tag{13-10}$$

$\lambda\times k$ 是表决的阈值（$0<\lambda<1$）。

这种投票表决组合规则并没有考虑到各分类器本身的特性，采用了"一人一票"的表决原则。而实际情况是由于各个分类器使用的特征不同，基于的原理和方法不一样，或者训练过程使用的样本不尽相同，所以每个分类器的识别性能有所差别，它们有一定的互补性，即各个分类器对每个类别的识别能力有一定的差别。如果能充分地利用这一特性，尽可能发挥各个分类器的优点，就有可能使组合结果达到高识别率和高置信度。

首先可以利用大量样本统计每个分类器的识别情况，从而形成有关各分类器识别情况的混乱矩阵（confusion matrix）

$$CM_k=\begin{bmatrix}n_{11}^{(k)} & \cdots & n_{1M}^{(k)} & n_{1(M+1)}^{(k)} \\ \vdots & \cdots & \vdots & \vdots \\ \vdots & n_{ij}^{(k)} & \vdots & \vdots \\ \vdots & \cdots & \vdots & \vdots \\ n_{M1}^{(k)} & \cdots & n_{MM}^{(k)} & n_{M(M+1)}^{(k)}\end{bmatrix}, \quad k=1,2,\cdots,M \tag{13-11}$$

其中，$n_{ij}^{(k)}$ 表示分类器 e_k 将 C_i 类中的样本识别为 C_j 类的数量，表示的含义为：

(1) 如果 $i=j$，表示 e_k 正确识别 C_i 类中样本的数量；

(2) 如果 $j=M+1$，表示 e_k 拒识 C_i 类中样本的数量；

(3) 如果 $j\neq i$ 且 $j\neq M+1$，表示 e_k 将 C_i 类中的样本错误识别为 C_j 类的数量。

对分类器 e_k 而言，识别结果为 $j=e_k(x)$ 的样本总数，即

$$n_j^{(k)} = \sum_{i=1}^{M} n_{ij}^{(k)}, \quad j = 1, 2, \cdots, M+1$$

识别结果为 j 时,样本来自 C_i 类的概率可以用条件概率来表示

$$P(x \in C_i / e_k(x) = j) = \frac{n_{ij}^{(k)}}{n_j^{(k)}} = \frac{n_{ij}^{(k)}}{\sum\limits_{i=1}^{M} n_{ij}^{(k)}} \tag{13-12}$$

其中,$j = 1, 2, \cdots, M+1$。

如果生成混乱矩阵 CM_k 的样本足够多并且反映了模式空间 P 的分布,则该混乱矩阵反映了分类器 e_k 的识别情况,可以将 CM_k 作为分类器组合时的先验知识,$x \in C_i$ 的概率表示为

$$P_E(x \in C_i) = \eta \prod_{k=1}^{K} P(x \in C_i / e_k(x) = j) \tag{13-13}$$

其中,$i = 1, 2, \cdots, M; j = 1, 2, \cdots, M+1; \dfrac{1}{\eta} = \sum\limits_{i=1}^{M} \prod\limits_{k=1}^{K} P(x \in C_i / e_k(x) = j)$,这是为了满足 $\sum\limits_{i=1}^{M} P_E(x \in C_i) = 1$。

以各分类器识别性能为先验知识的贝叶斯多分类器组合规则表示为

$$E(x) = \begin{cases} j, & \text{如果} \exists j \in \Lambda \text{ 且 } P_E(x \in C_j) = \max\limits_{i \in \Lambda} P_E(x \in C_i) \\ M+1, & \text{否则} \end{cases} \tag{13-14}$$

为了提高组合结果的置信度,可将上式改进为

$$E(x) = \begin{cases} j, & \text{如果} \exists j \in \Lambda \text{ 且 } P_E(x \in C_j) = \max\limits_{i \in \Lambda} P_E(x \in C_i) \geqslant T \\ M+1, & \text{否则} \end{cases}$$

$$\tag{13-15}$$

13.4　基于 Bagging 的分类器组合

Valiant[2]于 1984 年提出了一种新的学习模型,被称为 PAC(probably approximately correct)概率上近似正确模型。Valiant 指出,在 PAC 学习模型中,若使用一个多项式级的学习算法来识别一组概念,其识别的正确率将很高,那么这组概念是强可学习的;如果学习算法识别一组概念的正确率仅比随机猜测略好,那么这组概念是弱可学习的。通常情况下,强学习算法很难获得。那么是否可以将弱学习算法提升为强学习算法,也就是两者是否等价呢? 如果等价,那么只要找到一个仅比随机猜测略好的学习算法,就可以将其提升为强学习算法,而不必直接去找很难获得的强学习算法。1990 年,Schapire[3]提出了 Boosting 算法,并通过构造此方法证明:可将一组弱学习算法提升为一个强学习算法,因此,对上述问题作出

了肯定的回答。此外，Bagging 是另一种非常重要的构造方法，它是于 1996 年由 Breiman[4] 提出的，并且他通过偏差方差理论对其有效性进行了合理的理论解释。

Bagging 的基本思想是：给定一个弱分类器和一个训练集，让该弱分类器训练 T 轮，每轮的训练集由初始训练集中随机取出的 n 个训练样本组成，每轮训练完成后得到一个预测函数 h_t，训练 T 轮共得到 T 个预测函数 $h_1, h_2, h_3, \cdots, h_T$，用此预测函数序列对样本集进行预测，然后按照多数投票规则得到最后的预测结果 h^*。

Bagging 理论分析及实现方法如下：

Bagging 的实现方法主要集中在两个方面：一是各预测函数的生成方法；二是如何将多个预测函数的结果进行合成，即结论的生成方法。其理论分析也从这两个方面进行。

1）个体预测函数的生成方法

（1）理论分析。Bagging 是一种重要的个体预测函数生成方法。Breiman 从序正确（order correct）的角度就分类问题对其进行了理论分析，并指出分类问题可达到的最高正确率以及利用 Bagging 可达到的正确率，如下式所示：

可达到的最高正确率：

$$r^* = \int \max_j P(j \mid z) P_z(x)$$

Bagging 可达到的正确率：

$$r = \int_{x \in S} \max_j P(j \mid z) P_z(x) + \int_{x \in S'} \Big[\sum_j I(\phi_A(x) = j) P(j \mid z) \Big] P_z(x)$$

$$(13\text{-}16)$$

其中，S 表示序正确的输入集；S' 为 S 的补集；$I(\cdot)$ 为指示函数（indicator function）。可以看出，Bagging 可使序正确集的分类正确率达到最优。除此之外，Breiman 还从偏差方差角度进行了分析，并指出不稳定预测函数的偏差较小，方差较大，而 Bagging 正是通过减小方差来减小泛化误差的。

（2）实现方法。用 Bagging 技术来生成各个体预测函数（即每个弱分类器），每个弱分类器的训练集由初始训练集中随机选取的若干样本组成，训练集的规模与初始训练集相当，训练样本可以重复选取。因此，原训练集中某些样本可能被选取多次，而另外的某些样本可能一次也没取到。训练集的重复选取增加了各个体预测函数的差异度，从而降低了泛化误差。

2）结论的生成方法

（1）理论分析。在 Bagging 组合方法中，结论的生成方法一般有两种，即绝对多数投票法和相对多数投票法。绝对多数投票法是指只有当 J 类的得票数最多且超过总投票数的一半时才可以确定结果为 J 类。而相对多数投票法是指当 J 类的得票数最多（不管是否超过半数）时就可以确定结果为 J 类。

假设 Bagging 生成了 T 个弱分类器,每个弱分类器的预测函数以概率 $1-P$ 给出正确的分类结果,且各弱分类器之间错误不相关,则采用绝对多数投票法最终预测函数的错误概率为

$$P_e = \sum_{k>T/2}^{T} C_T^k p^k (1-P)^{T-k} \tag{13-17}$$

在 $p<\dfrac{1}{2}$ 时,P_e 随 T 的增大而单调递减,即集成的弱分类器数目越多,集成的精度就越高。采用相对多数投票法的错误率公式要复杂得多,但分析表明,采用相对多数投票法能得到更好的结果。

(2) 实现方法。如果采用相对多数投票法,规则如下:

$$h^*(x) = \begin{cases} j, & \text{如果 } m(x \in C_j) = \max_i, m(x \in C_i) > \lambda \times K \\ M+1, & \text{否则} \end{cases} \tag{13-18}$$

其中,x 为训练样本;$\lambda \times K$ 为表决阈值;K 为参加投票的网络个数;$m(x \in C_i) = \sum_{k=1}^{K} m(x \in C_i), i = 0,1,\cdots,M$。

实现步骤:

① 给定训练集样本 x_i 及其相应的类别标签 y_i,训练样本数 m,训练总轮数 T,令训练轮数 $t=0$;

② 从初始样本集随机选取 n 个样本组成子训练集;

③ 在子训练集上训练弱分类器;

④ 得到第 t 轮预测函数 h_t;

⑤ 若 $t<T$,则令 $t=t+1$,转②,否则,转⑥;

⑥ 按相对多数投票规则将各预测函数 $h_1, h_2, h_3, \cdots, h_T$ 组合生成最后的预测函数 h^*。

Bagging 的弱分类器可以是最近邻分类器、决策树、神经网络等。Breiman 指出神经网络是不稳定的,而 Bagging 对不稳定的学习算法其效果却非常显著(这里学习算法的稳定性是指如果训练集有较小的变化,学习结果不会发生较大的变化)。

13.5　基于 Adaboost 的分类器组合

由 Schapire[3] 提出来的 Boosting 算法是一种学习技术,在统计学和机器学习中已经获得广泛应用。Boosting 算法是通过连续地训练一系列的弱的学习算法,然后组合成一个强的分类器。每个弱学习算法都企图在训练集分布上最小化分类错误。Freund 和 Schapire[5,6] 已证明了通过 Boosting 组合的分类器不仅能减少训

练集的错误,而且能减少测试集中的错误,同时证明了只要加入一个识别率优于随机猜测的弱学习算法,就能使最后所得到的分类器识别率有所提升。如果使用各种不同复杂度的分类器(如贝叶斯、决策树、贝叶斯网络等)来替代弱分类器,将会产生更好的分类效果。

Boosting 组合的基本流程可以描述如下:

步骤 1:原始训练集输入,带有原始分布;

步骤 2:给出训练集中各样本的权重;

步骤 3:将改变分布后的训练集输入已知的弱学习器,弱学习器对每个样本给出假设;

步骤 4:对此次的弱学习器给出权重;

步骤 5:转到 Step2,直到循环到达一定次数或者某度量标准符合要求;

步骤 6:将弱学习器按其相应的权重加权组合形成强学习器。

样本的权重:在没有先验知识的情况下,初始的分布应为等概率分布,也就是训练集如果有 N 个样本,每个样本的分布概率为 $1/N$。每次循环后提高错误样本的分布概率,错误样本在训练集中所占权重增大,使得下一次循环的弱学习器能够集中力量对这些错误样本进行判断。

弱学习器的权重:准确率越高的弱学习器权重越高。

循环控制:损失函数达到最小。

尽管 Boosting 算法通过训练一系列的弱学习算法,能够组合形成一个强的分类器以提升识别率(或分类性能),但它在解决实际问题时却存在一个重大缺陷,即它要求事先知道弱学习算法学习正确率的下限,这在实际问题中有时是难以做到的。针对此问题,1997 年 Freund 和 Schapire 在 Schapire 提出 Boosting 算法之后又提出了 Adaboost(adaptive boost)算法[5,7],该算法的效率与 Boosting 算法很接近,却可以非常容易地应用到实际问题中,因此,它已成为目前应用更广泛的 Boosting 算法。

何谓弱学习算法和强学习算法,它们是这样定义的:如果一个学习算法通过对一组样本的学习,达到理想的识别率,则称为强学习算法;反之,如果识别率仅好于随机猜想,则称为弱学习算法。Adaboost 算法的基本目的就是将一组弱学习算法经过学习构建成为一个强分类算法,从而通过样本训练得到一个识别准确率更为理想的分类器。它的基本思想是:反复(T 次)调用弱学习算法,在训练集中维护一套权重分布。初始时,所有样本的权重都设为相等。但是每一回错分的实例其权重将增加,以使弱学习器被迫集中在训练集的难点(样本)上。弱学习器的任务就是根据分布找到合适的弱假设。最终输出的强分类器是 T 次循环后用加权多数投票把 T 个弱分类器的输出组合起来得到的。

在目标检测问题中,任务是判断图像中是否存在感兴趣的目标,因此,目标检测可以看成是一个二元的分类问题。将单个目标特征作为弱学习算法,其中目标特征可以是识别目标的灰度特征;也可以是空域或频域变换后的特征,如某个区域比另一个区域高频分量更多;还可以是某种数学变换后的代数特征等。

Adaboost 具体算法可描述如下:

(1) 取一组由 N 个标记过的样本构成的训练集:$\{(x_1,y_1),(x_2,y_2),\cdots,(x_N,y_N)\}$ 其中,x_i 为样本图像,y_i 为分类结果,即 $y_i \in \{0,1\}$。

(2) 选取 m 个特征作为弱学习算法(或弱分类器):$h_j(x)$(其中 $j=1,\cdots,m$);初始化权值为 $w_{1,i} = D(i)$,一般取 $w_{1,i} = \dfrac{1}{N}$(其中 $i=1,\cdots,N$)。

(3) 假设训练轮数为 $t=1,\cdots,T$,循环执行以下步骤:

① 归一化权值 $q_{t,i} = \dfrac{w_{t,i}}{\sum_{j=1}^{N} w_{t,j}}$,使得 $\sum_{j=1}^{N} q_{t,j} = 1$;

② 对每个特征 j 得到一个弱分类器 $h_j(x)$,使得其错误率 E_j 最小,其中 $E_j = \sum_{i=1}^{N} q_{t,i} \mid h_j(x_i) - y_i \mid$,取 $H_j(x) = h_j(x)$;

③ 使 $\beta_t = \dfrac{E_t}{1-E_t}$,$\alpha_t = \log\left(\dfrac{1}{\beta_t}\right)$;

④ 调整权值

$$q_{t+1,i} = \begin{cases} q_{t,i} \times \beta_t, & \text{如果 } H_j(x_i) = y_i \\ q_{t,i}, & \text{否则} \end{cases}$$

(4) 经过 T 轮训练以后,最后得到的强分类器为

$$H(x) = \begin{cases} 1, & \sum_{t=1}^{T} \alpha_t H_t(x) \leqslant \dfrac{1}{2} \sum_{t=1}^{T} \alpha_t \\ 0, & \text{其他} \end{cases}$$

对于上述 Adaboost 算法可用图 13-1 所示的流程图表示。

通过以上计算,可以从 m 个特征中选取 T 个特征组合形成一个强分类器,对任意图像 x,经过 $H(x)$ 运算可以得到识别准确率更为理想的结果。同时,从以上算法可以看出,总的训练轮数 T 增大,就会有更多的特征参与判断,并且随着 T 的增大,最后构成的 $H(x)$ 的识别准确率将会更高。但是当有更多的弱学习算法参与以提高识别准确率时,就要耗费更多的处理时间,因此,要解决好识别准确率和效率之间存在的矛盾。

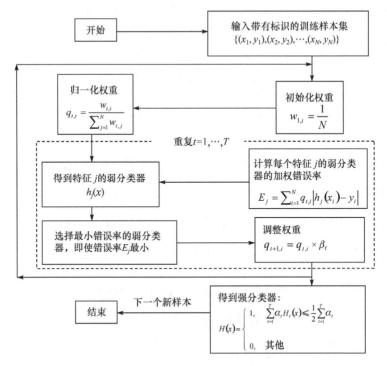

图 13-1　Adaboost 算法的基本流程

13.6　基于 Adaboost 算法的目标检测与仿真实验

一些文献[8-11]均已证明 Bagging 和 Boosting 组合算法在实验中能取得较好的效果。它们通过对简单的弱的统计学习算法、弱分类器的特殊的选择可以很好地减少训练错误和有效地提高分类的准确性，同时由于算法简单，实现方便，克服了神经网络和贝叶斯算法的模型难以获取和收敛慢等问题。又由于 Bagging 算法对训练样本是随机选择的，各轮训练集是相互独立，预测函数没有权重，而 Boosting 算法各轮训练集并不独立，它的选择与前轮的学习结果有关，预测函数根据训练进行权重分布，将使后续的分类器能更加关注以前分类器不能解决的问题，尽管 Bagging 算法能并行处理，计算速度快，不过在大多数应用中，识别准确率比运算速度更为重要，因此，在本章中选择基于 Adaboost 算法的组合优化方法进行目标检测。Adaboost 算法是一种自适应的 Boosting 算法，该算法通过结合多个特征或多个弱分类器来构建强分类器算法，多个特征或多个弱分类器共同完成目标的检测任务，从而可明显提高目标检测的稳定性和准确性。

目标检测的任务是判断图像中是否存在感兴趣的目标，因此，可以将目标检测问题看成是一个二元分类问题。如果是多目标则可在判断出目标后进一步对目标进行定位。

13.6.1　基于 Adaboost 算法的目标检测

基于 Adaboost 算法的目标检测模型可用图 13-2 来描述。

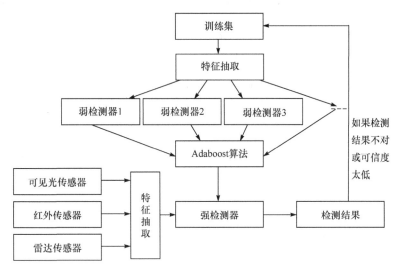

图 13-2　Adaboost 目标检测方框图

图 13-2 中：

训练集 (x_n, y_n)：一系列的从各传感器获取图像及目标标记结果。

特征抽取：针对现有的各检测算法所需要的特征来进行特征抽取，或通过某些变换而得到的特征系数。

弱检测器 $h(x_i)$：现有的各种检测算法，只要比随机判断强就可以，或直接由特征值经弱学习器训练出来的弱假设。

强检测器：由各选中的弱分类器组合而形成的理想分类器，

$$H_t(x_i) = \text{sign}\left(\sum_{i=1}^{t} w_i \cdot h_t(x_i)\right)$$

各传感器：获取各种待检测图像数据。

检测结果：通过对待测图像数据进行相应的特征抽取后，经过 Adaboost 算法训练出来的弱分类器与加权值所形成的强检测器进行检测，得出最终结果，如果发现存在目标并标出目标位置信息。

核心内容是强检测器的生成，采用上述 Adaboost 算法可以训练出一个强检测器。

问题描述如下：

（1）将已知检测结果的各图像作为样本集$\{(x_1,y_1),(x_2,y_2),\cdots,(x_N,y_N)\}$，其中 x_i 为图像原始数据，y_i 检测结果标记$\{+1,-1\}$，表示有或没有目标。

（2）用 D_t 来表示第 t 次循环时样本集的分布，通过 $D_{t+1}(i)=\dfrac{D_t(i)\exp(-y_i w_t h_t(x_i))}{Z_t}$ 来更新 D_t，D_1 为 $1/N$。

（3）$h_t:x\to\{+1,-1\}$ 为第 t 次循环时的 Weak learner，对每个样本给出相应的假设，应该满足强于随机预测结果。

（4）通过 $w_t=\dfrac{1}{2}\ln\left(\dfrac{1-\varepsilon_t}{\varepsilon_t}\right)$ 来确定各弱检测器的权重，其中 $\varepsilon_t=P_{(x,y)\in D_t}[y\neq h_t(x)]=\sum\limits_{i:h_t(x_i)\neq y_i}D_t(i)$ 。

（5）确定强检测器：$H_t(x_i)=\mathrm{sign}\left(\sum\limits_{i=1}^{t}w_i\cdot h_t(x_i)\right)$ 进行目标检测，$\sum\limits_{i=1}^{t}w_i\cdot h_t(x_i)$ 的绝对值可以作为可信度的衡量标准。

13.6.2　仿真实验

下面具体利用 Adaboost 算法进行红外弱小目标的检测。

1. 样本集的构建

Adaboost 算法与其他学习算法一样，检测结果与样本集的大小和全面性紧密相关；再者，Adaboost 算法的训练过程非常耗时，一般只能采用离线训练方法，要求样本集要包含所有可能遇到的各种情况，例如，想用该算法来进行高空和低空两种情况下的红外图像弱小目标探测，则要求在样本集中包含高空和低空这两个方面的样本。因此，在构建样本集时要保证样本集全面且足够大，并且要有真、假样本。

在实验中，根据 Adaboost 算法要求，构建了这样一个样本集，共有 4338 幅中波红外图像，其中图像中存在目标的图像 3902 幅占 90%，无目标的图像 436 幅占10%。通过人工对图像进行标注，将样本集的图像进行分类：0 类（不包含目标）和 1 类（包含有目标），形成一个样本集标注向量，用来作为 Adaboost 算法的输入和检测结果的评估。Adaboost 算法对样本集的依赖性较高，样本集的全面性，对测试结果会有很大的影响，为了尽量减少样本集少对测试结果的影响，应使样本集更加全面。随着样本集的全面增加，检测准确率会有较大的提高，Adaboost 算法在人脸识别中的应用[12]已证明了这一点。

2. 图像预处理

由于红外图像中的弱小目标所能用到的信息非常少,几乎只有灰度信息,所以尽量在灰度信息中寻找特征。由于红外弱小目标信号不强,所以,首先须对图像进行增强处理,提高其信号强度。弱小目标的大小一般为 3~8 个像素,简单的增强方法可采用 3×3 的滑窗将中心像素点的值用其邻域中最大值来替代,从而达到增强图像的效果。增强处理原理如下:对于任意像素(中心像素)输入值 $P(i,j)$,增强输出值为 $B(i,j)$ 定义为

$$B(i,j) = \max\{P(i-1,j-1), P(i-1,j), P(i-1,j+1),$$
$$P(i,j-1), P(i,j+1), P(i+1,j-1), P(i+1,j), P(i+1,j+1)\}$$

对于 $m \times n$ 的像素块其中心像素为 $[x,y] = \mathrm{floor}(([m,n]+1)/2)$,$\mathrm{floor}(x)$ 为不大于 x 的最小整数。

增强效果如图 13-3 所示。前幅为原始图像,后幅为增强后的图像。从实验图像中可以看出尽管背景的灰度值也增强了,但很明显图像中的目标更加突出了。

(a) 原始图像　　　　　　　　　　(b) 增强后的图像

图 13-3　图像增强效果

3. 特征抽取

抽取的特征越多,可用的弱分类器算法就可以越多,对同一特征可用不同的分类算法,对不同特征可用不同或相同的分类算法。但弱小目标的红外图像可用特征非常少,几乎只有灰度特征,可以针对灰度图像分别作各种不同的滤波处理,然后从滤波处理结果图像中抽取特征,这是因为不同滤波算法对红外图像处理的结果可能存在一定的互补性,如一种滤波算法可能关注的是背景特性而滤去了一些对检测目标有意义前景特性,而另一滤波算法可能正好相反。

在实验中分别采用了 Laplacian 滤波、Sobel 滤波和 Prewitt 滤波。

1) Laplacian 滤波

拉普拉斯滤波器是从每个像素(中心像素)灰度值 $P(i,j)$ 中减去其局部邻域

各像素灰度平均值。如果像素 $P(i,j)$ 不是目标像素,则其值与局部邻域像素(窗口)平均值相近,因此其差极小;如果像素 $P(i,j)$ 为目标像素,则此差值为一个较大的值。实际上,这种处理相当于从每个像素中滤除掉背景噪声的平均值,从而使整幅图像的信噪比得到提高。

对于任意像素输入值 $P(i,j)$,拉普拉斯滤波器的输出值 $B(i,j)$ 定义为

$$B(i,j)=8\,P(i,j)-[P(i-1,j-1)+P(i-1,j)+P(i-1,j+1)+P(i,j-1)$$
$$+P(i,j+1)+P(i+1,j-1)+P(i+1,j)+P(i+1,j+1)]$$

从上式可以看出,从 8 倍的中心像素值 $P(i,j)$ 中减去 3×3 窗口中其他像素值的和(即围绕 $P(i,j)$ 有 8 个像素),如果 $P(i,j)$ 为非目标像素,则 $B(i,j)$ 为一个极小的值;如果 $P(i,j)$ 为目标像素,则 $B(i,j)$ 为较大的值,因此,突出了目标像素。

2) Sobel 滤波

Sobel 滤波器是使对象边界锐化的一种滤波算法,它分为水平和垂直两种情况。这里就水平情况加以说明。对于任意像素(中心像素)输入值 $P(i,j)$,每个像素的输出灰度值定义为 $B(i,j)$

$$B(i,j)=P(i-1,j-1)+2P(i-1,j)+P(i-1,j+1)$$
$$-P(i+1,j-1)-2P(i+1,j)-P(i+1,j+1)$$

由上式可知,边界两侧会形成一个明显的对比,也就是说边界两侧像素值的差值明显增加,如果直接用其像素值来提取作为特征效果不是很好,我们将对它进行处理,即取图像像素值绝对值的两倍的方法来增大目标信号强度。

3) Prewitt 滤波

Prewitt 滤波器的算法及滤波后的处理与 Sobel 算法完全类似。其定义为:对于任意像素(中心像素)输入值 $P(i,j)$,每个像素的输出灰度值为 $B(i,j)$

$$B(i,j)=P(i-1,j-1)+P(i-1,j)+P(i-1,j+1)$$
$$-P(i+1,j-1)-P(i+1,j)-P(i+1,j+1)$$

经过滤波后的图像如图 13-4 所示,图中(a)为原始图像,(b)为经过 Laplacian 滤波后的图像,(c)为经过 Sobel 滤波后的图像,(d)为经过 Prewitt 滤波后的图像。图 13-5 为经过绝对值叠加后的图像,图中(a)、(b)、(c)、(d)分别为增强图像和经绝对值叠加后的 Laplacian、Sobel、Prewitt 滤波图像。

(a) 原始图像　　　　(b) Laplacian　　　　(c) Sobel　　　　(d) Prewitt

图 13-4　经过滤波后的图像

(a) 增强图像　　　　(b) Laplacian　　　　(c) Sobel　　　　(d) Prewitt

图 13-5　经过绝对值叠加后的图像

由图 13-5 可知经过一系列的处理,图像的信噪比已明显提高,目标与背景基本可确定,于是就可以在这三种滤波结果中提取每幅图像的特征,将图像各像素点的值与像素均值的差作为判断图像中有无目标的阈值,形成三个不同的特征向量。分别命名为 Laplacian、Sobel 和 Prewitt 向量,用于构造弱分类器。阈值的选择一般情况是通过实验后凭经验进行选取的,这里同样采用 Adaboost 算法进行选取,这属于单一特征选取阈值问题。对于训练集来说,每一幅图像都可以通过遍历法找到最佳阈值,而对测试集来说是用训练集最终生成的阈值和权重来进行判断的,所以也就没有意义,在实验中采用遍历方法选取每幅图像的最佳阈值。遍历法并不是要对每个像素的灰度值进行计算,考虑到研究对象是弱小目标,目标在图像中所占的比例是非常少的,因此,我们只需计算由高到低的 10% 的像素的灰度值就足够了。

4. 弱分类器的选取

尽管只要弱分类算法的准确率在 0.5 以上,Adaboost 算法都能对它进行增强,但弱分类器的好坏直接影响其循环次数,也就是影响其计算效率。为保证取得较好的效果,在实验中选择最近邻剪辑法(nearest-neighbor-editing)作为弱分类器。

最近邻剪辑法描述如下:

(1) Begin initialize $j \leftarrow 0, D \leftarrow$ data set, $n \leftarrow$ 原型点个数;

(2) 构造 D 的全部 voronoi 图;

(3) Do $j \leftarrow j+1$;对每一个原型点 X'_j;

(4) 找到 X'_j 的所有 voronoi 近邻;

(5) If 这些近邻中存在不是和 X'_j 同一类别的点,then 标记 X'_j;

(6) Until $j = n$;

(7) 删除所有没有被标记的点;

(8) 构造剩余的 voronoi 图;

(9) end。

5. 实验结果

实验结果从两方面进行了比较:一是与最近邻剪辑法、贝叶斯法、SVM(support vector machine)支持向量机法进行比较,如图 13-6 和表 13-1 所示;该结果中的错误率为训练集和测试集上的平均错误率,其中训练集占样本集的 60%,并且是由程序随机选取的。

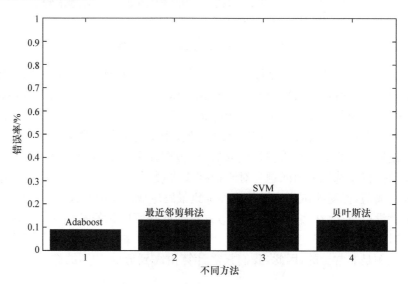

图 13-6　不同分类器的错误率比较

表 13-1　不同算法间的比较,Adaboost 进行了 100 次循环

序号	方法	错误率
1	Adaboost	9%
2	最近邻剪辑法	12%
3	SVM	24.6%
4	贝叶斯法	11.6%

二是各不同次数循环进行比较,如表 13-2 和图 13-7 所示。其中训练集和测试集是随机选取的,训练集和测试集各占整个样本集的 50%。图 13-8 为检测结果图。

表 13-2　Adaboost 算法不同循环次数时的错误率

循环次数	错误率
5	16%
10	12%
25	11%
50	10%
100	9%

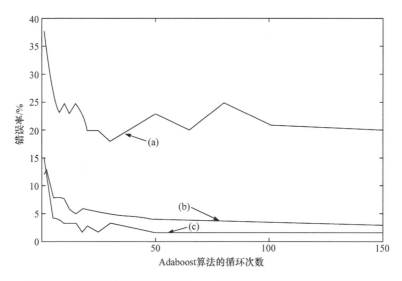

图 13-7　样本集中的测试错误率(a)、平均错误率(b)和训练错误率(c)

图 13-8　检测结果图像

　　上述实验证明 Adaboost 算法在红外弱小目标检测应用中能取得较好的效果,这就为红外图像与其他成像传感器的图像的弱小目标检测提供了基础。

　　Adaboost 算法在目标检测中进一步的应用可以提供如下发展思路:

　　(1) 实验中选择是基于单帧图像的简单检测算法,Adaboost 方法同样可以用于基于序列图像检测算法的组合优化,因为 Adaboost 是独立于具体算法的机器学习方法。对于光电图像目标检测应用利用 Adaboost 技术的最大困难在于图像可用特征太少,如果加上序列图像中的时间、速度和轨迹等特征信息,其目标检测效果一定会更好。

（2）Adaboost 算法的精度很大程度上是依靠训练集的，那么训练集的构建要求全面，未来可能遇到的每一种情况都要考虑进来，如各种气候条件和各种战场环境等。如果要进行在线训练，将面临实时实现的问题。

（3）实验中只用了一种"弱分类器"来进行训练，而 Adaboost 可以提升各种分类器的准确率，如相同特征不同分类器，不同特征相同分类器以及不同特征不同分类器的情况都适应。Adaboost 算法的最大优点就是利用不同特征、不同分类器的互补性来提升精度的。再者这里所讲的弱分类器并不是一定要采用弱分类器，如果用强分类器来进行提升，那么 Adaboost 的精度会更高，训练循环次数将显著减少。

13.7 小　　结

近年来 Adaboost 已成为机器学习、模式分类领域中的一个热点，它已成功地应用于图像库中的人脸识别、语音识别、手写体字符识别和 internet 上的文本过滤等[13,14]方面。在本章中将 Adaboost 算法运用于红外图像的弱小目标检测，可以弥补传统方法的某些不足。传统方法主要是集中于某一特征或某一强分类器来进行弱小目标检测，这使得其适应性不够，存在较大的局限性。而 Adaboost 算法可以加入更多的特征和分类算法，可达到各特征间、各算法间相互补充的作用，从而使检测效果更好，适应性更强。但仍存在一些问题，如怎样解决在线训练，怎样加入更多的特征或弱分类器而又达到高效等问题。

参 考 文 献

[1] Hansen L K, Sacamon P. Neural network ensembles. IEEE Transactions on Pattern Analysis and Machine Intelligence, 1990, 12(10): 993-1001

[2] Valiant L G. A theory of the learnable communications. ACM, 1984, 27(11): 1134-1142

[3] Schapire R E. The strength of wear learnability. Machine Learning, 1990, 5(2): 197-227

[4] Breiman L. Bagging predictors. Machine Learning, 1996, 24(2): 123-140

[5] Freund Y, Schapire R E. A decision-theoretic generalization of on-line learning and application to boosting. Lecture Notes in Computer Science, 1995: 23-37

[6] Freund Y, Schapire R E. A short introduction to boosting. Journal of Japanese Society for Artificial Intelligence, 1999, 14: 771-780

[7] Freund Y, Schapire R E. A decision-theoretic generalization of on-line learning and application to boosting. Journal of Computer and System Sciences, 1997, 55(1): 119

[8] Treptow A, Zeu A. Combining adaboost learning and evolutionary search to select features for real-time object detection. Congresss on Evolutionary Computation, 2004, 2: 2107-2113

[9] Islam S M S, Bennamoun M, Davies R. Fast and fully automatic ear detection using cascaded

adaboost. IEEE Workshop on Applications of Computer Vision,2008:1-6

[10] Viola P. Rapid object detection using a boosted cascade of simple features. Proceedings of the 2001 IEEE Computer Society,2001:1511-1518

[11] 赵江. 基于 Adaboost 算法的目标检测. 计算机工程,2004,30(4):125-126

[12] 陈爱斌. 基于 Adaboost 方法的人脸检测. 计算机工程与应用,2004

[13] Xu L,Krzyzak A,Suen C Y. Methods for combining multiple classifiers and their applications to handwriting recognition. IEEE Transactions on Systems,Man and Cybernetics, 1992,22:418-435

[14] Tieu K,Viola P. Boosting image retrival. IEEE Conference on Computer Vision and Pattern Recognition,2000:228-235

第 14 章　决策融合技术在目标检测中的应用

针对任何单一目标检测算法都有其自身的片面性和局限性,在某些复杂背景和干扰的环境下难以奏效的问题,除了采用第 13 章研究的基于算法优化组合的目标检测方法外,还可采用决策融合技术来解决,即利用决策融合技术将多种目标检测算法的检测结果,在决策层面上将这些信息进行融合,以最终获得可信度更高的关于目标的决策。

一般在目标检测中,使用决策融合技术,将具有如下优点:

(1) 改善系统的探测性能。对于来自多个检测算法的决策信息进行有效的融合,可以提高系统检测的有效性。

(2) 提高系统的抗干扰能力。在单个检测算法受到干扰或目标超出单个检测算法的检测范围,决策融合算法仍可通过其他的检测算法提供目标的决策信息,使得整个系统仍能正常运行,从而提高了系统的抗干扰能力。

(3) 增加了目标识别的可信度。通过对来自多个检测算法对同一目标的决策信息的融合,可提高决策判决的可信度和可靠性。

本章将研究如何将决策融合技术用于目标检测。

14.1　信　息　融　合

提到决策融合技术,就必须先介绍信息融合技术[1-3],因为按照层次来说,决策融合属于最高级别"决策级"的信息融合。"融合"的概念可以抽象地定义为:对满足一定条件的不同信源的数据,按一定的规则进行综合处理,以获得对象更加准确的描述。融合领域有两个术语:数据融合与信息融合。它们的区别在于数据与信息的本质不同。数据是关于某一对象的若干具体数值,而信息是事物的类、状态以及变化的表述,信息是物质存在和运动形式的描述。信息可以通过数据的形式表示,有效的数据含有信息,数据是信息的载体。所以信息融合是指对原始数据已经进行了本质上的提炼,升华后的信息的综合协调处理。

无论是对目标的原始观测,还是对目标测量的特征抽取,以及对目标的分类识别、决策等,所得的结果都可以认为是目标在不同层次上不同形态和不同性质的信息,信息的表征按水平层次可划分为:数据层、特征层和决策层。在不同的层次,信息的特征是不同的,由此信息融合按照由低到高的层次可分为数据层融合、特征层融合和决策层融合。

◆数据层融合：数据层融合是直接在采集到的原始数据上进行的融合。在各个传感器获得的原始数据未经处理之前进行数据的综合与分析。数据层融合的主要优点是能够保持尽可能多的细微信息，它通常用于多源图像复合、图像分析与理解等方面。多源图像复合是将由不同传感器获得的同一景物的图像经配准、重采样和合成等处理后，获得一幅合成图像的技术，以提高图像质量。图像分析与理解主要研究利用高分辨率扫描传感器的输出，演绎出所观察情景的三维模型问题。数据层融合还应用于研究同类型（同质）雷达波形的直接合成，以改善雷达信息处理的性能。

◆特征层融合：特征层融合属于中间层次，它首先对来自各个传感器的原始数据进行特征抽取，如目标的速度、灰度分布、方向和边缘等特征。然后对所提取的目标特征进行综合分析和处理。特征层融合的目的是压缩特征空间，以利于系统的实时处理。根据所处理的目标特征来分，特征层融合又可划分为目标状态信息融合和目标特性融合。目标状态信息融合主要应用于多传感器目标跟踪领域。融合系统首先对传感器数据进行预处理以完成数据配准，即通过坐标变换和单位换算，把各传感器输入数据变换成统一的数据表达形式。在数据配准后，融合处理主要实现参数关联和状态矢量估计。常用方法包括卡尔曼滤波和扩展卡尔曼滤波。目标特性融合就是在特征层上的联合识别。多传感器系统为识别提供了比单传感器更多的有关目标的特征信息，增大了特征空间维数。具体实现技术包括参量模板法、特征压缩和聚类算法、K 阶最近邻、人工神经网络、模糊积分、基于知识的推理技术。

◆决策层融合：决策层融合的基本概念是，不同类型的传感器观察同一个目标，每个传感器在本地完成处理，其中包括预处理、特征抽取、识别或判决，以建立对所观察目标的初步结论。然后通过关联处理、决策层融合判决，最终获得联合推断结果。决策层融合所采用的主要方法有：贝叶斯推断、D-S 证据理论、模糊集理论和专家系统。决策融合是一种高层次的数据融合，根据决策融合输出的结果直接对目标作出判断。决策融合直接从具体的问题出发，在充分利用特征层融合所提取的各类特征的基础上，采用适当的融合方法来实现。

图 14-1 说明了决策层融合的基本概念。决策层融合已有很多成功的应用实例，像战术飞行器平台上用于威胁识别的报警系统（TWS）、多传感器目标检测、工业过程故障监测、机器人视觉信息处理等。

决策层融合在信息处理方面具有很高的灵活性，系统对信息传输带宽要求较低，能有效地融合反映环境或目标各个侧面的不同类型信息，而且可以处理非同步信息，因此目前有关信息融合的大量研究成果都是在决策层上取得的，并且构成了信息融合研究的一个热点。但由于环境和目标的时变动态特性、先验知识获取的困难、知识库的巨量特性、面向对象的系统设计要求等，决策层融合理论与技术的发展仍受到一定的限制。

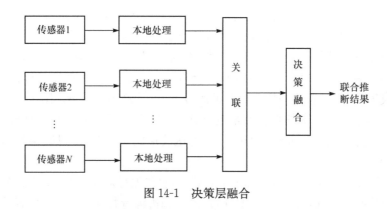

图 14-1　决策层融合

14.2　决策融合方法

决策融合的目的就是通过对多个传感器或多个检测算法的目标信息进行综合处理,以消除单个传感器或检测算法的不确定性和随机干扰的影响。下面简要介绍几种主要的决策融合算法[4,5]。

14.2.1　基于主观贝叶斯概率推理理论的决策融合

主观贝叶斯方法采用两种不同的度量描述命题的不确定性和知识的不确定性,即利用可能性函数 $O(H)$ 描述命题的不确定性,用充分性度量和必要性度量描述规则的不确定性。采用主观贝叶斯方法推理的过程是:领域专家为每条规则提供充分性度量 LS 和必要性度量 LN,同时提供每个命题的先验可能性,即命题的单位元。原始证据的不确定性值由用户在系统运行时提供,然后再根据概率推理理论求出其他所有命题的不确定性值。主观贝叶斯方法具有经典的概率公理基础和易于理解的数学性质,但它要求给出已知的先验概率和条件概率,这在实际的决策融合过程中是比较难实现的,此外,也很难保证领域专家给出的概率具有前后一致性。因此主观贝叶斯方法的应用受到了一定的限制。

贝叶斯推理技术是利用先验概率和条件概率导出后验概率,并取最大后验概率作为决策。设 $H_1, H_2, \cdots, H_j$ 为互不相容的假设,E 表示事件(或事实、观测),贝叶斯公式为

$$P(H_i/E) = \frac{P(E/H_i)P(H_i)}{\sum_i P(E/H_i)P(H_i)} \tag{14-1}$$

并且 $\sum_j P(H_j) = 1$,其中 $P(E/H_j)$ 为给定假设 H_j 为真时,事件 E 发生的概率,$P(H_j)$ 为 H_j 为真的先验概率,所得到的 $P(H_i/E)$ 为事件 E 发生时,假设 H_i 为真

的后验概率。

在多传感器的条件下,每个传感器提供一个关于目标的假设,它依赖于观测和传感器分类算法。此时的贝叶斯公式可以记为

$$P(O_i/D_1\bigcap D_2\bigcap\cdots\bigcap D_n)=\frac{P_1(D_1/O_i)\cdots P_k(D_k/O_i)P(O_i)}{\sum\limits_j P_1(D_1/O_j)\cdots P_k(D_k/O_j)P(O_j)}$$

$$(14\text{-}2)$$

该公式提供了一个综合多传感器证据 D_i 的方法。

贝叶斯推理的缺陷是:

(1) 定义先验似然函数困难;

(2) 当存在多个可能假设和多条件相关事件时的复杂性;

(3) 要求各假设互不相容,且假设集完备;

(4) 缺乏分配总的不确定性的能力。

14.2.2　基于 D-S 证据理论的决策融合

D-S 证据理论是目前多传感器决策级融合算法中应用最广泛的一种数据融合方法。D-S 证据理论中的证据合成公式能使多个传感器分别提供的有关目标对象的判决证据综合成为对目标对象的一致描述,从而提高了系统对目标类别或属性判决的可信度。

在 D-S 证据理论中,用"识别框架 Θ"表示待识别目标类别的假设集,并定义集映射函数 $m:2^{\Theta}\rightarrow[0,1]$,它满足;① $m(\varnothing)=0$;② $\sum\limits_{A\subset\Theta}m(A)=1$,$\varnothing$ 表示空集。称 m 为识别框架 Θ 上的基本概率分配函数;$\forall A\subset\Theta,m(A)$ 称为 A 的基本可信度。对于 $\forall A\subset\Theta$,D-S 证据理论的信任函数定义为

$$\mathrm{Bel}(A)=\sum_{B\subset A}m(B)\qquad(14\text{-}3)$$

即 A 的信任函数为 A 中每个子集的基本可信度之和,由此可得

$$\begin{cases}\mathrm{Bel}(\varnothing)=0\\\mathrm{Bel}(\Theta)=1\end{cases}\qquad(14\text{-}4)$$

对于一个命题 A 的信任,单用信任函数来描述还是不够的,因为 $\mathrm{Bel}(A)$ 不能反映出怀疑 A 的程度,所以对于 $\forall A\subset\Theta$ 定义:

$$\mathrm{pl}(A)=1-\mathrm{Bel}(\overline{A})=\sum_{B\subset\Theta}m(B)-\sum_{B\subset\overline{A}}m(B)=\sum_{B\cap A\neq\varnothing}m(B)\qquad(14\text{-}5)$$

其中 $\mathrm{pl}(A)$ 称为 A 的不否定函数。

由于 $A\bigcap\overline{A}=\Phi,A\bigcup\overline{A}=\Theta$,因此有

$$\mathrm{Bel}(A)+\mathrm{Bel}(\overline{A})\leqslant\sum_{X\subset\Theta}m(x)=1$$

即 $\text{Bel}(A) \leqslant 1 - \text{Bel}(\overline{A}) = \text{pl}(A)$，也就是说对于任何命题 A，它的信任函数值总是小于或者等于它的不否定函数值。实际上，$[\text{Bel}(A), \text{pl}(A)]$ 为命题 A 的不确定区间，也是命题 A 发生的概率上下限。D-S 理论对信息的不确定性的描述可用图 14-2 直观地表示。

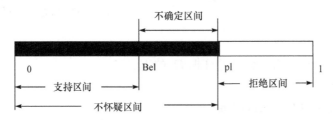

图 14-2　信息的不确定性表示

如果将命题看作识别框架 Θ 上的元素，对于 $\forall m(A) > 0$，称 A 为信任函数 Bel 的焦元。设 $\text{Bel}_1, \text{Bel}_2$ 是同一识别框架 Θ 上的两个信任函数，m_1, m_2 分别是其对应的基本概率分配函数，焦元为 $A_1, A_2, \cdots, A_K$ 和 $B_1, B_2, \cdots, B_L$，则可以用图 14-3 来表示它们的基本可信度分配之间的关系。

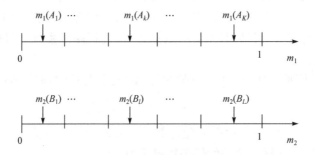

图 14-3　基本可信度分配图

给定 $A \subset \Theta$，若有 $A_k \bigcap B_l = A$，称 $m_1(A_k), m_2(B_l)$ 为 A 上的部分可信度。根据 D-S 证据合成公式，A 的合成可信度为

$$m(A) = \sum_{A_K \cap B_L} m_1(A_k) m_2(B_l) \tag{14-6}$$

即命题 A 的合成可信度为所有部分可信度乘积之和。

将各传感器采集的信息作为证据，每个传感器提供一组命题，对应决策 X_1，$X_2, \cdots, X_n$，并建立一个相应的信任函数，这样，多传感器信息融合实质上就成为在同一识别框架下，将不同的证据体合并成一个新的证据体的过程。当传感器对环境实施观测时，每个传感器的信息均能在目标集上得到一组可信度，当系统有 N 个传感器时，便有 N 组基本可信度，这些基本可信度就是决策的依据。根据上述证据合成公式，基于证据合成理论的多传感信息融合的一般过程可简单地概括如下：

　　(1) 根据检测到的信息分别计算各传感器的基本概率分配、信任度和不否定度。

　　(2) 利用 D-S 证据合成公式,求得在多个传感器和时间积累作用下的基本概率分配、信任度和不否定度。

　　(3) 在一定的决策规则下,选择具有最大支持度的假设判决。

　　证据理论可以处理由未知性所引起的不确定性。它采用信任函数而不是概率作为度量,它通过对一些事件的概率约束来建立信任函数,而不必说明精确的难以获得的概率。证据理论应用于决策融合时具有以下优点：

　　(1) 证据理论具有比较强的理论基础,既能处理随机性导致的不确定性,又能处理模糊性导致的不确定性。

　　(2) 证据理论可以依靠证据的积累,不断缩小假设集。

　　(3) 证据理论能将"不知道"和"不确定"区分开来。

　　(4) 证据理论可以不需要先验概率和条件概率。

　　贝叶斯方法和 D-S 方法这两类结构的主要差别在于它们如何处理一个事件与它的非的联合,即 A 与非 A 的并集。概率理论定义这个联合为完备事件,并指定给它概率 1.0;D-S 方法对事件的命题进行操作,并定义一个命题,称为"不赋值"或"不知道",对它指定一个可信度度量值,从而可对一个命题与它的非的联合指定一个通常小于 1.0 的可信度。贝叶斯方法需要先验概率,而这对于某些应用是很麻烦的事,但在 D-S 方法中可以巧妙地解决。对于所有"不赋值"状态,可以指定初始可信度,然后随着新的证据的到来,通过 Dempster 规则重新进行分配。

14.2.3　基于人工智能的决策融合

　　在多传感器属性数据融合系统中存在着系统复杂性和不确定性的问题。人工智能技术的出现为解决含有模糊和不确定的目标识别融合问题提供了新的途径。目前在决策融合中采用的人工智能技术主要是专家系统。专家系统是基于知识来解决问题的,它通过建立包含相应领域的知识库和推理机,来模拟领域专家解决问题的判断和推理能力,从而在较高层次上实现领域专家的决策融合处理能力。

　　国外从 20 世纪 70 年代就开始研究被动微波红外复合的双模(双传感器)寻的系统,进入 80 年代后,多种形式的双模(双传感器)寻的系统如：半主动雷达/红外,主动毫米波雷达/红外,激光/红外,雷达/电视等形式的双模寻的系统大量出现,其主要的目的就是企图通过多种不同类型的传感器系统的组合和信号的综合利用使整个系统在性能上取得互补,以提高寻的系统总的性能指标。概括地说,应用多传感器信息融合技术是希望在综合的电子和光电干扰的环境下实现：提高对目标的捕获探测跟踪能力,提高对目标的识别分类和辨识能力,特别是目前强调系统抗干扰性和精确制导技术性能的情况下,这种能力显得尤为重要。对于大多数情况,设置干扰环境只可能对某一类型的传感器产生影响而对另一种类型的传感器影响较小。所以,采用多传感器的复合能明显地提高系统抗干扰的能力。另外,通过使用不同传感器的冗余信息可提高目标识别跟踪系统的可靠性,多传感器中某一传感器的信号错误不会导致整个系统的错误。因此多传感器数据融合已成为当今目标识别和跟踪技术研究中很具有实用价值的重要研究内容。

14.2.4 基于模糊子集理论的决策融合

对于多传感器的分布式检测问题,人们已经做了大量的研究。分布式融合检测也可分为三个层次:数据层融合、特征层融合和决策层融合。决策层融合检测的核心思想是,由安置在不同地方的传感器根据各自的观测结果作出本地判决,非"0"即"1",然后将判决结果由通信信道传送到融合中心处理器,再由融合中心处理器运用组合数学的方法,作出最终判决。典型的融合规则有"and","or"逻辑和"K秩"方法。"and"逻辑的意义为:当所有传感器支持 H_1 时,融合中心才支持 H_1。"or"逻辑的意义为:只要有一个传感器支持 H_1 时,融合中心就支持 H_1。"K 秩"方法则是当 N 个传感器中有多于 K 个支持 H_1 时,就判为 H_1。另外还有些方法是用各个传感器的性能对判决结果进行加权处理等。

从以上的处理不难看出,这种简单的决策层融合未必能使系统达到"最优"或全局"最优"。由信息论可知,信息的处理过程也是信息的损失过程。在各个局部传感器的判决过程中,由观测数据结果"硬"判决得到"0"或"1",这时损失了大量的信息。这是因为局部传感器作出判决时,必将局部检测空间划为 H_0,H_1 两个区域,观测值超过门限判为 H_1,否则判为 H_0,而根本不考虑观测值与边界的距离。例如,假设门限为 0.5,那么对于观测值 0.51 和 0.99 判决均为"1',效果相同,而事实上 0.99 要比 0.51 的说服力要强,更加支持决策 H_1,这一点在判决结果中没有反映。另外,由于各个传感器自身的性能及所处的战场环境不同,对于它们各自的判决结果的置信程度也应有所不同,例如,对于处在恶劣的工作环境或自身性能较差的传感器应给予较低的置信度。

针对简单决策层融合检测方法中存在的不足,可以利用模糊集理论来解决这一问题,即将简单融合方法中的本地"硬"判决转化为基于模糊处理的"软"判决。模糊方法更加贴近人脑的思维,对冗余和矛盾信息具有灵活的处理能力。此外,这种基于模糊处理的"软"判决检测方法的融合规则简单,易于实现,并且几乎不增加通信数据量,具有强的实际应用价值。

基于模糊集理论的决策融合能通过模糊化特征和模糊化软判决的形式来表示传感器原始信息和命题的不确定性。而模糊集理论的模糊综合能够在时域和空间上对多传感器系统中的多层次模糊信息进行融合处理,在很大程度上消除了目标属性判决的模糊性和不确定性。同时,模糊集理论在多传感器信息融合系统中的应用也更有利于领域专家的主观知识的引入。

14.2.5　基于投票规则的决策融合

对多分类器进行组合的一种简易方法就是投票表决,如多数票规则和完全一致规则等[6]。

(1) 多数票规则:当作出肯定决策的分类器数目超过某一阈值时,决策融合中心就作出肯定的决策。

(2) 完全一致规则(也称作"and"规则):只有当所有的分类器作出肯定决策时,决策融合中心才作出肯定决策。

(3) "or"规则:只要存在某个分类器作出肯定的决策,决策融合中心就作出肯定的决策。

但这些表决规则并没有考虑到各分类器本身的特性,实行的是一人一票的原则。实际上,由于各个分类器使用的特征不同,以及原理和方法不一样,或者训练过程使用的样本不尽相同,每个分类器的判决性能有所差别,有一定的互补性,即各个分类器对每个类别的判决能力有一定的差别。本章通过对大量样本的统计获得每个分类器识别性能的先验知识,将其作为投票表决的依据,此外在投票表决时每个类别设置不同的阈值,使组合效果得到进一步改善。将这种改进的投票表决规则用于数字识别收到了良好的效果。

14.2.6　基于神经网络技术的决策融合

目前在决策层融合采用的主要方法有贝叶斯推断、D-S 证据理论、模糊集理论等。这些模型和方法各有利弊,其本质是在一定条件下,对具体问题求解,或者说,对信息的处理往往侧重于某一方面的最优。因此,寻求一种更加普适的,更加符合人脑思维形式的决策层融合方法具有重要的学术价值和应用价值。

人工神经网络是一门发展十分迅速的学科,其在信息融合中的应用日益受到关注[7,8]。例如,Chair 和 VarShney 提出过一种感知型的神经网络结构用来融合统计独立的多信源判决结果。Thomopoulos 等采用神经网络来解决传感器信息融合检测问题。Robert J. Pawlak 在 1995 年研究了一种基于 LMS 准则且性能接近最优参数检测器的新的神经网络模型。它是对二值假设判决的融合。

人脑具有完美的整合信息的能力。英国著名神经生理学家就大脑的神经机制研究了信息整合的概念:"整合"就是中枢神经系统把来自各方面的刺激经过协调,加工处理,得出一个完整的活动,作出适应性的反应。即人的意识是在先验知识指导下,由耳、鼻、眼等传感器所获得信息在大脑皮层上刺激、整合的结果,有理由认为,信息在大脑中的整合过程是大脑的先验信息库中相关信息与各种外来的信息

比较、优化从而更新大脑信息库的过程。大脑对信息整合的机制表明,利用神经网络进行决策融合应具有如下特点:

(1) 信息量越多,融合结果的准确性越高,满足单调性原理。

(2) 具有容错能力,即对个别源错误信息有抑制能力。

(3) 具有处理矛盾信息的能力,即网络的调和能力。

(4) 对不同相关程度信息的弹性处理能力。

在实际的目标识别融合系统中,各传感器提供的信息一般是对目标赋予"0"到"1"之间的连续值置信度表示。因此,采用与大脑较为接近的自适应共振网络(ART)神经网络模型的改进模型来整合各传感器提供的置信度,从而达到对传感器决策信息融合的目的。ART神经网络是 S. Grossberg 和 A. Carpenter 提出的。1988 年他们研究了二值型 ART1 模型后,又相继研究了连续型输入的 ART2 及更加复杂的 ART3 网络模型。这些模型的提出,大大丰富了自组织神经网络模型,它们可以对任意多、任意复杂的模型进行自组织,自稳定和大规模的并行处理。依据人脑的特点,ART 模型是更加贴近或者说更加像人脑的一种人工神经网络模型。ART 神经网络的原理如图 14-4 所示。

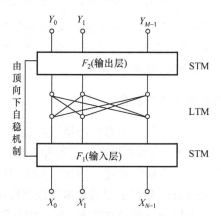

图 14-4 ART 原理图

此系统分为三层,F_1 和 F_2 分别称为上、下短期记忆层,并记之为 STM;F_1 和 F_2 之间是一个长期记忆层,记之为 LTM。研究人员发现 ART 神经网络直接用于决策融合有下面的局限性:

(1) 对于信息不同程度相关的情况,ART 算法无法合理地处理。

(2) 对于匹配门限的给定是实验性的,不能自适应地给出。

(3) 对于输入的信度没有包含先验的经验,可能会出现很重要的传感器传出的信度可能由于值小而被忽略。

（4）不能有效地处理矛盾信息。

针对以上不足，为将神经网络用于决策融合，研究了一种改进型的 ART 神经网络模型。

假设送到大脑的信息是一致的，至少是对同一事物的判断，在这个基础上，大脑对于不同的传感器送入的信息应该是择重要度高的传感器源的信息先处理，这样的融合过程体现了人脑的先验知识和主观判断在融合中的参与。可以在 ART2 网络的输入前加入排序网络，排序网络的目的是将重要度高的传感器源的信息先处理。

大脑对矛盾信息的处理比较复杂，一般认为是基于知识的调和过程，对应于 ART2 模型可以在匹配函数上进行修正。其实，大脑中的先验知识与外来信息的匹配只是对信息整合的一部分，加上基于知识的调和过程才可能是完整的融合信息，用公式表示为

$$F(X,W) = f(X,W) + T(X,W) \tag{14-7}$$

其中，$F(X,W)$ 是修正后的匹配函数；$f(X,W)$ 是 ART 模型原有的匹配函数；$T(X,W)$ 是调和函数。

$$f(X,W) = \text{fact}_1 \times (x_i \times w_i)/C \tag{14-8}$$

$$T(X,W) = \text{fact}_2 \times (x_i \times w_i)/C \tag{14-9}$$

fact_1，fact_2 是调和函数和匹配函数的加权值，在实验中需要由经验给出，C 是一个归一化因子。

不同传感器之间，相同传感器各次判决之间存在相关性的问题，相当部分的算法要求信息独立，而实际上这往往不可能。相关信息包含的信息量显然不如独立信息包含的信息量多。神经网络在处理相关信息时应该具有自适应的处理不同相关程度信息的能力。通过调节权值学习因子和匹配门限的方法使网络具有处理相关信息的能力。这与人脑整合信息的方式极为相似。如果信息相关性强，意味着冗余信息多，对大脑信息库信息的修改小。改进的 ART 网络中的学习因子应该随时间变化，用数学方式表达为

$$\text{Step}(t) = f(S_1, S_2, \cdots, S_N, \text{Knowledge}, t) \tag{14-10}$$

其中，$\text{Step}(t)$ 是网络权值的步长函数，它是一个时变的变量；$S_i(i=1,2,\cdots,N)$ 为 N 个传感源，$f(\cdot)$ 为 N 个传感源，是先验知识和时间的函数，同理，若信息之间相关性强，则匹配时门限也高，注意不要出现信度增长过快的情况，具体的表达式为

$$\text{Gate}(t) = g(S_1, S_2, \cdots, S_N, \text{Knowledge}, t) \tag{14-11}$$

其中，$\text{Gate}(t)$ 是网络中的门限函数，也是时间的变量。这种时变的变量使网络具有动态的适应能力，网络系统结构如图 14-5 所示。

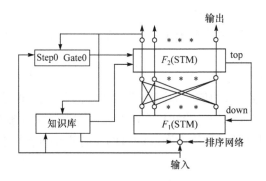

图 14-5　MART 原理图

改进的 ART 网络的具体算法如下：

（1）初始化

$$W_{ij}(0)=0.5, \quad W'_{ij}(0)=1/(N+1)$$
$$0<i<N-1, \quad 0<j<M-1$$

置 $\text{Step}(t_0)\in[0,1], \quad \text{Gate}(t_0)\in[0,1]$；

（2）输入新的信度；

（3）按式(14-7)计算 $F(X,W)$，

$$F(X,W)=\text{fact}_1\times w_j\times x_j+\text{fact}_2\times(w_j\times x_j), \quad 0<j<M-1;$$

（4）归一化过程；

（5）警戒线检验；

按式(14-11)计算门限 $\text{Gate}(t_{j-1})$

$$\begin{cases} \|X\|=\sum x_i \\ \|FX\|=\text{fact}_1\times w_j\times x_j+\text{fact}_2\times(w_j\times x_j) \end{cases}$$
$$\|FX\|/\|X\|>\text{Gate}(t_{i-1})$$

否，转向(6)；是，转向(7)；

（6）重新装配：把最佳匹配暂置为 0，不加比较，转向(3)；

（7）按式(14-10)及知识库计算权值修正因子，调整网络权值实际算法中，fact_1 和 fact_2 为 0.6～0.7。

14.3　决策融合用于目标检测

决策融合用于目标检测，需要解决三个方面的问题。

14.3.1　单个检测器决策结果的描述形式

单个检测器输出的是目标检测的结果，关于检测结果的描述方式有以下 3 种：

　　(1) 获取目标的位置(一般是指目标质心位置)和大小信息,并在图像中用矩形框标出目标区域。

　　(2) 将图像中的每个像素点看成是待分类的对象,如果检测器确定为目标的像素就是 1 类;非目标的像素确定为 0 类。

　　(3) 将图像进行分块处理,块的大小可以根据对目标大小的估计来确定。检测器发现目标后,它能给出目标落在图像块内的概率。

　　上述形式的检测结果都不能直接送入决策融合模块,必须对这些结果加以变换后才能送入决策融合模块。

　　决策融合的对象是"决策",这是一个抽象的概念,不具有可操作性。因此如何借助于数学工具,构造一些合适的数量指标用于描述"决策"非常重要。有了这些数量指标后,决策融合可以利用数学处理方法,将不同的决策者获得的关于决策的数量指标加以综合。

　　针对这一问题的研究,人们已经取得一些成果,其中最有代表性的是"决策置信度"的引入。在很多实际的目标识别融合系统中,各传感器提供的信息一般是对目标赋予 0~1 的连续置信度表达。

　　决策置信度是对某决策的可信程度的量度。目前,用于计算决策置信度的方法仍然是一个难点,没有通用的方法,只能根据具体的研究问题,具体的条件来确定。如何利用检测器输出的上述三种形式的结果计算决策置信度是决策融合用于目标检测研究的一个重点,计划采用三种方法计算决策置信度,通过实验结果的比较最终确定一种适合目标检测的决策置信度的计算方法。现将这些方法归纳如下:

　　(1) 利用经验公式计算决策置信度

$$CF = \frac{\tau_{match}}{Th_{match}} \times \frac{N_{pixel}}{Th_{pixel}} \times \beta_R \times \frac{P_{capture}}{P_{falarm}} \tag{14-12}$$

上式计算的是红外模块的决策置信度。分子中的 N_{pixel} 表示目标区域所含像素的个数,这可利用检测器输出的第一类结果。采用经验公式计算 CF 重要的是公式中的有关参数的确定。

　　(2) 通过训练学习获得计算决策置信度的公式。

　　首先确定图像序列中一幅典型的图像作为训练用的图像,如果有多个图像序列,就可以组成一个图像训练集。然后采取手工标记的方式将图像中的目标区域标记出来。将训练图像中的每个像素作为研究对象,提取每个像素关于纹理的六大特征,然后根据该像素点是否在目标区域内,指定像素点为 1 类或 0 类。由此构建出用于训练的数据表格 14-1。

表 14-1　数据表格

类标号	F_1	F_2	F_3	F_4	F_5	F_6
0						
1						

由于这里只有 0 类和 1 类,所以,可以用逻辑回归的方法确定下面公式中的系数,以此来确定各种特征对于最终确定该像素属于类别的影响。

$$P_{(x,y)}(\text{target} \mid F) = \frac{e^{b_0 + \sum_i b_i F_i(x,y)}}{1 + e^{b_0 + \sum_i b_i F_i(x,y)}} \tag{14-13}$$

式中的 $P_{(x,y)}(\text{target} \mid F)$ 表示一个像素点是目标区域中的点的概率。这也可以理解为一种决策的置信度,即将一个像素判定为目标的决策的可信程度。根据检测器得到的目标区域,提取出该区域内质心位置像素的纹理特征,代入上述公式中,可求得决策置信度。

(3) 利用 Boosting 方法自带的关于决策置信度的计算方法。

在 Adaboost 的算法中引入了"置信度"的概念,它主要是用于改善 Boosting 算法的性能。把 $h(x)$ 的符号理解成赋给实例 x 的预测标签(-1 和 $+1$),其大小可作为该预测的置信度。"置信度"和"决策可信度"在本质上是相同的,都是对某个决策的度量,因此可以将"置信度"的值作为决策置信度的大小。

14.3.2　如何实现各单个检测器的决策结果的融合

决策融合的方法比较多,例如,上面介绍的贝叶斯法、D-S 证据理论法、投票法、基于规则法、神经网络法、模糊集法等。但如何真正利用这些决策融合概念实现目标的检测,还必须将决策融合这个概念作一些转换,决策融合概念的转换有以下几种方式。

1. 将决策融合看成是特殊的分类器[9]

假设每个目标检测器输出的决策置信度为 C_i,那么 n 个检测器的输出置信度矢量为 $\boldsymbol{C} = (C_1, C_2, C_3, \cdots, C_n)$。将这个矢量送入决策融合模块,输出的是最终的决策。假设最终决策为二值决策(有目标或者无目标),可以将决策融合模块看成是一个分类器,该分类器的输入为置信度矢量,输出为 0 类(无目标)或者 1 类(有目标)。

传统的目标识别是根据单一特征矢量设计单一的目标分类器,当目标类别多,样本数据品质低时会使分类器精度和稳健性大受影响。事实上,基于一组特定目标特征和某一特定方法设计的分类器,仅仅是从一个"侧面"去认识目标,难以形成对目标本质特性的全面认识。神经网络理论为目标分类器的设计提供了有效的手段,然而常用的神经网络模型具有陷入局部极小解的危险,使得基于单个神经网络的分类器难以实现全局最优。这些问题受到许多学者的关注,研究表明,多特征信息的融合和多分类器输出的融合是提高系统精度和鲁棒性的有效途径。

2. 将决策融合看成是区分函数

假设有一区分函数 $F(C)$,如果 $F(C) \geqslant T$,则说明 C 是目标;如果 $F(C) < T$,则说明 C 是背景。该方法的核心思想是将区分函数的自变量 C 看成是决策置信度的矢量。

在这里 $C = (c_1, c_2, \cdots, c_R)$,$c_i \in [0, 1]$,$\forall i \in [1, R]$,$C$ 表示传感器输出的置信度矢量,其中有 R 个传感器,T 是阈值。传感器的输出矢量是针对某个具体位置定义的,在这些位置上都已经完成了各传感器的校准。

由于决策置信度同决策有着密切的关系,而且区分函数 $F(c_1, c_2, \cdots, c_R)$ 将多个检测器输出的置信度综合到同一函数内,利用函数的输出值作出关于是目标还是背景的最终决策,这样一来决策融合问题就转化为如何确定区分函数的问题。

1) 利用统计融合技术建立区分函数

对于传感器的输出矢量,必须作出这样的决策:此处有目标($D = M$)或者此处无目标($D = \overline{M}$)。对于每一个决策,定义下列费用指标:

$C_{\overline{M}|\overline{M}} = C(D = \overline{M}|\overline{M})$——正确判断为背景的费用;

$C_{\overline{M}|M} = C(D = \overline{M}|M)$——错误地将目标判断为背景的费用(漏检);

$C_{M|\overline{M}} = C(D = M|\overline{M})$——错误地将背景判断为目标的费用(虚警);

$C_{M|M} = C(D = M|M)$——正确地判断为目标的费用。

每个决策的风险 R 或者称为费用期望可以按下面的式子来定义:

$$R(D = \overline{M}|\overline{C}) = E\{C(D = \overline{M}|\overline{C})\} = C(D = \overline{M}|\overline{M})P(\overline{M}|\overline{C}) + C(D = \overline{M}|M)P(M|\overline{C})$$

$$R(D = M|\overline{C}) = E\{C(D = M|\overline{C})\} = C(D = M|\overline{M})P(\overline{M}|\overline{C}) + C(D = M|M)P(M|\overline{C})$$

其中 $P(\overline{M}|\overline{C})$ 和 $P(M|\overline{C})$ 是后验概率。后验概率可以利用贝叶斯公式计算:

$$P(M|C) = \frac{P(M)P(C|M)}{P(C)} \tag{14-14}$$

$P(C|M)$ 是关于目标的条件概率(假设给定矢量 C);同时 $P(M)$ 是关于目标的先验概率。假设给定矢量 C,作出有目标决策的风险低于作出没有目标决策的风险,就认为有目标:

$$R(D = M|C) < R(D = \overline{M}|C) \rightarrow D = M$$

$$\Leftrightarrow \Im(C) = \frac{P(C|M)}{P(C|\overline{M})} > \frac{(C_{M|\overline{M}} - C_{\overline{M}|\overline{M}})P(\overline{M})}{(C_{\overline{M}|M} - C_{M|M})P(M)} = t \rightarrow D = M \tag{14-15}$$

公式等号右边是常量 t。公式等号左边是一个比值,该比值是由两个条件概率相比而得到的,称为可能性比值。可能性比值是相对期望费用的最佳区别函数。

发现概率 $P(d)$ 和虚警概率 $P(\mathrm{fa})$ 定义为

$$P(d) = P(D = M \mid M) = \int_{\mu} P(M \mid \boldsymbol{C}) P(\boldsymbol{C}) \mathrm{d}\boldsymbol{C} \tag{14-16}$$

$$P(\mathrm{fa}) = P(D = M \mid \overline{M}) = \int_{\mu} P(\overline{M} \mid \boldsymbol{C}) P(\boldsymbol{C}) \mathrm{d}\boldsymbol{C} \tag{14-17}$$

μ 是矢量 $\boldsymbol{C}$ 的集合,这些矢量满足 $\Im(\boldsymbol{C}) \geqslant t$;$P(\boldsymbol{C})$ 是关于矢量 $\boldsymbol{C}$ 的先验概率。这个概率可以利用条件概率来计算:

$$P(\boldsymbol{C}) = P(\overline{M}) P(\boldsymbol{C} \mid \overline{M}) + P(M) P(\boldsymbol{C} \mid M) \tag{14-18}$$

2)利用贝叶斯法建立区分函数

假设对于每个类来说传感器的置信度都是独立的

$$P(\boldsymbol{C} \mid M) \sim \prod_{i=1}^{R} P(C_i \mid M) \tag{14-19}$$

$$P(\boldsymbol{C} \mid \overline{M}) \sim \prod_{i=1}^{R} P(C_i \mid \overline{M}) \tag{14-20}$$

因此,区别函数为下列形式: $\Im(\boldsymbol{C}) = \prod_{i=1}^{R} \dfrac{P(C_i \mid M)}{P(C_i \mid \overline{M})} = \prod_{i=1}^{R} f_i(C_i)$,式中 $f_i(C_i)$ 表示边缘概率;$P(C_i \mid M)$ 表示第 i 个传感器的条件概率。

边缘概率的范围是 $[0, \infty)$,该范围可以用一个可度量的参数 ε 来近似: $f_i(C_i) \in [\varepsilon, 1/\varepsilon]$,$\varepsilon$ 表示一个很小的正数。边缘可能比率可以通过乘上一个 ε 来衡量。换算过的边缘可能度量的范围是 $[\varepsilon^2, 1]$,该范围可以看作是 $[0, 1]$ 的近似,这就是置信度的范围。换算的参数 ε 被吸收进阈值。

假设给定第 i 个传感器的置信度,用 C_i 表示,下面的参数映射被用于获得可计算的边缘概率 $f'_i(C_i) = \varepsilon f_i(C_i)$

$$f'_i(C_i) = (1 - \mu_i) C_i + \frac{1}{2} \mu_i \tag{14-21}$$

式中,μ_i 表示第 i 个传感器的不确定性,μ_i 的范围是 $[0, 1]$。通过这种映射可以保证高置信度对应的是高可能性。不确定等级是通过训练集来确定的。给定了转换函数 $f_i(C_i)$,区分函数是方程 $\Im(C_1, C_2, C_3) = t$ 的解。

3)利用 D-S 证据理论建立区分函数

对于 D-S 理论用于传感器融合,每个传感器必须有三个输入:指派给目标的可能质量 $m(M)$,指派给背景的可能质量 $m(\overline{M})$,以及未指派的可能质量 $m(M \bigcup \overline{M})$。这三个质量的和等于 1,因此这里只有两个独立的质量 $m(M)$ 和 $m(\overline{M})$。这个质量 $m(M)$ 表示了目标检测的信任度,质量 $m(\overline{M})$ 代表的正好相反,同时 $m(M\bigcup\overline{M})$ 反映的是传感器的不确定度。每一个传感器在每一个采样位置只生成一个置信度,该置信度必须被映射到上述三个概率质量。

为了简便起见,对于每个传感器假定未分配的概率质量为一个常量,分配给目标的概率质量要与置信度保持线性的关系。假设给定第 i 个传感器的置信度,使用下面的映射获得三个概率质量:

$$m_i(M) = (1-\mu_i)C_i$$
$$m_i(\overline{M}) = (1-\mu_i)(1-C_i)$$
$$m_i(M\bigcup\overline{M}) = \mu_i$$

在这里 $\mu_i \in [0,1]$ 是第 i 个传感器未指定的概率质量。这种映射能够保证高置信度带来高的概率质量。

如果置信度为 0,那么指定给目标的概率质量 $m(M)$ 为 0,同理也可以用于背景。我们可以利用一个训练集来获得不确定度 $m(M\bigcup\overline{M})$ 最优化。

假设已经分别给定了两个传感器的概率质量 $m_1(M),m_1(\overline{M})$ 以及 $m_1(M\bigcup\overline{M})$,$m_2(M),m_2(\overline{M})$ 以及 $m_2(M\bigcup\overline{M})$,可以利用下面的公式获得融合后的概率质量 $m_{1,2}$:

$$m_{1,2}(M) = \frac{m_1(M)m_2(M)+m_1(M)m_2(M\bigcup\overline{M})+m_1(M\bigcup\overline{M})m_2(M)}{K}$$

$$m_{1,2}(\overline{M}) = \frac{m_1(\overline{M})m_2(\overline{M})+m_1(\overline{M})m_2(M\bigcup\overline{M})+m_1(M\bigcup\overline{M})m_2(\overline{M})}{K}$$

$$m_{1,2}(M\bigcup\overline{M}) = \frac{m_1(M\bigcup\overline{M})m_2(M\bigcup\overline{M})}{K} \tag{14-22}$$

$$K = 1-m_1(M)m_2(\overline{M})-m_1(\overline{M})m_2(M)$$

如果是三个传感器,可以先融合其中的两个传感器,然后再将融合的结果和第三个传感器融合。

三个传感器融合后有三个概率质量 $m_{1,2,3}(M),m_{1,2,3}(\overline{M})$ 和 $m_{1,2,3}(M\bigcup\overline{M})$。为了使用 D-S 理论作为一个分类器,需要一个简单的值。指定给目标的概率质量也被称为支持度,用于达到这个目的。另一个操作是让指派给目标的概率质量随着不确定度的增长而增长,这也称作似然性。使用平均支持度和似然性:

$$m_{res}(M) = m_{1,2,3}(M)+\frac{1}{2}m_{1,2,3}(M\bigcup\overline{M}) \tag{14-23}$$

可以通过设定概率质量的阈值 $t(m_{res}(M)=t)$ 来获得区分函数。

4) 利用规则建立区分函数

规则的一般形式如下所示:

$$C_1 > t_1 \wedge \cdots \wedge C_i > t_i \rightarrow 目标$$

该式是由一系列的子句 $C_i > t_i$ 关联而成的。每个子句说明一个传感器的置信度大

于某个给定的阈值。假如阈值为 0 则该条子句可以省略。子句的"或"通过结合规则来获得

$$(C_1 > t_{1,1} \wedge \cdots \wedge C_i > t_{i,1}) \vee (C_1 > t_{1,2} \wedge \cdots \wedge C_i > t_{i,2}) \rightarrow 目标$$

上式中 $t_{i,j}$ 是阈值。通过针对一个训练集选择一个最小的规则集和来确定规则集。每个目标至少被一条规则所覆盖。这个规则集是可以简化的,可以通过移除一些被其余规则集和覆盖的规则来达到这个目的。

5) 利用投票融合方法建立区分函数

该方法是通过 $R+1$ 个阈值来描述的:每一个阈值都是针对一个传感器的,而且每个都是针对所需数目的投票。一个投票是由一个传感器给出的,如果该传感器的置信度大于阈值。

假设给定 $R+1$ 个阈值 $t_1,\cdots,t_{R+1}$,以及 R 个传感器的置信度 $C_1,\cdots,C_R$,基于投票的分类框架如下所示:

$$\Im(\boldsymbol{C})=1,\quad 判定向量 \boldsymbol{C} 为目标$$
$$\Im(\boldsymbol{C})=0,\quad 判定向量 \boldsymbol{C} 为背景$$

在这里

$$\Im(\boldsymbol{C}) = T\Big(\sum_{i=1}^{R} T(C_i,t_i),t_{R+1} \Big)$$
$$T(c,t)=\begin{cases} 0 \\ 1 \end{cases}$$

当给定虚警率时,最佳数目的投票是通过实验在 1 和 R 之间的每一个数字的投票,评价其检测率来确定的。对于有三个传感器的情况,只有一个投票的方法称为"or-voting"方法,对于有三个投票的方法称为"and-voting"方法。

3. 将决策融合看成是专家投票结果的综合

该方法将检测器看成是一个一个的专家,检测器输出目标的位置信息,这相当于专家对于图像中某个位置作出了有无目标的决策。这就好比多位专家对图像中同一位置有无目标进行投票。投票法目前用于决策融合的规则主要有三种:

(1) "AND"准则。当所有的检测器都认为图像中该位置存在目标时,则最终的决策结果认为图像该位置存在目标。

(2) "OR"准则。只要有一个检测器认为图像中该位置存在目标时,则最终的决策结果认为图像该位置存在目标。

(3) "大多数原则"。当认为图像该位置存在目标的检测器个数超过一定的阈值时,则最终的决策结果认为图像该位置存在目标。

可以发现前两种规则实际是第(3)种规则的特殊情况。但这些规则并没有考虑到各分类器本身的特性,实行的是"一人一票"的原则。实际上每个检测器的检

测性能都不相同。比较符合实际情况的做法是对每个类别设置不同的阈值,使决策融合的结果得到进一步改善。要实现这个设想,必须通过对大量的样本统计获得每个分类器识别性能的先验知识。针对这个先验知识的获得方法,研究人员提出了一些解决的方法,这其中针对各分类器的"混乱矩阵"法是一个比较可行的方法。

14.3.3　决策结果的评价

定义了两个用于比较的指标——检测正确率(P_d)和平均虚警目标个数(N_{ft})。

关于 P_d 和 N_{ft} 指标的计算是研究的另一重点。目前,人们大多采用事后总结的方法计算 P_d 和 N_{ft},例如,采用 100 幅图像,先由智能检测系统对目标情况作出决策,然后由操作人员对系统的决策作出最终的判定,假如其中的 n_1 幅图像作出的决策是正确的,那么检测正确率 $P_d = n_1/100$,其中虚警目标的个数为 N,则平均虚警目标个数 $N_{ft} = N/100$。有时检测正确率大,但平均虚警目标个数也大,因此,我们在评价决策融合的时候,不仅要看这两个指标本身的大小,更要注意这两个指标之间的比值 P_d/N_{ft},以该比值作为结果的评价更为合适[10]。

14.4　投票表决技术在决策融合中的应用

目前决策层融合采用的主要方法有贝叶斯推断理论、D-S 证据理论、模糊集理论。这些方法各有利弊,在具体实现的过程中它们存在不同的难度:贝叶斯推断理论必须预先知道先验概率,而在很多时候先验概率往往无法获得;D-S 证据理论虽然不需要知道先验概率,但是 D-S 证据理论需要的基本概率分配函数的确定直到现在也没有一个理想的解决方法,目前主要是靠经验确定;模糊集理论虽然可以减少信息的损耗,但前提是隶属函数必须有效。目前模糊集理论采用的主流方法是用相似度函数作为隶属函数,该方法大多用于字符识别领域,但用于目标检测领域并不很合适,所以在特定领域中找到合适的隶属函数仍是一个难点。因此寻求一种更加普适的,更加具有实际可操作性的决策层融合方法具有较高的应用价值。

本节将在红外弱小目标检测的特定背景下研究利用投票表决技术实现决策层的融合方法,研究了两种基于投票表决技术的融合方法,即"未考虑先验知识的表决融合"和"基于先验知识的表决融合"。第一种表决融合方法主要是利用双色红外成像信息的互补性,克服单传感器的信息不确定性。该融合方法不需要大量的训练样本,原理简单,易于实现,实验结果证明它比单传感器的检测更为有效。第二种表决融合方法利用分类器对训练样本的分类结果获得各分类器对于目标识别能力的先验知识,将这些先验知识以一种合适的方式放入第一种表决融合方法中。因此,如果能够获得训练样本,采用基于先验知识的表决融合方法将会获得更高的目标检测率和更低的虚警率。

14.4.1　未考虑先验知识的表决融合

双波段红外成像系统由长波红外和中波红外两个波段的红外成像传感器所构成,各自传感器获得的图像信息具有互补性和较大的冗余度。为充分利用双波段融合检测技术所带来的优势,针对双波段的成像特性研究了一种基于"OR/AND"逻辑的表决融合检测算法。在实验中,利用经典的统计检测法对来自双波段红外成像系统的真实红外图像进行检测,并分别与基于"OR"逻辑和"AND"逻辑的两种融合方法的检测效果进行了对比分析。

表决融合的"OR"逻辑由于基于两个传感器相同的特征,所以有利于目标和非目标的判别,使得目标的检测概率极大化,但另一方面却使得虚警概率增大;而"AND"逻辑虽然能使虚警概率降低,但同时也减小了目标的检测概率。为此通过结合"AND"逻辑和"OR"逻辑,即对背景点实行逻辑"AND"运算,而对目标点进行逻辑"OR"运算,这样就可使目标的检测概率得到提高又可以达到降低虚警概率的目的,这种方法就是"OR/AND"表决融合检测法。下面对以上三种融合逻辑进行简要的说明。

1. "OR"融合检测法

对来自双波段红外成像传感器的两个波段的图像序列进行统计检测后,得到的是各个像素点关于目标和背景的分割二值图(用灰度为 0 表示该点判决为背景点,灰度为 255 表示该点判决为目标点)。双波段"OR"融合检测是指对目标点采用"OR"逻辑进行决策级融合检测判决,即只要有一个传感器判决某点为目标点就对该像素点作出是目标点的决策。具体逻辑关系如表 14-2 所示。

表 14-2　"OR"融合检测逻辑关系表

长波红外传感器判决	中波红外传感器判决	决策融合中心判决
B	B	B
B	T	T
T	B	T
T	T	T

注:B 代表背景;T 代表目标。

长波和中波红外图像的单个波段的统计检测结果和单帧"OR"融合检测结果如图 14-6(c)~(e)所示。

从表 14-2 和以上检测结果图像可以看出,"OR"融合检测使得目标检测概率提高,但同时却使虚警概率增大。

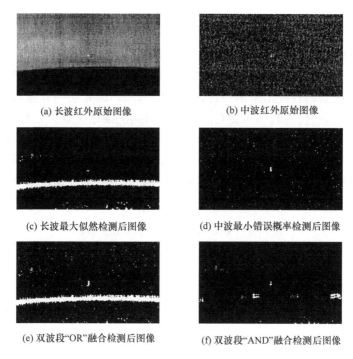

(a) 长波红外原始图像　　　　　　　　(b) 中波红外原始图像

(c) 长波最大似然检测后图像　　　　(d) 中波最小错误概率检测后图像

(e) 双波段"OR"融合检测后图像　　　(f) 双波段"AND"融合检测后图像

图 14-6　双波段红外"OR"或"AND"融合检测结果

2. "AND"融合检测法

双波段"AND"融合检测法是指对目标点采用"AND"逻辑进行决策级融合检测判决,即只有当两个波段的传感器都判决某点为目标点时,才对该像素点作出是目标点的决策。具体逻辑关系见表 14-3。

表 14-3　"AND"融合检测逻辑关系表

长波红外传感器判决	中波红外传感器判决	决策融合中心判决
B	B	B
B	T	B
T	B	B
T	T	T

注:B 代表背景;T 代表目标。

采用"AND"融合检测法对长波和中波红外两个成像传感器的单帧图像进行融合处理的结果如图 14-6(f)所示,从结果图像可以看出"AND"融合检测减小了背景和噪声点对目标点判决的影响,降低了虚警概率,但同时也减小了目标的检测概率。

3. "OR/AND"融合检测法

双波段红外成像系统中的双波段"OR/AND"融合检测法是在研究了目标在长波和中波两个波段的图像信息的互补性和冗余性的基础上,结合"AND"逻辑和"OR"逻辑的融合特性提出来的一种融合检测算法。该算法一方面对目标点采用"OR"逻辑进行融合检测,即只要有一个传感器判决某像素点为目标点,决策融合中心就作出该点为目标点的决策;另一方面对背景点采用"AND"逻辑进行融合处理,即两个传感器同时判决某像素点为背景,决策融合中心才作出该点为背景的决策。这种方法在使目标检测概率提高的同时,降低了检测的虚警概率。其具体逻辑关系见表 14-4。

表 14-4　"OR/AND"融合检测逻辑关系表

长波红外传感器判决	中波红外传感器判决	决策融合中心判决
B	B	B
B	T	T
B	N	N
T	B	T
T	T	T
T	N	T
N	B	N
N	T	T
N	N	N

注:B 代表背景;T 代表目标;N 代表不确定。

采用"OR/AND"融合检测法对长波和中波红外两个成像传感器的单帧图像进行融合处理的结果图像如图 14-7 所示。

图 14-7　双波段"OR/AND"融合检测结果

从图 14-7 可以看出"OR/AND"融合检测在使得目标检测概率提高的同时减小了背景和噪声点对目标点判决的影响,降低了虚警概率,达到了算法设计所要求的检测效果。

实验利用 4338 幅真实红外图像进行目标检测,首先分别对长波图像和中波图像采用最小误判概率准则检测目标,结果如下:

(1) 长波图像检测结果为$\dfrac{2546}{4338} \times 100\% \approx 59\%$;

(2) 中波图像检测结果为$\dfrac{2907}{4338} \times 100\% \approx 67\%$;

(3) 采用"OR/AND"融合检测法的中长波红外联合检测结果为$\dfrac{3123}{4338} \times 100\% \approx 72\%$。

实验结果表明多传感器的决策融合利用不同传感器决策结果的互补性提高了最终的检测率。由于实验中只使用了单帧的信息用于决策,因此在接下来的实验中希望能够利用序列图像的多帧信息进一步地提高目标的检测概率。

14.4.2　基于连续五帧图像的投票表决融合

目前基于单帧的小目标检测技术主要是利用目标与背景之间的灰度差异,这是任何一种目标检测方法的必要条件。一幅 $M \times N$ 红外图像可以看作是低频背景和高频部分的叠加,高频部分较多地包含了小目标的信息。假设要处理的图像为 $B(m,n)$,它可以表示为

$$B(m,n) = S(m,n) + D(m,n), \quad m = 0,1,\cdots,M-1; n = 0,1,\cdots,N-1$$

$$(14\text{-}24)$$

式中,$S(m,n)$ 为图像的大面积背景特征;$D(m,n)$ 为图像的细节,即高频的噪声和目标。对于一幅包含红外弱小目标的图像,图像的灰度直方图近似于均值为零的高斯分布。在高频图像中,背景噪声的统计分布类似于零均值的高斯分布。由于目标的面积非常小,一般只有几个像素点,所以,目标的灰度分布类似于均匀分布。根据最小误判概率准则,红外弱小目标的检测可以描述为一个二元假设检验问题,假设 m_1 表示点 (m,n) 为背景噪声点,假设 m_2 表示点 (m,n) 为目标点,则

$$\begin{cases} p(z/m_1) = [1/((2\pi)^{1/2}\sigma)]\exp[-z^2/(2\sigma^2)] \\ p(z/m_2) = 1/k \end{cases}$$

由似然比理论可知:

$$\begin{cases} p(z/m_1) \cdot p(m_1) > p(z/m_2) \cdot p(m_2), & \text{假设 } m_1 \text{ 成立,即像素点为背景点} \\ p(z/m_1) \cdot p(m_1) < p(z/m_2) \cdot p(m_2), & \text{假设 } m_2 \text{ 成立,即像素点为目标点} \end{cases}$$

上述式子可以转换为

$$\begin{cases} \dfrac{p(z/m_1)}{p(z/m_2)} > \dfrac{p(m_2)}{p(m_1)}, & m_1 \text{ 成立} \\[3mm] \dfrac{p(z/m_1)}{p(z/m_2)} < \dfrac{p(m_2)}{p(m_1)}, & m_2 \text{ 成立} \end{cases}$$

令 $\lambda = \dfrac{p(m_2)}{p(m_1)}$，一般取 $\lambda = 0.1$，将概率密度函数代入后，最终得到判决表达式：

$$\begin{cases} z^2 < 2\sigma^2 \ln[k/((2\pi)^{1/2}\sigma\lambda)], & \text{点为背景点} \\ z^2 \geqslant 2\sigma^2 \ln[k/((2\pi)^{1/2}\sigma\lambda)], & \text{点为目标点} \end{cases}$$

在上述式中，z 表示某点的像素的灰度值；k 表示灰度的取值范围，灰度的范围一般为 $-255 \sim 255$，所以 $k = 511$；均值和方差 σ 一般是采用整幅图像的样本均值和方差作为近似。

实验采用的数据是针对同一场景的中波与长波红外的图像，一共是 4338 幅序列图像，实验首先是直接使用最小误判概率准则对图像进行检测，结果表明：

（1）对于 4338 幅长波红外图像，该方法的正确率约为 41%；

（2）对于 4338 幅中波红外图像，该方法的正确率约为 5%。

实验结果表明完全依靠最小误判概率准则对于目标情况作出判决是非常不可靠的，虽然长波红外图像可达到 41%，但没有超过 50%，因此该算法对于长波红外数据来说属于弱算法。至于中波红外数据，该方法只有 5% 的正确率，基本上认为是失效的。造成这种结果的直接原因就是在计算公式中的均值和方差时采用了整幅图像的像素点作为样本，但这样做有一个前提就是背景一定要比目标的亮度小，如果不满足这个前提条件，利用最小误判概率准则就无法从图像中检测出目标。在图 14-8 所示的长波红外图像中，目标的亮度一般都比背景点的亮度要高，但是在图 14-9 所示的中波红外图像中，目标的亮度比有一些区域背景的亮度还低，因此最小误判概率准则就失效了。

图 14-8　长波红外图像

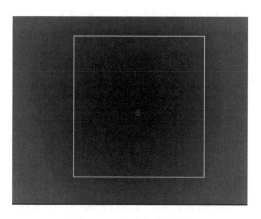

图 14-9　中波红外图像

在方框区域内,目标亮度基本上大于背景的亮度,方框区域外背景亮度大于目标的亮度

为了解决这个问题,实验中采用了分块处理的方法,将图像按照 25×25 规格分块,然后针对每一个图像块使用最小误判率准则进行判断。假如目标在某一图像块内出现,在该图像块内基本可以保证目标的亮度高于背景的亮度,所以它满足最小误判率准则的前提,可以在该图像块内检测出目标。假如目标未出现在某图像块内,由于小范围背景区域是较均匀的区域,使用最小误判率准则也很少会出现误判的情况。基于图像分块的最小误判率准则,重新对 4338 幅长波红外与中波红外序列图像进行检测,实验结果如下:

(1) 对于 4338 幅长波红外图像,该方法的正确率约为 53%。

(2) 对于 4338 幅中波红外图像,该方法的正确率约为 42%。

上述结果表明分块后检测的正确率有了明显的提高,特别是对于中波红外图像检测效果的提高更加明显。但是在长波与中波红外图像的检测结果中,检测到的目标的个数大于 1,说明其中一些检测结果并非真正的目标,如图 14-10 所示,在原始图像中目标只有一个,但在分块后的检测结果中却出现了四个目标点,说明其中三个为虚警点。

(a) 原始图像

(b) 检测结果

图 14-10　图像分块后的检测结果

本实验中出现虚警点的原因归纳为以下三种情况：

(1) 红外成像传感器带来的噪声，由于本实验中使用的长波红外成像传感器属于非致冷型的，所以，长波红外图像中包含的噪声大于中波红外图像的噪声；

(2) 实验数据采集采用手动跟踪目标的方法，所以目标运动的连续性会受到影响，这也会为虚警点的出现创造条件；

(3) 长波红外对于外界的反映要比中波红外敏感得多，因此在长波红外图像中背景亮度的变化比较大，出现虚警点的情况比中波红外图像多。

为了尽量消除虚警点的干扰，需要充分利用目标运动的相关性。在本实验中，相邻两幅图像目标的运动速度不超过 0.2 个像素点，连续 5 帧移动的位置也才 1 个像素点，所以基本上可以认为目标在相邻两帧内的位置没有变化。而噪声的出现是没有规律的，它往往是随机的。根据上述特点，提出一种"前后帧决策融合方法"的融合技术来消除虚警点对于检测结果的影响。具体做法如下：

步骤 1：利用 5×5 的高通模板对原始图像进行滤波，使图像的高频成分得到提升；

步骤 2：采用分块的最小误判概率准则对第 n 帧图像进行检测；然后再用同样的方法对第 $n+1$ 帧图像进行检测；

步骤 3：利用前面介绍的表决融合技术中的"OR/AND 融合检测法"，具体将第 n 帧与第 $n+1$ 帧的检测结果加以融合，通过决策融合后得到第 n 帧图像最终的检测结果。

实验结果如下：

(1) 对 4338 幅中波红外图像利用"前后帧决策融合方法"检测的结果，一共检测出 3592 幅图像，但在这 3592 幅图像中有 915 幅图像检测出的目标点超过了 1 个。该方法的正确率为 $\dfrac{3592-915}{4338} \times 100\% \approx 62\%$。

(2) 对 4338 幅长波红外图像利用该方法进行检测，正确率为 52%。

结果表明使用投票表决的融合方法的正确率明显比单纯的分块检测法的正确率要高。但是对于有些图像中的虚警点还是不能完全消除，造成这种现象的原因有两点：

(1) 用于投票表决融合的对象只有前后相邻的两帧，决策融合过程中考虑的信息还不够充分。

(2) 虽然使用的是"OR/AND 融合检测法"，但是该法只是简单地采用"一人一票"的原则，并未考虑不同图像的检测结果对于最终的决策融合结果的贡献是不一样的。

所以针对"前后帧决策融合方法"的不足，本章研究了"基于连续五帧图像的投票表决融合"方法。该方法的具体步骤如下：

　　步骤 1：图像的预处理，还是采用前面提到的高通模板，对图像进行高通滤波。

　　步骤 2：确定五帧图像中的基准帧，将基准帧的序号定为第 I 帧，然后再按顺序分别取前两帧，编号为第 $I-1$ 帧和第 $I-2$ 帧，以及后两帧，编号为第 $I+1$ 帧和第 $I+2$ 帧。

　　步骤 3：利用分块的最小误判概率准则对这五幅图像分别进行检测，然后对基准帧图像检测结果中的目标点分别用序号作出标记，记为 target1，target2，…，如图 14-11 所示，用矩形框标出检测出的目标点。

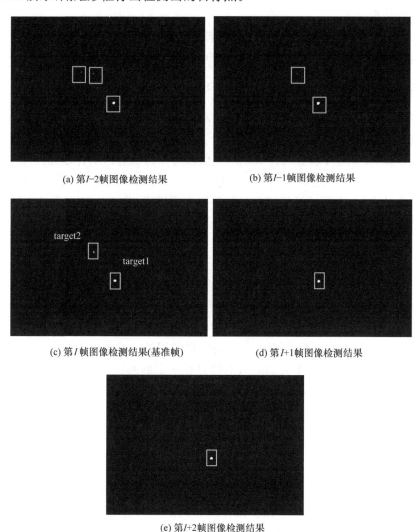

(a) 第 $I-2$ 帧图像检测结果　　　　　　　　(b) 第 $I-1$ 帧图像检测结果

(c) 第 I 帧图像检测结果(基准帧)　　　　　　(d) 第 $I+1$ 帧图像检测结果

(e) 第 $I+2$ 帧图像检测结果

图 14-11　5 帧连续图像的检测结果

步骤4:统计基准帧内各目标点的得票数。假如在相邻的前后图像内,对应的位置上也出现了目标,那么该目标点就可获得一票,但本实验在计票的时候并不是简单地加1,而是采用权值乘1后的值作为目标点真正的得票数。这里采用图像同基准帧间距离的倒数作为权值,因为离基准帧越近的图像同基准帧的关系越密切,所以它的权值也越大,这也说明它对最终融合的结果贡献也就越大。

步骤5:根据"最大得票准则"确定最终的融合结果。在基准帧内找出得票数最多的目标点,那么该点就是真正的目标点。

实验结果如下:

(1) 对4338幅中波红外图像利用"基于连续5帧决策融合方法"一共检测出3592幅图像,但在这3592幅图像中有205幅图像检测出的目标点超过了1个。该方法的正确率为 $\dfrac{3592-205}{4338} \times 100\% \approx 78\%$。

(2) 对4338幅长波红外图像利用该方法进行检测,正确率为63%。

结果表明"基于连续5帧的决策融合方法"的正确率要比"前后帧决策融合"的正确率高,特别是中波红外图像的结果的改善更为明显。不管是"前后帧的决策融合"方法还是"基于连续5帧的决策融合"方法,都可以归为"未考虑先验知识的表决融合技术"。下面还将尝试把先验知识考虑进来,作为一种探索性研究,以期得到图像目标检测效果更好的结果。

14.4.3 基于先验知识的表决融合

对多分类器进行组合的一种简易方法就是投票表决,如多数票规则和完全一致规则等。但这些表决规则并没有考虑到各分类器本身的特性,实行的是一人一票的原则。实际上,由于各个分类器使用的特征不同,以及原理和方法不一样,或者训练过程使用的样本不尽相同,每个分类器的识别性能会有所差别,有一定的互补性,即各个分类器对每个类别的识别能力有一定的差别。可以通过对大量样本的统计获得每个分类器识别性能的先验知识,将其作为投票表决的依据,此外在投票表决时每个类别可设置不同的阈值,使组合效果得到进一步改善。

1. 多分类器组合及投票表决的数学表述

给定的模式空间 P 有 M 个互斥的集合组成,即 $P=C_1 \cup C_2 \cup \cdots \cup C_M$,其中 $C_i, \forall i \in \Lambda=\{1,2,\cdots,M\}$ 称为一个类。对于一个来自 P 的样本 x,分类器 e 的任务就是指定 x 的所属类别,并用一个代表类别的特定标号 $j \in \Lambda \cup \{M+1\}$ 表示。当 $j \in \Lambda$ 时说明分类器 e 将模式 x 分类至 C_j 中,$j \in \{M+1\}$ 则说明 e 对 x 拒识。若不考虑 e 的内部结构,也不考虑它是基于什么原理和方法,其输入为模式 x,输出为分类标号 j,即 $j=e(x)$。通常情况下难以保证 $j_1=j_2=\cdots=j_K$(特别是在 K

比较大时)。现在的问题是如何充分利用各分类器的结果产生 $j_k(k=1,2,\cdots,K)$，将它们有效地组合起来实现一个综合分类器 E，使其对样本 x 有一个确定的标号 j，即 $E(x)=j,j\in\Lambda\bigcup\{M+1\}$。

针对分类结果 $e_k(x)=i$，定义一个二值函数：

$$T_k(x\in C_i)=\begin{cases}1, & \text{如果 } e_k(x)=i \text{ 且 } i\in\Lambda\\0, & \text{否则}\end{cases} \tag{14-25}$$

一种简单的组合规则为

$$E(x)=\begin{cases}j, & \exists j\in\Lambda, \bigcap_{k=1}^{K}T_k(x\in C_j)=1\\M+1, & \text{否则}\end{cases} \tag{14-26}$$

其中，"$\bigcap$"为逻辑"与"操作。当且仅当 $j_1=j_2=\cdots=j_k=j,\forall j\in\Lambda$ 时才会获得最终结果，这是一种条件很苛刻的决策融合规则。

如果对它适当放宽，即有如下的组合规则：

$$E(x)=\begin{cases}j, & \exists j\in\Lambda, \bigcap_{k=1}^{K}(T_k(x\in C_j)\bigcup T_k(x\in(M+1)))=1\\M+1, & \text{否则}\end{cases}$$

$$\tag{14-27}$$

其中，"$\bigcup$"为逻辑"或"操作。这种组合规则下某个分类器拒识时不会对最终结果产生影响，只要各分类器的结果不存在互相矛盾的情况都可以得到最终的组合结果。

上述两种组合本质上是投票表决的方式决定最后组合结果，前者相当于"一致通过"，而后者可以认为是"无反对票即通过"。直观上容易看出前一种组合规则下识别率低，但可信度很高；而后一组合规则下识别率高，但可信度降低。

投票表决的一般形式为

$$E(x)=\begin{cases}j, & \text{如果 } T_E(x\in C_j)=\max_i T_E(x\in C_i)>\lambda\cdot K\\M+1, & \text{否则}\end{cases} \tag{14-28}$$

其中，$T_E(x\in C_i)=\sum_{k=1}^{K}T_k(x\in C_i)(i=1,2,\cdots,M)$；$\lambda\cdot K$ 为表决的阈值。

2. 基于先验知识的投票表决

上述投票表决的组合方式并没有考虑到各分类器本身的特性，还是采用了"一人一票"的表决原则。为利用各分类器的特性达到组合后能实现高识别率和高置信度的效果，下面讨论基于先验知识的投票表决方法。

首先利用大量样本统计每个分类器的识别情况，从而形成有关各分类器识别情况的混乱矩阵

$$
CM_k = \begin{pmatrix} n_{11}^{(k)} \cdots n_{1M}^{(k)} \, n_{1(M+1)}^{(k)} \\ \cdots\cdots\cdots\cdots\cdots\cdots \\ \cdots\cdots n_{ij}^{(k)} \cdots\cdots\cdots \\ \cdots\cdots\cdots\cdots\cdots\cdots \\ n_{M1}^{(k)} \cdots n_{MM}^{(k)} n_{M(M+1)}^{(k)} \end{pmatrix}
$$

其中，$k=1,2,\cdots,K$；$n_{ij}^{(k)}$ 表示 e_k 将 C_i 类中的样本识别为 C_j 类中的数量，其含义为

(1) 如果 $i=j$，e_k 正确识别 C_i 类中样本的数量；

(2) 如果 $j=M+1$，e_k 拒识 C_i 类中样本的数量；

(3) 如果 $j\neq i$ 且 $j\neq M+1$，e_k 将 C_i 类中的样本错误识别为 C_j 类的数量。

对 e_k 而言，识别结果为 $j=e_k(x)$ 的样本总数为 $n_j^{(k)} = \sum\limits_{i=1}^{M} n_{ij}^{(k)}$，$j=1,2,\cdots,$ $M+1$。在 e_k 的识别结果为 j 的条件下，样本来自 C_i 类的概率可以用条件概率表示如下：

$$
P(x \in C_i / e_k(x) = j) = \frac{n_{ij}^{(k)}}{n_j^{(k)}} = \frac{n_{ij}^{(k)}}{\sum\limits_{i=1}^{M} n_{ij}^{(k)}}, \quad j=1,2,\cdots,M+1 \quad (14\text{-}29)
$$

如果生成混乱矩阵 CM_k 的样本足够多并且反映了模式空间 P 的分布，那么该混乱矩阵反映了 e_k 的识别情况，将混乱矩阵 CM_k 作为分类器组合时的先验知识，即以 $P(x\in C_i/e_k(x)=j)$ 作为投票表决时的得票数，$x\in C_i$ 的概率（或者称为 C_i 的总得票数）为

$$
P_E(x \in C_i) = \sum_{k=1}^{K} P(x \in C_i / e_k(x) = j_k), \quad i=1,2,\cdots,M \quad (14\text{-}30)
$$

于是可以得到以各分类器识别性能为先验知识的投票表决规则为

$$
E(x) = \begin{cases} j, & \text{如果 } \exists j \in \Lambda \text{ 且 } P_E(x \in C_j) = \max\limits_{i \in \Lambda} P_E(x \in C_i) \\ M+1, & \text{否则} \end{cases}
$$

$$(14\text{-}31)$$

可将上式改为

$$
E(x) = \begin{cases} j, & \text{如果 } \exists j \in \Lambda \text{ 且 } P_E(x \in C_j) = \max\limits_{i \in \Lambda} P_E(x \in C_i) \geqslant T \\ M+1, & \text{否则} \end{cases}
$$

$$(14\text{-}32)$$

T 的取值是一样的，但实际使用的 T 的取值不同，组合的效果会有较明显的差别。将上式进一步改写为

$$
E(x) = \begin{cases} j, & \text{如果 } \exists j \in \Lambda \text{ 且 } P_E(x \in C_j) = \max\limits_{i \in \Lambda} P_E(x \in C_i) \geqslant T_j \\ M+1, & \text{否则} \end{cases}
$$

$$(14\text{-}33)$$

其中的阈值 T_j 可以通过训练获得。首先将 T_j 设置为初始值

$$T_j = \sum_{i=1}^{N_j} P_E(x \in C_j)/N_j \tag{14-34}$$

其中,$j=1,2,\cdots,M;N_j$ 为训练样本中属于 C_j 类的所有样本的数目。

训练过程中,如果 s 类样本 x 的组合识别结果为 j 类,则根据不同的识别情况对 T_j 作如下的修改:

(1) 如果 $j=s$,即对 x 正确识别,则 T_j 不修改;

(2) 如果 $j=M+1$,即对 x 拒识,则

$$\Delta T_j = \begin{cases} \alpha(P_E(x \in C_j) - T_j), & \text{如果 } P_E(x \in C_j) < T_j \\ 0, & \text{否则} \end{cases} \tag{14-35}$$

(3) 如果 $j \neq s$ 且 $j \neq M+1$,即对 x 错误识别,则

$$\Delta T_j = \begin{cases} \beta(P_E(x \in C_j) - T_j), & \text{如果 } P_E(x \in C_j) > T_j \\ 0, & \text{否则} \end{cases} \tag{14-36}$$

α 和 β 是学习的步长,且 $\alpha,\beta > 0$。为了减小振荡,使 α 和 β 随着学习次数的增加呈单调下降,取 $\alpha = \overset{\circ}{\alpha} \exp(-at)$,$\beta = \overset{\circ}{\beta} \exp(-bt)$。其中 $\overset{\circ}{\alpha},\overset{\circ}{\beta},a,b$ 为常数,与训练速度有关。

3. 实验结果

实验中将两个分类器进行组合用于红外弱小目标的识别。两个分类器虽然都是采用灰度作为特征,但是它们的设计思想各不相同,所以适用的环境也各不相同。一个分类器是基于极大似然检测算法设计的;另一个分类器是基于最小错误概率检测算法设计的。极大似然检测算法和最小错误概率检测算法都属于统计检测法。通过实验可以发现两种分类器对于同一场景的中波和长波红外图像的分类效果并不相同,如图 14-12 中的(b)和(d)所示。

从图 14-12 可以看出,利用极大似然检测法用于长波红外图像可以明显地检测出地平线,而最小错误概率检测法可以比较好地保留目标形状等信息。这说明针对弱小目标的分类器由于设计的原理各不相同,使用的样本也不相同,这些必然会导致各个分类器对每个类别的识别性能有所不同,通过对大量的样本的统计可以获得每个分类器识别性能的先验知识。

实际实验采用的红外图像中有四类对象:①真正的感兴趣目标(标号为 C_1);②背景(标号为 C_2);③地平线(标号为 C_3);④噪声(标号为 C_4)。根据前面介绍的"基于先验知识的投票表决法"的步骤,首先利用红外传感器获得的图像序列作为训练样本,实验中一共采用了连续的 87 幅双波段红外图像作为训练样本,通过训练分别获得极大似然检测分类器的混乱矩阵 CM_1 和最小错误概率检测分类器的

(a) 长波红外原始图像

(b) 极大似然法检测后的图像

(c) 中波红外原始图像

(d) 最小错误概率法检测后的图像

图 14-12　两种分类器对于同一场景的中波和长波红外图像的分类效果

混乱矩阵 CM_2。在训练的过程中除了需要确定分类器的混乱矩阵,同时还要确定表决阈值 T_j。实验中取 $\alpha=1.0, \beta=1.0, a=0.1, b=0.1$。表 14-5 列出经过不同训练次数后的目标的检测率和 100 幅图像中虚警点的数目,从表中的结果可知,随着训练次数的增加,检测率得到了提高,而虚警点的数目在不断地降低,并且逐渐趋向稳定。

表 14-5　训练次数与组合效果

训练次数	目标检测率/%	虚警点数目(100 幅图像)
1	65.74	35.2
2	71.15	34.4
3	71.47	33.5
4	73.12	32.4
5	74.19	32.3
6	74.19	32.3

表 14-6 为采用经过 6 次训练后的表决阈值 T_j 对训练样本和测试样本的识别性能所作的比较,结果表明检测效果对训练集和测试集基本一致,也就是说根据训练集获取的混乱矩阵和表决阈值是有效的。

表 14-6　训练样本与测试样本的组合性能比较

	目标检测率/%	虚警点数目(100 幅图像)
训练样本	74.19	32.3
测试样本	74.23	31.5

选取不同的 α,β,a,b 常数,比较它们对训练速度和效果的影响。实验表明这些常数的取值对训练速度和识别效果的影响不大,一般而言,在较少几个循环训练后即趋向稳定,并且识别效果相差不明显。表 14-7 给出了不同的 α 取值经过 6 次循环训练后达到的识别率。

表 14-7　不同的 α 在学习 6 次后的检测率的比较

α	目标检测率/%	α	目标检测率/%
0.2	72.18	1.0	74.19
0.4	73.24	1.2	74.21
0.6	73.30	1.5	74.13
0.8	72.80	1.8	74.11

投票表决规则是多分类器组合的常用策略,本实验首先获取有关每个分类器识别性能的先验知识,作为投票表决的依据,并根据训练结果确定投票表决的阈值,使投票表决的效果有较大的改善。实验结果表明,这种投票表决规则使多分类器的组合结果的检测率得到了提高,同时降低了虚警点的数目。目前,利用"基于先验知识的投票表决融合算法"获得的目标检测率还不是特别高,只有 74% 左右,原因主要是实验中使用的训练样本还不够充分(目前的样本数为 100),所以如果能够获取更多的训练样本,那么混乱矩阵就能更好地反映出分类器的工作性能,以及模式空间的分布。

14.5　小　　结

本章对决策融合技术用于弱小目标检测的相关内容作了详细的介绍,同时对目前用于决策融合的主流技术进行介绍,对每种技术的优势和局限性进行了分析,操作中具体采用何种技术主要还是根据具体的场景图像来决定。在此基础上,研究了决策融合技术用于目标检测时必须解决的三个问题,并分别给出了目前主流决策融合技术对于这三个问题的解决策略。本章的研究重点在于利用投票表决技术实现决策融合在弱小目标检测中的应用,并给出了实验结果。

投票表决技术在弱小目标检测中的应用实现了三个层次上的算法:

层次一:利用"OR/AND"规则将中波和长波红外单帧图像的检测结果融合,实验结果表明融合后的检测率比单个传感器的检测率有明显的提高。

层次二:根据连续图像内目标运动具有强相关性的特点,研究了基于连续五帧表决融合的方法,实验结果表明该方法可以有效地降低虚警率,而且检测率比基于单帧的检测率高。

　　层次三：目前弱小目标的检测算法有很多种，但是每种算法都有其局限性，通过训练找出用于融合的检测算法的"混乱矩阵"，该矩阵反映了检测算法的能力，将该矩阵用于表决融合技术，使得融合结果更符合实际情况，这就是本章重点研究的"基于先验知识的表决融合技术"。

　　决策融合技术目前在理论上还有其不完善的地方，但这并不妨碍它在弱小目标检测中的优势发挥，本章的实验结果也初步验证了这一点。

参 考 文 献

[1] Hall D L. Mathematical Techniques in Multisensor Data Fusion. Norwood, MA, USA: Artech House Inc. ,1992

[2] Waltz E, Llinas J. Multisensor Datafusion. Artech House Inc. ,1990

[3] 王旋,李春升. 多传感器信息融合技术. 北京航空航天大学学报,1994,4:402-406

[4] Dasarathy B V. Decision Fusion. Los Alamitos, CA: IEEE Computer Society Press,1994

[5] Steinberg A N, Bowman C L. Revision to the JDL data fusion model. Handbook of Multisensor Data Fusion,2001

[6] Klein L A. Boolean algebra approach to multiple sensor voting fusion. IEEE Transactions on Aerospace and Electronic Systems,1998,29:317-327

[7] Serpico S B, Roli F. Classification of multi-sensor remote-sensing images by structured neural networks. IEEE Transactions on Geoscience and Remote Sensing,1995,33:562-578

[8] Giacinto G, Roli F, Bruzzone L. Combination of neural and statistical algorithms for supervised classification of remote-sensing images. Pattern Recognition Letters,2000,21:385-397

[9] Xu L, Krzyzak A, Suen C Y. Methods for combining multiple classifiers and their applications to handwriting recognition. IEEE Transactions on Systems, Man and Cybernetics,1992,22:418-435

[10] Dasarathy B V. Decision fusion benefits assessment in a three-sensor suite framework. SPIE Optical Engineering,1998,37:354-369

第 15 章　基于特征的运动目标检测与跟踪

15.1　引　　言

对于静态背景图像的运动目标检测,通常多采用基于背景建模和背景差分的运动目标检测算法[1-9],其算法通过采用合适的背景建模尽量获取准确的背景图像;然后利用阈值分割和形态滤波去噪,消除差分图像的噪声和填充目标上的空洞,以改善目标的分割效果。但这种方法的一个突出问题是:在复杂背景下难以正确检测出形变和被遮掩的目标以及灰度特别相似的目标。于是,一些学者围绕这个问题开展了很多研究,提出了一些新的算法,其中包括基于特征的目标检测与跟踪算法[10-12]。本章在介绍多种图像特征点检测算法的基础上,重点研究了一种基于累积 SIFT 特征的目标跟踪算法,并进行了仿真实验验证。

15.2　图像特征点检测算法

通常选用图像中容易确定的某些特殊点作为图像特征点,比如角点、直线交叉点、T 形交汇点、高曲率点以及特定区域的中心、重心等。通过提取特征点并且用特征点来标识图像中的对象,可以大大减少存储整幅图像的存储量。同时因为特征点分布在整个目标上,因此,即使目标有一部分被遮挡,仍然可以跟踪到另外一部分特征点,从而保证跟踪的连续性。另外,图像特征点还可以用于 3D 重建、物体识别、机器人导航及多幅图像配准等方面。

图像特征点选择十分重要,希望它能反映目标的重要信息,在图像中能更容易与一般的像素点进行区分,同时在目标发生尺度缩放、平移、旋转以及成像距离和视角发生变化时,仍然能够有效保持其独特性。在实际应用中选择图像特征点常遵循如下原则:

(1) 稳定性。当目标发生尺度缩放、平移、旋转等仿射变换、图像受噪声干扰时,仍然能够有效地检测到特征点。

(2) 有效性。目标图像中应当具有充分多的特征点。

(3) 定位精确性。特征点在各种情况下,相对于目标的基本位置基本保持不变。

(4) 尺度关联性。具有自动尺度选择的功能,能够避免在尺度空间上搜索,建立单一尺度的特征向量就能实现匹配。

下面介绍几种常用的图像特征点检测方法。

15.2.1　角点检测方法

角点是图像分析中一种重要的结构特征点,角点与图像中物体的结构信息密切相关,反映了图像中对象的局部特征。通常,角点是二维图像中像素特征在多个方向发生变化的点,或者是图像边缘曲线上曲率极大值对应的像素点。

通常,一幅图像中的角点小于像素总数的 0.1%,可作为图像匹配、目标识别和跟踪的特征点。角点检测算法有多种,其中效果较好的有 Harris 角点检测算子,SUSAN 角点检测算子等[9]。

1. Harris 角点检测算子

Harris 角点检测算子[13]定义角点为图像中在各个方向上像素值都有显著变化的点。以图像中待检测点为中心建立一个局部窗口,计算发生少量偏移之后窗口内像素值的变化特性。根据变化特性的不同,将图像中的像素分为 3 类:平坦区域、边缘和角点[14]。考虑以下三种情况:

(1) 局部窗口位于平坦区域,那么窗口沿任意方向移动时,移动前后局部窗口内像素值总的变动都很小;

(2) 局部窗口跨越图像中的一条边缘,沿着边缘方向移动时,局部窗口内的像素值不会发生显著变化,而当沿着与边缘垂直的方向偏移时,窗口的像素值会发生明显变化;

(3) 待测点是角点,局部窗口沿任意方向的移动,都会导致局部窗口的像素值发生显著变化。

图像 I 的像素空间坐标表示为 (u, v),选定局部窗口为 W,$\omega_{u,v}$ 为窗口内不同像素的权值函数,窗口平移 (x, y) 时窗口内像素值的变化为

$$E_{x,y} = \sum_W \omega_{u,v} \left[I_{u+x, v+y} - I_{u,v} \right]^2 \tag{15-1}$$

使用一阶泰勒公式,将 $I_{u+x, v+y}$ 展开,则有

$$I_{u+x, v+y} = I_{u,v} + I_u x + I_v y \tag{15-2}$$

式(15-1)变为以下形式:

$$E_{x,y} = (x \quad y) M \begin{bmatrix} x \\ y \end{bmatrix} \tag{15-3}$$

$$M = \sum_W \omega(u, v) \begin{bmatrix} I_u^2 & I_u I_v \\ I_u I_v & I_v^2 \end{bmatrix} \tag{15-4}$$

其中,I_u 和 I_v 分别表示水平和垂直方向的图像梯度。自相关函数 M 是一个对称

矩阵,它的两个特征值与差值 E 密切相关。如果两个特征值都很大,那么自相关矩阵 M 对应的点就是角点;如果两个特征值都很小,对应的点为平坦区域;当两个特征值一大一小且差别明显时,对应的点为边缘点。假设式(15-4)所示的矩阵特征值为 λ_1 和 λ_2,建立度量函数:

$$R = \lambda_1 \lambda_2 - k (\lambda_1 + \lambda_2)^2 = \det M - k (\mathrm{tr} M)^2 \tag{15-5}$$

其中,k 是常系数,$0 < k < 0.25$,通常取 k 为 $0.04 \sim 0.06$;$\det M$ 为矩阵 M 的行列式;$\mathrm{tr} M$ 为矩阵 M 的迹。R 反映了像素的角点特征度,根据 R 是否大于 0 即可判断该点是否为角点。

通常为了克服噪声等因素的影响,在计算一阶灰度差分之前,先对图像进行平滑滤波以改善角点特征度计算效果。Harris 算子对图像中微弱的角点也有较好的效果。在识别和匹配应用中,为了减小图像分析得到的特征点数,结合局部分布特性进行筛选,将局部区域内角点特征度最大的点作为最终的图像分析特征点。

Harris 角点检测算子是一种有效的点特征提取算子,它的原理简单、计算速度快,算子的平滑滤波保证它对噪声不敏感,两个方向的一阶差分能够有效地克服图像旋转和灰度值线性变化的影响。Harris 算子的局限性主要是对于尺度敏感,当图像尺度发生变化时,从场景图像中提取的角点位置和数目都难以保持不变。

2. SUSAN 角点检测算子

最小核值相似区(smallest univalue segmentation assimilating nucleus,SUSAN)角点检测算子[14,15]是 1995 年英国牛津大学的 Smith 等提出的一种在灰度图像中检测边缘和角点的方法。其基本原理是根据像素值的差别,对像素周围局部区域的其他点进行分类,统计局部邻域内不同类别点的数目,根据统计结果判定像素是否为角点。

SUSAN 算法是通过一个圆形模板来实现的,圆形模板的圆心称为核心,模板具有等方向性等特点,一般模板半径选择为 3~4 个像素,如图 15-1 所示。

模板置于每一个像素,将模板的每一个像素与中心像素进行比较,

$$c(r, r_0) = \begin{cases} 1, & |I(r) - I(r_0)| \leqslant t \\ 0, & \text{其他} \end{cases} \tag{15-6}$$

其中,$I(r)$ 为像素 r 的灰度值;t 为灰度差别的阈值;c 为相似比较函数;r_0 为模板中心的像素;r 为其他像素。模板中所有像素都进行式(15-6)的比较,然后计算 c 的合计值 n:

$$n(r_0) = \sum_r c(r, r_0) \tag{15-7}$$

合计值 n 就是核值相似区(univalue segment assimilating nucleus,USAN)的像素个数。图 15-2 显示出了不同位置的 USAN 区域的面积大小。

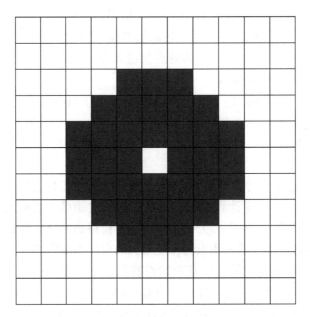

图 15-1　SUSAN 圆形模板

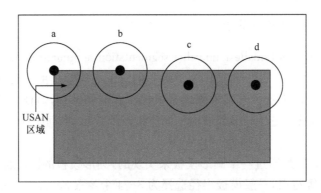

图 15-2　不同位置圆形模板的 USAN 区域

　　在 a 位置,核心点在角点上,USAN 面积达到最小;在 b 位置,核心点在边缘线上,USAN 区域面积接近最大值的一半;在 c、d 位置,核心点位于灰色矩形区域之内,USAN 区域面积接近最大值。因此,可根据 USAN 区域面积的大小检测出角点。

　　SUSAN 算子可以有效地检测到 L、T、X 和 Y 形角点。SUSAN 算子角点检测算法对局部噪声不敏感。这是因为 SUSAN 算子不依赖于前期图像分割的结果,避免了梯度计算,且算子的 USAN 区域是由模板内像素与模板中心像素具有相似灰度的像素累加而得的,这实际上是一个积分过程,对于高斯噪声有很好的抑制作用。但是,SUSAN 算子的提取效果与阈值的选取有很大关系,其自适应性比 Harris 角点检测算子差,而且算法中对像素点的查表和比较占用了大量的时间,运算速度较慢[16]。

3. 两种角点检测算子性能比较

图 15-3 是 Harris 算子和 SUSAN 算子进行角点检测的结果比较。第一行是原始图像,包含了 L 形、Y 形、T 形、X 形及箭形角点,以左侧图像为基准,中间的图像有 1.25 倍的尺度变化,右侧图像是对原始基准图像加入了均值为 0,方差为 0.01 的高斯白噪声后得来的;第二行的 3 幅图像是利用 Harris 角点检测算子获取的角点;第三行是利用 SUSAN 算子检测的角点。

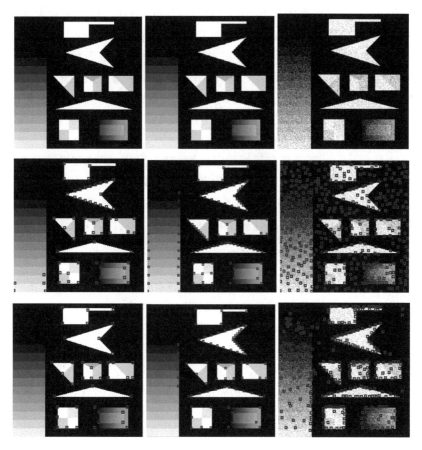

图 15-3　Harris 和 SUSAN 算法的角点检测结果

从角点提取结果可以看出,Harris 算子可以检测到几乎所有的角点,对于微弱角点的提取效果优于 SUSAN 算子,但 Harris 算子对斜线锯齿边缘反应强烈,对尺度变化相对于 SUSAN 算子更加敏感,不能保持角点数目不变。而且,抗噪声性能明显不如 SUSAN 算子。

15.2.2　尺度不变特征点检测算子

为了寻找比 Harris 算子和 SUSAN 算子更稳定的特征点检测算法,得到对尺度缩放、旋转、平移、光照变化、3D 视场变化均不敏感的特征点,学者们又研究出了多个关于尺度不变的特征点检测算子,其中比较常用的有 Harris-Laplacian 算子和 DoG 算子等,下面将分别介绍这两种算法。

1. Harris-Laplacian 尺度不变特征点检测算子

上面的角点检测算法具有很好的空间定位特性,但在尺度发生较大变化时,重复检测性将会显著降低。针对这一问题,Mikolajczyk 和 Schmid 提出了 Harris-Laplace 特征点检测算子[17]。该方法首先将图像与高斯函数卷积构建多尺度图像立方体,然后按照标准的 Harris 算子计算图像立方体中每一层图像的角点的特征度,根据阈值选定候选特征点。使用拉普拉斯算子计算这些候选特征点在尺度维的微分特性,筛选出其中具有微分极值性的 Harris 角点作为特征点,该特征点所在的图像尺度被定义为特征点的特征尺度。

Harris-Laplacian 算子具有很好的定位性,对于尺度、旋转和平移变化均具有较好的不变性,对于图像灰度的线性变化和一定的成像角度变化也不敏感。Harris-Laplacian 尺度不变特征点提取算子的不足之处是需要构建图像的多尺度立方体,然后在图像立方体中每一层计算 Harris 角点,运算量庞大,处理速度慢。

2. DoG 尺度不变特征点检测算子

DoG(difference-of-Gaussian) 尺度不变特征点检测算子[18]需要建立一个包含尺度立方体的复合图像金字塔,构建方法如图 15-4 所示。

首先,对原始图像使用多个尺度的高斯卷积核,建立一个尺度立方体,然后对原始图像进行采样,在尺寸缩小的图像中再进行高斯卷积,建立新的尺度立方体,如图 15-4 左侧所示。

定义原始图像为 $I(x,y)$,$L(x,y,\sigma)$ 由原始图像与高斯函数卷积得到

$$L(x,y,\sigma)=G(x,y,\sigma)\times I(x,y) \tag{15-8}$$

其中

$$G(x,y,\sigma)=\frac{1}{2\pi\sigma^2}\exp\left(-\frac{x^2+y^2}{2\sigma^2}\right) \tag{15-9}$$

根据热传导方程,有

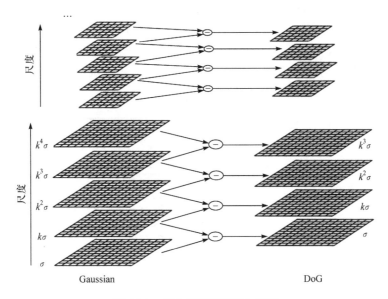

图 15-4 复合多尺度图像金字塔

$$\frac{\partial G}{\partial \sigma} = \sigma \, \nabla^2 G \qquad (15\text{-}10)$$

将式(15-10)展开得到

$$\sigma \, \nabla^2 G = \frac{\partial G}{\partial \sigma}$$

$$= \lim_{k \to 1} \frac{G(x, y, k\sigma) - G(x, y, \sigma)}{k\sigma - \sigma}$$

$$\approx \frac{G(x, y, k\sigma) - G(x, y, \sigma)}{k\sigma - \sigma} \qquad (15\text{-}11)$$

将式(15-11)变形,可以得到

$$G(x, y, k\sigma) - G(x, y, \sigma) \approx (k-1)\sigma^2 \, \nabla^2 G \qquad (15\text{-}12)$$

$$\text{DoG} \approx (k-1)\text{LoG} \qquad (15\text{-}13)$$

由式(15-13)可看出,尺度归一化 LoG(Laplacian of Gaussian)与高斯差值 DoG 近似地仅仅相差一个常数$(k-1)$。建立尺度立方体时,设定 k 为常数,在提取尺度极值点时,只要满足 $k-1>0$,这一近似几乎没有影响[18],通常取 $k=\sqrt{2}$。因此,高斯差值算子可以替代尺度归一化的拉普拉斯算子,用来进行特征尺度的提取。

然后,在包含多个图像立方体的金字塔中,计算每一个图像立方体的 DoG 尺度立方体,如图 15-4 右侧所示,即

$$D(x,y,\sigma)=[G(x,y,k\sigma)-G(x,y,\sigma)]*I(x,y)$$
$$=L(x,y,k\sigma)-L(x,y,\sigma) \qquad (15\text{-}14)$$

提取每一个尺度立方体 DoG 中在空间维和尺度维都满足极值特性的点,也即这个点在 DoG 立方体中是以它为中心的 27 个点的极值点,那么选定这个点为图像的候选特征点[19],如图 15-5 所示。

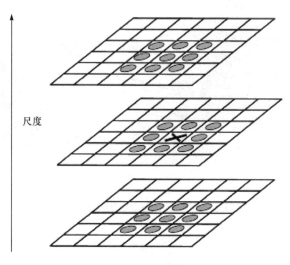

图 15-5　DoG 局部极值求取示意图

得到候选的 DoG 极值点以后,需要对极值点的位置、尺度和主曲率比等方面进行详细的分析,以便于去除低对比度(意味着对噪声很敏感)及位于边缘的特征点。

1) 去除低对比度极值点

将坐标原点置于某一候选极值点上,然后对高斯差分图像在原点进行二阶泰勒展开,近似得到

$$D(X)=D+\left(\frac{\partial D}{\partial X}\right)^{\mathrm{T}}X+\frac{1}{2}X^{\mathrm{T}}\frac{\partial^2 D}{\partial X^2}X \qquad (15\text{-}15)$$

其中,D 及其导数均为其在原点处的值;$X=(x,y,\sigma)^{\mathrm{T}}$ 是对原点的偏移量。通过对 $D(X)$ 求导并令其为 0,可得到 X 的极值 $\hat{X}$

$$\hat{X}=-\left(\frac{\partial^2 D}{\partial X^2}\right)^{-1}\frac{\partial D}{\partial X} \qquad (15\text{-}16)$$

如果偏移量 $\hat{X}$ 的值在任意维度上大于 0.5,就表示当前极值点与另一个不同的关键点的位置非常接近。在这种情况下,将偏移量 $\hat{X}$ 加到当前采样点上,得到极值点位置的插值估计值。

函数值 $D(\hat{X})$ 对去除低对比度的不稳定特征点非常有效。将式(15-16)代入

式(15-15)即可得到

$$D(\hat{X}) = D + \frac{1}{2}\left(\frac{\partial D}{\partial X}\right)^{\mathrm{T}}\hat{X} \tag{15-17}$$

假设图像像素值取值范围为[0,1],通过实验验证,所有$|D(\hat{X})| < 0.03$的极值点均可以丢弃。

2) 去除位于边缘的极值点

为了得到稳定的特征点,仅仅去除低对比度的极值点是不够的。在场景图像中,某些位于边缘结构上的点也具有 DoG 极值特性,但是它们难以精确定位,对于目标的识别会造成不利影响。因此,需要将这些具有边缘特性的极值点去除,以保证特征的稳定性。

Hessian 矩阵是一种广泛用于特征检测和图像结构信息提取的算子,它具有与 Harris 矩阵类似的特性,可以用来去除难以精确定位的候选特征点。图像中每一个像素点的二阶 Hessian 矩阵的两个特征值正比于信号的主曲率,反映了像素点邻域内像素值在两个主方向的变化。2×2 的 Hessian 矩阵 H 计算公式如下:

$$H = \begin{bmatrix} D_{xx} & D_{xy} \\ D_{xy} & D_{yy} \end{bmatrix} \tag{15-18}$$

矩阵 H 的特征值与 D 的主曲率值成正比,因此,可以不必计算矩阵 H 的特征值。假设 α 和 β 分别是矩阵 H 的较大和较小的特征值,那么

$$\mathrm{tr}(H) = D_{xx} + D_{yy} = \alpha + \beta \tag{15-19}$$

$$\det(H) = D_{xx}D_{yy} - D_{xy}^2 = \alpha\beta \tag{15-20}$$

使用 $\det(H)$ 和 $\mathrm{tr}(H)$ 的比值可以间接确定 α 与 β 的关系。当 $\det(H)$ 为负数时,两个主曲率具有不同的符号,认为对应像素点不具备识别特征。

定义图像中 DOG 极值点的特征度为 S,令 r 为 α 与 β 的比值,即 $\alpha = r\beta$。那么

$$S = \frac{\mathrm{tr}^2(H)}{\det(H)} = \frac{(\alpha+\beta)^2}{\alpha\beta} = \frac{(r\beta+\beta)^2}{r\beta^2} = \frac{(r+1)^2}{r} \tag{15-21}$$

Hessian 矩阵的两个特征值的比值 r 越大,该点的特征度越大。当两个特征值相等时,该点的特征度 S 取到最小值。Lowe[18]根据经验得出,$r=10$ 时的特征度是判别边缘特征是否明显的最佳阈值。

3. 两种尺度不变特征点提取算子的性能比较

图 15-6 是 Harris-Laplacian 算子和 DoG 算子检测结果的比较。第一行是原始图像,以左侧图像为基准,中间图像相对于基准图像有 1.25 倍的尺度变化,右侧图像相对于基准图像有 20°的旋转;第二行的 3 幅图像是使用 Harris-Laplacian 特征点检测算子获得的特征点;而第三行是利用 DoG 特征点检测算子获得的特征点。为了便于比较它们提取特征点的稳定性,图中显示的是仅保留了特征度最显

著的 40 个特征点。

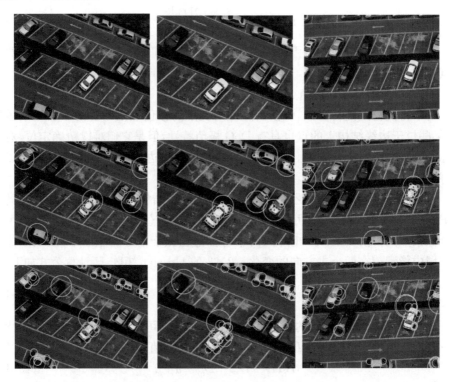

图 15-6　Harris-Laplacian 和 DoG 算法的特征点检测结果

　　从图 15-6 利用两种算子提取特征点的结果来看,在图像发生旋转和尺度变化时,DoG 算子和 Harris-Laplacian 算子提取的特征点都具有较好的稳定性。但是,仔细分析它们的计算过程,二者还是有差别的:DoG 算子是首先检测尺度极值点,然后去除低对比度特征点及边缘特征强不容易定位的点就行了;而 Harris-Laplacian 算子首先要在多尺度上使用 Harris 算子进行角点检测,然后寻找具有尺度极值的角点作为特征点。这是由于 Harris 角点算子的尺度稳定性较差,而尺度极值点具有很好的尺度稳定性,因此,先使用尺度空间选择候选特征点。同时从图中显示的结果看,DoG 检测算子的显著特征点重复出现率高,也证明它提取的特征点具有更好的稳定性。另外,从后面的运动目标的跟踪识别实验还将看到,当图像发生目标尺度缩放和成像视角变化时,利用基于 DoG 算子提取的特征进行目标跟踪识别效果更好,因此,对于运动目标的跟踪识别而言,DoG 算子比 Harris-Laplacian 算子更具优势。

15.2.3　特征点描述符的建立

上面比较详细地介绍并比较了多种图像特征点的提取方法及其性能,但图像特征点本身的信息是有限的,像素灰度值的鉴别能力难以满足自动目标识别的要求,因此,在确立目标的特征模型后,须对模型中的特征点建立描述符,即须对以特征点为中心的局部区域建立特征描述符。

理想的局部区域描述符应当具有足够的鉴别能力、高度的可靠性和简单高效的特性[20]。足够的鉴别能力确保特征描述符能有效区分不同的区域,通常需要建立一个多维的特征矢量来描述局部的区域特征;高度可靠性确保特征描述符在图像特征发生某些变化时,仍然能够有效地匹配对应的区域,而不会产生过高的匹配缺失;简单高效性是所有图像处理算法得到应用的必要条件。另外,特征描述符应当尽可能简单,不带有冗余信息,方便快速匹配。

然而,上述要求在很多情况下是难以同时满足的。强的鉴别能力要求描述符能够有效地将外观接近的区域区分开,而高度可靠性要求描述符具有变动适应性,在发生光照等变化时能够克服区域特征的变化。而且,鉴别力越强,意味着特征描述符维数越高,计算和匹配的过程也越复杂。因此,在选择局部区域的特征描述符时,需要根据实际应用,对上述理想特征描述符的要求进行折中平衡。

1999 年,Lowe 等提出了尺度不变特征变换(the scale invariant feature transform,SIFT)描述符[20],2004 年 Lowe 又发表了 *Distinctive image features from scale-invariant keypoints* 一文[18],给出了比较完整的基于 SIFT 的特征点检测方法,并且对特征描述符的建立方法进行了详细的阐述。

SIFT 算法检测特征点采用的即是 DoG 算法,在获取尺度不变特征点以后,需要对其建立 SIFT 描述符,它是一种基于局部区域三维梯度直方图的描述方法。首先将尺度空间不变特征点的特征区域分为多个子块,然后统计每个子块的梯度直方图矢量,将这些直方图统计量按照子块的空间关系首尾连接得到描述向量。

在计算三维直方图之前,SIFT 特征描述符首先进行方向正则化,也即计算每一个特征点的主方向,以获取描述向量的旋转不变性。对于高斯平滑的图像 $L(x, y, \sigma)$,在以特征点为中心,以 1.5 倍特征尺度为半径的区域内,计算所有像素的梯度幅值 m 和方向 θ:

$$m(x,y) = \sqrt{[L(x+1,y)-L(x-1,y)]^2 + [L(x,y+1)-L(x,y-1)]^2}$$

$$\tag{15-22}$$

$$\theta(x,y) = \tan^{-1}\left[\frac{L(x,y+1)-L(x,y-1)}{L(x+1,y)-L(x-1,y)}\right] \tag{15-23}$$

将$[0,2\pi)$的梯度方向值域离散化为 36 个方向,每个离散化方向对应 $10°$,统计每个方向的梯度幅值和,选择梯度幅值和最大的方向作为特征点的主方向。由于特征区域边缘的像素点重要性低于中心像素,所以,根据像素距离中心特征点的距离,采用高斯函数对梯度幅值进行加权。在加权的梯度方向直方图中选取极大值方向作为特征点描述向量的主方向。

某些特征点的方向直方图可能会具有多峰特性,若存在非极大峰值方向的强度大于极大峰值的 0.8,那么,将该方向作为特征点的辅方向,并且建立相对应的描述向量。通过对具有梯度多峰特性的特征点建立多个描述向量,可以显著提高特征点匹配的稳定性。

下面就是要计算特征点局部区域的三维梯度直方图以获取特征点的描述向量。SIFT 算法特征点描述向量的计算方法如图 15-7 所示。

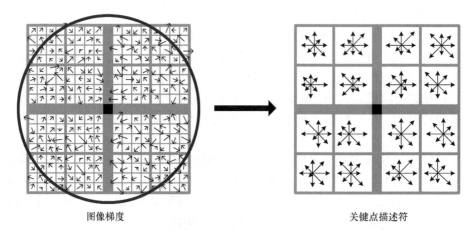

图像梯度   关键点描述符

图 15-7   特征描述符的计算

如图 15-7 所示,中间黑色的点代表特征点,特征点对应的局部区域被划分为 4×4 个子区域,每个子区域包含 16 个像素,计算子区域内每一个像素点的梯度幅值和方向,根据特征点的主方向将梯度方向正则化。将$[0,2\pi)$离散化为 8 个方向 $\theta_i,i\in\{1,\cdots,8\}$,然后统计正则化后每一个子区域的梯度方向直方图。在建立直方图时,使用高斯函数对特征区域内的像素梯度幅值进行加权,中心像素的权值高,边缘像素的权值低,在特征点的位置发生一定偏移时,特征描述矢量不会发生显著变化。16 个子区域的每个区域建立一个 8 维描述向量,将它们首尾连接形成一个 128 维特征描述向量。

将$[0,2\pi)$离散化为 8 个方向,能够有效降低直方图的维数,但同时也降低了它的可靠性。Lowe 采用梯度方向扩散的方法降低梯度方向离散化对特征描述符的影响。假定一个像素的梯度方向为 $\alpha\in\theta_i$,与其相邻的两个离散化方向为 θ_{i-1} 和

θ_{i+1},在统计每一个子区域的 8 方向直方图时,这个像素对方向 $i,i-1$ 和 $i+1$ 的贡献分别为

$$W_i = 1$$
$$W_j = |\alpha - c_j| / |c_i - c_j|, \quad j \neq i, j \in \{1, \cdots, 8\} \tag{15-24}$$

式中,c_j 是方向 j 的中心角度。

　　最后,将 SIFT 特征描述符归一化。由于 SIFT 特征描述符是图像局部区域的梯度信息,而梯度信息是一种像素点与邻接点的差别信息,所以,在图像像素值发生整体线性变化时,SIFT 特征描述向量能够保持不变。当图像像素值发生非线性变化时,梯度幅值会受到很大的影响,而梯度方向变化较小,因此,可令描述向量中大于 0.2 的元素均取值为 0.2,然后将描述向量重新归一化。

　　图 15-8 是使用 SIFT 算法的匹配效果图。第一行的(a)和(b)图像存在视角变化和约 1.2 倍的尺度变化;第二行的(c)和(d)两幅图像存在光照变化;第三行的(f)图加入了高斯噪声;第四行的(g)和(h)的两幅图像存在平移变化。其中,蓝色的点代表的是提取出来的特征点,红色的点代表匹配上的特征点,特征匹配方法将在 15.3 节中详述。表 15-1 是对图 15-8 的匹配数据的统计。

(a)　　　　　　　　　　　　　(b)

(c)　　　　　　　　　　　　　(d)

(e)　　　　　　　　　　　　(f)

(g)　　　　　　　　　　　　(h)

图 15-8　SIFT 算法匹配结果(后附彩插)

表 15-1　SIFT 算法匹配结果统计

图像位置	第一行		第二行		第三行		第四行	
图像大小	280×390		256×256		256×256		288×384	
两幅图像检测到的特征点数	882	924	279	180	469	531	637	630
匹配的特征点数	163		82		111		225	
错误匹配点数	0		0		15		2	
正确匹配率/%	100		100		86.5		99.1	

　　由图 15-8 和表 15-1 可以看出,SIFT 特征描述符对旋转、尺度缩放、亮度变化保持不变性,对视角变化、仿射变化、噪声也能保持一定的稳定性,这些优异的性能使得它在图像匹配、目标识别等多个领域得到了广泛应用。

15.3　基于 SIFT 特征的运动目标跟踪

　　序列图像的目标跟踪算法在计算机视觉中有着广泛的应用[21]。比较典型实用的匹配跟踪算法有:Mean-shift、模板匹配等目标跟踪算法。Mean-shift[22]用于跟踪时,通常采用图像颜色特征,计算简单、实时性好。但在背景复杂,目标被遮挡以及目标存在明显的尺度变化等情况下容易丢失目标。模板匹配算法[23]通过计算像素点邻域的相似度来判断两点的匹配度,可用于复杂背景下的目标跟踪,但在求解整幅图像中的匹配点时需要遍历整张图像,计算量大,且在目标发生形变时容易失效。为了解决非刚性运动目标由于图像旋转、缩放、目标与背景相似、被遮挡等情况给跟踪算法带来的问题,一些学者提出了 SIFT 与其他跟踪算法相结合的跟踪方法[24]。Zhou 等[25]提出用 SIFT 与 Mean-shift 结合的方法,使目标跟踪稳定性得到了改善,但是被跟踪目标需要手动选择,跟踪比较单一。Suga 等[26]用整张图像进行 SIFT 变换,将匹配的特征点视为图像分割的种子,虽然识别准确,并能在一定程度上解决目标被遮挡的跟踪问题,但算法对整张图像进行 SIFT 变换,运算量很大,并且需要被识别物体的先验信息。

　　针对以上问题,本节研究了一种基于 SIFT 特征的目标跟踪算法:利用帧间差分构建背景,采用背景差分法对运动目标进行分割,对分割后的目标进行 SIFT 特征变换,避免了对整幅图像进行 SIFT 变换,大大减少了计算量;最后利用目标的特征匹配结果进行运动分析。实验证明,算法对刚性和非刚性的多目标均能较好地进行跟踪,因而有利于提高目标跟踪系统的适应性、容错性和鲁棒性。

15.3.1　基于累积 SIFT 特征的目标跟踪算法

　　复杂背景下的运动目标可能存在尺度缩放、旋转、光照变化以及目标被遮挡等现象,导致同一目标在不同帧中的特征数量和位置不一致,因而存在漏检或者新增的特征,例如,当目标图像存在旋转运动时,图像中的特征会依次出现然后又被遮挡消失,因此,如何建立特征之间的跟踪接力关系很重要。如果仅用相邻两帧之间目标特征点的信息进行匹配,则由于目标发生尺度缩放、旋转等影响,可能导致匹配结果不稳定,因此,这里采用了累积 SIFT 特征的目标跟踪算法[27],这种算法的基本思路是:

　　(1) 建立目标库,提取首帧图像中的运动目标,将运动目标的 SIFT 特征存入目标库中,每个目标特征包括目标的标号、质心坐标、目标图像块和 SIFT 特征信息;

　　(2) 以目标库为媒介,与第二帧中目标的 SIFT 特征信息进行匹配,找到前后两帧各目标的关联性,确定被跟踪目标的位置及轨迹;

　　(3) 利用库中目标与第二帧目标的匹配结果,采用特定策略更新和淘汰目标库信息;

　　(4) 以更新后的目标库为媒介继续处理后续帧。

　　因此,可将这种算法分为匹配与更新两个过程。匹配过程通过两目标 SIFT 特征的匹配概率,找出前后两帧相同的目标,并对目标关联;而更新过程则是在匹配的基础上对目标库信息进行补充与更新,确保目标库信息与最近几帧目标保持相似性,以保证匹配识别的正确性。

1. 匹配过程

匹配过程包含两个过程,分别为 SIFT 特征向量匹配和目标匹配过程。SIFT特征向量匹配用来对两个目标的特征点进行匹配,是点对点的匹配;目标匹配则根据两目标特征点的匹配情况来判断两个目标是否为同一物体。

1) SIFT 特征向量匹配

两目标的 SIFT 特征向量生成后,文献[18]采用特征点描述向量的欧氏距离来作为两目标特征点的相似性判定度量。取目标 1 中的某个特征点,并找出其与目标 2 中欧氏距离最近的前两个关键点,在这两个关键点中,如果最近距离与次最近距离之间的比值小于某个阈值 TH_1,则接受这一对匹配点,认为特征匹配。但是,由于 SIFT 特征向量的维数过高,欧氏距离运算时间过长。为克服这一问题,这里利用特征向量的夹角替代欧氏距离作为两目标特征点的相似性判定度量,对原 SIFT 特征匹配算法进行改进。实验证明,这种改进能显著减少运算量,缩短处理时间,并提高特征向量匹配稳定性。

设两个向量分别为 a 和 b,$\angle C$ 为两个向量之间的夹角,那么向量 a、b 之间的欧氏距离可表征为两个向量之差的模值,即

$$\text{Euclid}(a,b) = |a-b| \triangleq |c| \tag{15-25}$$

c 为 a、b 的差向量。由内积的定义可知

$$a \cdot b = 2|a||b|\cos C \tag{15-26}$$

根据余弦定理:

$$|c|^2 = |a|^2 + |b|^2 - 2|a||b|\cos C = |a|^2 + |b|^2 - a \cdot b \tag{15-27}$$

由式(15-25)～式(15-27)可知,向量的夹角可以有效地表征两个向量之间的欧氏距离,当夹角增大时,欧氏距离也随之增大。

设图像 I 中的特征点 p 的 SIFT 特征为 $V_p = (p_1, p_2, \cdots, p_n)$,$I$ 中所有 V_p 的集合为 P;图像 J 中的特征点 q 的 SIFT 特征为 $V_q = (q_1, q_2, \cdots, q_n)$,$J$ 中所有 V_q 的集合为 Q。则 V_p 与 V_q 的内积可表示为

$$V_p \cdot V_q = (p_1, p_2, \cdots, p_n) \begin{bmatrix} q_1 \\ q_2 \\ \vdots \\ q_n \end{bmatrix} \tag{15-28}$$

由于所有 SIFT 特征向量均经过了归一化处理,因此,向量 V_p 和 V_q 之间的夹角 $\angle C_{p,q}$ 为

$$\angle C_{p,q}=\arccos(\boldsymbol{V}_p \cdot \boldsymbol{V}_q) \tag{15-29}$$

令 R 表示图像 J 中与图像 I 中某一特征向量夹角最小的两个特征向量的夹角比值,即

$$R=\frac{\min\{\angle C_{p,q} \mid \boldsymbol{V}_q \in \boldsymbol{Q}\}}{\mathrm{sec\_min}\{\angle C_{p,q} \mid \boldsymbol{V}_q \in \boldsymbol{Q}\}} \tag{15-30}$$

$\mathrm{sec\_min}(\cdot)$ 表示次小夹角。当满足 $R \leqslant \mathrm{TH}_1$ 时,认为向量 $\boldsymbol{V}_p$ 与 $\boldsymbol{V}_q$ 匹配,否则认为不匹配。

为了验证改进的特征匹配新算法的有效性,对图 15-8 所示的四组图像分别用两种特征匹配算法进行了实验,实验统计结果如表 15-2 所示。

表 15-2　两种特征匹配算法效果统计

图像位置		第一行		第二行		第三行		第四行	
图像大小		280×390		256×256		256×256		288×384	
两幅图像检测到的特征点数		882	924	279	180	469	531	637	630
匹配的特征点数	原算法	162		81		110		224	
	新算法	163		82		111		225	
错误匹配点数	原算法	0		0		22		4	
	新算法	0		0		15		2	
正确匹配率/%	原算法	100		100		80.0		98.2	
	新算法	100		100		86.5		99.1	
匹配时间/s	原算法	2.952		0.079		0.889		1.389	
	新算法	0.235		0.024		0.085		0.110	

表 15-2 中原算法指的是利用欧氏距离判断特征是否匹配的方法,新算法指的是本节改进的利用向量夹角判断特征是否匹配的方法,阈值 TH_1 设定为 0.6。由表 15-2 可以看出,两种方法在匹配率方面表现差别不大,新算法略微优于原算法;但是在匹配时间方面,新算法的效率要远高于原算法,而且特征点的数目越多,这种优势就越明显。

2) 目标匹配

将当前目标 j 的所有特征向量与库中目标分别进行匹配,记录匹配结果 N_{mj},N_{mj} 表示当前目标 j 与目标库中第 m 个目标相匹配特征向量的个数,设 N_j 为当前目标特征向量的总个数,则此目标与目标库中第 m 个目标的匹配率可记为:$P_{m,j}=N_{m,j}/N_j$。由于 SIFT 算法作图像匹配时,不同物体图像匹配率非常低[21],所以,可以利用这一特性来判别当前目标与目标库中目标是否匹配。设阈值为 TH_2,当 $P_{m,j}>\mathrm{TH}_2$ 时,表明两目标匹配程度较高,可认为当前目标 j 与目标库中第 m 个目标匹配。

设目标库中目标个数为 M,当前帧目标有 J 个,将当前目标 j 与目标库中目标 m

进行匹配,得到匹配结果$\{P_{m,j},m=1,2,\cdots,M,j=1,2,\cdots,J\}$。令$P=(P_{m,j})_{M\times J}$,那么,矩阵$P$的任意一列元素代表当前某一目标与目标库所有目标的匹配结果,任意一行元素代表目标库中某一目标与当前帧所有目标的匹配结果。

固定列标为$J_0,1\leqslant J_0\leqslant J$,取下标集合:

$$R(J_0)=\{m: P_{m,J_0}>\text{TH}_2,m=1,2,\cdots,M\} \tag{15-31}$$

记r为集合$R(J_0)$中元素的个数。当$r=0$时,当前帧目标J_0与目标库所有目标均不匹配,是新出现的目标,将其添加进目标库;当$r=1$时,表明当前目标J_0与目标库中第m个目标匹配,为同一目标;当$r>1$时,表明目标库中有多个目标与当前目标J_0相似,则采用以下方法对目标进行进一步识别。

一般情况下,两帧之间同一运动物体的运动位移相对较小,利用此特性可以对目标进行进一步的识别。设当前目标J_0与目标库中第m个目标的欧氏距离L_{m,J_0}为

$$L_{m,J_0}=\sqrt{(x'_{J_0}-x_m)^2+(y'_{J_0}-y_m)^2} \tag{15-32}$$

式中,(x'_{J_0},y'_{J_0})为当前目标J_0在当前帧中的质心坐标;(x_m,y_m)为目标库中第m个目标最后出现的质心坐标,根据

$$J_{m,J_0}=\beta\times P_{m,J_0}+(1-\beta)\times\frac{\displaystyle\sum_{q\in R(J_0)}L_{q,J_0}-L_{m,J_0}}{(n-1)\displaystyle\sum_{q\in R(J_0)}L_{q,J_0}},\quad m\in[1,\cdots,M] \tag{15-33}$$

其中,β为遗忘因子,最大J_{m,J_0}值对应的目标,即被认为是匹配目标。

固定行标为$M_0,1\leqslant M_0\leqslant M$,取下标集合:

$$C(M_0)=\{j:P_{M_0,j}>\text{TH}_2,j=1,2,\cdots,J\} \tag{15-34}$$

记c为集合$C(M_0)$中元素的个数。当$c=0$时,目标库中的目标M_0与当前帧所有目标均不匹配,是消失的目标,对其信息采用特定的策略进行更新;当$c=1$时,表明目标库中目标M_0与当前帧中第j个目标匹配,为同一目标;当$c>1$时,表明当前帧中有多个目标与目标库中目标M_0相似,则采用以下方法对目标进行进一步识别。

出现当前帧多个目标与目标库某一目标匹配的情况有两个原因:第一,在目标检测过程中,由于目标的局部灰度与背景相似,目标断裂;第二,目标在当前帧以前是相互遮挡的,在当前帧分开了。对目标的进一步识别就是要区分这两种情况。

首先,将与目标库中目标M_0均匹配的当前帧目标的匹配率进行降序排列,记排序后的当前帧目标为$\{J_1,J_2,\cdots,J_c\}$,则J_1对应匹配率最大的当前帧目标,认为J_1必定与目标M_0匹配,按照排序结果,计算剩余的当前帧目标与排序比之靠前的所有目标在水平和竖直两个方向上的最大距离,记目标J_s的最小外接矩形的四个

顶点坐标在竖直方向的最小值和最大值分别为 $x_{s,\min}$ 和 $x_{s,\max}$，水平方向的最小值和最大值分别为 $y_{s,\min}$ 和 $y_{s,\max}$，则有

$$\Delta H_{s,t} = \max\{\,|\,x_{s,\min} - x_{t,\max}\,|\,,\;|\,x_{t,\min} - x_{s,\max}\,|\,\}$$
$$\Delta W_{s,t} = \max\{\,|\,y_{s,\min} - y_{t,\max}\,|\,,\;|\,y_{t,\min} - y_{s,\max}\,|\,\} \tag{15-35}$$
$$s \in [1, c-1], \quad t \in [s+1, c]$$

假设目标库中目标 M_0 的大小为 $H \times W$，设定经验阈值 TH_3，只要满足：

$$\Delta H_{s,t} \leqslant \mathrm{TH}_3 \times H \quad \text{或} \quad \Delta W_{s,t} \leqslant \mathrm{TH}_3 \times W \tag{15-36}$$

即认为目标 J_s 与 J_t 是同一目标，更新目标图像块质心，合并其他目标信息，包括目标图像块、目标标号及特征点信息，否则认为 J_t 是新目标。

2. 更新过程

在目标库中存放的是近几帧图像内出现过的物体，经过一帧后，必须对库中目标进行实时更新，放入新出现的目标，并淘汰长久不出现的目标，因此，目标库存在一个更新过程。在更新过程中，为目标库中每个目标的每个特征点设置特征留存度 R，设目标 i 的第 j 个特征留存度为 R_{ij}，它表明该目标 i 的特征点 j 能被留存在特征库的可能度，留存度越高，留下的概率越大。更新的策略如下：

（1）新目标的添加：若当前目标 k 与目标库所有目标均不匹配，则认为此目标为新出现的目标，将目标质心、目标图像块以及特征点信息添加进目标库，其中特征点信息包括特征向量、特征点坐标以及特征留存度。因其为最新出现的目标，其特征留存程度应该最大，所以令其所有特征点的 $R_{ki} = R_{\max}$。

（2）匹配目标特征的更新：若当前目标 k 与目标库中第 i 个目标匹配，对目标库中第 i 个目标的特征进行更新。对于第 i 个目标中相匹配的特征点，其所对应的 R_{ij} 均置为 $R_{\max}$，并将其对应的特征点坐标和特征描述符分别替换为当前目标相匹配的特征点坐标和特征描述符；对于第 i 个目标未匹配的特征点，其 R_{ij} 减 1；另外将当前目标中未匹配的特征点信息加入目标库第 i 个目标中，所对应 R_{ij} 均置为 $R_{\max}$。

（3）目标库未匹配目标的更新：在当前帧所有目标匹配完毕后，若目标库中仍有目标未得到匹配，则认为目标库中的此目标为暂时消失（未检测到）或离开视场的目标，将此目标所有特征留存度减 1。

（4）目标特征信息的删除：光照变化、目标形变、拍摄条件等外界因素常常使目标局部像素发生变化，局部像素灰度值的改变导致像素的梯度发生变化，部分帧产生的 SIFT 的关键点特征属于噪声特征，当目标某特征留存度为 0 时，说明此特征长期没有得到匹配，可认为此特征是由局部像素变化引起的，删除目标此特征点对应的所有信息。

（5）目标信息的删除：当目标所有特征点的特征留存度均为 0 时，说明此目标长期没有得到匹配，是离开视场的目标，删除此目标的 SIFT 特征信息，只保留目标标号、质心坐标以及目标图像块。

特征留存度的设置有利于保留较为稳定的特征，当特征稳定匹配时，特征留存度更新为 R_{max}，近几帧内该特征将一直被保留；而噪声（局部像素发生变化）引起的特征，由于很难被匹配，留存度不断减小，最终将被淘汰。实验证明，该算法可以对帧间目标的特征建立稳定的跟踪接力关系，提高了算法对刚体目标和非刚体目标在帧间匹配的稳定性。算法步骤如下：

① 利用背景差分法检测视频图像中的运动目标区域，提取目标区域的 SIFT 特征。

② 将第①步得到的目标 SIFT 特征与目标库目标分别进行匹配，找到匹配的目标，将目标库目标标号赋给与其匹配的当前帧目标，并且更新目标库信息。

③ 当一帧图像中所有目标处理完毕时，目标库目标更新完成，利用库中目标信息对视频中的运动目标进行分析。查找目标库中更新了特征点坐标的目标，这些目标就是在当前帧中出现的目标。此外，目标的质心坐标可用来进行轨迹分析，目标图像则可以提供不同时刻监控场景所出现的目标。

综上可知，所谓累积的 SIFT 特征，是针对特征留存度而言的。正是特征留存度的引入，使得目标库中不仅仅包括当前帧目标的特征信息，还包括根据特征留存度保留的前几帧的目标特征信息。

相对于传统算法，引入特征留存度改进算法的优点在于：

第一，由文献[20]知，对于不同的目标匹配，$P_{m,j}$ 的值很小甚至为 0；此外，相邻两帧图像的目标由于在较短时间内位移很小，所以可以得出以下结论，目标 $L_{m,j}$ 越小，则越可能是同一目标，因此，采用双阈值 $P_{m,j}$ 和 $L_{m,j}$，大大提高了目标关联的准确性。

第二，SIFT 特征产生的特征对目标形变有一定的容错能力，如果仅仅采用前后两帧图像的特征向量进行运动分析，匹配并不稳定，常常会因为目标的局部像素发生变化而出现跟踪丢失的情况，对较大的目标形变（如转体）匹配的效果也不佳。因此，特征留存度的引入，使目标库能累积存放近几帧所出现的特征，这样，当前帧目标并不是仅仅与上一帧特征进行匹配，而是与其之前近几帧内所出现的特征进行匹配，增加了目标匹配的稳定性，解决了因目标形变给跟踪带来的目标易丢失的问题，同时增大了目标被暂时遮挡的容错能力。

第三，利用特征留存度更新特征，在保留稳定特征的同时滤除了噪声等引起的特征，增强了匹配的稳定性。设置较大的 R_{max} 能够使形变产生的特征保留更长时间，对较大幅度的形变也有较好的处理能力，保证算法对目标形变、旋转等变化的跟踪鲁棒性。

第四，对部分遮挡具有一定的鲁棒性，只要目标未被完全遮挡，图像依然能够产生 SIFT 特征,就能与目标库目标匹配,找到关联的目标,实现稳定跟踪。

15.3.2　实验结果及分析

图 15-9 和图 15-10 分别给出了基于累积 SIFT 特征的目标跟踪算法对刚体和非刚体多目标的跟踪结果。由图可看出,无论对于刚体目标还是非刚体目标,算法的目标匹配关联都比较稳定。由于非刚体目标在移动中特征会发生改变,因此,通常要设定较大的特征留存度 R_{max} 才能实现稳定的跟踪目标。

(a) 第1帧　　　　　　　　　　　(b) 第6帧

(c) 第11帧　　　　　　　　　　(d) 第16帧

(e) 第21帧　　　　　　　　　　(f) 第26帧

(g) 第31帧　　　　　　　　　　(h) 第36帧

图 15-9　本节算法对刚体多目标的跟踪结果(后附彩插)

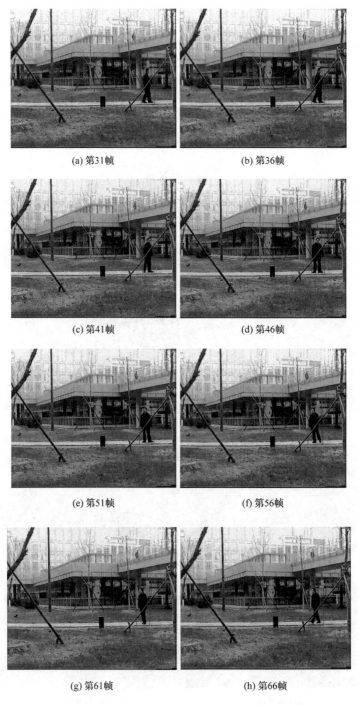

(a) 第31帧　　　　　　　　　　　(b) 第36帧

(c) 第41帧　　　　　　　　　　　(d) 第46帧

(e) 第51帧　　　　　　　　　　　(f) 第56帧

(g) 第61帧　　　　　　　　　　　(h) 第66帧

图 15-10　本节算法对非刚体目标的跟踪结果(后附彩插)

　　为了研究特征留存度 R_{max} 对跟踪稳定性的影响,本节对刚体目标和非刚体目标的匹配率均进行了统计,如图 15-11 所示。其中,图 15-11(a)是对图 15-9 所示的视频图像中目标匹配率的统计。为了统一标准,只将出现帧数超过 25 帧的目标作为样本,样本总数为 20。图 15-11(b)是对包括图 15-10 所示的图像序列在内的共 20 个样本的匹配率的统计结果,每个样本都取了 25 帧。

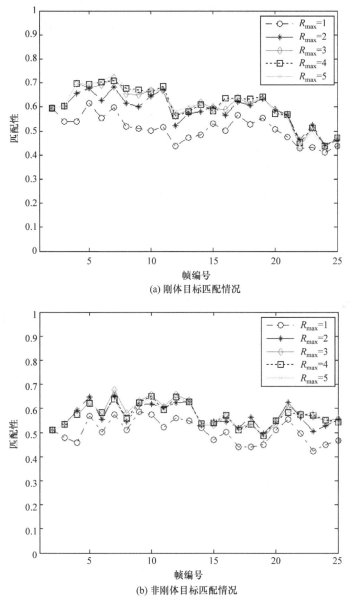

(a) 刚体目标匹配情况

(b) 非刚体目标匹配情况

图 15-11　特征留存度 R_{max} 对匹配率的影响(后附彩插)

　　由图 15-11 可看出,当最大特征留存度 R_{max} 为 3 或 4 时,目标特征的匹配率基本已经达到最高,与 $R_{max}=5$ 时的匹配率相差无几。因此,更大的特征留存度并不完全意味着更高的匹配率,这与留存度是否符合特征信息实际的更新速度是分不开的。

　　目标在运动的过程中,可能会发生尺度缩放、平移、旋转等多种变化,从而使得目标的局部信息也会发生相应的变化,虽然 SIFT 特征对于尺度缩放、平移、旋转等具有非常高的稳定性,但是仍然会发生微小的变化,当这种变化累积一定帧数以后,就已经不能与几帧前的特征信息匹配了。然而,如果特征留存度设置得过高,那么这些实际上已经过时的特征信息还依然保存在目标库里,它们对于提高当前帧目标的特征匹配率几乎是没有贡献的。因此,当留存度的更新速度跟不上特征信息的更新速度时,就会导致即使设置了较高的留存度,对增加匹配率的贡献也非常有限。

　　此外,越高的特征留存度也意味着越大的计算量,因此,根据需要选择合理的最大特征留存度是非常重要的。从统计结果来看,刚体目标的最大特征留存度设置为 3,非刚体目标设置为 3 或 4 是比较合理的。

15.4　小　　结

　　本章在背景建模和背景差分的运动目标检测的基础上,研究了多种图像尺度不变特征的检测算法,包括 Harris-Laplacian 算子、DoG 算子和 SIFT 算子,并对其特征点检测性能进行了分析比较,其中 DoG 算子和 SIFT 算子在图像发生尺度缩放、平移、旋转和光照变化的情况下在保持特征不变性方面表现出了更优异的性能。同时为提高图像特征点对目标识别的鉴别力,研究了图像特征点 SIFT 描述符的建立。为了探讨复杂背景下对形变或部分遮掩目标以及灰度特别相似目标的稳定跟踪识别问题,本章还重点研究了基于累积 SIFT 特征的运动目标跟踪算法,并对其进行了改进:在其算法的特征匹配阶段,采用特征向量夹角代替原特征向量欧几里得距离作为特征点相似性判定度量,在保证特征匹配稳定性的同时,显著地缩短了运算时间;而在特征更新阶段,为获取相邻帧之间目标特征的正确对应关系,引入了特征留存度的概念,为每一个目标的特征点都建立对应的特征留存度,根据特征留存度保留稳定特征信息,淘汰过时的特征信息以及已经在视场内消失的目标特征信息。特征留存度的引入使目标库能累积存放近几帧所出现的特征,这样,当前帧目标并不是仅仅与上一帧特征进行匹配,而是与其之前近几帧内所出现的特征进行匹配,提高了帧间目标关联的准确度,有益于解决因目标形变或交叉遮挡给目标跟踪带来的目标易丢失的问题,进而提高了目标匹配跟踪的稳定性。

参 考 文 献

[1] Amamoto N,Fujii A. Detection obstructions and tracking moving objects by image processing technique. Electronic Communication,1999,10(11):527-535

[2] Kim J B,Kim H J. Efficient region-based motion segmentation for a video monitoring system. Pattern Recognition Letters,2003,24(13):113-128

[3] Collins R T,Lipton A J,Kanade T. A system for video surveillance and monitoring. Proceedings of the American Nuclear Society Eighth International Topical Meeting on Robotic and Remote Systems,1999

[4] Grimson W,Stauffer C,Romano R,et al. Using adaptive tracking to classify and monitor activities in a site. Proc. IEEE Conf. on Computer Vision and Pattern Recognition,1998:22-29

[5] 方帅,薛方正,徐欣和. 基于背景建模的动态目标检测算法的研究与仿真. 系统仿真学报, 2005,17(1):159-165

[6] Stauffer C,Grimson W. Adaptive background mixture for real-time tracking. Proceedings of IEEE Conference on Computer Vision and Pattern Recogniton,Fort Collins,1999,2:246-252

[7] Karmann K,Brandt A. Moving object recognition using an adaptive background memory// Cappellini V. Time-varying Image Processing and Moving Object Recognition. Amsterdam, The Netherlands:Elsevier,1990

[8] 姚会,苏松志,王丽,等. 基于改进的混合高斯模型的运动目标检测方法. 厦门大学学报, 2008,47(4):505-510

[9] 郭海霞,解凯. 角点检测技术的研究. 哈尔滨师范大学自然科学学报,2007,23(2):73-75

[10] Shi J,Tomasi C. Good features to track. IEEE Conference on Computer Vision and Pattern Recognition (CVPR),1994:593-600

[11] Shin M C,Goldgof D,Bowyer K W. Comparison of edge detectors using an object recognition task. Proceeding of the IEEE CVPR Conference,1996:360-365

[12] Kass M,Witkin A,Terzopoulous D. Snakes:active contour models//Brady I M,Rosenfield A. Proceedings of the 1st International Conference on Computer Vision. London:IEEE Computer Society Press,1987:259-268

[13] Harris C G,Stephens M. A combined corner and edge detector. Proceedings of the Fourth Alvey Vision Conference,1988:147-151

[14] Smith S M. Edge thinning used in the SUSAN edge detector. Internal Technical Reports TR95SMS5,Defence Research Agency,Farnborough,Hampshire,GUI146TD,UK,1995

[15] Smith S M,Brady J M. SUSAN-a new approach to low level image processing. International Journal of Computer Vision,1997,23(1):45-78

[16] 邵泽明,朱剑英,王化明. 基于 SUSAN 算法的分层快速角点检测. 华南理工大学学报(自然科学版),2006,7(34):65-68

[17] Mikolajczyk K,Schmid C. Indexing based on scale-invariant interest points. Proceedings of the International Conference on Computer Vision,2001:525-531

［18］Lowe D G. Distinctive image features from scale-invariant keypoints. International Journal of Computer Vision,2004,2(60):91-110

［19］葛曙乐. 智能弹药的自动目标识别技术研究. 博士学位论文. 北京:北京理工大学,2010

［20］Lowe D G. Object recognition from local scale-invariant features. International Conference on computer Vision,Corfu,Greece,1999:1150-1157

［21］Yilmaz A,Javed O,Shah M. Object tracking:a survey. ACM Computing Surveys,2006, 38(4):229-240

［22］Comaniciu D,Ramesh V,Meer P. Kernel-based object tracking. IEEE Transactions on Pattern Analysis and Machine Intelligence,2003,25(5):564-575

［23］Feng Z R,Lu N,Jiang P. Posterior probability measure for image matching. Pattern Recognition,2008,41(7):2422-2433

［24］Hu W M,Tan T N,Wang L,et al. A survey on visual surveillance of object motion and behaviors. IEEE Transactions on Systems,Man,and Cybernetics,Part C:Applications and Reviews,2004,34(3):334-352

［25］Zhou H Y,Yuan Y,Shi C M. Object tracking using SIFT features and mean shift. Computer Vision and Image Understanding,2009,113(3):345-352

［26］Suga A,Fukuda K,Takiguchi T,et al. Object recognition and segmentation using SIFT and graph cuts. Proceedings of the 19th International Conference on Pattern Recognition. Tampa,USA:IEEE,2008:1-4

［27］蔺海峰,马宇峰,宋涛. 基于 SIFT 特征目标跟踪算法研究. 自动化学报,2010,36(8): 1204-1208

第16章　动平台光电成像的运动目标检测与跟踪

16.1　引　　言

　　动平台光电成像运动目标检测与跟踪在计算机视觉、可视预警、机器导航、目标识别与跟踪、安全监控等视频分析和处理应用领域有着广泛的应用[1,2]。但动平台运动目标检测与跟踪是一个比较复杂的问题,特别是在复杂背景下当摄像机运动(如架设在车辆或空载飞行器上)导致背景也相对运动时,会使运动目标的检测变得更加困难,传统的运动目标检测与跟踪算法有时难以胜任。本章拟利用前面几章研究的和国际上新近出现的一些目标检测方法开展这方面的研究,试图探索一种比较实用、有效的动平台光电成像运动目标检测与跟踪的算法,能用于某些应用系统的视频监控与动目标跟踪。其研究方法是:先对摄像机输出的图像序列进行全局运动补偿,再对补偿后的相邻帧图像作帧间差分,使用粒子滤波器检测出差分图像中的运动目标,最后为弥补粒子滤波器难以检测和稳定跟踪极慢速运动(包括停止运动)目标的缺陷,引入了动态层分析方法,采用动态层跟踪器稳定跟踪目标。

16.2　全局运动估计与补偿技术

　　要利用帧差法来检测跟踪运动目标,摄像系统输出的相邻帧图像必须要对齐,即它们要在同一坐标系下,以便作帧差处理时背景能够相互抵消而只留下运动的部分。但摄像机自身及载体的运动往往会导致输出的图像序列不稳定,这就需要通过电子稳像的方法使输出的图像序列稳定。由于摄像机相对背景的运动是一种全局运动,因此可以采用全局运动模型参数估计的方法进行补偿。根据第4章对摄像机运动成像模型的分析,为了兼顾模型描述能力和计算复杂度,选用六参数的仿射模型。该模型在场景深度相对变化不大的条件下能够较为精确地描述图像的平移、旋转和缩放等变换。

　　为了快速而准确地估计出仿射运动模型的六个参数,这里采取的算法步骤如下:先用 KLT(Kanade-Lucas-Tomasi)特征跟踪系统去提取、跟踪序列图像中的特征块[3,4],在选取了前一帧图像的特征块后再用 RANSAC(random sample consensus)算法抽取静态、可跟踪的特征块而去掉那些动态、不稳定的特征块[5]。在按一定标准选取了前一帧图像中的特征块后使用 Newton-Raphson 最小化方法[6]求出各个特征块的运动量,再使用最小平方差方法求出两帧图像间的仿射变换的六个参数,即可通过插值的方法将当前帧图像变换到上一帧图像坐标系中,达到全局运动补偿的目的。摄像机一般安装在运动平台(如飞机、舰艇、汽车等)上,而这些运动平台有时运动幅度比较大,直接使用 KLT 追踪器去追踪两幅图像中相对应的特征块,耗费的时间非常多,同时也会产生较大的误差。因此,引入了多分辨率技术来加快匹配速度与精度,在低分辨率子图像层估计出两帧图像间较大的运动,粗略地补偿图像间的运动,而在图像的高分辨率子图像层估计出图像间较小的运动,精确补偿图像间的运动,仿真实验验证了此方法的有效性。

16.2.1　KLT 特征追踪器

KLT 特征追踪器成功追踪特征块的关键是要选择好的、容易追踪的特征点,并选择快速而又精准的搜索匹配准则。为此,先阐述 KLT 特征追踪器所基于的相邻帧图像局部运动模型,在此模型下使用 Newton-Raphson 最小化方法求出特征块的运动量,最后根据求解特征块的过程确定好的特征(也即易追踪的特征)的选择标准。

1. 图像的局部运动模型

Tomasi 和 Kanade 构造了一个如下的复杂的图像像素运动模型[3]:

$$I(x+\zeta(x,y,t,\tau), y+\eta(x,y,t,\tau), t+\tau)=I(x,y,t) \tag{16-1}$$

其中,x,y 为离散的空间变量;而 t 为离散的时间变量,公式(16-1)描述了在很短的时间间隔由于摄像机位置的稍微变化对同一场景所成的两幅图像之间的关系,最近时刻 $t+\tau$ 所成的图像与前一时刻 t 的运动偏移量为 $\sigma=(\zeta,\eta)^{\mathrm{T}}$。

然而即使在静态场景、恒光照条件下方程(16-1)也不能很好地表述像素的运动,这是摄像机的运动造成的视角的变化导致物体表面光的反射函数的变化,促使相邻两帧图像灰度值的突变。再加上噪声的影响就不能借助跟踪单个像素来求出图像的局部运动了。因此,很自然地通过跟踪一定窗口大小的特征块的方法来表述图像的局部运动,在同一块中的像素点的运动偏移量会不一样,基于简单性与灵活性综合考虑的原则,Shi 和 Tomashi 引进了仿射运动模型[7]来表述块的运动偏移量:$\sigma=Dx+d$,其中

$$D=\begin{bmatrix} d_{xx} & d_{xy} \\ d_{yx} & d_{yy} \end{bmatrix}, \quad d=\begin{bmatrix} d_x \\ d_y \end{bmatrix} \tag{16-2}$$

D 为变形矩阵,d 为特征块中心的偏移量。设 x 表示前一图像 I 中特征块的中心,则下一帧图像 J 中此特征块的中心为 $Ax+d$,其中 $A=E+D$,E 为 2×2 单位矩阵,于是模型可表示为

$$J(Ax+d)=I(x) \tag{16-3}$$

在图像 I、J 中追踪特征块即转化为解方程(16-3)以求出变形矩阵 D 和中心平移量 d 的问题。特征块的大小越小，块内的像素的深度一致性越好，追踪的效果也就越好。但当块的尺寸太小时，由于块的运动信息少且不可靠所以很难准确地估计出变形矩阵 D，于是这里拟采用一种更简单的模型：纯粹的平移模型，即

$$J(x+d)=I(x) \tag{16-4}$$

这样变形矩阵就被假设为 0，追踪就被简化为解方程(16-4)以求出特征块的中心偏移量 d。KLT 特征追踪器在假定图像的帧间运动量较小并且在一个特征块内图像的纹理波动很小的前提下使用了纯平移模型，且选取特征块的大小为 7×7。

2. 图像局部运动的计算

由上可知，KLT 特征追踪器为了减少噪声的影响，不是追踪单个像素而是追踪包含丰富纹理信息的特征块。它所基于的图像运动模型是建立在如下假设的基础之上：特征块内的像素具有相同的运动特征，相应的特征块之间只是做简单的平移运动，偏移量为 $d=(\mathrm{d}x,\mathrm{d}y)^{\mathrm{T}}$。设 I、J 为相对应的两幅图像，则求解 d 的问题可转化为最小化对应特征块间的灰度差 ε 的问题

$$\varepsilon = \iint_W \left[J\left(x+\frac{d}{2}\right) - I\left(x+\frac{d}{2}\right) \right]^2 \omega(x)\mathrm{d}x \tag{16-5}$$

其中，ω 为块中像素的加权函数，设 $\omega=1$，则 ε 对 d 偏微分可表示为

$$\frac{\partial \varepsilon}{\partial d} = \iint_W \left[J\left(x+\frac{d}{2}\right) - I\left(x+\frac{d}{2}\right) \right] \left[\frac{\partial J\left(x+\frac{d}{2}\right)}{\partial d} - \frac{\partial I\left(x+\frac{d}{2}\right)}{\partial d} \right] \mathrm{d}x$$

$$\approx \iint_W \left[J(x) - I(x) + \frac{1}{2}g(x)^{\mathrm{T}}d \right] g(x)\mathrm{d}x \tag{16-6}$$

其中，$g(x) = \left(\frac{\partial(I+J)}{\partial x}, \frac{\partial(I+J)}{\partial y} \right)^{\mathrm{T}}$，要使 ε 最小则 $\frac{\partial \varepsilon}{\partial d}=0$，可得方程组

$$\left[\iint_W g(x)^{\mathrm{T}}g(x)\mathrm{d}x \right] d = 2\iint_W \left[I(x) - J(x) \right]g(x)\mathrm{d}x \tag{16-7}$$

设 $Z = \iint_W g(x)^{\mathrm{T}}g(x)\mathrm{d}x$，$e = 2\iint_W \left[I(x) - J(x) \right]g(x)\mathrm{d}x$，则方程组(16-7)可表示为 $Zd=e$，偏移量 d 可通过重复迭代求解此方程组直到 ε 小到某一值而得到。

3. 特征选择标准

为了成功地追踪，必须选择好的特征，这里好的特征是指那些易被 KLT 追踪器追踪的特征块。要想成为好的特征块，2×2 系数矩阵 Z 必须要满足能抗噪声干扰且具有很好健壮性的两个条件，前一个条件要求矩阵 Z 的两个特征值不能太

小,后一个条件要求矩阵 Z 的两个特征值相差不能太大。由于图像的灰度值只在一个很小的范围内,同一特征块中像素值的变化不会很大,所以,只要两个特征值中最小的特征值大于某个阈值,另一个特征值也不会比它大很多,此时两个条件都满足了。因此,好的特征块的系数矩阵 Z 必须满足:$\min(\lambda_1, \lambda_2) > \lambda_{thr}$,其中 λ_1, λ_2 为 Z 的两个特征值,而 λ_{thr} 为预先确定的一个阈值。两个大的特征值意味着一个好的特征,如拐角、椒盐纹理、边缘等。

λ_{thr} 的下限值是根据灰度分布很均匀的区域的特征值而得到的,而上限则是根据图像中包含强特征的区域的特征值决定的。实际上 λ_{thr} 的下限与上限之间的间隔比较大,这就使 λ_{thr} 的选取范围比较宽,在下面的实验中拟选择 $\lambda_{thr} = 1$ 以放弃那些特征值小于 1 的特征块。因为特征块的选择标准是根据 KLT 追踪器的追踪原理而得来的,恰当的 λ_{thr} 值既保留了可靠的特征块又舍弃了那些不易被 KLT 追踪器追踪的特征块。

图 16-1 给出了采用上述方法选取特征点的效果,(a)为原图,(b)为选取的特征点所在的区域,用白点表示特征点所在的位置。可以看出,特征点所在的区域纹理都比较丰富。

 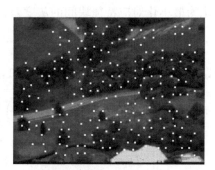

(a) 原图　　　　　　　　　　　　(b) 标记特征点的图片

图 16-1　选取特征点效果示意图

16.2.2　图像运动参数的估计与补偿

在求出相邻两帧图像中相对应的特征块后,利用对应特征块的中心坐标来解第 4 章中的仿射变换模型的坐标变换方程(4-11),即可求出六个未知参数。理想情况下只要知道三对对应坐标即可求解,但实际上由于图像噪声以及求特征块运动量时计算误差的存在,只使用三对对应坐标计算的结果跟实际偏差会比较大,为此,拟选取较多的特征块,再使用最小平方差法求出最能满足这些特征块坐标变化的仿射变换参数。下面实验中选取了多达 300 个特征块来计算参数值,实验结果也验证了这样计算所得参数的准确性。

1. 最小平方差法计算模型参数

设 (x_i, y_i) 表示前一帧图像中第 i 个特征块的中心坐标, (x_i', y_i') 表示当前帧图像中与前一帧图像中第 i 个特征块相对应的特征块的中心坐标,则根据第 4 章中的方程(4-11)求解仿射模型六参数的方程组可表示为

$$
\begin{bmatrix}
x_1 & y_1 & 1 & 0 & 0 & 0 \\
0 & 0 & 0 & x_1 & y_1 & 1 \\
x_2 & y_2 & 1 & 0 & 0 & 0 \\
0 & 0 & 0 & x_2 & y_2 & 1 \\
\vdots & \vdots & \vdots & \vdots & \vdots & \vdots \\
x_n & y_n & 1 & 0 & 0 & 0 \\
0 & 0 & 0 & x_n & y_n & 1
\end{bmatrix}
\cdot
\begin{bmatrix}
a_1 \\ a_2 \\ a_3 \\ a_4 \\ a_5 \\ a_6
\end{bmatrix}
=
\begin{bmatrix}
x_1' \\ y_1' \\ x_2' \\ y_2' \\ \vdots \\ x_n' \\ y_n'
\end{bmatrix}
\tag{16-8}
$$

设 A 为方程组(16-8)左边的系数矩阵,它的维数为 $n\times 6$, $X=(a_1,a_2,a_3,a_4,a_5,a_6)^{\mathrm{T}}$ 为未知的参数向量, b 表示方程组右边的 n 维列向量,则式(16-8)可写为

$$
AX = b \tag{16-9}
$$

式(16-8)中 n 为选取的特征块的个数, $n \geqslant 3$,为保证解的准确性,一般选用的 n 远大于 3,这时用最小平方差法来求解此方程组,这样求解方程组(16-9)中向量 X 的问题就可近似转化为求下面方程组的问题:

$$
A^{\mathrm{T}}AX = A^{\mathrm{T}}b \tag{16-10}
$$

方程组(16-10)可以采用奇异值分解的方法求解,为保证解的数值稳定性将特征块的中心坐标都作归一化处理。对于前一帧图像,求出 n 个特征块中心坐标的平均值为 (x_0, y_0),所有特征块中心与它之差的绝对值的平均值为 (sx_0, sy_0):

$$
sx_0 = \frac{1}{n}\sum_{i=1}^{n}|x_i - x_0|, \quad sy_0 = \frac{1}{n}\sum_{i=1}^{n}|y_i - y_0|,\text{则前一帧图像中的第 } i \text{ 个特征块的}
$$

归一化坐标为 $(\tilde{x}_i, \tilde{y}_i)$: $\tilde{x}_i = \dfrac{x_i - x_0}{sx_0}$, $\tilde{y}_i = \dfrac{y_i - y_0}{sy_0}$。使用同样的方法将当前帧图像中的特征块的中心坐标归一化为 $(\tilde{x}_i', \tilde{y}_i')$,将归一化后的坐标代入方程组(16-10)可求出参数向量 $\tilde{X}$,将此向量进行去归一化处理即可得所求的 X。

2. 运动补偿

估计出摄像机运动模型参数后,接着就要进行图像的灰度双线性内插背景补偿变换。设视频第 $k-1$ 帧图像 I_{k-1} 补偿到第 k 帧图像坐标系后的图像为 I_k',也即 I_k' 与第 k 帧图像 I_k 位于同一图像坐标系,则 I_k' 中的像素点 (x, y) 处的灰度值对应于 I_{k-1} 中 (x', y') 处的灰度值,根据第 4 章中的方程(4-11)有 $x' = a_1 x + a_2 y + a_3$,

$y' = a_4 x + a_5 y + a_6$。当(x', y')在I_{k-1}的图像范围内时,可用双线性插值法求出I_{k-1}中(x', y')处的值。设x_0、y_0分别表示x'、y'的整数部分的值,x_d、y_d分别表示x'、y'的小数部分的值,则I'_k中的像素点(x, y)处的灰度值可表示为

$$
\begin{aligned}
I'_k(x, y) = & [I_{k-1}(x_0+1, y_0) - I_{k-1}(x_0, y_0)]x_d \\
& + [I_{k-1}(x_0, y_0+1) - I_{k-1}(x_0, y_0)]y_d \\
& + [I_{k-1}(x_0+1, y_0+1) + I_{k-1}(x_0, y_0) - I_{k-1}(x_0+1, y_0) \\
& - I_{k-1}(x_0, y_0+1)]x_d y_d \\
& + I_{k-1}(x_0, y_0)
\end{aligned}
\tag{16-11}
$$

3. 实验结果

实验选取了一组图像序列(图16-2)来验证上面研究的全局运动补偿算法的效果,在这些图像序列中不仅存在平移运动,还存在一定的旋转运动。

　　　(a) 前帧图像　　　　　　　　(b) 后帧图像　　　　　　　　(c) 补偿后图像

图16-2　运动估计与补偿效果示意图

图16-2(a)显示的是前帧图像,图16-2(b)是它相邻的后一帧图像,可以看出两幅图像之间存在着较大的运动,先使用KLT追踪器找出两幅图像中对应的特征块,再使用最小平方差法来求出仿射模型的六个参数,它们分别为:$a_1 = 0.997055$,$a_2 = -0.0748886$,$a_3 = 28.2354$,$a_4 = 0.0131066$,$a_5 = 0.996016$,$a_6 = 20.8565$,最后使用运动补偿将前帧图像补偿到后帧的图像坐标系中去,得到了补偿后的图像如图16-2(c)所示,实验结果表明运动补偿的效果很好。

16.2.3　基于 RANSAC 算法的动态特征消除

根据以上方法在前一帧图像中选择特征块后,再使用KLT追踪器找出当前帧中与之相对应的特征块,直接根据求出的匹配特征块对求出的仿射变换矩阵不一定准确,因为存在着许多因素会影响运动矢量的检测精度,如背景中小物体的运动、目标本身的运动、异物进入视场等,为了对估计到的运动矢量做进一步处理以提高其精度,这里使用RANSAC算法来消除那些不可靠的特征对。

设 $X=(x,y,1)^{\mathrm{T}}, X'=(x',y',1)^{\mathrm{T}}$，其中 (x,y)、(x',y') 分别为前后相邻两帧图像中相对应的两个特征块的中心坐标，假定 X' 和 X 之间的仿射变换矩阵为 H，它的形式为

$$H=\begin{bmatrix} a_1 & a_2 & a_3 \\ a_4 & a_5 & a_6 \\ 0 & 0 & 1 \end{bmatrix} \tag{16-12}$$

于是有 $X'=HX$，根据文献[8]定义对称变换误差 d_{tran}^2

$$d_{\mathrm{tran}}^2=d\,(X,H^{-1}X')^2+d\,(X',H^{-1}X)^2 \tag{16-13}$$

其中 $d(X,H^{-1}X')$ 表示向量 X 与 $H^{-1}X'$ 之间的距离。在求出每一特征对的对称变换误差后，可以算出所有特征对的对称变换误差的标准差 σ_{error}：

$$\sigma_{\mathrm{error}}=\sqrt{\frac{\sum\limits_{1\leqslant i\leqslant N}(\{d_{\mathrm{tran}}^2\}_i-\mu)^2}{N-1}} \tag{16-14}$$

其中，μ 为对称变换误差的平均值，

$$\mu=\frac{\sum\limits_{1\leqslant i\leqslant N}\{d_{\mathrm{tran}}^2\}_i}{N} \tag{16-15}$$

于是可以使用如下的规则判断某一特征对是否满足给定的仿射变换：如果 $\{d_{\mathrm{tran}}^2\}_i<\alpha\sigma_{\mathrm{error}}$，则认为第 i 个特征对满足变换矩阵为 H 的仿射变换，否则认为不满足，其中 α 为某一常数。

RANSAC 算法可描述如下：

步骤1：在 N 个特征对中随机选取空间分布分散的三组特征对，并用它们的对应坐标解方程组计算出仿射变换矩阵 H_{3pts}。

步骤2：利用 H_{3pts} 计算出 N 个特征对的仿射变换误差 $\{d_{\mathrm{tran}}^2\}_{i=1,\cdots,N}$ 和标准差 σ_{error}。

步骤3：按上面提到的判断一个特征对是否满足某个变换矩阵为 H 的投影变换的规则，计算出 N 个特征对中满足变换矩阵为 H_{3pts} 的投影变换个数 N_{in}。

步骤4：重复步骤一到步骤三直到 N_{in} 大于某一指定值。

图 16-3 展示了 RANSAC 算法对动态特征的消除效果，图 16-3(a) 显示的是原图，图 16-3(b) 展示了使用 RANSAC 算法前后选取的特征点的变化，其中黑点表示使用 RANSAC 算法后消除的动态特征点，可以看到选取在运动汽车及其阴影上的特征点都被消除了。

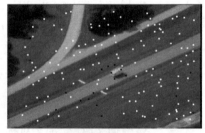

 (a) 原图   (b) 标记特征点的图像

图 16-3 RANSAC 算法效果示意图

16.2.4 基于多分辨率技术的快速运动估计与补偿

当帧间图像的全局运动量较大时,直接使用 KLT 追踪器对原始图像进行特征块匹配时,搜索匹配过程不但要耗去大量的时间,而且匹配的精度也不高,因此,这里引入多分辨率技术来加快匹配速度,提高匹配精度,实验结果验证了此方法的有效性。

1. 基于图像高斯金字塔分解的快速运动估计与补偿技术

图像的金字塔分解就是按分辨率的不同将图像抽取为具有金字塔形的多级子图像(图 16-4),最左边是第一级,为原图像,它的分辨率最高,像素点数也最多,依次往上分辨率越低,像素点数也越少。这里所取的采样间隔为 2,即行方向和列方向每两个像素采样一次,由于图像局部灰度值相关性较强,用采样点的邻域中各点的加权求和来作为其被采样的灰度值,如果是高斯金字塔分解则加权系数为高斯形式,用公式表示为

$$f^i(x,y) = \sum_m \sum_n g(m,n) f^{i-1}(2x+m, 2y+n) \tag{16-16}$$

其中,i 表示分解的子图像级数;$g(m,n)$ 为二维高斯系数,$m \in \left[-\dfrac{M_x-1}{2}, \dfrac{M_x-1}{2}\right]$,$n \in \left[-\dfrac{M_y-1}{2}, \dfrac{M_y-1}{2}\right]$,$M_x$、$M_y$ 为邻域窗口范围,一般为奇数,为了提高运算速度,M_x、M_y 的值一般都取为 3。为进一步简化计算,可将式(16-16)简化为

$$f^i(x,y) = \frac{1}{8}\big(f^{i-1}(2x-1, 2y) + 4f^{i-1}(2x, 2y)$$
$$+ f^{i-1}(2x+1, 2y) + f^{i-1}(2x, 2y-1) + f^{i-1}(2x, 2y+1)\big)$$
$$\tag{16-17}$$

级数依次递增

图 16-4　图像的高斯金字塔分解

在对相邻两帧图像进行高斯金字塔分解后(这里分解为三级),再用 KLT 特征追踪器从两幅图像的最高一级子图像开始进行特征匹配并据此求出子图像的仿射变换参数。在对下一级子图像进行类似处理之前,将前一帧该级子图像按上一级估计出的运动参数进行预补偿。上一级估计出的仿射模型变换参数传递到下一级时,表示行方向与列方向平移量的两个因子 a_3 和 a_6 都要扩大一倍。图像的多分辨率处理的中心思想就是要在低的分辨率子图像层估计出两帧图像间较大的运动,粗略地补偿图像间的运动,而在图像的高分辨率子图像层估计出图像间较小的运动,精确补偿图像间的运动。由于较低分辨率的子图像尺寸小,估计较大的运动偏移耗费的时间也比较少,而在较高分辨率的子图像层虽然图像尺寸较大,但两幅图像间已经过了上一级子图像层的粗补偿,运动偏移量已大为减少,故特征匹配与运动估计所耗费的时间也就大大缩短,为进一步加快速度在图像的最高分辨率子图像层才使用 RANSAC 算法消除动态特征。从基于多分辨率技术的图像运动估计与补偿的过程可以看出,该方法在没有降低图像运动参数的估计精度的情况下,极大地缩短了存在较大运动偏移量的两帧图像间的运动估计与补偿耗费的时间。

综上所述,可将最终使用的快速运动补偿与估计算法用图 16-5 来描述。

2. 实验结果

实验中选取了图像序列中平移与旋转运动量都比较大的两帧图像,图 16-6(a)为前帧图像,图 16-6(b)为后帧图像。将两幅图像高斯 pyramid 分解为三级,图 16-6(c)是用第三级子图像的运动参数预补偿第二级子图像的结果,图 16-6(d)是用第三级子图像的运动参数预补偿第一级子图像(也就是原图像)的结果,图 16-6(e)是最终的运动补偿结果。每一级子图像估计出来的运动参数由表 16-1 列出。

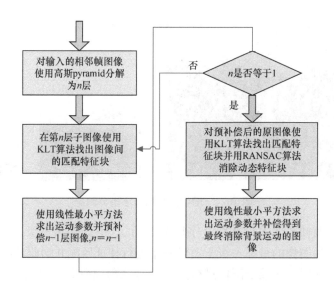

图 16-5　快速运动估计与补偿算法流程图

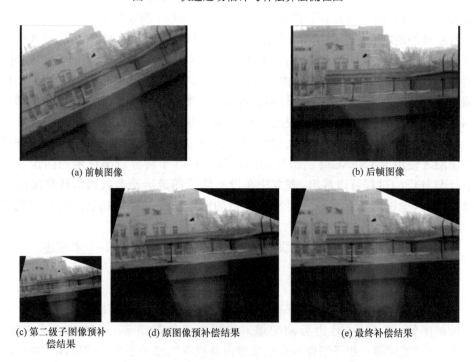

图 16-6　基于多分辨率技术的运动估计与补偿效果

表 16-1　高斯 pyramid 分解子图像运动参数比较

分解 子图像	仿射运动模型六参数					
	a_1	a_2	a_3	a_4	a_5	a_6
第三级	0.959345	0.263021	−12.6011	−0.366892	0.950848	31.282
第二级	0.952578	0.282949	−31.1828	−0.387594	0.942499	70.716
原图像	0.948109	0.292787	−75.7051	−0.410606	0.938469	149.498

由表 16-1 可以看出低分辨率子图像层的运动参数中将 a_3 和 a_6 两个参数乘以 2,则它与低一级较高分辨率的子图像层的运动参数相差很小,说明了这种基于多分辨率技术的运动估计与补偿方法的有效性。

对于图像序列中存在运动目标的情况,由于基于多分辨率技术的快速运动估计与补偿算法在最高分辨率子图像层使用了 RANSAC 算法,因而有效地消除了动态特征的影响。图 16-7 显示了算法对含运动目标的图像序列的处理效果,图 16-7(a) 显示的是前帧图像,图 16-7(b) 是它相邻的后一帧图像,求出仿射模型的六个参数为:$a_1=0.997481$,$a_2=-0.0886934$,$a_3=-7.04496$,$a_4=0.0168220$,$a_5=0.996655$,$a_6=-10.9185$,最后得到了补偿后的图像如图 16-7(c) 所示,表明运动补偿的效果很好。

(a) 前帧图像　　　　　　　　　(b) 后帧图像　　　　　　　　　(c) 补偿后图像

图 16-7　含动态特征的图像序列运动估计与补偿效果

16.3　基于粒子滤波的运动目标检测与跟踪

对由于平台运动而造成的图像背景的运动在利用 16.2 节所阐述的方法进行了补偿之后,就可利用图像时域差分的方法对图像中的运动目标进行检测,但是由于图像噪声、物体表面反射特性的变化、光照条件的变化以及运动估计与补偿误差的存在等因素的影响,差分图像往往存在很多杂散点噪声,如果直接对差分图像进行分割提取目标产生的误差会很大,为此,本节引入了基于 Bayes 准则的粒子滤波器(particle filter)[9-14]来消除这些影响以便更准确地提取目标。粒子滤波器是非线性动态多模式滤波器,它的思想就是利用样本集来表述概率,即某个状态出现的概率等同于代表此状态的粒子数。粒子滤波器融合了目标的多帧运动信息和运动目标在差分图像中的高灰度值信息,将这些信息转化为概率,再将概率转化为粒子的数目与权值问题,再对粒子在状态空间进行聚类与分割就能提取运动目标。一般的粒子滤波器粒子的个数固定,无论是无目标时的分散分布还是有目标时收敛于目标区域的集中分布粒子个数都一样,这样粒子滤波器的处理效率会大大降低,为此拟引入自适应粒子滤波器,它随粒子分布的集中程度来自适应确定粒子的个数,粒子越集中所需的粒子数越少。虽然粒子滤波器是多模式滤波器,但是也只能检测同时进入视场的运动目标,一旦多个目标先后进入视场就只能引入多个粒子滤波器来检测多目标。后面的实验结果也验证了使用这种处理算法检测目标的鲁棒性与准确性。

16.3.1　粒子滤波器

鉴于研究多运动目标检测与跟踪这类非线性多模式问题的需要,下面先介绍 Bayes 滤波器,然后介绍 Bayes 滤波器基于采样实现的粒子滤波器。

1. Bayes 滤波器

Bayes 滤波器是要解决从传感器的测量值估计出动态系统的状态的问题,它的核心思想就是在当前所知道的数据信息的情况下递归估计出状态空间的后验概率密度分布。

如果用大写字母代表某个随机变量,而用小写字母代表变量的某个具体的值。且设目标在的状态可表示为向量 X_i,在第 i 帧得到的测量值为随机变量 Y_i,y_i 表示测量得到的具体值。这样进行 Bayes 推理就有三个问题:

(1) 预测。当前已知了第 i 帧以前的测量值 $y_0,y_1,\cdots,y_{i-1}$,那么第 i 帧的状态向量 X_i 为多少呢? 为了解决此问题就要获得一个概率表述:

$$P(X_i \mid Y_0=y_0,Y_1=y_1\cdots Y_{i-1}=y_{i-1}) \tag{16-18}$$

(2) 数据融合。同为第 i 帧图像,从不同的角度出发得到几个不同的测量值,根据 n 个不同测量值可得到第 i 帧的状态,此问题可表述为

$$P(X_i \mid Y_{i1}=y_{i1},Y_{i2}=y_{i2}\cdots Y_{in}=y_{in}) \tag{16-19}$$

(3) 更新。当得到了当前帧也就是第 i 帧的测量值时,就要改变由步骤一在不知道第 i 帧测量值的情况下预测得到的该帧的状态向量,此问题可用概率公式表述为

$$P(X_i \mid Y_0=y_0,Y_1=y_1,\cdots,Y_i=y_i) \tag{16-20}$$

如果没有一点前提约束条件,追踪目标的状态将变得非常困难,为此,在对目标状态跟踪精度影响不大的情况下,引入了两个独立性假设:

第一,当前的状态只与它最近时刻的状态有关,用条件概率公式可表示为

$$P(X_i \,|\, X_1 = x_1, \cdots, X_{i-1} = x_{i-1}) = P(X_i \,|\, X_{i-1} = x_{i-1}) \tag{16-21}$$

这个假设极大地简化了算法的设计,如果灵活地定义状态向量 X_i 就能减少甚至消除此假设对跟踪目标状态精度的影响,如 X_i 表述运动矢量时,除将位置定义为状态之外再引入速度、加速度作为状态。

第二,在给定状态 X_i 的条件下 Y_i 与给定的其他的测量值条件独立,即: $P(Y_i, Y_j, \cdots, Y_k \,|\, X_i) = P(Y_i \,|\, X_i) P(Y_j, \cdots, Y_k \,|\, X_i)$,此假设也没有对目标状态的跟踪精度产生多大影响,但却极大地简化了计算。

这两条假设意味着目标状态的跟踪问题具有一个基于隐式马尔可夫模型的推理结构,下面给出基于隐式马尔可夫模型的 Bayes 滤波器的预测与纠正公式。

假设在没有任何观察数据时目标状态的初始分布为 $P(X_0)$,当获得第一帧的观测数据 $Y_0 = y_0$ 后,得到新的概率分布为

$$\begin{aligned}
P(X_0 \,|\, Y_0 = y_0) &= \frac{P(y_0 \,|\, X_0) P(X_0)}{P(y_0)} \\
&= \frac{P(y_0 \,|\, X_0) P(X_0)}{\int P(y_0 \,|\, X_0) P(X_0) \mathrm{d} X_0} \\
&\propto P(y_0 \,|\, X_0) P(X_0)
\end{aligned} \tag{16-22}$$

上面这些推导都是基于 Bayes 准则的,其中积分项是归一化常数,这样就可以在第 $i-1$ 帧图像中目标状态的后验概率即 $P(X_{i-1} \,|\, y_0, \cdots, y_{i-1})$ 已知的情况下,根据下面推导出的预测和更新公式得到第 i 帧图像中目标状态的后验概率分布,如此递归执行此过程就可得到每一帧目标状态后验概率分布。

预测就是要得到公式 $P(X_i \,|\, y_0, \cdots, y_{i-1})$ 的表述,根据 Bayes 准则以及上面提到的两个独立性假设,可得

$$\begin{aligned}
P(X_i \,|\, y_0, \cdots, y_{i-1}) &= \int P(X_i, X_{i-1} \,|\, y_0, \cdots, y_{i-1}) \mathrm{d} X_{i-1} \\
&= \int P(X_i \,|\, X_{i-1}, y_0, \cdots, y_{i-1}) P(X_{i-1} \,|\, y_0, \cdots, y_{i-1}) \mathrm{d} X_{i-1} \\
&= \int P(X_i \,|\, X_{i-1}) P(X_{i-1} \,|\, y_0, \cdots, y_{i-1}) \mathrm{d} X_{i-1}
\end{aligned} \tag{16-23}$$

而更新是要得到公式 $P(X_i \,|\, y_0, \cdots, y_i)$ 的表述,根据 Bayes 准则以及上面提到的两个独立性假设,可得

$$\begin{aligned}
P(X_i \,|\, y_0, \cdots, y_i) &= \frac{P(X_i, y_0, \cdots, y_i)}{P(y_0, \cdots, y_i)} \\
&= \frac{P(y_i \,|\, X_i, y_0, \cdots, y_{i-1}) P(X_i \,|\, y_0, \cdots, y_{i-1}) P(y_0, \cdots, y_{i-1})}{P(y_0, \cdots, y_i)}
\end{aligned}$$

$$= P(y_i \mid X_i) P(X_i \mid y_0, \cdots, y_{i-1}) \frac{P(y_0, \cdots, y_{i-1})}{P(y_0, \cdots, y_i)}$$

$$= \frac{P(y_i \mid X_i) P(X_i \mid y_0, \cdots, y_{i-1})}{\int P(y_i \mid X_i) P(X_i \mid y_0, \cdots, y_{i-1}) \mathrm{d} X_i} \quad (16\text{-}24)$$

从以上的推导公式可以看出,基于 Bayes 滤波器的目标状态跟踪的关键是要确定相关的概率分布模型,该模型要满足两个条件:首先它要准确地描述本章要解决的多运动目标跟踪问题,再就是它要使得式(16-23)、式(16-24)中的积分项的计算变得迅速而简单,为此下面要介绍描述 Bayes 滤波器的几个模型。

2. Bayes 滤波器的表述模型

Bayes 滤波器的不同信任度表述方式在描述目标状态向量 X_i 的概率分布时存在很大的差异,这里将讨论 Bayes 滤波器的不同的信任度表述方式以及它们在多目标检测与跟踪这个问题上的特性,所有的表述方式都是基于隐式马尔可夫模型的。

1) 卡尔曼滤波器

卡尔曼滤波器(Kalman filter,KF)[15,16]是一种应用很广泛的 Bayes 滤波器,它是用随机变量的第一、第二阶矩(如均值和方差)来近似表述此随机变量的。在初始状态服从单峰高斯分布,并且目标的观测模型和系统的动态方程都为状态的线性组合加高斯噪声的形式的情况下,Bayes 滤波器就被优化为 Kalman 滤波器的形式。但通常要处理的实际问题往往是非线性的,将标准 Kalman 滤波器推广应用于非线性系统,从而发展为众所周知的广义 Kalman 滤波器(extended Kalman filter,EKF)[17]。EKF 为了求取估计误差的方差经非线性函数的传播,将非线性函数用 Taylor 展开线性化,在该过程中忽略了高阶项,从而引起误差。应当指出基于 Taylor 级数展开的方法有这样的缺点,函数的整体特性(其均值)被局部特性(其导数)所代替,且噪声会使该缺点进一步恶化。近年来,Unscented Kalman Filter(UKF)[18]作为 Kalman 滤波器的一种新的推广而受到关注。UKF 思想不同于 EKF,它通过设计少量的 sigma 点,根据 sigma 点经由非线性函数的传播,计算出随机向量一、二阶统计特性的传播。因此,它比 EKF 能更好地逼近方程的非线性特性从而比 EKF 具有更高的估计精度。

尽管 Kalman 滤波器及其各种扩展形式是在很多的前提约束条件下得出的,它们已被成功应用在单个目标状态的跟踪问题,即使对于高非线性系统,它们也能非常有效地估计出状态值。Kalman 滤波器的一个最重要的优点就在于它的计算的简便性与有效性,这是由于它的计算复杂度是状态空间的维数和观测量的维数的多项式表示形式,因此,复杂度的增加非常平缓。然而由于 Kalman 滤波器是在假设状态的后验概率分布服从单峰高斯分布的情况下而得出的,所以它只能用来跟踪单个目标的状态,而本章需要解决的问题是多目标检测与跟踪问题,这就要寻求其他的表现形式。

2) 多假设方法

多假设方法[19]使用高斯混合模型来表示每个状态,每一条假设对应一个单峰高斯函数,每一条假设都由一个广义 Kalman 滤波器去跟踪状态,因此,它将状态的后验概率分布模型化为多峰形式,这就具有了同时跟踪多个目标状态的能力了。但是由于每条假设都是由 Kalman 滤波器去跟踪的,所以此方法除了不需要满足后验概率分布为单峰形式这个条件外仍然要求满足 Kalman 滤波器所需满足的其他前提约束条件。实际应用中虽然多假设方法对于非线性度不是太高的系统的状态跟踪问题表现出很强的鲁棒性,但对于本章所需要解决的基于差分图像的目标检测与跟踪这个非线性度比较高的问题目前还不能有效地解决,另外,此方法要求非常精确的启发式方法去解决数据融合问题以及确定增加、删除假设的时机。

3) 基于样本的方法

基于样本的方法[9-14]就是借助样本(或粒子)的集合来表述状态的概率分布,因此基于采样的方法也可称为粒子滤波的方法。粒子滤波器的一个重要优点就是它能表述任意的概率分布,此外,它能收敛到系统状态的真实的后验概率分布,即使此系统是非高斯非线性动态系统,粒子滤波器能够在状态空间里非常有效地汇聚于高概率的状态区域。粒子滤波器的这些特性可以很好地满足多目标检测与跟踪的需要,通过选择合适的运动模型和观测模型,用粒子来代表目标的运动状态(位置、速度等),粒子滤波器动态执行后,粒子在位置分量上会逐渐汇聚于目标存在的区域,如果是多目标就会汇聚于多个区域,这样就可以通过聚类,分割处理找出目标,并能跟踪此类目标的状态。

由于粒子滤波器的性能和滤波过程中选择粒子的数目有很大的关系,许多学者尝试了能更加有效地利用粒子的方法,在不做任何改进的情况下此方法的计算复杂度将随状态空间的维数呈指数倍增长。因此,设计一种能自适应地确定粒子数目的自适应粒子滤波器也非常重要。下面详细介绍粒子滤波器的构成原理。

3. 粒子滤波器的实现

粒子滤波器是一种使用带权值样本的集合来表述状态变量概率分布的 Bayes 滤波器。假设有 n 个样本,则第 i 帧图像目标状态的概率分布可用样本集合 $S_i = \{(u_i^k, w_i^k)\}$ 来表示,其中 u_i^k 为状态空间中的一个样本;w_i^k 为重要性权值,它的值非负,上标 k 表示样本的序号。粒子滤波器是根据一个采样过程来实现递归 Bayes 滤波器的,此过程中通常要涉及序列重要性采样与重采样的问题,以下给出了用样本集合的表现形式实现递归 Bayes 滤波器的过程。

　　假设已经知道了式 $P(X_{i-1}|y_0,\cdots,y_{i-1})$，要得到式 $P(X_i|y_0,\cdots,y_i)$ 的样本表述形式，就要通过预测与更新两个步骤来实现。

　　先求出 $P(X_i,X_{i-1}|y_0,\cdots,y_{i-1})$ 的样本集表现形式，再以 X_{i-1} 为变量对此式求积分，即可得到消除 X_{i-1} 的边缘概率分布 $P(X_i|y_0,\cdots,y_{i-1})$，此为第 i 帧的先验概率分布，再根据此帧的观测概率即可得到 $P(X_i|y_0,\cdots,y_i)$ 的样本表现形式，具体过程如下：

　　首先说明一下预测过程。由 Bayes 准则及独立假设条件可知

$$P(X_i,X_{i-1}|y_0,\cdots,y_{i-1})=P(X_i|X_{i-1})P(X_{i-1}|y_0,\cdots,y_{i-1}) \quad (16\text{-}25)$$

　　设目标的运动模型表示为：$x_i=f(x_{i-1})+\xi_i$，其中 f 为任意函数，$\xi_i\sim N(0,\Sigma_{m_i})$ 为高斯白噪声。设表述式 $P(X_{i-1}|y_0,\cdots,y_{i-1})$ 的样本集为 $\{(u_{i-1}^k,w_{i-1}^k)\}$，当任意给定一个样本 u_{i-1}^k 时，可得到表述式 $P(X_i|X_{i-1}=u_{i-1}^k)$ 的样本集表现形式为：$\{(f(u_{i-1}^k)+\xi_i^l,1)\}$，其中 $\xi_i^l\sim N(0,\Sigma_{m_i})$，上标 l 表示对于给定的样本 u_{i-1}^k 可能产生几个不同的新样本。为此根据式(16-25)可以将式 $P(X_i,X_{i-1}|y_0,\cdots,y_{i-1})$ 表述为样本集形式：

$$\{((f(u_{i-1}^k)+\xi_i^l,u_{i-1}^k),w_{i-1}^k)\} \quad (16\text{-}26)$$

注意到式(16-26)有两个自由指数 k、l，可理解为对于每一个序号为 k 的样本，在新的样本集合中可能对应几个不同的元素，用序号 l 来表示。

　　通过舍去式(16-26)中要积分的变量的元素来实现概率式的边缘化，因此式 $P(X_i|y_0,\cdots,y_{i-1})$ 的样本集表现形式为

$$\{(f(u_{i-1}^k)+\xi_i^l,w_{i-1}^k)\} \quad (16\text{-}27)$$

　　接下来阐述更新过程。更新就是将在第 $i-1$ 帧得到的目标状态的预测概率分布 $P(X_i|y_0,\cdots,y_{i-1})$ 作为第 i 帧目标状态的先验概率分布，再根据对第 i 帧图像进行观测得到的信息推导出目标状态的后验概率分布的过程。使用样本集的方式来处理此过程时，由于式(16-27)是第 i 帧图像目标状态的先验概率分布的样本集表述形式，所以只要将集合中的每个样本的权值乘以此样本代表的状态的观测概率即可，样本的权值变为：$P(Y_i=y_i|X_i=f(u_{i-1}^k)+\xi_i^l)\cdot w_{i-1}^k$，这样第 i 帧的目标状态的后验概率分布的样本集表现形式为

$$\{(f(u_{i-1}^k)+\xi_i^l,P(Y_i=y_i|X_i=f(u_{i-1}^k)+\xi_i^l)\cdot w_{i-1}^k)\} \quad (16\text{-}28)$$

　　由此可知，只要知道初始帧目标状态的样本集表示形式即可根据式(16-28)递归推导出此后每一帧目标状态的样本集表示形式，从而得到目标状态的后验概率分布。初始帧目标状态的概率分布 $P(X_0)$ 的样本集表现形式可以通过在状态空间中均匀采样并将所有样本权值都设为 1 而得到。

　　当不进行任何修正地按上述的方法对目标状态进行跟踪时，会出现样本权值迅速变小的情况，此问题可以通过每计算一次后都进行权值归一化处理来解决，即将所有样本的权值都除以样本集合中所有权值的和。进行了归一化操作之后会出

现某个粒子(样本)的权值会迅速接近于 1 而其他粒子的权值接近于 0 的情况,要想比较准确地使用粒子加权求和的方法来估计出式(16-23)中的积分项,粒子的权值必须要足够大,小权值的粒子对积分的估计几乎没有贡献,也就是说使用小权值的粒子就是浪费资源,因此必须重新选择一个较大权值的粒子去代替它。下面介绍重采样算法以保持粒子集合中有效粒子的数目,从而保证粒子滤波器的有效性。

在粒子集合的表述方式中,某个粒子的权值与它在集合中出现的频率存在互换关系,即可以通过减少粒子的权值的方式来增加粒子的出现频率,相反,也可通过减少粒子的出现频率来增加粒子的权值。例如,假设表述随机变量 $P(U)$ 概率分布的粒子集由 N 个粒子权值对 (s_k, w_k) 组成。构建一个新的粒子集,对于每个 k 由 N_k 个统一权值的粒子权值对 $(s_k, 1)$ 组成,如果 $\dfrac{N_k}{\sum\limits_k N_k} = w_k$,则由 $\sum\limits_k N_k$ 个等权值的粒子 $(s_k, 1)$ 构成的新样本集同样表示随机变量 $P(U)$ 的概率分布。如果从 $\sum\limits_k N_k$ 粒子中均匀地抽取 $N'(N' \leqslant \sum\limits_k N_k)$ 个粒子,则此 N' 个粒子构成的新粒子集同样表示随机变量的 $P(U)$ 概率分布。如此即可通过先扩大样本集合,再对扩大后的粒子集采样而得到 $P(U)$ 概率分布的另一种粒子集表现形式,这个过程可以进一步简化为:以粒子归一化后的权值作为采样概率从原粒子集中抽取 N 个粒子。新的粒子集中所有粒子的权值相同,但原粒子集中权值高的粒子在新的样本集中出现的频率就相应地提高,因此,新的样本集中将主要包括那些原样本集中大权值的粒子。对于第 i 帧图像,在已求得式 $P(X_{i-1} | y_0, \cdots, y_{i-1})$ 的粒子集的表述方式的情况下,采用上面提到的方法对此粒子集进行重采样,重采样后新的样本集将主要包括那些大权值的粒子,从而保证粒子滤波器的有效性。

16.3.2　基于 KLD 采样的自适应粒子滤波器

上一节中提到的重采样算法是通过在粒子数固定的情况下充分地利用选取的粒子来提高粒子滤波器的效率,由于粒子滤波器的计算复杂度主要取决于粒子的数目,所以本节将通过自适应调节粒子滤波器粒子的数目来达到提高粒子滤波器效率的目的。这里拟采用 Dieter Fox[20] 提出的基于 Kullback-Leibler Distance (KLD)的自适应粒子滤波器。KLD 采样方法的中心思想是通过限定使用样本集表述概率分布导致的近似错误来确定采样粒子的数目,KLD 采样的名称来自于要通过计算 Kullback-Leibler 距离来确定采样近似错误。当粒子在状态空间的分布比较集中时,此自适应调节粒子数方法会选择小的采样粒子数,而当粒子在状态空间的分布比较分散时,此方法就会选择大的采样粒子数。本节先介绍 Kullback-Leibler 距离的概念,再阐述怎么将它用于确定粒子滤波器中采样粒子的数目。

1. Kullback-Leibler 距离

为了确定采样的近似错误,假设状态真实的后验概率分布由离散分段常数分布的形式给出,如密度树或多维直方图。问题转化为在此种表述方式怎样确定采样粒子数以使得基于样本的最大概率估计(MLE)与真实的后验概率分布之间的差别不超过某个阈值 ε,MLE 与真实的后验概率分布之间的差别是通过 Kullback-Leibler(KL)距离[20]来测量的。KL 距离是一种表述两个概率分布 p 和 q 之间差距的测量方法:

$$K(p,q) = \sum_x p(x) \log \frac{p(x)}{q(x)} \tag{16-29}$$

KL 距离非负并且仅当两个分布一样时才为 0。接下来将确定采样的粒子数以使得 MLE 能对任意离散的概率分布取得一个好的近似。

假设从一个分为 k 个不同小格的离散概率分布中抽取 n 个样本,设向量 $\overline{X} = (X_1, \cdots, X_k)$ 表示从每个小格中抽取的样本数。$\overline{X}$ 服从一个多项式分布 $\overline{X} \sim \text{Multinomal}_k(n, \overline{p})$,其中 $\overline{p} = (p_1, \cdots, p_k)$ 表示每一小格真实的概率分布,使用 n 个样本对 $\overline{p}$ 的最大概率估计为 $\hat{\overline{p}} = \frac{1}{n}\overline{X}$,$\overline{p}$ 概率比统计量 λ_n 为

$$\log \lambda_n = \sum_{j=1}^{k} X_j \log\left(\frac{\hat{\overline{p}}}{\overline{p}}\right) \tag{16-30}$$

将 $\overline{X}_j = n\hat{\overline{p}}_j$ 代入式(16-30)再根据式(16-29)可知概率比统计量是最大概率估计与真实概率分布之间的 KL 距离的 n 倍,即

$$\log \lambda_n = nK(\hat{\overline{p}}, \overline{p}) \tag{16-31}$$

由于概率比统计量收敛于自由度为 $k-1$ 的 χ^2 分布,即

$$2\log \lambda_n \to \chi_{k-1}^2, \quad n \to \infty \tag{16-32}$$

现用 $P_{\overline{p}}(K(\hat{\overline{p}}, \overline{p}) \leqslant \varepsilon)$ 表示基于采样的最大概率估计与真实概率分布之间的 KL 距离小于等于 ε 的概率,此概率与采样粒子数的关系可由下式推导得出:

$$P_{\overline{p}}(K(\hat{\overline{p}}, \overline{p}) \leqslant \varepsilon) = P_{\overline{p}}(2nK(\hat{\overline{p}}, \overline{p}) \leqslant 2n\varepsilon)$$

$$= P_{\overline{p}}(2\log \lambda_n \leqslant 2n\varepsilon) \approx P(\chi_{k-1}^2 \leqslant 2n\varepsilon) \tag{16-33}$$

式(16-33)是根据式(16-31)与式(16-32)而得来,χ^2 分布的分位数由下式给出:

$$P(\chi_{k-1}^2 \leqslant \chi_{k-1,1-\delta}^2) = 1 - \delta \tag{16-34}$$

如果选择一个 n 使得 $2n\varepsilon$ 等于 $\chi_{k-1,1-\delta}^2$,结合式(16-33)、式(16-34)可得

$$P_{\overline{p}}(K(\hat{\overline{p}}, \overline{p}) \leqslant \varepsilon) \approx 1 - \delta \tag{16-35}$$

现在已经求出了采样样本数与样本集表述近似程度的关系,简要地说就是只要选取合适的样本数 n,使得

$$n = \frac{1}{2\varepsilon} \chi^2_{k-1,1-\delta} \quad (16\text{-}36)$$

那么就有 $1-\delta$ 的概率使得最大概率估计与真实的概率分布之间的 KL 距离小于等于 ε。为了根据式(16-36)求出 n，就要计算 χ^2 分布的分位数，由 Wilson-Hilferty 变换[21]可得出此问题的一个很好的近似：

$$n = \frac{1}{2\varepsilon} \chi^2_{k-1,1-\delta} \approx \frac{k-1}{2\varepsilon} \left\{ 1 - \frac{2}{9(k-1)} + \sqrt{\frac{2}{9(k-1)}} z_{1-\delta} \right\}^3 \quad (16\text{-}37)$$

其中，$z_{1-\delta}$ 是标准正态分布的高 $1-\delta$ 分位数，其值很容易查统计学表得到。

从式(16-37)可以看出需要的采样粒子数与错误上限 ε 成反比，而与有效的小格数 k 的一阶线性式成正比，这里当多项式分布的某个小格的概率大于一个确定的阈值即设定此小格有效(例如，它至少包含一个粒子)。

2. KL 距离算法用于粒子滤波器

下面主要讲述怎么把上文得出的结论用于粒子滤波器的设计。粒子滤波器的主要目的就是要有效地估计出目标状态的后验概率分布，这里先使用样本集的方法表述目标状态的预测概率分布 $P(X_i | y_0, \cdots, y_{i-1})$；由式(16-37)可知并不需要知道确切的离散概率分布，而只需知道概率分布的可用小格数 k 即可确定采样所需的样本数，尽管从预测的概率分布中抽取所有样本前不能知道确切的 k，但可以通过在采样期间逐步累加有效的小格数的方法来估计出 k。

整个基于 KL 距离的自适应粒子滤波器算法处理过程中先初始化有效小格数 k 为 0，每一个采样步都要对可用小格数 k 进行更新，当新采到的样本掉在一个还不包含其他样本的小格里时(也就是说小格为空)k 增 1，反之则不变。在对 k 更新后，通过计算式(16-37)更新准确表述所需抽取的样本数 n_x。随着已经抽取的样本数 n 的增多，n_x 的变化可描述为：在采样的前期，由于起初几乎每个小格都为空，k 几乎每次都要增 1，n_x 也随之增大；然而随着抽取的样本数 n 的增加，越来越多的小格非空，导致 n_x 几乎不变，这样 n 最终会达到 n_x，采样停止。

从以上对 KL 距离采样算法执行过程的分析可知，为保证基于样本的方法表述离散概率分布的准确性与高效性，当样本集中在状态空间的一个小的子空间时，非空的小格数就会很小，导致为准确表述所需的样本数相应减少；而当样本分散分布在状态空间中时，非空的小格数就会很多，导致为准确表述所需的样本数相应增多，从而达到自适应确定粒子滤波器采样粒子数的目的。

16.3.3　自适应粒子滤波器用于多运动目标检测与跟踪

要从运动摄像机拍摄到的图像序列中提取运动目标，首先是通过上面阐述的全局运动估计与补偿技术将相邻帧的图像位置坐标转化到同一坐标系中，再将补偿后的两帧图像作帧差处理,得到差分图像,对差分图像做一些算术运算和滤波就可提取出运动目标。本节将引入自适应粒子滤波器来实现对运动目标的检测与跟踪,选择目标的位置与速度作为状态向量,常速模型作为目标状态的运动模型,差分图像作为观测信息,状态空间中均匀分布的粒子集合来表述状态的初始概率分布,启动粒子滤波的递归过程。随着输入帧数的增多,粒子在状态空间逐渐汇聚于一个很小的状态子空间,如果状态的位置分量选择图像坐标系作为参考坐标系,在位置空间中粒子就会聚集于图像中运动目标的位置,通过对粒子进行聚类与分割处理即可提取运动目标,如果目标保持运动,粒子滤波器就会一直跟踪目标的运动状态。当粒子滤波器处于对目标的跟踪状态时,它的粒子处于状态空间中很小的子空间中,这时如果再进入一个目标,由于没有粒子落在新目标的运动状态上,故新的目标很难被检测出来,因此必须在某个粒子滤波器处于对目标的跟踪状态后再引入一个新的粒子滤波器,以保持对新进入目标的检测能力。

1. 粒子滤波器检测图像中的运动目标

先求出相邻两帧图像的经运动补偿后的差分图像,按上面所说的运动估计与补偿方法将第 $i-1$ 帧图像 I_{i-1} 转化到当前帧图像 I_i 的坐标系中去,设补偿后的图像为 I_c,补偿后的图像 I_{i-1}^c 与当前帧图像 I_i 相重叠的部分为有效区域 R,则差分图像可表示为

$$I_{i-1}^d(x,y) = \begin{cases} |I_{i-1}^c(x,y) - I_i(x,y)|, & (x,y) \in R \\ 0, & (x,y) \notin R \end{cases} \tag{16-38}$$

图 16-8 显示了补偿前后的帧差图像,由图可知补偿后的差分图像有效地消除了相机运动对背景图像的影响。

由相邻两帧图像中的前一帧图像补偿到后一帧图像坐标系中得到的差分图像序列:$I_0^d, I_1^d, \cdots, I_i^d$,它们的像素值代表了该位置的运动量。然而正如前面提到过的,由于图像噪声、物体表面反射特性的变化、光照条件的变化以及运动估计与补偿误差的存在等种种因素的影响,差分图像往往存在很多杂散点,直接对差分图像进行分割提取目标产生的误差会非常大。为了消除这些噪声、杂散点的影响,本章采用了概率的方法,差分图像中归一化灰度值可以表示为运动目标在此位置存在的概率,而目标的位置和尺寸通过时间的推移而被估计出来。以下先通过 Bayes 滤波器来模型化此估计过程,再利用 Bayes 滤波器的样本表述形式也即粒子滤波器来实现此过程。

1) Bayes 滤波器设计

设第 i 帧图像中运动目标的状态向量为

$$X_i = (x_i, y_i, \dot{x}_i, \dot{y}_i)^{\mathrm{T}} \tag{16-39}$$

其中 x_i, y_i 表示目标的行、列方向的位置;而 $\dot{x}_i, \dot{y}_i$ 表示目标的行、列方向的速度

(a) 前帧图像　　　　　　　　　　　　　(b) 后帧图像

(c) 未经补偿的帧差图像　　　　　　　　(d) 补偿后的帧差图像

图 16-8　补偿前后帧差图像对比

量,由于图像帧间的时间间隔是一致的,这里将速度定义为帧间的位移量。设 P_m $(X_i) = P(X_i \mid I_0^d, \cdots, I_i^d)$ 表示目标状态在第 i 帧的后验概率分布,差分图像序列 $I_0^d, \cdots, I_i^d$ 作为状态的观测量,则结合式(16-23)、式(16-24)有

$$P_m(X_i) = \eta_i P(I_i^d \mid X_i) \int P(X_i \mid X_{i-1}) P_m(X_{i-1}) dX_{i-1} \tag{16-40}$$

其中 η_i 为归一化常数,现在只要确定目标状态的运动模型 $P(X_i \mid X_{i-1})$ 以及观测模型 $P(I_i^d \mid X_i)$,即可递归执行方程(16-40)而得到每一帧目标状态的后验概率分布。

对于运动目标检测问题,运动模型 $P(X_i \mid X_{i-1})$ 应当准确地表述目标在图像中运动状态随时间的推移而发生的变化。由于没有关于目标运动的先验知识,为了既能比较准确地描述目标的运动又能兼顾计算的简便性,这里选用了常速模型,并且使用协方差矩阵为 Σ_m,均值为 μ 的四变量高斯函数来模型目标运动的不确定性

$$\mu = \begin{pmatrix} x_{i-1} + \dot{x}_{i-1} \\ y_{i-1} + \dot{y}_{i-1} \\ \dot{x}_{i-1} \\ \dot{y}_{i-1} \end{pmatrix} \tag{16-41}$$

$$P(X_i \mid X_{i-1}) = \frac{1}{4\pi^2 \sqrt{|\Sigma_m|}} e^{-\frac{1}{2}(X_i-\mu)^T \Sigma_m^{-1}(X_i-\mu)} \tag{16-42}$$

设 $\hat{X}_i = (x_i, y_i)$ 为目标状态向量中表示位置的两项分量,它描述了目标的位置坐标。由于目标总是在图像中占据一定大小的区域,目标运动时那个区域的灰度值都应该发生变化,因此目标状态的观测模型 $P(I_i^d \mid X_i)$ 应能反映这样的信息:当第 i 帧图像中坐标 $\hat{X}_i$ 有运动发生时,则在差分图像 I_i^d 中 $\hat{X}_i$ 处及其邻域的灰度值应较高。同样可以用协方差矩阵为 Σ_s,均值为 $\hat{X}_i$ 的二变量高斯函数来模拟 $\hat{X}_i$ 的邻域,这样观测模型 $P(I_i^d \mid X_i)$ 可定义为

$$P(I_i^d \mid X_i) = \int_0^{|I_i^d|} I_i^d(X) \frac{1}{4\pi^2 \sqrt{|\Sigma_s|}} e^{-\frac{1}{2}(X-\hat{x}_i)^T \Sigma_s^{-1}(X-\hat{x}_i)} \mathrm{d}X \tag{16-43}$$

其中式(16-43)的积分区间为整个差分图像 I_i^d 的有效坐标空间,二阶协方差矩阵 Σ_s 控制着有效邻域的大小。

由于式(16-40)要计算在整个状态空间上的积分项,即使图像的尺寸较小,但由于状态空间是四维的,计算量仍很巨大,因此为目标状态的后验概率分布选择一个合适的表述方式以简化计算显得非常重要。最简便的计算方式就是将问题理想化为一个单峰线性高斯模型,采用 Kalman 滤波器来处理,虽然此方法极大地简化了计算,但它不适用于本章要解决的问题,主要有两个原因:首先观测模型(16-43)是高度非线性的,再者本章要解决的是多目标检测问题,当图像中存在多个运动目标时,目标状态的后验概率分布肯定存在多个峰值。为此这里另选了一种简便而有效的表述方法。

根据上文中对 Bayes 滤波器表述方式的分析,这里选用了简单而有效的基于样本的表述方式。此方法通过抽取较少的加权样本来计算积分,大大减少了计算量,同时由于样本都是抽取于运动概率高的区域,因此此表述方式的近似度很高。此外,由于此表述方式所需的采样样本数与目标状态的真实后验概率分布存在很大的关系,所以引进了基于 KL 距离的自适应滤波器来自适应调节采样的样本数,从而进一步提高了计算有效性。下面将阐述用于运动目标检测的自适应滤波器的设计。

2) 自适应粒子滤波器的设计

粒子滤波器是一种递归估计后验概率分布的算法,它简单而有效,非常适合实时应用。另外,它的多模追踪能力使它能够在不进行图像分割的情况下在图像序列中检测并跟踪目标。同时采用基于 KL 距离的自适应滤波器来动态调节采样的样本数,可以在保证粒子滤波器处理的准确性的前提下,进一步降低计算复杂度。在用自适应滤波器递归解方程(16-40)前,必须使用基于样本的表述方式来表述目标的运动模型 $P(X_i \mid X_{i-1})$ 以及观测模型 $P(I_i^d \mid X_i)$。

运动模型(16-42)描述了怎样在知道前一帧目标运动状态 X_{i-1} 的情况下计算得出当前帧目标运动状态为 X_i 的概率。然而对于粒子滤波器的更新,运动模型应能描述在前一帧粒子 $s_{i-1}^k = (x_{i-1}^k, y_{i-1}^k, \dot{x}_{i-1}^k, \dot{y}_{i-1}^k)^T$ 和它的权值 w_{i-1}^k 给定的情况下怎样得到此粒子在当前帧中对应的粒子 s_i^k,因此可将运动模型(16-42)的基于粒子的表示形式写为

$$s_i^k = \begin{bmatrix} x_{i-1}^k + \dot{x}_{i-1}^k + \mathrm{Normal}\left(\dfrac{r_p}{w_i^k}\right) \\[2mm] y_{i-1}^k + \dot{y}_{i-1}^k + \mathrm{Normal}\left(\dfrac{r_p}{w_i^k}\right) \\[2mm] \dot{x}_{i-1}^k + \mathrm{Normal}\left(\dfrac{r_v}{w_i^k}\right) \\[2mm] \dot{y}_{i-1}^k + \mathrm{Normal}\left(\dfrac{r_v}{w_i^k}\right) \end{bmatrix} \tag{16-44}$$

其中,r_p、r_v 分别表示位置与速度分量的噪声参数;函数 $\mathrm{Normal}(\sigma)$ 产生一个均值为 0,标准差为 σ 的高斯随机变量。为了检测出新进入的运动目标,需要建立一个粒子发散性与收敛性动态结合的模型,如方程(16-44)所示,通过加上一个均值为 0,标准差与粒子的权值成反比的高斯随机变量来简单描述此模型。此方法的思想就是要让那些高权值的粒子保持很强的收敛性,而让那些较低权值的粒子保持一定的发散性。

目标状态的观测模型用来评价一个粒子的重要性,给它加上一个权值,方程(16-43)给出了运动目标检测问题观测模型的通用形式,然而为有效地执行粒子滤波,此模型必须被简化。使用步长函数代替多变量高斯函数,有效作用范围也限制在 $m \times m$ 的固定区域内,此区域的尺寸应大到足以消除椒盐噪声,这里选择了 5×5 的固定区域。根据文献[22]第 i 帧图像中第 k 个粒子 $s_i^k = (x_i^k, y_i^k, \dot{x}_i^k, \dot{y}_i^k)^T$ 的权值 w_i^k 可由下式得出

$$w_i^k = \frac{1}{m^2} \sum_{u=-m/2}^{m/2} \sum_{v=-m/2}^{m/2} I_i^d(x_i^k - u, y_i^k - v) \tag{16-45}$$

由式(16-45)可知只有状态向量中的位置分量参与了对粒子重要性的评价。

为了使自适应粒子滤波器有效地执行,由 16.2 节可知必须先将状态空间分割成许多固定大小的小格,这里将状态空间分成许多小格既是求出粒子滤波器所需的粒子数的需要,同时也是下面对粒子进行聚类操作的需要。由于选择的状态空间是四维的,如果不进行任何简化,无论是存储还是搜索计算所消耗的硬件资源都是巨大的。因此,考虑到这里设定速度分量是相邻两帧间的目标位移量,它的值一般都很小,故在对状态空间进行网格化处理时,只考虑状态向量中的位置分量,也就是说将状态空间按它的位置分量划分为许多小格,这里将小格的大小设为

10×10像素,经过此简化处理后划分状态空间所需的小格数大大减少,所需的存储量和计算量也就大为减少,而且对滤波器的性能几乎没有什么影响,接着按照16.2节所描述的方法就能有效地执行自适应粒子滤波器了。整个自适应粒子滤波器的执行过程如图16-9所示。

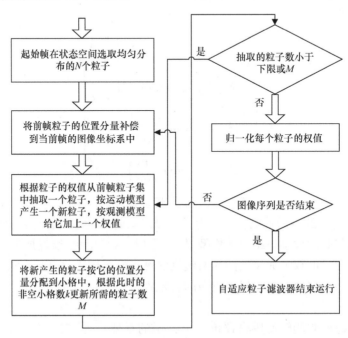

图 16-9　自适应粒子滤波算法流程图

图16-10展示的是对一图像序列进行自适应粒子滤波处理的结果,白点代表粒子所处的位置(也就是此粒子所代表的状态向量中的位置分量)。图16-10(a)、(b)、(c)分别显示的是第一、三、六帧原图像,图16-10(d)、(e)、(f)分别显示的是第一、三、六帧图像的自适应粒子滤波的结果。初始时选用的粒子的数目为750个,等到第三帧时由于分布空间的缩小已降到620个,到第六帧时粒子已基本收敛于运动目标上了,所需的粒子数进一步减少到300个。

但执行粒子滤波器的中心目的还是要提取运动目标,当图像中有运动目标时,粒子滤波器经过几帧的更新,粒子会逐渐收敛于目标所处的位置,目标处的粒子不仅权值大而且分布密度大,因此按一定规则进行聚类处理就能确定运动目标所处的位置。下面将阐述怎样将粒子进行聚类以确定目标所处的位置。

3) 粒子聚类

粒子滤波器产生了一系列的加权粒子来表述运动目标状态的后验概率分布,但是粒子集的形式不易于后续的目标提取与跟踪的处理,因此,必须进行粒子聚类

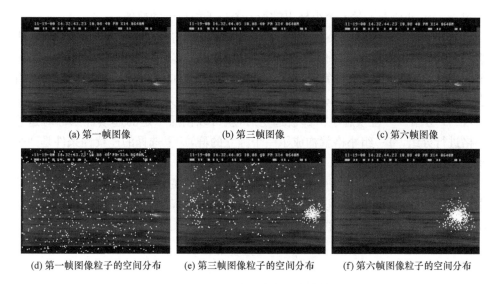

(a) 第一帧图像　　　　　　　(b) 第三帧图像　　　　　　　(c) 第六帧图像

(d) 第一帧图像粒子的空间分布　(e) 第三帧图像粒子的空间分布　(f) 第六帧图像粒子的空间分布

图 16-10　显示自适应粒子滤波效果

以获得更加直接、有意义的数据信息。为了有效地进行粒子聚类,引进了基于粒子分布密度的算法,它的主要思想是将一系列加权粒子转化到更低的分辨率、固定大小的小格单元中去,这些小格可以按照上一小部分所提到的方法划分状态空间而得到。在进行网格化处理后粒子的聚类操作就可以小格为单位进行处理了,这就大大减少了计算量,同时每个小格仍保持它所包含粒子的足够信息,因此,每一个粒子群的统计信息可以在没有精度损失的情况下被计算出来。此聚类算法由下列四步构成:

（1）小格单元的构造。给定一系列加权粒子,状态空间按它的位置分量以 10×10 像素为基本单元被划分为许多小格,每个小格都附有一标志位来标记此小格是否有效,这里规定只有小格至少包含一个粒子时才标记此小格有效。由 16.2 节可知自适应粒子滤波器在确定所需的粒子数时也要求有效小格数,因此,这一步可以跟粒子滤波器更新这一步结合起来进行。对于后续的目标提取处理而言每一个粒子的信息不再是必要的,但是必须要计算一些有效小格里粒子的统计信息。对于任一个有效小格 j,此小格的权值 w^j、均值 μ^j、协方差矩阵为 Σ^j 可以根据它所包含的粒子的信息计算而得到

$$w^j = \sum_i w^{ji}$$

$$\mu^j = \sum_i w^{ji} s^{ji} \Big/ \sum_i w^{ji}$$

$$\Sigma^j = \sum_i w^{ji} (s^{ji} - \mu^j)(s^{ji} - \mu^j)^{\mathrm{T}} \Big/ \sum_i w^{ji} \tag{16-46}$$

其中,s^{ji}、w^{ji}分别表示第j个小格里的第i个粒子和粒子的权值。

　　(2) 候选小格的选取。此步的目的是选取那些可能处在目标所在区域的小格,选取的标准是选取那些包含的粒子密度大于某一阈值θ的小格单元。由于每个粒子都有不同的权值,计算此密度时应考虑粒子的权值。因为状态空间里所有小格的大小一致,为此选择w^j/L作为判决式,其中L为小格的面积。

　　(3) 分组。一旦候选小格都被选定后,就可以按照一定的连续性条件对这些小格进行分组,每一组小格就构成了一个独立的群,这里选择的连续性条件是两个小格必须相邻。

　　(4) 统计量计算。对于每一个群,在此群中粒子的统计信息可以通过累加群中小格的统计信息来得到,设群的权值为w,均值为μ,协方差矩阵为Σ,它们的初始值都为0,然后按下式将群所包含的小格的统计信息迭代计算而得到

$$\mu' = \frac{w\mu + w^j\mu^j}{w + w^j}$$

$$\Sigma = \frac{w\{\sum + (\mu' - \mu)(\mu' - \mu)^{\mathrm{T}}\} + w^j\{\sum^j + (\mu' - \mu^j)(\mu' - \mu^j)^{\mathrm{T}}\}}{w + w^j}$$

$$w = w + w^j$$

$$\mu = \mu' \tag{16-47}$$

　　图16-11展示了粒子聚类算法处理的结果,图16-11(a)显示的是图像序列中第23帧图像,用白色矩形框标出了目标的位置。图16-11(b)显示的是粒子滤波器进行空间聚类处理的效果,白点代表粒子所处的位置,黑色椭圆的中心代表了群的均值,它的半长轴、半短轴的长度分别代表了群的行方向和列方向的方差。

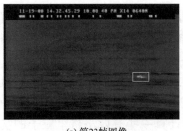

　　　　　　(a) 第23帧图像　　　　　　　　　　　　　　(b) 粒子聚类效果

图16-11　粒子聚类处理效果显示

2. 多粒子滤波器实现多运动目标检测与跟踪

　　由前面的分析可知粒子滤波器具有许多优点,其中之一就是它具有多模式特性,此特性增加了图像序列中单个粒子集跟踪多个目标的可能性,然而只有满足以下两个条件单个粒子滤波器才能真正实现多目标跟踪。

一是要目标状态的观测模型应足够迟钝以使粒子集慢慢地收敛,最终待在多个目标上。例如,当图像序列中有两个运动目标时,要使粒子滤波器跟踪上这两个目标就要求单个粒子集分成两组,每一组都连续地收敛于一个目标,要达到此目的就要求两个目标在图像序列中平均每帧有相同的运动量,以保证差分图像中两个目标位置处的灰度值基本相同。但是,实际情况中,由于目标形状、相对相机的距离、在图像中的灰度值等种种差异,此条件往往是不能被满足的。这就导致了按式 (16-45)计算粒子的权值时,两个目标上的粒子的权值会有较大的不同,因而即使在开始时两个目标上的粒子数相同,但随着时间的推移,小运动量目标上的粒子会逐渐转移到大运动量的目标上,最终会丢掉小运动量的目标。图 16-12 描述了此种情况,选取的图像序列中包含有空中飞行的飞机和地面滑行的飞机,地面的飞机与空中的飞机相比速度慢且与背景的灰度差异不大,导致位于地面飞机位置上的粒子越来越少,最终粒子全部集中到空中飞机所在的位置上。有两个方法来解决此问题:一是使观测模型足够迟钝以降低粒子的收敛速度,二是增加粒子的数目以保证小运动量的目标上也有足够多的粒子。第一个方法是以牺牲收敛速度为代价的,然而收敛速度决定了目标检测与跟踪的响应时间,因此不宜采用此方法;第二个方法会极大地增加算法的计算量,也不宜被采用。

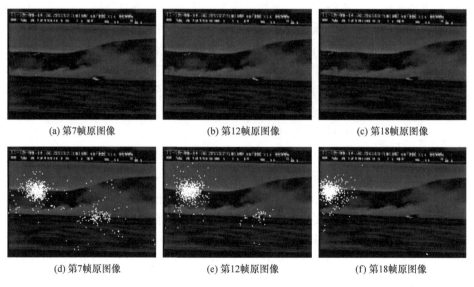

(a) 第7帧原图像　　　　　(b) 第12帧原图像　　　　　(c) 第18帧原图像

(d) 第7帧原图像　　　　　(e) 第12帧原图像　　　　　(f) 第18帧原图像

图 16-12　单粒子滤波器对不同运动速度目标的处理结果显示

二是要所有运动目标必须几乎同时进入图像序列。如果目标分时进入图像序列,第一个运动目标进入后,粒子就会逐渐收敛于此目标上,此后直到目标消失粒子才会发散到整个图像坐标空间,因此当随后的目标再进入图像序列时,几乎没有粒子落在它们的位置上了。图 16-13 展示了此情景,图 16-13(a)显示了含两个运动目标的原图像,图 16-13(b)显示了单粒子滤波器的粒子分布图,可以看出粒子都集中分布于第一个运动目标的区域,当第二个运动目标进入场景后,几乎没有粒子分布于它的区域,也就无法被检测出来。

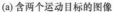

(a) 含两个运动目标的图像　　　　　　(b) 单个粒子滤波器的粒子分布图

图 16-13　单粒子滤波器对依次进入场景的两个目标处理结果显示

　　以上所提的两个条件都很难满足,为此使用多粒子滤波器的方法来检测与跟踪多运动目标。该方法的主要思想是维持一个预备粒子滤波器以便检测新进入图像序列的运动目标。因为预先并不知道运动目标的数目,粒子滤波器应该能被动态地创建和销毁。当预备粒子滤波器收敛于一个新进入的目标时,一个新的粒子滤波器应被创建作为新的预备粒子滤波器;同样当一个粒子滤波器由它所跟踪的运动目标消失而发散时,它就应该被销毁。为了避免两个粒子滤波器收敛于同一个运动目标,当对粒子滤波器进行更新时,将差分图像中此粒子滤波器收敛的区域的灰度值全部设为 0,这样其他的粒子滤波器的粒子在此位置上就不会产生大的权值,从而不会再收敛于此区域。

　　3. 实验结果

　　由于粒子滤波器是基于帧间差分图像进行目标检测的,在全局运动估计与补偿算法精度较高的情况下,图像中的背景杂波由于静止而被抵消掉,因此影响粒子滤波器检测性能的因素主要有三个:目标背景灰度差、随机噪声方差以及帧间目标运动量。本章使用高斯白噪声模型来表示由图像自身的噪声、相邻帧间图像背景灰度的变化以及全局运动估计与补偿算法的误差而产生的噪声;帧间目标运动量则是由目标的运动速度以及目标的尺寸决定的。定义图像的信噪比 $\mathrm{SNR} = \dfrac{s-b}{\sigma}$,其中 s 为目标灰度,b 为背景灰度,σ 为高斯白噪声的标准差,这样粒子滤波器的检测性能就由图像的信噪比以及相邻帧目标运动量所决定,为了考察这两个因素对粒子滤波器检测性能的影响,这里选取了几组目标速度、目标尺寸、目标灰度、噪声标准差不同的合成图像序列,图像的大小为 480×240,图像的背景灰度值设为

100,目标以 5 或 2 像素每帧的速度从图像的左边向右边运动,对这些图像序列使用粒子滤波器进行目标检测实验,用检测所需的帧数以及定位误差来表征粒子滤波器的检测性能,其中定位误差为序列图像中粒子聚类中心与目标中心之间距离的平均值,所得的各项数据由表 16-2 列出,表中的"发散"表示粒子滤波器的粒子一直处于发散状态,从而不能检测出运动目标。由表可以看出信噪比越大、帧间运动量越大则检测所需的帧数就越少,信噪比或帧间运动量小到一定程度粒子滤波器就不能有效地检测出目标了;信噪比越大目标的定位精度越高,而目标的尺寸越大定位精度就会降低。图 16-14 显示了目标速度为 5 像素每帧时,粒子滤波器对各合成图像序列的检测效果图,分图(a)～(f)分别显示表 16-2 中所列图像序列 1～3,5～7 的检测效果,每个分图中上面部分显示的是对应图像序列中首次能检测出目标的图像,下面部分显示的是粒子在此图像上的分布图,每个分图的标题中 s 表示目标的尺寸,g 表示目标的灰度,σ 表示所加高斯白噪声的标准差,f 表示对应图像序列能有效检测出目标所需的帧数。由于合成图像序列中随着帧数的增多目标从图像的左边向右边运动,所以,图像中的目标越靠左,说明检测所需的帧数越少。

表 16-2　不同序列图像粒子滤波器的检测性能比较

图像序列号	图像序列属性					检测性能指标	
	目标速度/(像素/帧)	目标尺寸/像素	目标灰度(0～255)	噪声标准差(0～255)	信噪比(SNR)	检测所需帧数	定位误差/像素
1	5	10×10	150	10	5.0	40	2.521
2	5	10×10	180	10	8.0	12	2.043
3	5	10×10	180	20	4.0	56	3.217
4	5	10×10	150	20	2.5	发散	—
5	5	20×20	180	20	4.0	28	4.718
6	5	20×20	150	10	5.0	25	4.204
7	5	20×20	180	10	8.0	10	2.364
8	5	20×20	150	20	2.5	发散	—
9	2	20×20	180	10	8.0	21	5.952
10	2	10×10	180	10	8.0	50	2.741

在图 16-15 的实验中,使用了两组真实的图像序列来验证多粒子滤波器检测多运动目标的有效性,首先采用的是背景较简单的红外图像序列,图像中有两个运动目标,它们依次进入图像序列。图 16-15 展示了粒子滤波器对此图像序列的处理效果,图 16-15(a)显示的是图像序列中第 25 帧图像,此时只有一个运动目标,图 16-15(d)显示的是此时粒子滤波器的粒子在空间的分布情况,可以看到此时白点

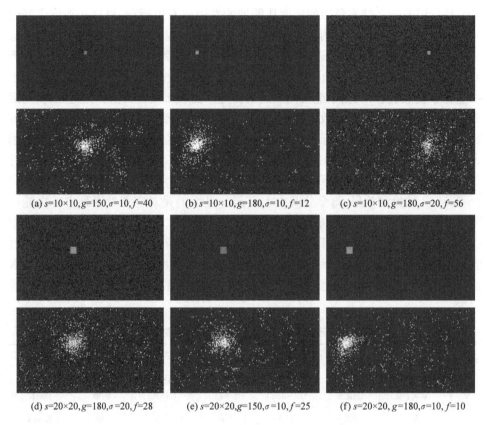

(a) s=10×10,g=150,σ=10,f=40 (b) s=10×10,g=180,σ=10,f=12 (c) s=10×10,g=180,σ=20,f=56

(d) s=20×20,g=180,σ=20,f=28 (e) s=20×20,g=150,σ=10,f=25 (f) s=20×20,g=180,σ=10,f=10

图 16-14 不同图像序列的运动目标检测效果

标记的粒子滤波器已经收敛到运动目标上,黑点标记的预备粒子滤波器在状态空间中均匀分布以备检测新的运动目标;图 16-15(b)显示的是图像序列中第 45 帧图像,此时另有一个运动目标进入图像序列中,从图 16-15(e)可以看出此时黑色的粒子滤波器的粒子已开始向新进入的目标汇聚;图 16-15(c)显示的是图像序列中第 51 帧图像,从图 16-15(f)可以看出此时黑色的粒子滤波器的粒子已收敛于新进入的目标,表明粒子滤波器已成功地实现了对运动多目标的检测。

　　为了更好地说明问题,还采用了背景较复杂且背景运动的电视图像序列来进行实验。图 16-16 展示了粒子滤波器对此序列中多运动目标的检测效果,实验中使用了两个粒子滤波器,图 16-16(a)、(b)、(c)分别表示第 101、152、247 帧时两种粒子的空间分 pixel)布 pixel),可以看到虽然背景发生了较大的运动,两个粒子滤波器的粒子还是较集中地分布于运动目标所在的区域,图 16-16(d)、(e)、(f)分别表示第 101、152、247 帧图像进行粒子聚类后检测的结果,实验中使用固定大小的白色矩形框来标记目标的位置。

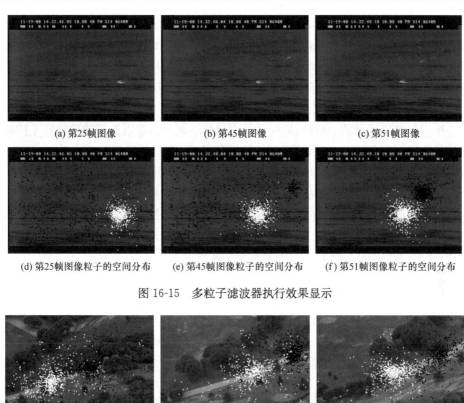

(a) 第25帧图像　　　　(b) 第45帧图像　　　　(c) 第51帧图像

(d) 第25帧图像粒子的空间分布　　(e) 第45帧图像粒子的空间分布　　(f) 第51帧图像粒子的空间分布

图 16-15　多粒子滤波器执行效果显示

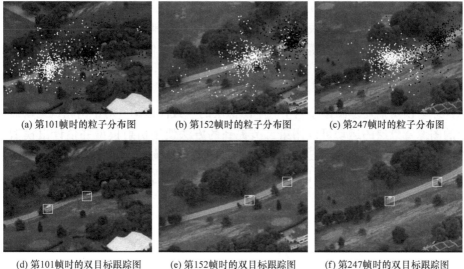

(a) 第101帧时的粒子分布图　　(b) 第152帧时的粒子分布图　　(c) 第247帧时的粒子分布图

(d) 第101帧时的双目标跟踪图　　(e) 第152帧时的双目标跟踪图　　(f) 第247帧时的双目标跟踪图

图 16-16　背景运动下粒子滤波器对多运动目标跟踪效果显示

16.4　基于图像动态层表述的目标跟踪

16.3 节阐述了使用多个自适应粒子滤波器来检测与跟踪图像序列中的运动目标,其中跟踪的观测信息是基于相邻帧差分图像的灰度值,也即此跟踪方法是基于目标的运动特性。但这种方法的明显缺点是当被跟踪的目标停止运动时就会跟丢目标,因为当图像中的运动块消失时,此跟踪器不能判断目标是消失了还是目标停止了运动。为此,本节引入了基于图像动态层表述的目标跟踪算法,此算法由Hai Tao[23]等提出,这里对此算法做一些改进以降低目标跟踪问题的计算复杂度。图像的动态层表述[24,25]是将图像分割为背景层和目标层,背景层就是和摄像机有相同运动的图像区域,而每一个目标层都对应着一个运动目标所在的区域。此算法的中心思想是基于运动的一致性,同时估计出目标的运动信息以及运动目标的支持域,先初始化运动和分割的参数,再反复估计它们的值:根据估计的分割参数,对运动参数进行优化;根据估计的运动参数,以取得更好的分割结果。这些参数通过在最大后验概率(MAP)框架下使用通用期望最大(EM)算法被连续估计出来的。

　　本节先介绍图像的动态层表述方式,再阐述在此表述方式下目标跟踪算法的实现。为了提高处理速度,在不影响跟踪精度的情况下对原算法中某些模型进行简化,实验结果证明了此方法的有效性和鲁棒性。

16.4.1　图像的动态层表述

　　许多实际情况下,图像序列中的场景可以用动态层表述方式的三个组件来描述:运动模型、分割模型和表面模型,对于航拍图像或地面上运动相机所获得的图像序列尤为如此。下面将模型化这三个组件并给出它们的解析表达公式。

　　1. 运动模型

　　运动模型描述了图像序列中一个图像层的一致性运动。对于由相机运动而导致的图像背景层的运动可以用第二节提到的方法使用仿射模型并估计出模型参数,经过对图像背景的运动进行全局运动补偿后,第 i 帧图像中第 j 个目标层的运动可以简化为刚体运动,可以使用二维平移速度向量 $(\dot{x}_i^j, \dot{y}_i^j)$ 和一个旋转速度 $\dot{\omega}_i^j$ 来描述目标层的运动,图 16-17 描述了此运动模型。

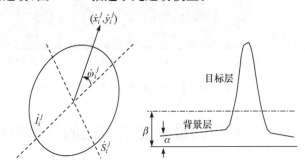

(a) 目标的形状模型与运动模型　　　(b) 图像的高斯预分割模型图

图 16-17　图像的动态层表述模型图

第 j 层的运动参数可表示为: $\theta_i^j = (x_i^j, y_i^j, \dot{\omega}_i^j)^{\mathrm{T}}$,运动模型还是选用常速模型,并且使用协方差矩阵为对角阵 $\Lambda = \mathrm{diag}(\sigma_t^2, \sigma_t^2, \sigma_\omega^2)$,均值为 θ_{i-1}^j 的三变量高斯函数来模化目标平移和旋转运动的不确定性,用 $N(x:\mu, \sigma^2)$ 表示均值为 μ、方差为 σ^2 的正态分布,则运动模型可表示为

$$P(\theta_i^j \mid \theta_{i-1}^j) = N(\theta_i^j : \theta_{i-1}^j, \mathrm{diag}(\sigma_t^2, \sigma_t^2, \sigma_\omega^2)) \tag{16-48}$$

其中矩阵 Λ 的对角线上元素 σ_t^2 表征目标平移速度的不确定性; σ_ω^2 表征目标旋转速度的不确定性。

2. 动态先验分割模型

将场景分割成不同的运动层通常就是将像素对应到不同的运动模型,并使得相应的图像层间达到最好的图像对齐效果。然而,许多方法都缺乏动态跟踪图像层的能力,这主要由以下三个原因造成的:一是由于运动模糊和图像噪声的影响分割,结果存在较大的误差,运动模糊是由于多个运动模型都对图像的灰度作出了很好的预测而形成的,这个问题通常发生在图像中缺乏纹理信息的区域;二是每一帧独立地对图像进行运动分割,运动层可能会产生突变,甚至在杂波、遮掩存在的情况下会改变成任意形状;三是模型中没考虑层形状的知识。

为此,采用了 Hai Tao[23] 等提出的动态高斯先验模型,其中心思想是:先假设目标有一个紧凑的结构,使用二变量高斯函数来模型像素属于目标层的可能性,也就是说在目标层中心处的像素属于目标的可能性最大,离中心越远可能性越小;使用一个常数模型一个像素属于背景层的可能性,即所有像素属于背景层的可能性相等。图 16-17(b) 显示的是此模型的一维截面图,设 v_k 表示图像中第 k 个像素的坐标,则像素 v_k 属于第 j 个目标层的可能性函数可表示为: $\partial +$ $\exp\left(-\frac{1}{2}(v_k - \mu_i^j)^{\mathrm{T}}(\Sigma_i^j(v_k - \mu_i^j))^{-1}\right)$,其中 μ_i^j 表示第 i 帧图像中第 j 个目标层的中心坐标, Σ_i^j 是协方差矩阵,它反映了目标的分布范围, ∂ 是个小的正值,它允许像素即使离目标层中心相对较远,只要它的观测概率足够大仍然可以属于目标层,因此, ∂ 表述了目标形状的不确定性,考虑此不确定性非常重要,因为目标的形状不可能是精确的椭圆结构。

假设有 n 个运动层,层 0 表示背景层,则像素 v_k 属于第 j 个运动层的可能性函数可定义为

$$L_i^j(v_k) = \begin{cases} \partial + \mathrm{e}^{-\frac{1}{2}(v_k - \mu_i^j)^{\mathrm{T}}(\Sigma_i^j(v_k - \mu_i^j))^{-1}}, & j = 1, \cdots, n \\ \beta, & j = 0 \end{cases} \tag{16-49}$$

协方差矩阵定义为

$$\Sigma_i^j = R^{\mathrm{T}}(-\omega_i^j)\mathrm{diag}(l_i^{j^2}, s_i^{j^2})R(-\omega_i^j) \tag{16-50}$$

其中 l_i^j、s_i^j 是目标层的形状参数,如图 16-17(a)所示,它的值正比于等概率轮廓线的长轴和短轴长度,ω_i^j 表示目标层相对于起始跟踪时所旋转的角度,$R(-\omega_i^j)$ 表示旋转角度为 ω_i^j 的旋转矩阵,则归一化的先验概率分布可计算为

$$S_i^j(v_k) = L_i^j(v_k) \Big/ \sum_{j=0}^{n-1} L_i^j(v_k) \tag{16-51}$$

由于相邻帧图像间目标的形状改变相对较小,所以选择了常形状模型来表述目标形状的动态行为。设 $\Phi_i^j = [l_i^j, s_i^j]$ 表示第 i 帧图像中第 j 层的先验形状参数,则目标形状随时间的不变性可模型化为一个高斯分布

$$P(\Phi_i^j \mid \Phi_{i-1}^j) = N(\Phi_i^j : \Phi_{i-1}^j, \mathrm{diag}(\sigma_{ls}^2, \sigma_{ls}^2)) \tag{16-52}$$

其中方差 σ_{ls}^2 表述了模型的不确定性。

必须指出的是此先验分割模型仅仅强调某一形状的优先性,目标层最终形状的确定将由先验函数和观测概率函数结合起来计算得出。此高斯先验分割模型大大提高了对目标层的跟踪性能,首先它强迫目标层的形状优先服从先验的形状模型,阻止了目标层的形状在杂波、遮掩存在的情况下任意改变,从而在运动模糊和图像杂波存在时可以辅助追踪运动层;另外,先验分割模型中仅仅有两个参数需要被估计,有利于提高估计过程的计算效率。

3. 动态层表面模型及图像观测模型

设 A_i^j 表示第 i 帧图像中第 j 个运动层的表面,当 j 不为 0 时,也就是运动层为目标层时,它是一个以目标层形状的先验高斯分布的中心为原点,以分布的长、短轴为坐标轴的局部坐标系,图 16-18 描述了此坐标变换关系。设 $v_k^j = R(-\omega_i^j)(v_k - \mu_i^j)$ 表示原图像中坐标为 v_k 的像素坐标变换到此局部坐标系后的坐标。当运动层为背景层时,层表面的坐标与图像坐标一致,即 $v_k^0 = v_k$。目标层与背景层的表面灰度随时间逐渐变化,通过一个动态层表面模型可以来描述相邻帧图像中运动层表面灰度的变化,可使用一个高斯函数来描述此动态模型:

$$P(A_i^j \mid A_{i-1}^j) = N(A_i^j(v_k^j) : A_{i-1}^j(v_k^j), \sigma_A^2) \tag{16-53}$$

其中方差 σ_A 表述了模型的不确定性以及运动层表面灰度的时变性。

对于原图像中的任一像素 v_k,第 j 个运动层的观测模型可定义为

$$P(I_i(v_k) \mid A_i^j(v_k^j)) = N(I_i(v_k) : A_i^j(v_k^j), \sigma_I^2) \tag{16-54}$$

其中方差 σ_I^2 表述了观测噪声。

16.4.2　动态层表述跟踪算法的实现

上面介绍的运动参数 θ_i、运动层形状参数 Φ_i 以及运动层表面参数 A_i 都是待估计的参数,如果每一帧中都能比较准确地估计出这三个参数的值则自然实现了稳定的跟踪。根据文献[23],[26]～[28]的层参数估计方法,这里采用最大后验概

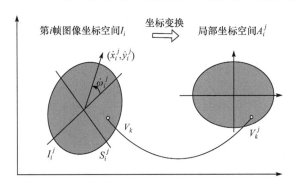

图 16-18　定义于局部坐标系的运动层表面示意图

率框架下的 EM 算法迭代估计出这几个参数的值。

1. EM 算法用于参数的估计

设 $\Gamma_i = (\theta_i, \Phi_i, A_i)$ 为第 i 帧图像的状态,动态层的参数估计的问题就转化为下面求最大后验概率的问题:

$$\max_{\Gamma_i} \arg P(\Gamma_i \mid I_i) \tag{16-55}$$

采用马尔可夫假设和 Bayes 准则,此式可转化为

$$\max_{\Gamma_i} \arg P(\Gamma_i \mid I_i) = \max_{\Gamma_i} \arg P(I_i \mid \Gamma_i) P(\Gamma_i \mid \Gamma_{i-1}) \tag{16-56}$$

其中,$P(\Gamma_i \mid I_i)$ 为观测概率模型,$P(\Gamma_i \mid \Gamma_{i-1})$ 为状态 Γ_i 的动态模型,要解决此问题有两个关键问题需要解决:首先是数据联合问题,也就是建立像素与运动层的对应关系;其次是最佳层模型参数的计算。EM 算法通过显示地计算隐式变量能有效地解决以上两个问题,引进的隐式变量为真实的运动层分割。根据通用 EM 算法,一个局部最优解可通过重复优化、改进关于 Γ_i 的函数 Q 而得到,Q 的表达式为

$$Q = E[\log P(I_i, Z_i \mid \Gamma_i) \mid \hat{\Gamma}_i, I_i] + \log P(\Gamma_i \mid \Gamma_{i-1}) \tag{16-57}$$

其中,Z_i 为指示一个像素在哪个运动层的隐式变量;$\hat{\Gamma}_i$ 为前一个重复步的估计结果。在两个独立性假设的情况下可将式(16-57)进一步简化,一是假设在某一形状参数条件下图像像素间的先验分割概率相互独立,即

$$\log P(Z_i \mid \Gamma_i) = \sum_{k=0}^{n-1} \log P(Z_i(v_k) \mid \Gamma_i) \tag{16-58}$$

二是假设每个像素属于某一层的概率与别的像素相互独立,即

$$\log P(I_i \mid Z_i, \Gamma_i) = \sum_{k=0}^{n-1} \log P(I_i(v_k) \mid Z_i(v_k), \Gamma_i) \tag{16-59}$$

使用这两个独立性假设式,式(16-57)可表示为

$$Q = \sum_{k=0}^{n-1} \sum_{j=0}^{g-1} P(Z_i(v_k) = j \mid I_i, \hat{\Gamma}_i) \cdot \{\log P(Z_i(v_k) = j \mid \Gamma_i)$$
$$+ \log P(I_i(v_k) \mid Z_i(v_k) = j, \Gamma_i)\} + \log P(\Gamma_i \mid \Gamma_{i-1}) \tag{16-60}$$

设 $h_k^i = P(Z_i(v_k)=j \mid I_i,\hat{\Gamma}_i)$ 表示像素 v_k 在条件 $\hat{\Gamma}_i$ 下属于层 j 的后验概率,期望值就是基于此概率分布而计算得到的。

将先验分割概率 $P(Z_i(v_k)=j \mid \Gamma_i)$ 用式(16-51)的 $S_i^j(v_k)$ 代替,再将式(16-48)、式(16-52)、式(16-53)代入式(16-60)可得

$$
\begin{aligned}
Q = & \sum_{k=0}^{n-1}\sum_{j=0}^{g-1} h_k^i \{\log S_i^j(v_k)+\log P(I_i(v_k)\mid A_i^j(v_k^i))\} \\
& + \sum_{j=1}^{g-1}\{\log N(\theta_i^j:\theta_{i-1}^j,\mathrm{diag}(\sigma_t^2,\sigma_t^2,\sigma_\omega^2))+\log N(\Phi_i^j:\Phi_{i-1}^j,\mathrm{diag}(\sigma_{ls}^2,\sigma_{ls}^2)) \\
& + \sum_{k=0}^{n-1}\log N(A_i^j(v_k^i):A_{i-1}^j(v_k^i),\sigma_A^2)\}
\end{aligned} \tag{16-61}
$$

通过反复优化,改进式(16-61)就可计算出一个局部最优的 Γ_i。

2. 最优化处理

因为同时优化式(16-61)中的三个参数 θ_i、Φ_i、A_i 将非常困难,因此,采用先将其中两个参数固定再改进另一个参数的方法,这就是通用 EM 算法,此算法已被证明收敛于一个局部最优解。运动层的运动参数 θ_i 在每个重复步中首先被计算,然后是目标层形状参数 Φ_i 和层表面参数 A_i 分别被重新估计,每当 θ_i、Φ_i、A_i 被重估计后层的所有权表达式 h_k^i 都需要被更新,在处理下一帧图像前,以上的过程要被重复执行几次。下面详细介绍每一个独立的处理过程。

为了减少参数估计的计算复杂度,在对参数估计的精度影响不大的情况下,作了一个近似假设:假设每个目标层中心 $M\times M$ 范围外的像素属于此目标层的概率为 0,也就是将目标层的大小限为 $M\times M$,M 的取值取决于图像序列中可能出现的最大目标尺寸,满足此假设后层所有权 h_k^i 的更新只在每个目标层中心 $M\times M$ 范围内进行即可,为了计算的简便,这里将 M 固定为 40 像素,实际应用中为达到更好的跟踪效果 M 可自适应调整。

1) 更新层所有权表达式

层所有权 h_k^i 的计算式为

$$
\begin{aligned}
h_k^i &= P(Z_i(v_k)=j \mid I_i,\hat{\Gamma}_i) \\
&= \frac{P(I_i(v_k)\mid Z_i(v_k)=j,\Gamma_i)P(Z_i(v_k)=j\mid\hat{\Gamma}_i)}{P(I_i\mid\hat{\Gamma}_i)} \\
&= P(I_i(v_k)\mid\hat{A}_i^j(v_k^i))S_i^j(v_k)/Z
\end{aligned} \tag{16-62}
$$

其中第一因子是表述图像与第 j 层的表面模板匹配程度的概率函数;第二因子表示像素 v_k 属于层 j 的先验概率;Z 是归一化常数。方程(16-62)说明了层的所有权表达式 h_k^i 由层的先验分割函数与图像的匹配测量共同决定的。

满足近似假设后,式(16-62)可以被进一步简化。设第 j 个目标层中心 $M\times M$

范围内的区域为 Ω_j，Ω 为所有目标层区域的并集，可表示为 $\Omega = \bigcup_{j=1}^{g-1} \Omega_j$，则简化后 h_k^i 可表示为

$$h_k^i = \begin{cases} P(I_i(v_k)\,|\,\hat{A}_i^j(v_k^i))S_i^j(v_k)/Z, & v_k \in \Omega_j \\ 0, & j \neq 0, v_k \notin \Omega_j \\ 1, & j = 0, v_k \notin \Omega \end{cases} \tag{16-63}$$

对于背景层相关参数的估计也是为了更好地分割目标，作了上式的设定后，与目标分割相关参数的估计只在区域 Ω 内进行即可，因此，使用 $\Omega_0 = \Omega$ 作为背景层的有效作用范围。

2）运动参数估计

假设目标层形状参数 Φ_i 和层表面参数 A_i 已知，估计运动参数 θ_i 的问题就转化为求解一个 θ_i 以使式（16-61）达到最大的问题，除掉式（16-61）中与 θ_i 无关的几项可得

$$\sum_{k=0}^{n-1}\sum_{j=1}^{g-1} h_k^j \{\log S_i^j(v_k) + \log P(I_i(v_k)\,|\,A_i^j(v_k^i))\}$$
$$+ \sum_{j=1}^{g-1} \log N(\theta_i^j : \theta_{i-1}^j, \operatorname{diag}(\sigma_t^2, \sigma_t^2, \sigma_\omega^2)) \tag{16-64}$$

背景层运动的估计可以使用第四节所介绍的方法来求出，满足简化假设后目标层的运动参数的估计值可依次求解下式而得出

$$\underset{\theta_i^j}{\operatorname{minarg}}\{\,|\dot{x}_i^j - \dot{x}_{i-1}^j|\,/\sigma_t^2 + |\dot{y}_i^j - \dot{y}_{i-1}^j|\,/\sigma_t^2 + |\dot{\omega}_i^j - \dot{\omega}_{i-1}^j|\,/\sigma_\omega^2$$
$$- \sum_{v_k \in \Omega_j} 2h_k^j \log S_i^j(v_k) + \sum_{v_k \in \Omega_j} h_k^j\,(I_i(v_k) - A_i^j(v_k^i))^2/\sigma_I^2\} \tag{16-65}$$

其中前三项是运动先验概率的对数（除掉常数部分）；第四项是层所有权式与先验分割函数的相关；第五项是在运动参数为 θ_i^j 时图像与第 j 层表面之差的平方的加权和。此方程的解通过在平移速度及旋转速度空间中搜索而求得。

3）形状参数估计

与估计运动参数类似，形状参数的估计先假设运动参数 θ_i 和层表面参数 A_i 已知，除掉式（16-61）中与 Φ_i 无关的几项，满足近似假设后除掉那些 h_k^j 为 0 的乘积项，则 Φ_i 的估计值可通过求解下面的方程而得到

$$\underset{\Phi_i}{\operatorname{maxarg}} f = \sum_{j=1}^{g-1} \log N(\Phi_i^j : \Phi_{i-1}^j, \operatorname{diag}(\sigma_{ls}^2, \sigma_{ls}^2)) + \sum_{v_k \in \Omega_j}\sum_{j=0}^{g-1} h_k^j \log S_i^j(v_k)$$

$$\tag{16-66}$$

可通过梯度下降法求得使 f 取得局部最大的 Φ_i，先计算出 f 对形状参数 l_i^j、s_i^j 的偏微分：

$$
\frac{\partial f}{\partial l_i^j} = \sum_{v_k \in \Omega_j} \left\{ \frac{h_i^j(D(v_k) - L_i^j(v_k))}{D(v_k)L_i^j(v_k)} - \sum_{m \neq j} \frac{h_i^m}{D(v_k)} \right\} \cdot (L_i^j(v_k) - \gamma)y_{i,k,x}^{j\,2}/l_i^{j\,3}
$$
$$
- (l_i^j - l_{i-1}^j)/\sigma_{ls}^2 \tag{16-67}
$$

$$
\frac{\partial f}{\partial s_i^j} = \sum_{v_k \in \Omega_j} \left\{ \frac{h_i^j(D(v_k) - L_i^j(v_k))}{D(v_k)L_i^j(v_k)} - \sum_{m \neq j} \frac{h_i^m}{D(v_k)} \right\} \cdot (L_i^j(v_k) - \gamma)y_{i,k,y}^{j\,2}/s_i^{j\,3}
$$
$$
- (s_i^j - s_{i-1}^j)/\sigma_{ls}^2 \tag{16-68}
$$

其中，$D(v_k) = \sum_{j=0}^{g-1} L_i^j(v_k)$，$(y_{i,k,x}^j, y_{i,k,y}^j)^{\mathrm{T}} = R(-\omega_i^j)(v_k - \mu_i^j)$。

通过迭代计算式

$$
\begin{cases}
(l_i^j)_t = (l_i^j)_{t-1} + u\dfrac{\partial f}{\partial l_i^j} \\[3mm]
(s_i^j)_t = (s_i^j)_{t-1} + u\dfrac{\partial f}{\partial s_i^j}
\end{cases} \tag{16-69}
$$

其中，t 为迭代步数；u 为学习步长，u 如果选择得过大，迭代可能不收敛，过小则收敛速度慢，因此通过实验选择一个合适的 u 非常重要。

4) 层表面估计

与前面参数的估计方法相同，第 j 层表面参数 A_i^j 通过求解下面的方程而得到：

$$
\max_{A_i^j}\mathrm{arg}w = \sum_{k=0}^{n-1} \{\log N(A_i^j(v_k^j); A_{i-1}^j(v_k^j), \sigma_A^2) + h_i^j \log P(I_i(v_k) \mid A_i^j(v_k^j))\} \tag{16-70}
$$

通过计算方程 $\dfrac{\partial w}{\partial A_i^j} = 0$，可使 w 达到极大值时的 A_i^j

$$
A_i^j(v_k^j) = \frac{A_{i-1}^j(v_k^j)/\sigma_A^2 + h_i^j(I_i(v_k)/\sigma_I^2}{1/\sigma_A^2 + h_i^j/\sigma_I^2} \tag{16-71}
$$

此式表明更新后的层模板为更新前的层模板与当前帧图像的加权和，权值是由层的所有权 h_i^j、层表面的方差 σ_A^2 以及观测噪声 σ_I^2 共同决定的。

满足近似假设后，当 $j \neq 0$ 时，第 i 层的层表面都只在 Ω_j 范围内更新；而当 $j = 0$ 时，也即背景层时，将前一帧图像全局补偿到当前帧图像坐标系后，其与当前帧图像有一个相重叠的区域，背景层层表面的更新在此重叠区域内进行即可。

3. 算法流程与实验结果

整个跟踪器的输入是粒子滤波器聚集于某个目标的粒子群的均值与方差，其中位置均值作为目标的初始位置，速度均值作为运动模型中目标平移速度的初始值，目标的旋转速度可初始化为 0；方差则作为高斯先验分割模型的初始方差；实验中将目标层的范围限定为 40×40 像素,因可选择以初始的目标位置为中心, 40×40 像素范围内的区域作为此初始的目标层表面。具体动态层表述的跟踪算法的流程如图 16-19 所示。

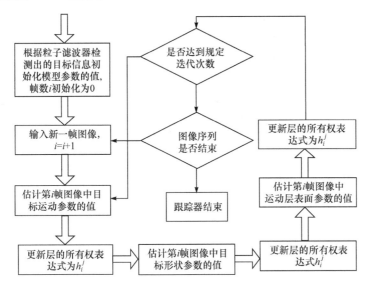

图 16-19 基于动态层表述的跟踪算法流程图

实验中选用了一组汽车转弯的图像序列。由粒子滤波器检测出运动目标后,将目标的相关信息传递给动态层跟踪器,由动态层跟踪器实现对目标的跟踪。图 16-20(a)~(d)分别为序列图像中的第 6 帧、第 14 帧、第 30 帧和第 77 帧图像,图像上的椭圆表示目标层的高斯先验形状,图像左下方的小图像表示目标层表面,这些图像已转化到图像坐标中;而图像右下方的小图像则描述了对目标的分割结果,图像中的像素对应灰度越高表示此像素属于此目标层的概率越大。

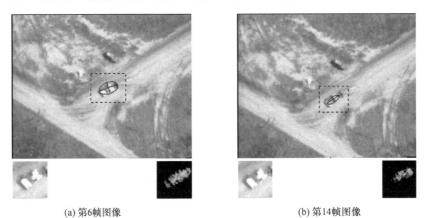

(a) 第6帧图像　　　　　　　　　　　　　　(b) 第14帧图像

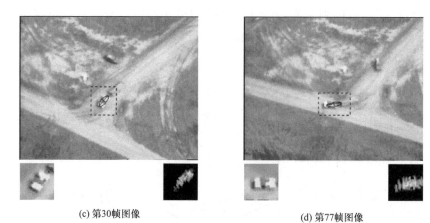

(c) 第30帧图像　　　　　　　　　　　　(d) 第77帧图像

图 16-20　动态层高斯先验形状模型、分割模型和表面模型的动态演变过程显示

表 16-3 中 l、s 的单位是像素，$\dot{x}$、$\dot{y}$ 的单位是像素/帧，$\dot{\omega}$ 的单位是角度/帧。从表中可以看出目标层的形状参数 l、s 经前几帧的逐步收敛后几乎保持不变，因此在起始跟踪阶段形状参数的方差 σ_{ls}^2 可取一个较大的值，随着帧数的增加逐步减小它的值。

表 16-3　目标层的形状参数及运动参数

序列图像	目标层的形状参数及运动参数				
	l	s	$\dot{x}$	$\dot{y}$	$\dot{\omega}$
第 6 帧	16.146	9.236	−0.250	2.512	1.465
第 14 帧	11.843	3.142	−1.188	−0.073	0.904
第 30 帧	12.573	3.325	0.254	0.215	−0.554
第 77 帧	13.216	3.145	−1.562	0.116	−0.253

由于粒子滤波器的观测信息来自于目标的运动，在目标停止运动或运动量很小时粒子滤波器就会丢掉已跟踪的目标，而动态层跟踪器的跟踪主要是根据目标的层表面信息进行跟踪的，因此，它能很好地解决目标运动很小情况下的目标跟踪问题。图 16-21 展示了对一组背景运动的图像序列中目标的跟踪效果，图 16-21(a)为第 15 帧的跟踪图像，此时目标处于运动状态，图 16-21(b)为第 70 帧的跟踪图像，此时目标停止运动，图 16-21(c)为第 110 帧的跟踪图像，第 70 帧到第 110 帧之间目标一直处于静止状态而背景则保持运动，从图可以看出，动态层跟踪器均能稳定地跟踪目标。

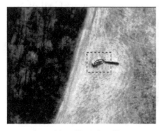 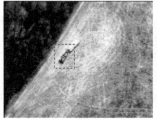 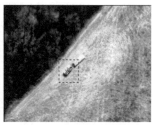

　　(a) 第15帧跟踪图像　　　　　　(b) 第70帧跟踪图像　　　　　　(c) 第110帧跟踪图像

图 16-21　背景运动下动态层跟踪器跟踪运动后停止目标的效果显示

16.5　小　　结

　　本章对背景运动情况下的运动目标检测与跟踪技术进行了研究,包括全局运动估计与补偿技术、基于粒子滤波的运动目标检测与跟踪技术以及图像的动态层分析技术等。在全局运动估计与补偿方面,使用 KLT 特征追踪器提取、跟踪序列图像中的特征块,并引入 RANSAC 算法消除无用的动态特征块。再使用最小平方差法求出两帧图像间仿射变换的六个参数,用双线性插值法将前一帧图像补偿到当前帧图像的坐标系中。同时在处理相邻帧图像背景运动较大的情况时,引入多分辨率技术来加快特征块的匹配速度与精度。在粒子滤波检测与跟踪运动目标方面,使用粒子滤波器进行空时滤波,消除补偿后的差分图像中存在的噪声点和杂散点,并根据粒子逐渐汇聚于运动目标处的特性通过聚类算法检测出运动目标。为提高粒子滤波器的执行效率并降低计算复杂度,引入了基于 KLD 的采样方法来自适应调节粒子滤波器所需的粒子数,并研究了使用多个粒子滤波器检测图像中的多个运动目标的方法。为弥补采用粒子滤波器难以检测和稳定跟踪极慢速运动(包括停止运动)目标的缺陷,引入了动态层分析方法,并给出了基于动态层表述的目标跟踪算法,其中包括图像的动态层表述方式、图像动态层的运动模型、目标的动态分割模型以及层的表面模型等,同时给出了使用 EM 算法在最大后验概率的框架下估计模型参数的方法。最后采用多种复杂背景序列图像验证了多个自适应粒子滤波器检测并跟踪多个运动目标的有效性。

参 考 文 献

[1] Bhanu B. Introduction to the special issue on automatic target detection and recognition. IEEE Trans. on Image Processing,1997,6(1):1-3

[2] Batches J A,Waiters P. Aided and automatic target recognition based upon sensory inputs from image forming systems. IEEE Trans. on PAMI,1997,19(9):1004-1019

[3] Tomasi C, Kanade T. Detection and tracking of point features. Technical Report CMU-CS-91-132, Carnegie Mellon University, Computer Science Department, 1991

[4] Shi J, Tomasi C. Good features to track. Proceedings of the Conference on Computer Vision and Pattern Recognition, Los Alamitos, CA, USA, June, IEEE Computer Society Press, 1994: 593-600

[5] Fischler M A, Bolles R C. Random sample consensus: a paradigm for model fitting with applications to image analysis and automated cartography. Communications of the ACM, 1981, 24(6): 381-395

[6] 冯有前. 数值分析. 北京: 清华大学出版社, 2005

[7] Shi J, Tomasi C. Good Features to Track. Technical Report TR93-1399, Cornell University, Computer Science Department, 1993

[8] Hartley R, Zisserman A. Multiple View Geometry in Computer Vision. Cambridge: Cambridge University Press, 2000

[9] Doucet A, de Freitas N, Gordon N. Sequential Monte Carlo in Practice. New York: Springer-Verlag, 2001

[10] Doucet A, Godsill S, Andrieu C. On sequential Monte Carlo sampling methods for Bayesian filtering. Statistics and Computing, 2000

[11] Liu J, Chen R. Sequential Monte Carlo methods for dynamic systems. Journal of the American Statistical Association, 1998, 93: 443

[12] Arulampalam S, Maskell S, Gordon N, et al. A tutorial on particle filters for on-line non-linear/non-gaussian Bayesian tracking. IEEE transactions on Signal Processing, 2002, 50(2): 174-188

[13] Carlin B P, Polson N G, Stoffer D S. A Monte Carlo approach to nonnormal and nonlinear state space modeling. Journal of the American Statistical Association, 1992, 87(418): 493-500

[14] Hue C, Cadre J P L, Pérez P. Sequential Monte Carlo methods for multiple target tracking and data fusion. IEEE Transactions on Signal Processing, 2002, 50(2): 309-325

[15] Kalman R E. A new approach to linear filtering and prediction problems. Trans. of the ASME, Journal of Basic Engineering, 1960, 82: 35-45

[16] Welch G, Bishop G. An introduction to the kalman filter. Notes of ACM Siggraph Tutorial on the Kalman Filter, 2001.

[17] Pachter M, Chandler P R. Universal linearization concept for extended kalman filters. IEEE Trans. Aerosp. Electron. Syst, 1993, AES-29: 946-961

[18] Wan E A, van der Merwe R. The unscented kalman filter for nonlinear estimation. Proc. of Symposium 2000 on Adaptive Systems for Signal Processing, Communications and Control, 2000

[19] Jensfelt P, Kristensen S. Active global localisation for a mobile robot using multiple hypothesis tracking. IEEE Transactions on Robotics and Automation, 2001, 17(5): 748-760

[20] Fox D. KLD-sampling:Adaptive Particle Filter,in Advances in Neural Information Processing Systems 14. Cambridge:MIT Press,2001

[21] Johnson N,Kotz S,Balakrishnan N. Continuous Univariate Distributions. New York:John Wiley & Sons,1994

[22] Jung B,Sukhatme G S. Detecting moving objects using a single camera on a mobile robot in an outdoor environment. In the 8th Conference on Intelligent Autonomous Systems,2004: 980-987

[23] Tao H,Sawhney H S,Kumar R. Dynamic layer representation and its applications to tracking. Proc. IEEE Conf. on Computer Vision and Pattern Recognition (CVPR2000),2000,2: 134-141

[24] Darrell T,Pentland A. Robust estimation of multi-layered motion representation. Proc. IEEE Workshop on Visual Motion,Princeton,1991:173-178

[25] Wang J Y A,Adelson E H. Layered representation for motion analysis. Proc. of IEEE Conference on Computer Vision and Pattern Recognition,1993:361-366

[26] Weiss Y,Adelson E H. A unified mixture framework for motion segmentation:incorporating spatial coherence and estimating the number of Models. Proc. of IEEE Conference on Computer Vision and Pattern Recognition,1996:321-326

[27] Vasconcelos N. Emprical Bayesian EM-based motion segmentation. Proc. IEEE Conf. Computer Vision and Pattern Recognition,1997:527-532

[28] Zhou Y,Tao H. A background layer model for object tracking through occlusion. Proceedings of the Ninth IEEE International Conference on Computer Vision,2003

第17章　复杂背景下的目标识别与跟踪

17.1　引　　言

目标识别与跟踪是计算机视觉领域的一个热点问题。围绕这个问题国内外许多学者做了很多卓有成效的工作[1-6]，尤其是 20 世纪 90 年代以后，提出了大量的算法，使该技术的发展取得了长足的进步。但由于目标所处环境的复杂性和应用方式的多样性，在实际应用中要得到一种实时鲁棒的复杂背景目标识别与跟踪的算法仍有技术难点，还须结合实际进行深入研究。

本章针对复杂背景下的典型目标(如坦克)，运用图像处理和计算机视觉领域内的新理论和新方法，按潜在目标区域提取、目标识别和目标跟踪的思路开展研究工作，试图研究出一种鲁棒性较好，跟踪精度较高的算法，且能在数字信号处理器(DSP)上实时实现，以满足某些应用对复杂背景下目标识别与跟踪的要求。其具体研究内容包括：采用最小化行能量法分割图像，提取潜在的目标区域，作为识别过程的输入；在识别过程中，将用于人脸识别等应用的基于图像代数特征的识别算法用于目标识别；最后利用鲁棒统计(robust statistics)原理和仿射变换来改进传统的相关匹配跟踪算法。

17.2　潜在目标区域提取

潜在目标区域提取是进行目标识别所必需的一个前端过程。通过图像分割将整个图像分为背景区域和潜在目标区域，提取潜在运动目标区域作为识别过程的输入。在此基础上再进行下一步的特征提取，既减少了人为干预，提高了自动化程度，又消除了图像中不需要参与识别的背景部分，压缩了无用信息。

图像分割是按照选定的一致性属性准则，把图像划分为互不交叠的区域集合的过程[1,2]。常用的有基于区域原理的方法，即按照一定的阈值将像素划分到不同的区域中去，确定阈值的方法主要有：直方图分析法、类别方差自动门限法、最佳熵自动门限法等；还有基于边缘原理的方法，即提取出边缘并将它们连接起来构成区域的边界，提取边缘的方法主要有：利用拉普拉斯算子、Sobel 算子等提取边缘。在对区域类别较少的简单图像分割中，这些算法是行之有效的，但在处理区域类别较多、灰度层次比较丰富的复杂图像时，则显得力不从心。因此，在简单图像分割方法的基础之上,很多学者开展了针对复杂图像分割方法的研究。其中,可变形模型法属 20 世纪末较为新颖的一类图像分割方法,它是 20 世纪 80 年代末,由国外学者提出的一类图像分割方法[7-10],主要有 D. Munford 和 J. Shah 提出的最小化能量法,以及 A. Kass 和 A. Witkin 提出的主动轮廓法。经过 90 年代的迅速发展,这类方法已广泛地应用于医疗、遥感和军事等领域的图像处理。本节主要研究利用最小化能量法进行潜在目标区域的分割。

17.2.1　图像的最小化能量分割法

最小化能量法的原理引申于流体力学,这种方法将图像中的不同区域视为一系列在外力作用下处于静态平衡的“气泡”,通过生成、分裂或合并一系列的“气泡”(区域),来寻找“多气泡”系统(整幅图像)能量函数达到最小的状态,此时形成的区域就是分割完毕的区域。

1. 数字图像的能量函数

首先来考虑力学上的例子。对于一个弹性气泡,通过受力分析可知,气泡受到三种力的作用:沿气泡表面法线方向的内部力,使气泡向外膨胀;沿任意方向的外部力,使气泡向内收缩;沿气泡表面切线方向的张力,使气泡表面平滑紧张。当这三种力达到静态平衡时,气泡处于稳定状态且保持确定的形状,其能量函数具有最小值。在二维平面上,这个气泡的能量函数可用尤拉-拉格朗日方程描述为

$$E[\phi] = \mu^2 \int_{\Omega} \mathrm{d}^2 x + \int V(\phi(\xi)) \mathrm{d}\xi + \lambda \int F(\parallel \phi'(\xi) \parallel) \mathrm{d}\xi \qquad (17\text{-}1)$$

其中,ϕ 为气泡的边界曲线;Ω 为被曲线 ϕ 所包围的区域;$V(\cdot)$ 为外力的势;$F(\cdot)$ 为表面张力的势;μ 和 λ 为参数。

能量函数中的第一项——内部能量项,由气泡内部所占据的区域决定;第二项——外部能量项,它的势 V 是由边界强度产生的引力势;第三项——表面张力能量项,主要与气泡边界的光滑程度和长度有关。

由 k 个气泡所组成的多气泡系统,其能量函数为(由于每个气泡的边界均被计算了两遍,故与边界有关的项乘以因子 1/2)

$$E = \sum_k \left(\mu^2 \int_{\Omega_k} \mathrm{d}^2 x + \frac{1}{2} \int V(\phi_k(\xi)) \mathrm{d}\xi + \frac{1}{2}\lambda \int F(\parallel \phi'_k(\xi) \parallel) \mathrm{d}\xi \right) \quad (17\text{-}2)$$

对于二维图像 $I(x,y)$,要使图像分割有意义,则内部能量项的作用不是使气泡占据尽可能大的区域,而是使气泡占据尽可能大的均匀区域,因此该项的定义应能够描述内部均匀性,可取其为

$$\mu^2 \iint_{\Omega} (I(x,y) - \bar{I})^2 \mathrm{d}x \mathrm{d}y \qquad (17\text{-}3)$$

其中,$\bar{I}$ 为区域 Ω 中像素的灰度平均值。

定义外部能量项为

$$V(x,y) = -|\nabla[G_\sigma * I(x,y)]|^2 \tag{17-4}$$

其中，G_σ 是二维高斯函数，$G_\sigma(x,y) = \exp\left(-\dfrac{x^2+y^2}{2\sigma^2}\right)$。

定义张力能量项为：$\lambda|\phi|$，$|\phi|$ 表示边界曲线 ϕ 的长度，则二维图像中一个分割区域的能量函数为

$$E = \mu^2 \iint_\Omega (I(x,y) - \bar{I})^2 \mathrm{d}x\mathrm{d}y + \iint_\Omega (-|\nabla[G_\sigma * I(x,y)]|^2)\mathrm{d}x\mathrm{d}y + \lambda|\phi|$$

$$\tag{17-5}$$

将能量函数离散化，可得到二维数字图像的能量函数为

$$E = \mu^2 \sum_{x \in \Omega} (I(x,y) - \bar{I})^2 + \sum_{x \in \Omega} (-|\nabla[G_\sigma * I(x,y)]|^2) + \lambda|\phi| \tag{17-6}$$

这样，图像分割就转化为通过生成、分裂或合并一系列的"气泡"（区域），来使"多气泡"系统（整幅图像）的能量函数达到最小的过程。

由式(17-6)可以看出，能量函数的内部能量项表征了图像的区域灰度分布，外部能量项表征了图像的边缘强度分布，张力能量项表征了边界长度，因此，最小化能量法在分割过程中综合考虑了图像区域和边缘的分布特征，同时通过最优化计算使这两项约束均衡地体现在最终的分割结果内，故该方法在对复杂图像的分割中，能取得比单一基于区域或边缘的方法更好的效果。

2. 最小化行能量的图像分割方法

在对能量函数进行最小化以前，通常需要用阈值分割等方法完成一个粗分割的步骤，粗分割得到的区域作为能量函数的输入，并确定了最终分割结果中区域个数的最小值，因此，最小化能量分割法往往受到粗分割步骤的制约。在最小化能量函数时，常用的算法是利用多分辨率金字塔结构，在整幅图像内进行全局性的多步迭代运算[11,12]。

成像跟踪信息处理器通常是基于高速数字信号处理器(DSP)开发的，其图像处理软件的流程通常是以行来进行的，为了适应这种处理要求，这里构造了一个图像的行能量函数，对图像的每行进行分割，然后根据相邻行各区域之间的连通性和相似性将同属于一个区域的各个行区域合并起来，从而完成对整幅图像的分割。这样处理只需逐行进行运算，而无须在整幅图像内进行全局性迭代运算，因此，大大地简化了处理过程。

只用能量函数描述每行的区域分布情况时，可以不考虑张力能量项，即边界长度。简化的行能量函数为

$$E = \mu^2 \sum_{x \in \Omega} (I(x) - \bar{I})^2 + \sum_{x \in \Omega} (-|\nabla[G_\sigma * I(x)]|^2) \tag{17-7}$$

其中，Ω 为每一行中的区域；$\bar{I}$ 为行区域 Ω 中像素点的灰度平均值。

具体按以下步骤进行每行的分割：

（1）将该行第一点作为其第一个行区域的起点，按式（17-7）计算行区域的能量函数。

（2）将下一点归入此行区域，再计算它的能量函数，若小于前一次的能量函数，则此点属于这个行区域；否则，此点不属于这个行区域，将其作为下一个行区域的起点。

（3）重复（2），直至此行分割完毕。

整幅图像的每一行都分割完毕后，按以下步骤进行区域扩展：

（1）将第一行的各行区域划分为相互不同的区域。

（2）将下一行中的各行区域分别与已划分出来的区域进行比较，若二者连通且灰度均值相近，则将此行区域归入该区域；若某行区域不属于已有的任一区域，则将其划分为一个新区域。

（3）重复（2），直至所有的行区域合并完毕。

同理可以定义与行能量函数形式相同的图像列能量函数，按照相同的步骤完成图像的最小化列能量分割。将最小化行能量和最小化列能量分割出来的区域按照"或"的方式处理，可以得到对图像更加全面的分割。实验表明，单独使用最小化行能量分割法已经能够较好地对复杂图像进行处理，从效率的角度出发，逐行分割是可行的。

当整幅图像分割完毕时，可以计算各区域的统计特性，如灰度均值、方差、面积和形心等，对于序列图像还可以分析各区域的运动状态。较简单的图像，直接通过对灰度统计特征的分析，就可以从中选取潜在目标区域。

3. 实验结果

本节提出的最小化行能量分割法，在处理云天背景下的斑点目标，以及复杂地物背景下的面目标等典型目标图像时，都显示出了较好的效果。

图 17-1 中（a）所示的是云天背景下斑点目标的红外图像，用最小化行能量法分割出各区域，选取灰度均值最大的区域为目标，用白色线框标示在图（b）上。

通常利用阈值分割法，就可以处理简单背景下的点目标或斑点目标。但是阈值的选取往往是一个难点，需要统计整幅图像的灰度特性才能确定，而阈值较小时会产生较多的杂散点，较大时会损失目标的一些边缘或将一个目标分割为若干个。最小化行能量分割法无须进行全局性的统计，就可以直接分割，实验中提取的目标形状饱满，显示出了该方法的良好效果。

图 17-2 中（a）所示的是地物背景下面目标的电视图像，预处理（直方图均衡化和高斯平滑）后的图像如图（b），最小化行能量分割出的各行区域如图（c）（其中每

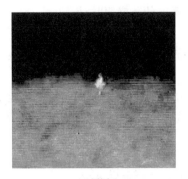
(a) 原图

(b) 分割图

图 17-1　云天背景红外图像分割效果图

行中两白点之间的像素属于同一行区域),将大块的背景区域和一些散碎的小区域剔除后提取出的目标区域,用线框标示在图(d)上。

(a) 原图

(b) 预处理图

(c) 分割图

(d) 最后效果

图 17-2　地物背景电视图像分割效果图

该图像中目标的平均灰度约为 171.6,而背景的平均灰度约为 184.2,目标与背景间的对比度很低。要提取这样的目标,阈值分割法无法完成,边缘提取也是困难的。而由实验结果可以看出,最小化行能量分割法较好地处理了这种复杂背景下的图像,分割效果比较好。

17.2.2　区域运动状态分析

含有复杂地物背景的图像经分割后,某些地物会被作为不同的区域分割出来,而面积较大且内部灰度分布不均匀的目标可能被分割为若干小块。因此,在对序列图像进行处理时,通过分析各个区域的运动状态,有助于更好地提取潜在运动目标区域。要进行区域的运动状态分析,首先是对相邻两帧图像中的区域系列求取一致性,确定前后两帧互相匹配的区域;然后在一致性计算的基础上,对运动区域的聚集情况进行分析,把被分成若干小块的单一区域合并起来。

1. 区域一致性

通常用代价函数来描述区域间的一致性。设在第 $K-1$ 及 K 帧图像中分割出的区域系列为

$$A_{K-1} = (a_{K-1,1}, a_{K-1,2}, \cdots, a_{K-1,m})$$
$$A_K = (a_{K,1}, a_{K,2}, \cdots, a_{K,n}) \tag{17-8}$$

式中各区域 $a_1, a_2, \cdots$ 按照面积大小的递减顺序排列。为了减少计算量,可取其中前 I 个区域进行计算,显然 $I \leqslant \min(m, n)$。

现在在第 $K-1$ 帧区域系列 A_{K-1} 中的任一区域 $a_{K-1,i}$ 与第 K 帧区域系列 A_K 中的任一区域 $a_{K,j}$ 之间建立联系:设两个区域 $a_{K-1,i}$ 与 $a_{K,j}$ 之间的距离为 $d(a_{K-1,i}, a_{K,j})$,两区域的面积分别为 $s(a_{K-1,i})$ 和 $s(a_{K,j})$,则用下式表示两区域间的关系:

$$c(a_{K-1,i}, a_{K,j}) = d(a_{K-1,i}, a_{K,j}) + |s(a_{K-1,i}) - s(a_{K,j})| \tag{17-9}$$

式中的 $c(a_{K-1,i}, a_{K,j})$ 称为代价函数($1 \leqslant (i,j) \leqslant I$)。

对于第 K 帧中的一个区域 $a_{K,p}$,可与第 $K-1$ 帧中的各区域 $a_{K-1,i}$ 相匹配以计算 $c(a_{K-1,i}, a_{K,j})$ ($1 \leqslant (i,j) \leqslant I$)。找出其中的最小值

$$c(a_{K-1,q}, a_{K,j}) = \min\{c(a_{K-1,1}, a_{K,p}), c(a_{K-1,2}, a_{K,p}), \cdots, c(a_{K-1,l}, a_{K,p})\} \tag{17-10}$$

这样即可认为 $a_{K-1,q}$ 与 $a_{K,p}$ 是两帧图像中相匹配的区域。

2. 运动区域聚集的分析

在分割过程中,面积较大且内部灰度分布不均匀的景物往往会被划分为若干小块,在求取相邻帧间各区域一致性,完成了区域的匹配后,就可以对各个区域的运动关系进行分析,然后可确定哪些区域属于同一景物,而哪些区域是彼此独立的

景物。

一般来说,若几个靠得很近的区域一直具有相同的运动速度,则可认为它们属于同一个区域。设第 K 帧中的两个区域间的距离为 $\mathrm{RD}(K)$,在其后的 i 帧中,二者之间的距离 $\mathrm{RD}(K+i)$ 与第 K 帧的距离 $\mathrm{RD}(K)$ 之间的差值为

$$\Delta\mathrm{RD}(K+i) = \left| \mathrm{RD}(K+i) - \mathrm{RD}(K) \right| \tag{17-11}$$

它的变化量并不大,其值在允许的误差范围内,因此可以判定这两个区域是同一景物区域的组成部分。

经过以上步骤的处理,场景图像中不需参与识别的背景部分已被消除了,压缩掉了大量的无用信息,为下一步提取图像特征进行目标识别做好了准备。

17.3　目标识别

目标识别就是从潜在目标区域图像中提取特征,根据这些特征对图像中的景物作出类属的辨别,即它是目标还是背景或干扰,更高一层次的识别还要求对目标进一步分类,使系统能按照目标重要性的不同区别对待。识别的主要步骤在于特征的描述、提取和判别。

用于图像识别的传统特征一般可分为[13]

(1) 直观性特征,如边缘、纹理及形状等;

(2) 灰度统计特征,如直方图、不变矩等;

(3) 频域变换特征,如作 Fourier、Hadamard 等变换后得到的频域特征。

实际系统中光电跟踪信息处理器所处理的是序列图像,同一目标在不同时刻其图像之间存在着一定的差异,造成这种差异的原因主要有系统噪声、几何失真和灰度畸变等。由于以上特征都是基于单帧图像提取的,因此,只具有一定程度上的不变性,只能处理某些范围内的失真和畸变。

在 20 世纪 90 年代初,国内外学者[14-17]在研究中又发现了一种可用于图像识别的新特征——图像代数特征。所谓图像代数特征,就是把图像视为矩阵,利用主成分分析(principal-component analysis,PCA)、奇异值分解(singular-value decomposition,SVD)或特征空间分离变换(EST)等代数运算,对图像矩阵进行操作后得到的特征向量,这种特征反映了图像的内在属性,且具有一定的稳定性和不变性。这类方法已在人脸、指纹、笔迹等复杂图像的识别中得到了广泛的应用[18-22]。

通过对人类图像识别机理研究后发现:人类识别物体时,首先要进行学习,即由大脑对该物体各种可能形态进行综合处理,提取出在不同形态下所具有的共性特征,然后利用学习得到的经验去识别物体。基于图像代数特征的识别技术正是受人类识别机理的启发:引入含有目标和背景各种变化的图像构成训练样本集,以克服用单帧图像作为参考图提取特征的缺点;利用各种矩阵分解变换运算在图像

集合中提取代数特征,表征目标或背景在各种变化下具有的共性。因此,这是一种鲁棒性好,且有一定学习能力的图像识别方法,在处理图像的失真和畸变等方面具有明显的优势。

用于提取图像代数特征的方法主要有主成分分析和奇异值分解等。主成分分析对训练样本集图像的协方差矩阵求取特征值和特征向量,选取特征值较大的若干个特征向量构成特征子空间(eigenspace),待识别图像向子空间投影得到重构图像,通过判断重构误差的大小,就可以确定此图像是否与样本集中目标同类。奇异值分解的应用与主成分分析的过程相似,只是直接从图像灰度矩阵提取特征矢量。主成分分析具备参考图像的统计意义,而奇异值分解更能表征参考图像的确定性特征。本节将重点描述应用主成分分析和奇异值分解提取图像代数特征进行目标识别的方法。

17.3.1　主成分分析

主成分分析的实质是 K-L 变换的离散形式,作为一种去相关性的统计数据降维方法,在模式识别领域中具有广泛的应用,是子空间模式识别的一种重要工具[23-25]。

1. 主成分分析的数学理论

设 $\boldsymbol{x}$ 是 $N \times 1$ 的随机向量,其均值向量可由 L 个向量样本以下式估计:

$$\boldsymbol{m}_x = \frac{1}{L} \sum_{l=1}^{L} \boldsymbol{x}_l \tag{17-12}$$

它的协方差矩阵为

$$\boldsymbol{C}_x = E\{(\boldsymbol{x} - \boldsymbol{m}_x)(\boldsymbol{x} - \boldsymbol{m}_x)^{\mathrm{T}}\} \approx \frac{1}{L} \sum_{l=1}^{L} (\boldsymbol{x}_l \boldsymbol{x}_l^{\mathrm{T}} - \boldsymbol{m}_x \boldsymbol{m}_x^{\mathrm{T}}) \tag{17-13}$$

协方差矩阵是实对称的,对角元素是单个分量的方差,其他元素是它们的协方差。

定义一个线性变换,可由任意 $\boldsymbol{x}$ 产生一个新向量 $\boldsymbol{y}$

$$\boldsymbol{y} = \boldsymbol{A}(\boldsymbol{x} - \boldsymbol{m}_x) \tag{17-14}$$

矩阵 $\boldsymbol{A}$ 的各行由 $\boldsymbol{C}_x$ 的特征向量构成,为方便起见,按特征值大小递减的顺序来排列。$\boldsymbol{y}$ 也是期望值为 0 的随机向量,它的协方差矩阵可由 $\boldsymbol{x}$ 的协方差矩阵得到

$$\boldsymbol{C}_y = \boldsymbol{A}\boldsymbol{C}_x\boldsymbol{A}^{\mathrm{T}} \tag{17-15}$$

因为 $\boldsymbol{A}$ 的各行是 $\boldsymbol{C}_x$ 的特征向量,故 $\boldsymbol{C}_y$ 是对角阵,有

$$\boldsymbol{C}_y = \begin{vmatrix} \lambda_1 & \cdots & 0 \\ \vdots & \ddots & \vdots \\ 0 & \cdots & \lambda_N \end{vmatrix} \tag{17-16}$$

这意味着 y 是由互不相关的随机变量组成的,线性变换 A 起到了去除变量间相关性的作用。值得注意的是这个变换是可逆的,可以从变换向量 y 重构向量 x

$$x = A^{-1}y + m_x = A^{T}y + m_x \tag{17-17}$$

忽略特征值较小的那些特征向量,将减少 y 的维数。令 B 表示只从 A 中选取前 M 行后得到的 $M \times N$ 矩阵,变换后得到的 $M \times 1$ 维向量为

$$\hat{y} = B(x - m_x) \tag{17-18}$$

向量 x 仍然可由下式近似地重构出来:

$$\hat{x} = B^{T}\hat{y} + \hat{m}_x \tag{17-19}$$

这种近似的均方误差(MSE)为

$$MSE = \sum_{k=M+1}^{N} \lambda_k \tag{17-20}$$

恰好为舍去的特征向量所对应特征值之和。

由此可见,主成分分析是一种基于样本统计特性的最佳正交变换,具有如下的良好性质:变换产生的新向量互不相关,可去除原向量间相关性;以新向量表示原向量均方差最小;对向量进行了降维,使要处理的数据大大减少,信息更加集中,从而让问题易于处理。

2. 基于主成分分析的识别算法

基于主成分分析的图像识别方法最先应用于人脸识别,此后在指掌纹识别、笔迹识别中也得到了应用,这里将这种方法推广到其他目标的识别。识别的具体步骤如下:

(1) 初始化,将一组已知的目标图像作为训练样本集,从中提取特征值和特征向量,取其中特征值较大的若干个特征向量,定义为目标的特征子空间;

(2) 输入待识别的图像,将其映射到特征子空间,得到一个低维向量;

(3) 通过度量该向量到特征子空间零点的距离来判断它是否是目标。

设一组已知的目标图像构成的训练样本集为 $\{f_k(x,y) | k=1,\cdots,M\}$,样本图像的尺寸为 $N = w \times h$,将图像按行连接在一起构成 N 维向量 $x_k = (x_{k1}, x_{k2}, \cdots, x_{kN})^{T}$,其中 $k=1,\cdots,M$,可将它看作 N 维空间上的一个点,称此空间为原始图像空间。由于训练样本集中的目标图像彼此之间在结构上具有较大的相似性,所以所有的训练样本将聚集在原始图像空间中一个相对狭小的子空间里。训练样本集的均值向量为

$$\mu = \frac{1}{M}\sum_{k=1}^{M} x_k \tag{17-21}$$

训练样本集的协方差矩阵为

$$S_x = E\{(x - \mu)(x - \mu)^{T}\} = \frac{1}{M}\sum_{k=1}^{M}(x_k - \mu)(x_k - \mu)^{T}$$

$$= \frac{1}{M}\sum_{k=1}^{M}\boldsymbol{\Phi}_k\boldsymbol{\Phi}_k^{\mathrm{T}} = \frac{1}{M}\boldsymbol{A}\boldsymbol{A}^{\mathrm{T}} \tag{17-22}$$

式中，$\boldsymbol{A}=(\boldsymbol{\Phi}_1,\boldsymbol{\Phi}_2,\cdots,\boldsymbol{\Phi}_M)$。由于 N 值较大，直接计算 $\boldsymbol{S}_x$ 的特征值和特征向量会很困难，当样本个数 M 不太多时（$M<N$），可以先计算 $M\times M$ 维矩阵 $\boldsymbol{L}=\boldsymbol{A}^{\mathrm{T}}\boldsymbol{A}$ 的特征值 a_k 和特征向量 $\boldsymbol{V}_k$。因为对

$$\boldsymbol{A}^{\mathrm{T}}\boldsymbol{A}\boldsymbol{V}_k=a_k\boldsymbol{V}_k \tag{17-23}$$

左乘 $\boldsymbol{A}$，得

$$\boldsymbol{A}\boldsymbol{A}^{\mathrm{T}}(\boldsymbol{A}\boldsymbol{V}_k)=a_k(\boldsymbol{A}\boldsymbol{V}_k) \tag{17-24}$$

则 $\boldsymbol{U}_k=A\boldsymbol{V}_k$ 就是协方差矩阵 $\boldsymbol{S}_x$ 的特征向量。

$$\boldsymbol{U}_k=\sum_{l=1}^{M}\boldsymbol{\Phi}_l^{\mathrm{T}}\boldsymbol{V}_k \quad (k=1,\cdots,M) \tag{17-25}$$

根据主成分分析理论，可以选择 $P(P\leqslant M)$ 个较大特征值对应的特征向量（主成分）来构造 P 维的特征子空间。从原始图像空间到特征子空间的线性变换为

$$\boldsymbol{y}_k=\boldsymbol{W}^{\mathrm{T}}(\boldsymbol{x}_k-\boldsymbol{\mu}) \quad (k=1,\cdots,M) \tag{17-26}$$

式中，$\boldsymbol{W}=(\boldsymbol{U}_1,\boldsymbol{U}_2,\cdots,\boldsymbol{U}_P)$，$\boldsymbol{y}_k$ 是 P 维向量。

对待识别的图像 $\boldsymbol{x}$ 求取差图像向量 $\boldsymbol{x}-\boldsymbol{\mu}$（$\boldsymbol{\mu}$ 是全体训练图像的均值），向特征子空间投影，得到待识别图像变换后的向量

$$\boldsymbol{y}=\boldsymbol{W}^{\mathrm{T}}(\boldsymbol{x}-\boldsymbol{\mu}) \tag{17-27}$$

它表明了待识别图像在特征子空间中的位置。

通常应用欧氏距离就可以进行相似性评估，待识别的图像到特征子空间原点的欧氏距离为

$$\varepsilon = \parallel \boldsymbol{y} \parallel = \left(\sum_{i=1}^{P}y_i^2\right)^{1/2} \tag{17-28}$$

设定阈值 θ，按以下规则分类：

（1）若 $\varepsilon\geqslant\theta$，则输入图像不是确认目标图像；

（2）若 $\varepsilon<\theta$，则输入图像是确认目标图像。

17.3.2　奇异值分解

奇异值分解是求解最小二乘问题的一种数学工具，广泛应用于图像压缩、信号处理和模式分析[1,26-28]。用它来提取图像的代数特征进行识别的方法与主成分分析的思想相近，但不是从统计角度出发的。

1. 奇异值分解的数学理论

定理 17.1　矩阵的奇异值分解定理（Autonee-Eckart-Young 定理）：$\boldsymbol{A}$ 是 $M\times N$ 维的实矩阵（$M\geqslant N$），则存在 $M\times M$ 维的正交矩阵 $\boldsymbol{U}$ 和 $N\times N$ 维正交矩阵 $\boldsymbol{V}$，

使得

$$A = U\Lambda V^{\mathrm{T}} \tag{17-29}$$

式中，$\Lambda = \mathrm{diag}(\lambda_1, \cdots, \lambda_r, 0, \cdots, 0)$，其对角元素按照 $\lambda_1 \geqslant \lambda_2 \geqslant \cdots \geqslant \lambda_r > 0$，$r = \mathrm{rank}$ (A) 排列。

以上定理由 Eckart 和 Young 于 1939 年证明的，证明省略[26]。由此定理可知，λ_i^2（$i = 1, \cdots, r$）是矩阵 AA^{T} 也是 $A^{\mathrm{T}}A$ 的特征值，设 $U = (u_1, \cdots, u_r, u_{r+1}, \cdots, u_M)^{\mathrm{T}}$，$V = (v_1, \cdots, v_r, v_{r+1}, \cdots, v_N)^{\mathrm{T}}$，$u_i, v_i$（$i = 1, 2, \cdots, r$）分别是 AA^{T} 和 $A^{\mathrm{T}}A$ 对应于 λ_i^2 的特征向量，则式(17-29)可写为

$$A = \sum_{k=1}^{r} \lambda_i u_i v_i^{\mathrm{T}} \tag{17-30}$$

称 $\lambda_i (i = 1, \cdots, r)$ 为 A 的奇异值，由此构成的 N 维矢量 $\lambda = (\lambda_1, \cdots, \lambda_r, 0, \cdots, 0)^{\mathrm{T}}$ 称为 A 的奇异值特征矢量。

如果忽略那些值为零或很小的奇异值，就可以减少奇异值特征矢量 λ 的维数，用压缩后的 Λ 重构的矩阵与原矩阵 A 的误差很小，其均方差就是被忽略的奇异值之和，奇异值分解的这一特点常被用于图像压缩。

下面给出奇异值特征矢量的一些重要性质。

1）奇异值特征矢量的稳定性

定理 17.2 设 $M \times N$ 维的实矩阵 $A, B(M \geqslant N)$ 的奇异值分别是 $\lambda_1 \geqslant \lambda_2 \geqslant \cdots \geqslant \lambda_N$ 和 $\tau_1 \geqslant \tau_2 \geqslant \cdots \geqslant \tau_N$，则对于任何一种酉不变范数 $\| \cdot \|$ 有

$$\| \mathrm{diag}(\tau_1 - \lambda_1, \cdots, \tau_N - \lambda_N) \| \leqslant \| B - A \| \tag{17-31}$$

若取 Frobenius 范数 $\| \cdot \|_{\mathrm{F}}$，则上式为

$$\sqrt{\sum_{i=1}^{N} (\tau_i - \lambda_i)^2} \leqslant \| B - A \|_{\mathrm{F}} \tag{17-32}$$

由此定理可知，奇异值特征矢量具有良好的稳定性，当矩阵发生微小变化时，不会引起奇异值大的波动[29]。

2）奇异值特征矢量的转置不变性

根据奇异值分解定理，有 $AA^{\mathrm{T}}u = \lambda^2 u$ 和 $A^{\mathrm{T}}Av = \lambda^2 v$，可见 A 和 A^{T} 有相同的奇异值，即奇异值特征矢量具有转置不变性。

3）奇异值特征矢量的平移不变性

对矩阵的平移可归结为对矩阵作行（或列）的置换，交换矩阵 A 的第 i, j 两行等价于对该矩阵左乘矩阵 $I_{i,j} = I - (e_i - e_j)(e_i - e_j)^{\mathrm{T}}$，式中 e_i, e_j 分别表示单位矩阵 I 的第 i, j 两列，显然 $I_{i,j} = I_{i,j}^{\mathrm{T}} = I_{j,i}^{\mathrm{T}}$。对 $(I_{i,j}A)(I_{i,j}A)^{\mathrm{T}}$ 的特征方程 $|(I_{i,j}A)(I_{i,j}A)^{\mathrm{T}} - \lambda I| = 0$ 作如下的化简：

$$|I_{i,j}AA^{\mathrm{T}}I_{i,j}^{\mathrm{T}} - \lambda I| = |I_{i,j}| \times |AA^{\mathrm{T}} - \lambda I_{i,j}^{-1}I_{i,j}^{-1}| \times |I_{i,j}| = |AA^{\mathrm{T}} - \lambda I| = 0$$

$$\tag{17-33}$$

故进行行交换后的矩阵 $\boldsymbol{I}_{i,j}\boldsymbol{A}$ 与原矩阵 $\boldsymbol{A}$ 有相同的奇异值,同理可证列变换也有同样的性质,即奇异值特征矢量具有平移不变性。

4) 奇异值特征矢量的缩放不变性

首先考虑较简单的情况:矩阵作整数倍的放大变换,设 a_{ij} 是 $M \times N$ 维实矩阵 $\boldsymbol{A}(M \geqslant N)$ 中的元素,则放大 k 倍相当于将每个元素扩充为 $k \times k$ 的矩阵 $a_{ij}\boldsymbol{E}$,其中

$$\boldsymbol{E}_{k \times k} = \begin{bmatrix} 1 & \cdots & 1 \\ \vdots & \ddots & \vdots \\ 1 & \cdots & 1 \end{bmatrix}, 变换后的 kM \times kN 维矩阵 \boldsymbol{A}' = \begin{bmatrix} a_{11}\boldsymbol{E} & \cdots & a_{1N}\boldsymbol{E} \\ \vdots & \ddots & \vdots \\ a_{M1}\boldsymbol{E} & \cdots & a_{MN}\boldsymbol{E} \end{bmatrix}。对 \boldsymbol{A}'$$

作行列置换,得到由 $k \times k$ 个矩阵 $\boldsymbol{A}$ 组成的新矩阵:$\boldsymbol{A}'' = \begin{bmatrix} \boldsymbol{A} & \cdots & \boldsymbol{A} \\ \vdots & \ddots & \vdots \\ \boldsymbol{A} & \cdots & \boldsymbol{A} \end{bmatrix}$,由矩阵的

平移不变性可知,$\boldsymbol{A}'$ 和 $\boldsymbol{A}''$ 的奇异值相同。对 $\boldsymbol{A}''$ 的特征方程 $|\boldsymbol{A}''\boldsymbol{A}''^{\mathrm{T}} - \lambda'^2 \boldsymbol{I}| = 0$ 作如下简化:

$$|\boldsymbol{A}''\boldsymbol{A}''^{\mathrm{T}} - \lambda'^2\boldsymbol{I}| = \left| \begin{bmatrix} k\boldsymbol{A}\boldsymbol{A}^{\mathrm{T}} & \cdots & k\boldsymbol{A}\boldsymbol{A}^{\mathrm{T}} \\ \vdots & \ddots & \vdots \\ k\boldsymbol{A}\boldsymbol{A}^{\mathrm{T}} & \cdots & k\boldsymbol{A}\boldsymbol{A}^{\mathrm{T}} \end{bmatrix} - \lambda'^2\boldsymbol{I} \right| = \left| (\lambda'^2)^{k-1}\left(\frac{\lambda'^2}{k^2}\boldsymbol{I} - \boldsymbol{A}\boldsymbol{A}^{\mathrm{T}} \right) \right| \tag{17-34}$$

$\boldsymbol{A}''\boldsymbol{A}''^{\mathrm{T}}$ 的特征方程化简为

$$\left| \boldsymbol{A}\boldsymbol{A}^{\mathrm{T}} - \frac{\lambda'^2}{k^2}\boldsymbol{I} \right| = 0 \tag{17-35}$$

故 $\boldsymbol{A}''$ 与 $\boldsymbol{A}$ 的奇异值之间有这样的关系:$\lambda' = k\lambda$。

矩阵作整数倍的缩小变换,是放大变换的逆变换,若原矩阵的奇异值为 λ,缩小 k 倍后的矩阵奇异值为 λ',则有 $\lambda = k\lambda'$,即 $\lambda' = \dfrac{\lambda}{k}$。

当矩阵作任意倍数的缩放变换时,相当于以上两种变换的同时作用,如放大 1.5 倍,则等价于先放大 3 倍,再缩小 2 倍。因此,变换后矩阵的奇异值与变换前有同样关系:$\lambda' = k\lambda$。

由此可知,奇异值特征矢量具有这样的不变性:设 λ_i 和 λ'_i 是矩阵 $\boldsymbol{A}$ 作缩放变换前后的前 $I(I \leqslant N)$ 个奇异值,则有

$$\frac{\lambda_i}{\sum\limits_{i=1}^{l} \lambda_i} = \frac{\lambda'_i}{\sum\limits_{i=1}^{l} \lambda'_i} \tag{17-36}$$

对数字图像的灰度矩阵进行奇异值分解,提取出的奇异值特征矢量就可以作为描述图像内在属性的一种代数特征。以上论述的矩阵奇异值特征矢量的特性,在图像识别中具有重要的意义:奇异值特征矢量的稳定性对于图像而言,当噪声、

光照改变等造成图像灰度值轻微变化时,图像的奇异值特征矢量具有不敏感的特性;奇异值特征矢量的转置、平移和缩放不变性对于图像而言,当图像发生转置、平移和缩放时,图像的奇异值特征矢量保持不变。

2. 基于奇异值分解的识别算法

基于奇异值分解的图像识别过程与基于主成分分析的识别过程相近,只是构成特征子空间的特征向量不是从训练样本图像的协方差阵提取的,而是从图像本身提取的。识别的具体步骤如下:

(1) 初始化,将一组已知的目标图像作为训练样本集,从中提取各个图像的奇异值特征矢量,这些奇异值特征矢量构成目标的特征子空间;

(2) 输入待识别的图像,提取它的奇异值特征矢量;

(3) 通过度量该特征矢量到特征子空间的距离来判断它是否是目标。

设一组已知的目标图像构成的训练样本集$\{f_i(x,y)|i=1,\cdots,L\}$,图像尺寸为$M\times N(M\geqslant N)$,对每一幅图像的灰度矩阵进行奇异值分解,只取前$P(P\leqslant N)$个较大的奇异值构成特征矢量,得到一组$P$维矢量$\lambda_i=(\lambda_{i1},\cdots,\lambda_{iP})^{\mathrm{T}}(i=1,\cdots,L)$,构成目标的特征子空间。

输入待识别的图像进行奇异值分解,也只取前$P(P\leqslant N)$个较大的奇异值构成特征矢量$\lambda=(\lambda_1,\cdots,\lambda_P)^{\mathrm{T}}$。

同样使用欧氏距离进行特征矢量的相似性评估,待识别图像的奇异值特征矢量的欧氏距离为

$$\varepsilon=\|\lambda\|=\Big(\sum_{k=1}^{P}(\lambda_k)^2\Big)^{1/2} \tag{17-37}$$

设定阈值θ_1和θ_2,一般取θ_1略小于$\|\lambda_i\|$的最小值,取θ_2略大于$\|\lambda_i\|$的最大值,按以下规则分类:

(1) 若$\varepsilon\leqslant\theta_1$或$\varepsilon\geqslant\theta_2$,则输入图像不是确认目标图像;

(2) 若$\theta_1<\varepsilon<\theta_2$,则输入图像是确认目标图像。

17.3.3 目标识别实验

这里分别用两种方式进行目标识别实验,其区别在于输入待识别图像的方式不同。第一种方式:提取出潜在目标区域作为识别过程的输入;第二种方式:不进行分割处理,直接在图像中逐行逐列选取子图,将子图作为识别过程的输入,即匹配识别[31,32]。

实验所使用的图像来自一段红外序列图像,构成训练样本集的目标图像是在有一定时间间隔的图像中选取的,具有不同的背景噪声,且含有较大的明暗和目标姿态变化。

1. 主成分分析识别实验

作为训练样本的目标图像是在分辨率为 768×576 的红外序列图像中提取的，为沙滩上行进的坦克，尺寸为 50×60，共有 10 幅，如图 17-3 所示。

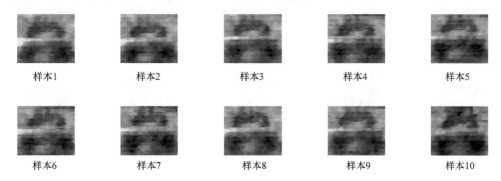

样本1　　　　　　样本2　　　　　　样本3　　　　　　样本4　　　　　　样本5

样本6　　　　　　样本7　　　　　　样本8　　　　　　样本9　　　　　　样本10

图 17-3　训练样本图像

对以上 10 幅图像进行主成分提取，得到训练样本集协方差矩阵的前 10 个特征值及其相应的特征向量（主成分），用这些特征向量构造出一个 10 维的特征子空间。样本图像作从原始图像空间到特征子空间的线性变换后，得到的低维向量 y_k（$k=1,\cdots,10$）及其到原点的欧氏距离如表 17-1 所示。

表 17-1　样本图像的变换向量及其欧氏距离

	y_1	y_2	y_3	y_4	y_5	y_6	y_7	y_8	y_9	y_{10}
1	−923.5	−928.9	146.0	−117.2	750.8	−164.6	482.5	126.7	419.1	209.2
2	−103.7	−20.9	−467.0	133.2	−224.1	175.7	194.2	−531.4	−177.0	1021.1
3	155.0	−36.9	183.7	−267.1	−4.3	−483.6	−270.7	361.6	−79.6	442.0
4	−233.1	−87.5	120.7	366.7	−345.0	2.6	86.0	304.2	−223.5	9.0
5	−71.4	96.2	−58.4	430.0	208.0	−263.5	−275.8	−144.0	84.0	−5.0
6	154.6	26.1	−28.1	47.6	−4.2	−333.2	387.8	−89.0	−81.0	−80.5
7	116.3	−183.8	125.0	52.2	−263.1	−46.4	−28.8	−119.0	336.9	10.6
8	253.3	−289.2	−172.5	106.1	87.2	71.7	−45.0	98.3	−88.2	−21.7
9	−51.1	86.7	−282.8	−20.9	−62.8	−47.3	31.4	179.23	184.1	−16.5
10	−301.1	61.0	−64.1	96.4	15.9	83.0	−57.2	360.6	−101.7	−92.8
$\varepsilon/(\times 10^3)$	1.0686	1.0055	0.6492	0.6695	0.9259	0.6991	0.7647	0.8581	0.6651	1.1392

由上表可以看出，样本图像经变换后得到的低维向量聚集在特征子空间中一个较集中的区域内。其中离原点距离最大的是 y_{10}，因此，可以将用于分类的阈值 θ 选择为：$\theta=1.2\times 10^3$。

同样是在提取训练样本集目标图像的红外序列图像中,提取了 15 幅子图像,其中有 10 幅背景图像和 5 幅目标图像,如图 17-4 所示。

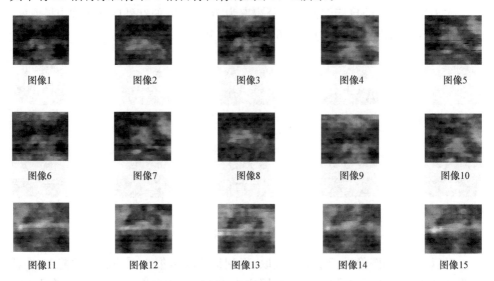

图 17-4　待识别图像

对于所有的图像都取其尺寸为 50×60,即与训练样本图像的尺寸相同。将待识别图像向特征子空间投影,得到这些图像经变换后的低维向量,并计算它们到原点的欧氏距离如表 17-2 所示。

表 17-2　待识别图像变换向量的欧氏距离

图像序号	1	2	3	4	5	6	7	8
$\varepsilon/(\times 10^3)$	1.9409	1.8584	1.4886	1.2871	1.3330	1.5091	1.6205	1.8553
图像序号	9	10	11	12	13	14	15	
$\varepsilon/(\times 10^3)$	1.2224	1.2314	0.7804	0.9663	0.8360	0.7313	1.0057	

用阈值 $\theta = 1.2 \times 10^3$ 按以下规则分类:

(1) 若 $\varepsilon \geqslant \theta$,则输入图像不是确认目标图像;

(2) 若 $\varepsilon < \theta$,则输入图像是确认目标图像。

因此,在图 17-4 的待识别图像中,图像 1～图像 10 不是目标,而图像 11～图像 15 是目标。这与实际情况是相符的,表明了主成分分析识别方法的有效性。

再用匹配的方式进行识别实验:即设场景图像尺寸为 $W \times H$,训练样本图像尺寸为 $w \times h$,在场景图像中选取与样本尺寸相同的子图,子图共有 $(H-h+1) \times (W-w+1)$ 幅。将这些子图向特征子空间投影,然后度量其到原点的欧氏距离的大小,取具有最小距离的子图作为匹配识别的结果。

　　图 17-5 是主成分分析匹配识别效果图,找到变换向量欧氏距离最小的区域,用白色线框标示。表 17-3 是某些子图变换向量的欧氏距离,匹配点用下划线标出。

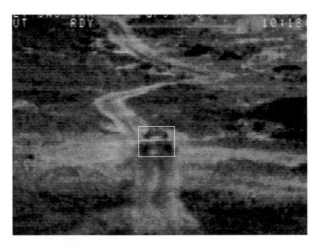

图 17-5　主成分分析匹配识别效果图

表 17-3　子图变换向量的欧氏距离

$\varepsilon/(\times 10^3)$		列坐标								
		199	201	203	204	205	206	207	209	211
	171	1.0167	1.0403	1.0426	1.0325	1.0216	1.0019	1.0392	1.0426	1.0169
	173	1.0109	1.0106	1.0050	0.9920	0.9770	0.9463	0.9649	0.9666	0.9582
	175	0.8128	0.7399	0.6754	0.6216	0.5675	0.5215	0.5871	0.6731	0.7170
行坐标	176	0.7598	0.7188	0.6532	0.5857	0.5356	0.5315	0.6395	0.7499	0.7805
	177	0.6187	0.5751	0.5308	0.4875	<u>0.4774</u>	0.5198	0.6611	0.8048	0.8457
	178	0.7466	0.7375	0.7278	0.7068	0.7015	0.7269	0.8158	0.9212	0.9554
	179	0.9437	0.9635	0.9673	0.9698	0.9835	1.0099	1.0926	1.1695	1.1933
	181	1.2136	1.2453	1.2505	1.2355	1.2179	1.2055	1.2491	1.2632	1.2443
	183	1.1989	1.1966	1.1863	1.1658	1.1449	1.1279	1.1818	1.1981	1.1622

2. 奇异值分解识别实验

　　实验中选用与主成分分析实验相同的图像构成训练样本集,对这 10 幅图像的灰度矩阵进行奇异值分解,得到 10 个 50 维的奇异值特征矢量,提取这些特征矢量中前 30 个较大的分量,组成新向量 $y_k(k=1,\cdots,10)$ 作为图像的代数特征,并计算它的欧氏距离,这些向量(只显示前 15 维)及其欧氏距离如表 17-4 所示。

表 17-4　样本图像的奇异值特征矢量及其欧氏距离

	y_1	y_2	y_3	y_4	y_5	y_6	y_7	y_8	y_9	y_{10}
$1/(\times 10^3)$	8.0954	8.0694	7.8641	7.7089	7.4285	7.7096	7.4406	7.8635	7.5922	6.8973
$2/(\times 10^3)$	0.7374	0.6792	0.7164	0.7048	0.7379	0.6950	0.6778	0.7282	0.6642	0.6990
$3/(\times 10^3)$	0.5423	0.6131	0.5720	0.5958	0.5245	0.6732	0.5757	0.5485	0.5420	0.4215
$4/(\times 10^3)$	0.5071	0.4051	0.3259	0.3506	0.3187	0.3071	0.2981	0.3569	0.3034	0.3145
$5/(\times 10^3)$	0.2493	0.2911	0.2524	0.2410	0.2243	0.2309	0.2328	0.2651	0.2089	0.2351
$6/(\times 10^3)$	0.2255	0.2233	0.1711	0.2073	0.1976	0.2071	0.1821	0.1896	0.1728	0.1952
$7/(\times 10^3)$	0.1680	0.1602	0.1352	0.1503	0.1595	0.1500	0.1688	0.1621	0.1488	0.1596
$8/(\times 10^3)$	0.1093	0.1295	0.1018	0.1316	0.1177	0.1157	0.1202	0.1239	0.1310	0.1156
$9/(\times 10^3)$	0.1038	0.1031	0.0891	0.1070	0.0916	0.1041	0.1076	0.1032	0.1035	0.1057
$10/(\times 10^3)$	0.0896	0.0904	0.0848	0.0938	0.0862	0.0925	0.0992	0.0913	0.0885	0.0833
$11/(\times 10^3)$	0.0780	0.0794	0.0739	0.0771	0.0784	0.0861	0.0892	0.0746	0.0779	0.0797
$12/(\times 10^3)$	0.0707	0.0669	0.0637	0.0697	0.0723	0.0766	0.0737	0.0690	0.0722	0.0778
$13/(\times 10^3)$	0.0609	0.0596	0.0602	0.0629	0.0667	0.0681	0.0686	0.0665	0.0698	0.0690
$14/(\times 10^3)$	0.0553	0.0578	0.0525	0.0581	0.0548	0.0608	0.0580	0.0604	0.0644	0.0643
$15/(\times 10^3)$	0.0535	0.0494	0.0459	0.0535	0.0511	0.0532	0.0576	0.0541	0.0552	0.0603
$\varepsilon/(\times 10^3)$	8.1753	8.1451	7.9345	7.7843	7.5021	7.7882	7.5122	7.9368	7.6574	6.9661

由上表可以看出,样本图像的奇异值特征矢量聚集在特征子空间中一个较集中的区域内。选择用于分类的阈值 θ_1 和 θ_2 为 $\begin{cases}\theta_1=6.8\times 10^3\\\theta_2=8.2\times 10^3\end{cases}$。

图 17-4 待识别图像同样采用在主成分分析实验中用于识别的 15 幅图像,对这些图像归一化为 50×60 大小,即与训练样本图像的尺寸相同。对待识别图像的灰度矩阵进行奇异值分解,得到这些图像的奇异值特征矢量,并计算出它们的欧氏距离如表 17-5 所示。

表 17-5　待识别图像的奇异值特征矢量欧氏距离

图像序号	1	2	3	4	5	6	7	8
$\varepsilon/(\times 10^3)$	5.3602	5.5831	5.9767	6.5071	6.3574	5.8862	5.9036	5.6501
图像序号	9	10	11	12	13	14	15	
$\varepsilon/(\times 10^3)$	6.4605	6.5326	7.2050	6.9290	7.8121	7.0515	7.1562	

用阈值 $\begin{cases}\theta_1=6.8\times 10^3\\\theta_2=8.2\times 10^3\end{cases}$ 按以下规则分类:

(1) 若 $\varepsilon\leqslant\theta_1$ 或 $\varepsilon\geqslant\theta_2$,则输入图像不是确认目标图像;

（2）若 $\theta_1 < \varepsilon < \theta_2$，则输入图像是确认目标图像。

因此，图 17-4 待识别图像中的图像 1～图像 10 不是目标，而图像 11～图像 15 是目标。这与实际情况相符，也与主成分分析识别实验的结果相同，表明了奇异值分解识别方法是同样有效的。

匹配识别方式的步骤与主成分分析识别实验相同，求出训练样本集目标图像的奇异值特征矢量的均值，在场景图像中逐行逐列地选取子图，子图特征矢量与均值矢量相减，寻找差值矢量欧氏距离最小的子图。图 17-6 是奇异值分解匹配识别效果图，用白色线框来标示找到的目标。表 17-6 是某些子图奇异值特征矢量与均值矢量差的欧氏距离，匹配点用下划线标出。

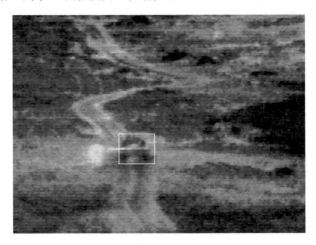

图 17-6　奇异值分解匹配识别效果图

表 17-6　奇异值特征矢量与均值矢量差的欧氏距离

$\varepsilon/(\times 10^3)$		列坐标								
		156	158	160	161	162	163	164	166	168
行坐标	200	283.56	194.46	127.60	113.79	117.51	134.69	156.10	152.75	145.68
	202	252.84	165.16	96.49	83.52	93.64	116.08	140.09	168.49	167.23
	204	241.35	160.04	101.88	77.94	78.19	97.70	123.25	167.32	180.93
	205	238.15	158.92	106.17	81.01	74.76	89.05	112.32	159.68	180.16
	206	238.68	161.70	104.18	82.06	<u>73.04</u>	82.38	101.60	145.12	166.09
	207	236.48	162.59	106.93	87.01	79.36	86.36	101.83	139.12	157.64
	208	235.76	164.79	114.38	96.80	89.89	95.02	108.27	141.62	156.71
	210	215.82	156.09	123.38	117.51	119.02	126.96	140.05	170.16	184.21
	212	190.03	153.29	151.07	159.35	171.11	184.55	198.05	223.80	234.69

3. 目标识别性能比较

图像特征的提取和选择是图像识别的关键步骤,其任务在于求出能够反映图像分类本质的特征。而在一定的要求和条件下,何种图像特征对分类才是有效的一直是图像识别领域中最令人感兴趣的问题。为了对图像代数特征在复杂背景下对目标分类识别的性能有一个直观的了解,在此将它与图像灰度统计特征的分类性能作一个简单地比较。

直方图统计特征是图像识别中最常用的分类特征,设 N 级灰度图像的像素总数共 M 个,其中灰度级为 i 的像素有 $n(i)$ 个,则它的出现概率是 $p(i) = n(i)/M$,则可定义如下的统计特征[25]:

均值 MEAN 为

$$\text{MEAN} = \sum_{i=0}^{N-1} i \cdot p(i) \tag{17-38}$$

方差 σ^2 为

$$\sigma^2 = \sum_{i=0}^{N-1} (i - \text{MEAN})^2 p(i) \tag{17-39}$$

偏度 S(对分布偏离对称情况的度量)为

$$S = \frac{1}{\sigma^3} \sum_{i=1}^{N-1} (i - \text{MEAN})^3 p(i) \tag{17-40}$$

峰度 K(对分布趋向的度量)为

$$K = \frac{1}{\sigma^4} \sum_{i=1}^{N-1} (i - \text{MEAN})^4 p(i) \tag{17-41}$$

能量 ENERGY 为

$$\text{ENERGY} = \sum_{i=1}^{N-1} (p(i))^2 \tag{17-42}$$

熵 ENTROPY 为

$$\text{ENTROPY} = -\sum_{i=1}^{N-1} p(i) \log(p(i)) \tag{17-43}$$

对图 17-4 待识别图像集中的 15 幅图像分别求取这些直方图统计特征,列在表 17-7 中。

表 17-7　待识别图像的直方图统计量

	MEAN	σ^2	S	K	ENERGY	ENTROPY
1	96.83	229.48	1.9633	13.0501	0.0012	1.7099
2	102.22	178.89	2.9182	17.4671	0.0016	1.6292
3	110.48	271.38	1.6259	9.7495	0.0011	1.7088

	MEAN	σ^2	S	K	ENERGY	ENTROPY
4	121.30	364.16	1.7625	9.5885	0.0011	1.7297
5	117.73	322.60	2.0075	11.2007	0.0012	1.7158
6	108.42	263.30	1.4792	9.7478	0.0012	1.7076
7	108.35	313.10	2.2473	11.9187	0.0012	1.7080
8	103.38	182.26	3.2351	19.0013	0.0017	1.6208
9	121.64	307.30	1.1558	7.5684	0.0011	1.7178
10	121.58	351.50	1.8706	10.1528	0.0011	1.7247
11	128.38	246.76	1.5498	11.4628	0.0010	1.7543
12	122.53	296.96	1.2845	9.1887	0.0009	1.7804
13	138.90	314.73	1.0476	8.2502	0.0009	1.7835
14	125.87	219.62	1.4716	11.3107	0.0011	1.7422
15	126.40	327.87	1.5170	10.7254	0.0009	1.7895

从上表可以看出,对于实验中待识别图像集内的 15 幅图像,由图像的灰度直方图统计量构成的特征可分性差,很难将图像 1~图像 10 的背景图像和图像 11~图像 15 的目标图像区分出来。因此,在复杂背景下的目标识别中,直方图统计特征很难完成目标分类识别的任务。

而在实验中,无论是采用主成分分析还是奇异值分解提取出来的图像代数特征,目标图像的特征矢量均聚集在特征子空间中一个较小的范围之内,目标图像与背景图像的特征矢量之间可分性良好,只需衡量类间和类内距离,就可以找出用于分类识别的距离阈值。因此,在复杂背景下的目标识别中,图像代数特征能够有效地实现潜在目标区域内目标与背景的分类识别,即能可靠地将潜在目标区域中的目标和背景图像区分开来,从而为下一步目标跟踪提供了有效可靠的初始信息。

17.4 目 标 跟 踪

在光电成像跟踪器中,目标跟踪信息处理包含有跟踪模式选择、跟踪状态估计以及滤波预测等内容[33]。按照跟踪信息处理获取目标位置信息的不同方法,跟踪模式可分为波门跟踪和图像匹配跟踪两种:波门跟踪模式适用于图像信噪比较高、目标相对较小、背景较简单的情况;图像匹配模式适用于图像信噪比较低、目标相对较大、背景较复杂的情况。在对目标的跟踪过程中,目标相对于光电成像器的位置不断变化,图像的信噪比、目标图像的大小和背景图像的复杂程度也是不断变化的。因此,为了提高光电成像跟踪器的跟踪稳定性,一般在目标不同的运动阶段内采取不同的跟踪模式进行处理。

所谓图像匹配,就是根据已知的目标图像模式,在另一幅图像中寻找相应或相近模式的过程。它可以识别待定的目标并确定其相对位置,不仅能对单个活动目标定位,也能用于较大景物区域的探测和定位。传统的图像匹配方法是根据参考图像与实时图像间的相关程度来提取目标位置信息的,常用的有归一化积相关(Prod)算法和平均绝对差(MAD)算法,以及由这两种算法改进的一些快速算法。

由于在实际应用系统中光电跟踪信息处理器处理的是序列图像,同一目标在不同时刻其图像之间存在着一定的差异,造成这种差异的原因除了系统噪声外,主要还有几何失真:图像的旋转、缩放变化,透视方向的改变等;灰度畸变:辐照条件及景物辐射率的变化,环境与天气变化等。经典相关算法的图像相关性度量方法是直接比较两幅图像像素灰度级间相关性的总和,局部像素发生的变化会影响到整个区域的度量。因此在多种误差的作用下,经典算法在跟踪过程中,其匹配概率和定位精度总会不断减小,最终使目标丢失。基于这种原因,很多学者[34,35]着手开始研究具有抗畸变、去相关能力的跟踪算法。一方面通过改进图像相关性度量方法来增加算法的鲁棒性;另一方面通过建立图像畸变模型,提取畸变特征来估计运动参数。

鲁棒统计是参数估计理论中用来修正系统模型的一种统计方法[36],使模型在描述观测数据主体的同时,增强它处理误差较大数据时的鲁棒性。仿射变换是计算机视觉中用来描述图像在二维空间中平移、旋转和缩放等变化的一种数学模型[37]。本节利用鲁棒统计来改进图像相关性度量方法;用仿射变换来建立目标运动模型,估计运动参数,并在论述鲁棒统计原理和仿射变换特性的基础上,研究一种新型的相关匹配跟踪算法。

17.4.1 鲁棒统计及其在目标跟踪中的应用

鲁棒统计是一种在参数估计过程中增强系统模型鲁棒性的数据统计方法,目前在计算机视觉领域得到了广泛的应用,其应用的主要方面有运动估计和光流场计算等[38,39]。

1. 传统的相关匹配算法

设 $T(i,j)$ 是大小为 $K \times L$ 的模板图像,$f(i,j)$ 是大小为 $M \times N$ 的实时图像,其关系如图 17-7 所示。

传统的相关匹配算法有 Prod 算法和 MAD 算法。

1) Prod 算法

$$c(m,n) = \frac{1}{KL} \sum_{i=1}^{K} \sum_{j=1}^{L} f(i+m,j+n) T(i,j) \tag{17-44}$$

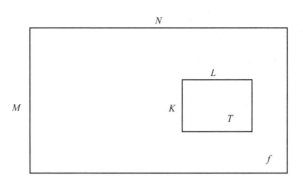

图 17-7　T 与 f 的关系

$$c_1(m,n) = \frac{1}{KL} \sum_{i=1}^{K} \sum_{j=1}^{L} f^2(i+m, j+n) \tag{17-45}$$

$$c_2(m,n) = \frac{1}{KL} \sum_{i=1}^{K} \sum_{j=1}^{L} T^2(i,j) \tag{17-46}$$

$$R(m,n) = \frac{c(m,n)}{\sqrt{c_1(m,n)} \ \sqrt{c_2(m,n)}} \tag{17-47}$$

当 $R(m,n)$ 取最大值时,认为是最佳匹配位置。

2) MAD 算法

$$D(m,n) = \frac{1}{KL} \sum_{i=1}^{K} \sum_{j=1}^{L} |f(i+m, j+n) - T(i,j)| \tag{17-48}$$

当 $D(m,n)$ 取最小值时,认为是最佳匹配位置。

以上各式中,$1 \leqslant m \leqslant M-K+1, 1 \leqslant n \leqslant N-L+1$。

2. 鲁棒统计原理

一般的参数估计问题可以表述为[39,40]:设已知系统模型为 $u(s;a)$,其观测数据为 $d = \{d_0, \cdots, d_S\}$($0 \leqslant s \leqslant S$),要寻找参数 a,使得剩余误差 $d_s - u(s;a)$ 最小,即

$$\min_a \sum_{s \in S} \rho(d_s - u(s;a), \sigma_s) \tag{17-49}$$

其中,$\rho(\cdot)$ 称为估计函数;σ_s 为比例参数。统计当中最常用的估计方法是最小方差估计法

$$\min_a \sum_{s \in S} (\sigma_s(d_s - u(s;a)))^2 \tag{17-50}$$

它的估计函数是平方函数。

在参数估计问题中,估计函数的作用是为误差给定一个权值,它的导数显示了误差大小与权值的关系:如图 17-8 所示,平方函数给予误差的权值是随着误差的

变化而线性变化的,绝对值函数给予误差的权值始终是常数。由此可知,平方函数和绝对值函数作为估计函数对误差是没有抑制能力的。当观测数据中存在若干个误差较大的数据时,将无法利用系统模型估计出正确的参数。

　　F. R. Hampel 在其著作[36]中指出,鲁棒统计的主要目的在于

　　(1) 描述最适合数据主体的模型结构;

　　(2) 如果需要,辨识出偏离的数据点(outliers)或偏离的子模型结构,作进一步的处理。

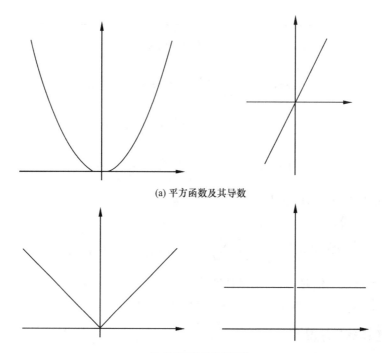

(a) 平方函数及其导数

(b) 绝对值函数及其导数

图 17-8　普通估计函数

　　基于以上两条准则,鲁棒统计学构造了所谓的再下降(redescending)估计函数,来降低大误差数据点的影响,其鲁棒估计函数有如下形式。

　　截断平方函数及其导数为

$$\rho_{a,\lambda}=\begin{cases}\lambda x^2, & |x|<\sqrt{\alpha/\lambda}\\ \alpha, & 其他\end{cases}, \quad \psi_{a,\lambda}=\begin{cases}2\lambda x, & |x|<\sqrt{\alpha/\lambda}\\ 0, & 其他\end{cases}$$

Lorentzian 函数及其导数为

$$\rho_\sigma=\log\left(1+\frac{1}{2}\left(\frac{x}{\sigma}\right)^2\right), \quad \psi_\sigma=\frac{2x}{2\sigma^2+x^2}$$

　　如图 17-9 所示,这些估计函数的导数在某个阈值范围之外,其值将趋近于零,

因此使用这些估计函数可以把那些误差较大的数据点造成的影响降低至零。

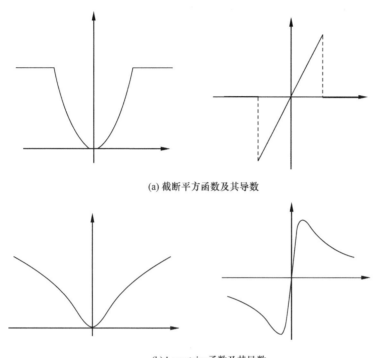

(a) 截断平方函数及其导数

(b) Lorentzian函数及其导数

图 17-9　鲁棒估计函数

3. 鲁棒估计函数在相关算法中的应用

当 $T(i,j)$ 表示参考图像,d 表示实时图像 $f(i+m,j+n)$ 时,相减的相关算法转化为一个参数估计问题。对于平均差值平方法有

$$D(m,n) = \frac{1}{KL} \sum_{i=1}^{K} \sum_{j=1}^{L} \left[f(i+m,j+n) - T(i,j) \right]^2$$

其估计函数 $\rho(\cdot)$ 是平方函数;而对于 MAD 算法有

$$D(m,n) = \frac{1}{KL} \sum_{i=1}^{K} \sum_{j=1}^{L} \left| f(i+m,j+n) - T(i,j) \right|$$

其估计函数 $\rho(\cdot)$ 是绝对值函数。

对于以上的相减相关算法,当实时图中的目标图像内有若干个点与模板图像误差较大时,则作为估计函数的平方函数或绝对值函数将给予这些误差较大的权值,从而影响了整幅图像相关性。这也就是相关匹配会在参考图像与实时图像间误差的作用下失效的一个重要原因。

基于鲁棒统计原理,这里利用鲁棒估计函数来改进图像相关性度量方法,新的匹配算法称为平均鲁棒差(MRD)算法。在估计函数具有良好鲁棒性的前提下,为了便于计算,选择估计函数及其导数的形式如图 17-10 所示。

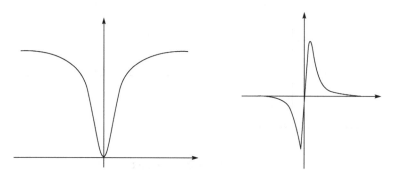

图 17-10　MRD算法选择的估计函数及其导数

对应的数学表达式如下:

$$\rho(x;\sigma)=\frac{x^2}{x^2+\sigma^2}, \quad \psi(x;\sigma)=\frac{2\sigma^2 x}{(x^2+\sigma^2)^2}$$

则 MRD 算法的算式为

$$D(m,n) = \frac{1}{KL} \sum_{i=1}^{K} \sum_{j=1}^{L} \rho[f(i+m,j+n) - T(i,j);\sigma] \tag{17-51}$$

式中,$1{\leqslant}m{\leqslant}M-K+1$;$1{\leqslant}n{\leqslant}N-L+1$;改变 σ 的大小,可以调整估计函数抑制误差的能力。

4. MRD 算法性能的实验比较

实验中,以一组云天背景下的直升机序列图像的处理为例,比较 MRD 算法与 MAD 算法和 Prod 算法的性能。图像分辨率为 256×256,模板尺寸 20×25,该序列图像共 100 帧。定义信噪比 $\mathrm{SNR}=\left|\dfrac{\bar{s}-\mu}{\sigma}\right|$,其中 $\bar{s}$ 为目标灰度均值,μ 为背景灰度均值,σ 为背景灰度方差。处理得到的实验结果如图 17-11 所示。

跟踪过程中,MAD 算法在第 37 帧丢失目标,此时目标正逐步穿入云团,信噪比急剧下降。而 Prod 算法和 MRD 算法未受这种影响,均可以连续跟踪到第 100 帧。

从相关曲面图可以很清晰地看到,用 MRD 算法匹配得到的相关峰尖锐程度明显大于 MAD 算法和 Prod 算法。在不同的信噪比下,由 MAD 算法和 Prod 算法得到的相关曲面变化较大,而由 MRD 算法得到的相关曲面都能保持大致相似的形状,这表明它对噪声和干扰的影响不敏感。

此外,从运算量来看,MRD 算法的运算量大于 MAD 算法,但远小于 Prod 算法。

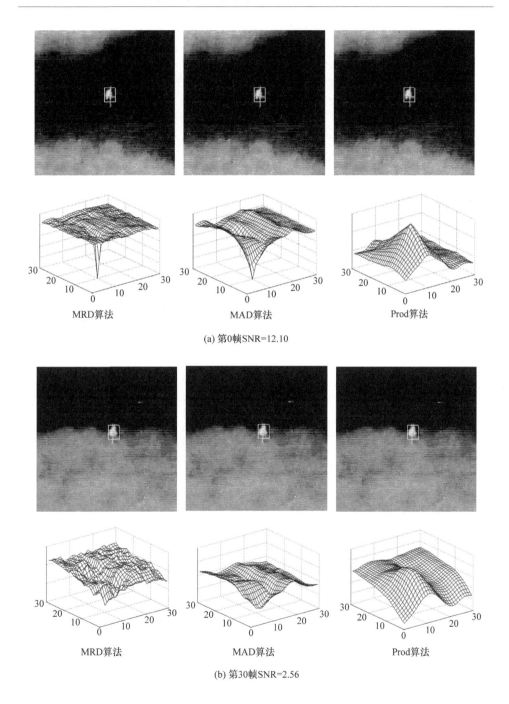

(a) 第0帧SNR=12.10

(b) 第30帧SNR=2.56

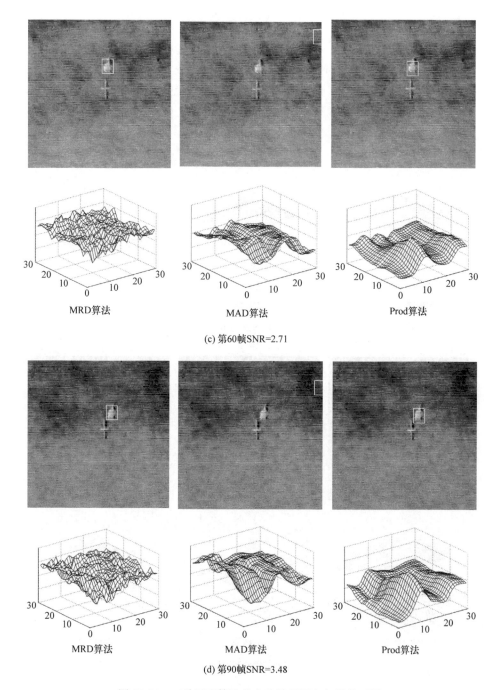

(c) 第60帧SNR=2.71

(d) 第90帧SNR=3.48

图 17-11　三种匹配算法的实验效果图和相关曲面图

17.4.2　仿射变换及其在目标跟踪中的应用

仿射变换是一类重要的线性几何变换,许多成像过程及其变化可模型化为一个仿射变换,如图像的平移、旋转和缩放变化以及更复杂的剪切、拉伸变化等。

1. 仿射变换

设有两个平面 p 和 p',过 p 内各点 $A,B,C,\cdots$,引平行线交 p' 于 A',B',C', $\cdots$,这样就建立了平面 p 内各点与平面 p' 内各点的一一对应关系,称其为平面 p 到平面 p' 的透视仿射对应。一个平面到其自身的仿射对应称为平面仿射变换。仿射变换是在欧氏空间中定义的。

设平面 p 上一点 (x,y) 及其仿射对应点 (u,v),则它的仿射变换可表示为

$$\begin{cases} u = a_{11}x + a_{12}y + a_{13} \\ v = a_{21}x + a_{22}y + a_{23} \end{cases} \tag{17-52}$$

用矩阵的形式表示为

$$\begin{bmatrix} u \\ v \\ 1 \end{bmatrix} = \begin{bmatrix} a_{11} & a_{12} & a_{13} \\ a_{21} & a_{22} & a_{23} \\ 0 & 0 & 1 \end{bmatrix} \begin{bmatrix} x \\ y \\ 1 \end{bmatrix} \tag{17-53}$$

仿射变换的三种特殊情况是

平移:
$$\begin{bmatrix} u \\ v \\ 1 \end{bmatrix} = \begin{bmatrix} 1 & 0 & \Delta x \\ 0 & 1 & \Delta y \\ 0 & 0 & 1 \end{bmatrix} \begin{bmatrix} x \\ y \\ 1 \end{bmatrix} \tag{17-54}$$

缩放:
$$\begin{bmatrix} u \\ v \\ 1 \end{bmatrix} = \begin{bmatrix} a & 0 & 0 \\ 0 & a & 0 \\ 0 & 0 & 1 \end{bmatrix} \begin{bmatrix} x \\ y \\ 1 \end{bmatrix} \tag{17-55}$$

旋转:
$$\begin{bmatrix} u \\ v \\ 1 \end{bmatrix} = \begin{bmatrix} \cos\theta & -\sin\theta & 0 \\ \sin\theta & \cos\theta & 0 \\ 0 & 0 & 1 \end{bmatrix} \begin{bmatrix} x \\ y \\ 1 \end{bmatrix} \tag{17-56}$$

2. 仿射变换在目标跟踪中的应用

首先假设在序列图像中,不同时刻目标图像间只存在线性的仿射变换关系。设 $I(\boldsymbol{x};t)$ 是 t 时刻的目标图像,$\boldsymbol{x}=(x,y)$ 是目标图像的坐标。用向量 $\boldsymbol{A}=(a_0,a_1,a_2,a_3,a_4,a_5)^{\mathrm{T}}$ 表示仿射变换的六个参数,令 $\boldsymbol{X}=\begin{pmatrix} 1 & x & y & 0 & 0 & 0 \\ 0 & 0 & 0 & 1 & x & y \end{pmatrix}$,不同时刻目标图像之间的仿射变换关系可用 $\boldsymbol{u}(\boldsymbol{x},\boldsymbol{A})=(u(\boldsymbol{x},\boldsymbol{A}),v(\boldsymbol{x},\boldsymbol{A}))^{\mathrm{T}}=\boldsymbol{XA}$ 表示,则 $t+1$ 时刻的目标图像为

$$I(x+u(x,A),t+1)=I((x+XA),t+1) \qquad (17\text{-}57)$$

将此式按 Taylor 级数展开,有

$$I(x+u(x,A),t+1)=I(x,t+1)+\nabla I \cdot u(x,A)+O(\parallel u(x,A) \parallel^2)$$

$$(17\text{-}58)$$

式中,$\nabla I=[I_x,I_y]$ 是图像水平方向和垂直方向上的差分图像。略去二次以上的高阶项,近似得到发生仿射变换后图像上两点间的差值为

$$I(x+u(x,A),t+1)-I(x,t)\approx I(x,t+1)+\nabla I \cdot u(x,A)-I(x,t)=\nabla I \cdot XA+I_t$$

$$(17\text{-}59)$$

式中,$I_t=I(x,t+1)-I(x,t)$。定义两幅图像相似性的度量算式为

$$D(A) = \sum_{x \in I} \rho(\nabla I \cdot XA + I_t;\sigma) \qquad (17\text{-}60)$$

$\rho(\cdot)$ 是估计函数;σ 是比例参数,可以取平方函数或绝对值函数作估计函数,为了增强相似性度量算式的鲁棒性,也可以取它为上小节中的鲁棒估计函数。最小化 $D(A)$,$D(A)$ 取最小值时的参数 A^* 就是所求的目标运动参数。

因为最小化 $D(A)$ 涉及了六个分量的估计,不可能采用枚举的方法进行计算,所以这里选择了一种较简单的最优化算法——梯度下降法,又称最速下降法,来求取图像相似性度量函数的最小值。从数学分析中可知,函数 $J(a)$ 在某点 a_k 的梯度 $\nabla J(a_k)$ 是一个向量,其方向是 $J(a)$ 增长最快的方向,显然负梯度方向是 $J(a)$ 减少最快的方向。故沿梯度方向,可以最快地到达极大值;沿负梯度方向,可以最快地到达极小值。要求解准则函数 $J(a)$ 的最小值,可选择任意初始点 a_0,沿负梯度方向 $s^{(0)}=-\nabla J(a_k)$ 开始搜索。定义第 k 步迭代点 a_k 负梯度方向的单位向量为:

$$\hat{s}^{(k)}=-\frac{\nabla J(a_k)}{\parallel \nabla J(a_k) \parallel},$$ 沿此方向前进一步,步长 $\rho^{(k)}$,得到第 $k+1$ 步迭代点 a_{k+1},可以表示为:$a_{k+1}=a_k+\rho^{(k)}\hat{s}^{(k)}$。通过反复迭代,它将收敛于使 $J(a)$ 极小的解 a^*。对于步长 $\rho^{(k)}$,在梯度下降法中有多种选择方法,如令 $\rho^{(k)}$ 为常数或逐渐减小的序列等,更复杂的方法是选择使 $J(a)$ 对 $\rho^{(k)}$ 导数为零的 $\rho^{(k)}$ 为步长,限于篇幅,此处不再赘述。

对于求解式(17-60)的极小值,定义 $D(A)$ 的负梯度方向单位向量为

$$\hat{s} =-\frac{\nabla D(A)}{\parallel \nabla D(A) \parallel}=-\frac{1}{\parallel \nabla D(A) \parallel}\sum_{x \in I}(\nabla I \cdot X \cdot \psi(\nabla I \cdot XA + I_t;\sigma))$$

$$(17\text{-}61)$$

则 $A_{k+1}=A_k+\rho^{(k)}\hat{s}^{(k)}$,对于 A 中每一个参数 $a_i^{(k+1)}=a_i^{(k)}+\rho_i^{(k)}\delta a_i(i=0,\cdots,5)$ 有

$$\delta a_i =-\frac{1}{\parallel D(A) \parallel}\sum_{x \in I}\left(\nabla I \cdot \frac{\partial XA}{\partial a_i} \cdot \psi(\nabla I \cdot XA + I_t;\sigma)\right) \qquad (17\text{-}62)$$

较简单的方法可取步长 $\rho=(\rho_0,\rho_1,\rho_2,\rho_3,\rho_4,\rho_5)^T$ 为常量。经过反复迭代,当

迭代过程收敛或迭代一定的次数后,得到的 **A** 值就可以认为是最终求得的仿射变换参数,不仅可以对目标图像进行定位,还能得到目标图像缩放和旋转的信息。

通过以上的分析可以发现,利用仿射变换的匹配方法在只考虑平移,而不考虑旋转和缩放等情况时,就转化为传统的相关匹配算法,即相关匹配算法可视为仿射变换匹配的一种特殊形式。相对于相关匹配算法,利用仿射变换的匹配方法能够描述目标更多、更复杂的运动状态,因此在目标姿态变化剧烈的情况下,能取得较为理想的跟踪效果。

3. 实验结果

图 17-12 实验处理的是一组战斗机的红外序列图像,战斗机正在进行机动飞行,主要是旋转运动,通过利用仿射变换的匹配方法处理,不但能对目标定位,而且得到了战斗机做旋转运动的角度。

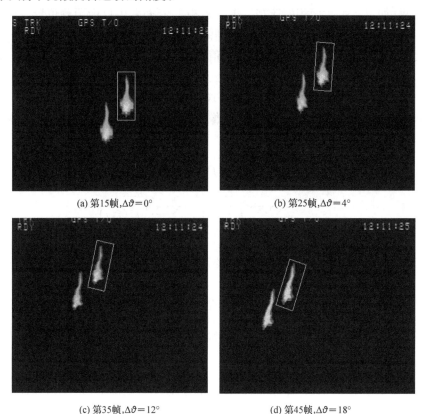

(a) 第15帧,$\Delta\vartheta=0°$　　　　　　　　(b) 第25帧,$\Delta\vartheta=4°$

(c) 第35帧,$\Delta\vartheta=12°$　　　　　　　　(d) 第45帧,$\Delta\vartheta=18°$

图 17-12　利用仿射变换匹配的跟踪效果图

17.4.3 目标跟踪稳定性措施

在跟踪过程中,由于目标运动状态的改变以及周边环境的改变,模板图像与目标的实时图像间的差异将逐渐增大,当误差积累到一定限度时,模板图像终将无法继续使用,因此适时地更新模板是提高跟踪稳定性的重要措施之一。此外,目标在运动中可能会因为暂时受到遮挡而在视场中消失,必须对目标位置作出预测,才能保证连续跟踪[6,32]。

1. 目标模板更新

MRD 算法较好地处理了各种局部性误差对匹配的影响,但是在误差逐渐积累下,利用原有的参考图像无法继续跟踪,必须采用更新模板的方法来实现连续的跟踪。目标图像的变化可分为两种:渐变的过程,如目标运动姿态的逐渐变化;突变的过程,如目标被大面积的遮挡。更新模板的依据采用目标预测位置与匹配点位置间的差值,以及模板图像与匹配得到的目标实时图像间的相似程度。

目标预测位置与匹配点位置间的差值表示为

$$D = \max\{|x - \hat{x}|, |y - \hat{y}|\} \tag{17-63}$$

式中,(x, y) 是当前帧目标的匹配点位置;$(\hat{x}, \hat{y})$ 是当前帧目标的预测点位置。

模板图像与匹配得到的目标实时图像间的相似程度可以用归一化互相关函数来描述

$$R = \frac{\sum\limits_{i=1}^{K} \sum\limits_{j=1}^{L} f(i,j) T(i,j)}{\sqrt{\sum\limits_{i=1}^{K} \sum\limits_{j=1}^{L} T^2(i,j)} \sqrt{\sum\limits_{i=1}^{K} \sum\limits_{j=1}^{L} f^2(i,j)}} \tag{17-64}$$

式中,T 是模板图像;f 是目标实时图像。

设位置差值 D 和相似程度 R 的门限分别为 D_0 和 R_0,则跟踪可靠性评价和模板自动更新的策略如下:

(1) 当匹配定位后得到的目标预测位置与匹配点位置间的差值在一定范围内,且子图与模板间相似程度大于门限时,即 $\begin{cases} D < D_0 \\ R > R_0 \end{cases}$,可认定跟踪正常,原模板可以继续使用。

(2) 当目标预测位置与匹配点位置间的差值在一定范围内,但相似程度低于某一门限时,即 $\begin{cases} D < D_0 \\ R \leqslant R_0 \end{cases}$,表示跟踪正常,但继续使用原模板将逐渐导致目标丢失,应当考虑更新模板。通常更新模板的公式为

$$T_t = (1 - \alpha) T_{t-1} + \alpha S_t \tag{17-65}$$

式中，T_t 是更新后模板；T_{t-1} 是更新前模板；S_t 是当前帧得到的匹配子图；α 是加权系数，可以根据相似性变化程度来确定。

（3）当目标预测位置与匹配点位置间的差值超出了一定范围，且相似程度低于某一门限时，即 $\begin{cases} D \geqslant D_0 \\ R \leqslant R_0 \end{cases}$，则表示跟踪不正常，此时发生了大面积遮挡之类的突变，应保持原有模板不变，采用预测点进行跟踪。

以上门限 D_0 和 R_0 的选取，主要由目标和环境的具体情况决定。实验表明这种对模板的调节方法可以比较有效地克服跟踪过程中目标图像渐变和突变的影响，保证目标的连续跟踪。

2. 目标位置预测

目标运动过程中，利用目标过去的位置信息预测它将来的位置，然后在预测点周围一定范围内进行匹配，可以显著地减少计算量，又能在一定程度上排除其他物体对跟踪的干扰。而目标在云团、烟雾、树木和建筑等的遮挡下暂时在视场中消失时，可利用预测值维持跟踪，待目标重新出现时继续处理。目标位置关于时间的函数 $f(t)$ 通常使用多项式逼近法来描述，此外目标的速度和尺寸等参数也可以这样进行预测。

1）线性逼近和线性预测器

设函数 $f(t)$ 在 N 个顺序时刻的测量值为 $f(t_i)$ $(i=1,2,\cdots,N)$，则 $f(t)$ 可用

$$Y = a_0 + a_1 t \tag{17-66}$$

作为最佳线性逼近。式(17-66)可以改写为

$$Y = (1 \quad t) \begin{bmatrix} a_0 \\ a_1 \end{bmatrix} \tag{17-67}$$

测量值与逼近值之间的误差为

$$\Delta \varepsilon_i = f(t_i) - a_0 - a_1 t_i \tag{17-68}$$

对 N 点估计的均方误差为

$$E(\Delta \varepsilon_i^2) = \sum_{i=1}^{N} \left[f(t_i) - a_0 - a_1 t_i \right]^2 \tag{17-69}$$

最佳逼近是使上式取最小值。经最小二乘运算后可得

$$\begin{bmatrix} a_0 \\ a_1 \end{bmatrix} = \begin{bmatrix} \dfrac{\sum_{i=1}^{N} t_i^2 \sum_{i=1}^{N} f(t_i) - \sum_{i=1}^{N} t_i \sum_{i=1}^{N} f(t_i) t_i}{D} \\[2em] \dfrac{\sum_{i=1}^{N} t_i \sum_{i=1}^{N} f(t_i) - N \sum_{i=1}^{N} f(t_i) t_i}{D} \end{bmatrix} \tag{17-70}$$

式中，$D = N\sum\limits_{i=1}^{N}t_i^2 - \left(\sum\limits_{i=1}^{N}t_i\right)^2$，这就是函数 $f(t)$ 在最小均方误差意义下的 N 点最佳线性逼近的通解。

利用上式可以很方便地得到预测器的表达式，以下是记忆点数 N 分别为 2、3、4 的 $\hat{f}(k+1|k)$ 的表达式：

$$\hat{f}(k+1|k) = 2f(k) - f(k-1) \tag{17-71}$$

$$\hat{f}(k+1|k) = \frac{1}{3}\left[4f(k) + f(k-1) - 2f(k-2)\right] \tag{17-72}$$

$$\hat{f}(k+1|k) = \frac{1}{2}\left[2f(k) + f(k-1) - f(k-3)\right] \tag{17-73}$$

2) 平方逼近和平方预测器

设函数 $f(t)$ 在 N 个顺序时刻的测量值为 $f(t_i)$ $(i=1,2,\cdots,N)$，则 $f(t)$ 可用

$$Y = b_0 + b_1 t + b_2 t^2 \tag{17-74}$$

作为最佳平方逼近。式(17-74)可以改写为

$$Y = (1 \quad t \quad t^2)\begin{pmatrix} b_0 \\ b_1 \\ b_2 \end{pmatrix} \tag{17-75}$$

测量值与逼近值之间的误差为

$$\Delta\varepsilon_i = f(t_i) - b_0 - b_1 t_i - b_2 t_i^2 \tag{17-76}$$

对 N 点估计的均方误差为

$$E(\Delta\varepsilon_i^2) = \sum_{i=1}^{N}\left[f(t_i) - b_0 - b_1 t_i - b_2 t_i^2\right]^2 \tag{17-77}$$

最佳逼近是使上式取最小值。经最小二乘运算后可得

$$\begin{pmatrix} b_0 \\ b_1 \\ b_2 \end{pmatrix} = \frac{1}{|\boldsymbol{A}|}\begin{pmatrix} c_{11}\sum\limits_{i=1}^{N}f(t_i) + c_{21}\sum\limits_{i=1}^{N}f(t_i)t_i + c_{31}\sum\limits_{i=1}^{N}f(t_i)t_i^2 \\ c_{12}\sum\limits_{i=1}^{N}f(t_i) + c_{22}\sum\limits_{i=1}^{N}f(t_i)t_i + c_{32}\sum\limits_{i=1}^{N}f(t_i)t_i^2 \\ c_{13}\sum\limits_{i=1}^{N}f(t_i) + c_{23}\sum\limits_{i=1}^{N}f(t_i)t_i + c_{33}\sum\limits_{i=1}^{N}f(t_i)t_i^2 \end{pmatrix} \tag{17-78}$$

式中，$\boldsymbol{A} = \begin{pmatrix} N & \sum\limits_{i=1}^{N}t_i & \sum\limits_{i=1}^{N}t_i^2 \\ \sum\limits_{i=1}^{N}t_i & \sum\limits_{i=1}^{N}t_i^2 & \sum\limits_{i=1}^{N}t_i^3 \\ \sum\limits_{i=1}^{N}t_i^2 & \sum\limits_{i=1}^{N}t_i^3 & \sum\limits_{i=1}^{N}t_i^4 \end{pmatrix}$；$c_{jk}$ $(j,k = 1,2,3)$ 是行列式 $|\boldsymbol{A}|$ 的余因子。这

就是函数 $f(t)$ 在最小均方误差意义下的 N 点最佳平方逼近的通解。

利用上式可以很方便地得到预测器的表达式,以下是记忆点数 N 分别为 3、4、5 的 $\hat{f}(k+1|k)$ 的表达式

$$\hat{f}(k+1|k)=3f(k)-3f(k-1)+f(k-2) \tag{17-79}$$

$$\hat{f}(k+1|k)=\frac{1}{4}\left[9f(k)-3f(k-1)-5f(k-2)+3f(k-3)\right] \tag{17-80}$$

$$\hat{f}(k+1|k)=\frac{1}{5}\left[9f(k)-4f(k-2)-3f(k-3)+3f(k-4)\right] \tag{16-81}$$

3)综合预测器

线性逼近能够迅速地反映目标运动状态的变化,而平方逼近对目标运动轨迹具有平滑作用,因此在实际应用中,通常采用由线性逼近和平方逼近的某种组合构成的综合预测器,其表达式如下所示:

$$\hat{f}(k+1|k)=W(k)\hat{f}_l(k+1|k)+(1-W(k))\hat{f}_q(k+1|k) \tag{17-82}$$

式中,$\hat{f}_l(\cdot)$ 为线性预测器;$\hat{f}_q(\cdot)$ 为平方预测器,$W(k)$ 是权系数,$0\leqslant W(k)\leqslant 1$。

权系数 $W(k)$ 可根据实时测得的线性预测器和平方预测器的误差来构造,当线性预测器误差大时,减小 $W(k)$;当平方预测器误差大时,增大 $W(k)$。

一种较简单的方法是

$$W(k)=\frac{\mathrm{ER}_q(k)}{\mathrm{ER}_l(k)+\mathrm{ER}_q(k)} \tag{17-83}$$

式中,$\mathrm{ER}_l(k)=\left|\hat{f}_l(k|k-1)-f(k)\right|$;$\mathrm{ER}_q(k)=\left|\hat{f}_q(k|k-1)-f(k)\right|$。

也可按估计误差的方差最小来构造 $W(k)$,假设 $\hat{f}_l$ 和 $\hat{f}_q$ 是相互独立的,则估计误差的方差最小时,权值 $W(k)$ 为

$$W(k)=\frac{\sigma^2(\hat{f}_q)}{\sigma^2(\hat{f}_l)+\sigma^2(\hat{f}_q)} \tag{17-84}$$

通常利用能较好反映目标快速机动变化的两点线性预测器,和具有数据点平滑作用的五点平方预测器构造综合预测器。在实际中,记忆点数 N 的选取应视具体情况而定。目标轨迹变化不剧烈时,N 可适当取大,有利于抑制噪声的影响;相反,N 可取得较小,以适应轨迹的变化。

17.4.4　目标跟踪处理算法流程

上面比较详细地描述了匹配跟踪算法以及提高跟踪稳定性的措施,在此基础之上,可以归纳出如图 17-13 所示的目标跟踪处理算法流程。

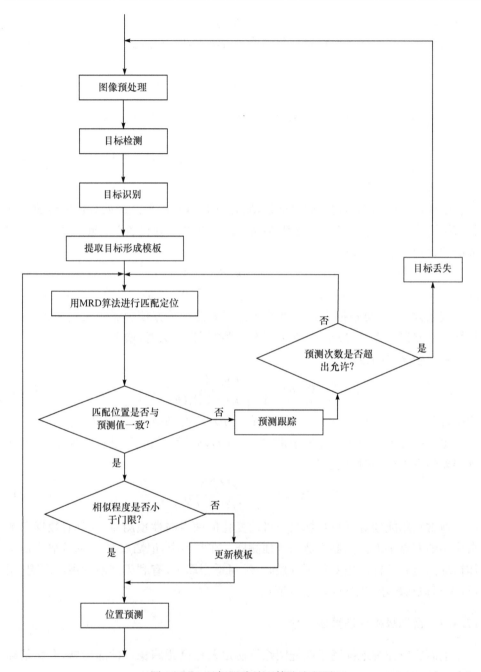

图 17-13　目标跟踪处理算法流程图

　　在图像数据输入以后,进行图像预处理、目标检测和目标识别,提取出需要跟踪的目标图像形成模板并存储起来,进入目标跟踪阶段。然后利用 MRD 算法在实时图像中进行匹配定位,在得到目标的匹配点位置信息后,对匹配的可靠程度进行判别。判别的依据是目标预测位置与匹配点位置间的差值,以及模板图像与匹配得到的目标图像间的相似程度。

当目标较小或相邻帧间目标姿态变化不明显时,MRD 算法就可满足跟踪要求。而当目标面积占据视场的比例较大且相邻帧间目标姿态变化显著时,可采用仿射变换匹配算法进行匹配定位。

为检验本节研究的目标跟踪算法的效果,利用如下几种复杂背景下的序列图像进行了仿真试验。这些序列图像的种类如下:

(1) 在山地间行进的坦克图像序列;

(2) 在沙滩上行进的坦克图像序列;

(3) 在公路上行驶的汽车图像序列。

以下就是这些序列图像经处理后得到的部分效果图。

序列图像(1)共有 100 帧,为电视图像,图像分辨率为 256×256,模板尺寸为 36×25,如图 17-14 所示。由于在山地间行进,视场中含有大量的地物,目标的平均灰度约为 171.6,而背景的平均灰度约为 184.2,目标的信噪比小于 2。在目标信噪比很低的情况下,目标跟踪很稳定。

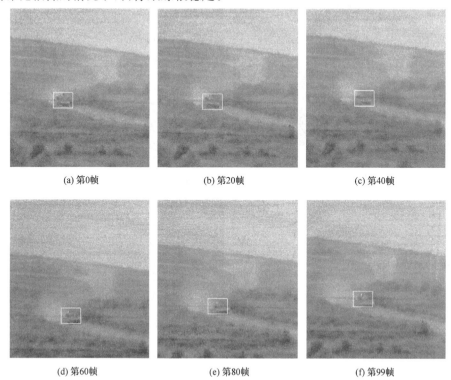

(a) 第0帧　　　　　　(b) 第20帧　　　　　　(c) 第40帧

(d) 第60帧　　　　　　(e) 第80帧　　　　　　(f) 第99帧

图 17-14　序列图像(1)跟踪效果图

序列图像(2)为红外图像,共 220 帧,图像分辨率为 768×576,模板尺寸为 52×40,如图 17-15 所示。坦克行进过程中,间歇性地喷出燃料燃烧后产生的尾气,尾气的温度很高,红外辐射很强,在尾气喷出时,目标亮度很高;无尾气喷出时,目标亮度变暗。在跟踪过程中,目标亮度这种反复出现的明暗变化,是该序列图像处理的难点,但采用上面研究的目标跟踪算法,能有效排除这类干扰,目标跟踪十分稳定。

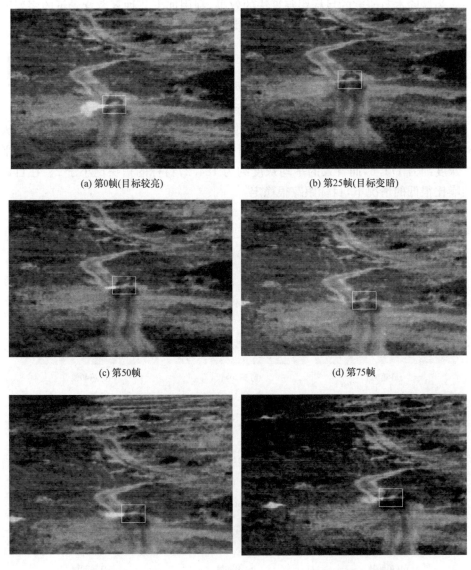

(a) 第0帧(目标较亮)

(b) 第25帧(目标变暗)

(c) 第50帧

(d) 第75帧

(e) 第100帧(目标较亮)

(f) 第125帧(目标变暗)

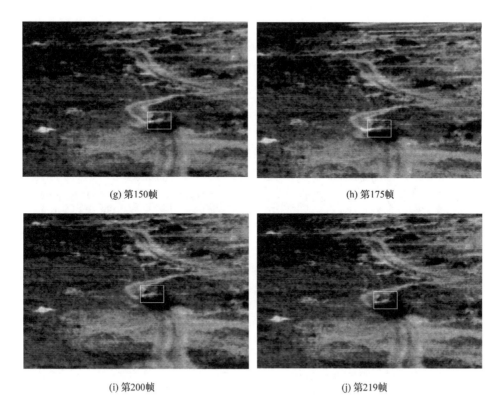

(g) 第150帧　　　　　　　　　　　　(h) 第175帧

(i) 第200帧　　　　　　　　　　　　(j) 第219帧

图 17-15　序列图像(2)跟踪效果图

序列图像(3)为电视图像,共有 510 帧,图像分辨率为 706×576,模板尺寸为 32×20,而目标的实际尺寸更小,是约为 25×15 的斑点目标,如图 17-16 所示。当被跟踪的目标汽车在高速公路上行驶时,不时地会被道路旁边的树林和迎面驶来的汽车(前景)所遮挡,容易造成目标混淆而丢失。这种目标被遮挡和相似物体的干扰都是跟踪处理过程中所面对的难点,但采用前面研究的 MRD 和目标预测跟踪算法,能有效地排除这些干扰,保证全程稳定地跟踪目标。

在这些跟踪效果图中,由于被跟踪的目标较小,用一个长宽为 40 的白色线框标示出目标跟踪框;同时在跟踪效果图中还专门给出了目标出现遮挡,以及有相似物体干扰等情况下的跟踪处理结果。

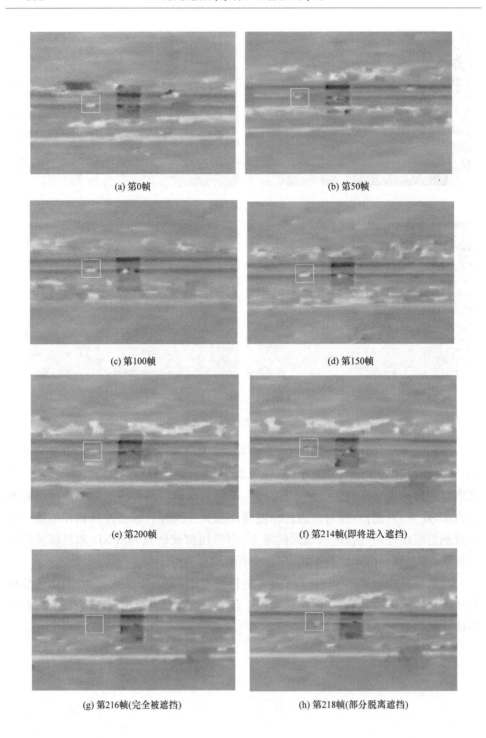

(a) 第0帧

(b) 第50帧

(c) 第100帧

(d) 第150帧

(e) 第200帧

(f) 第214帧(即将进入遮挡)

(g) 第216帧(完全被遮挡)

(h) 第218帧(部分脱离遮挡)

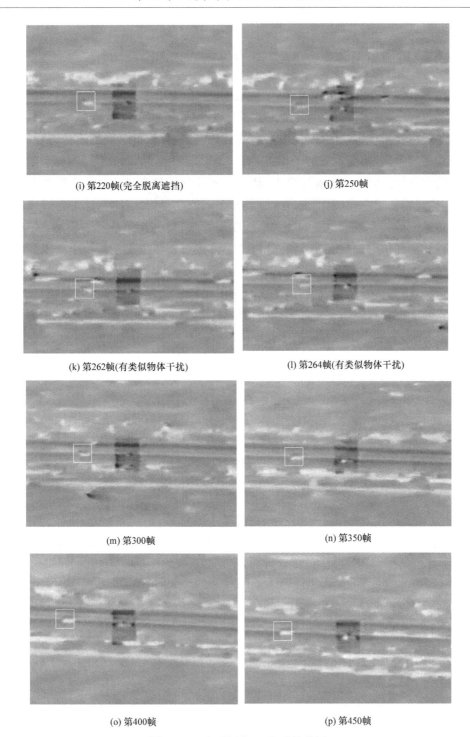

(i) 第220帧(完全脱离遮挡)　　　　　　　　　　(j) 第250帧

(k) 第262帧(有类似物体干扰)　　　　　　　　　(l) 第264帧(有类似物体干扰)

(m) 第300帧　　　　　　　　　　　　　　　(n) 第350帧

(o) 第400帧　　　　　　　　　　　　　　　(p) 第450帧

图 17-16　序列图像(3)跟踪效果图

17.5 小　结

本章针对复杂背景目标识别与跟踪的问题,研究出了一种鲁棒性较好,跟踪精度较高,且能实时实现的目标识别和跟踪算法。该算法在潜在目标区域提取上,采用最小化行能量法分割图像,提取潜在的目标区域,并依据区域的运动特性,剔除大面积的背景区,将分割成若干小块的单一区域合并起来,形成包含目标和部分噪声的潜在目标区域。在目标识别上,利用主成分分析和奇异值分解提取图像代数特征,构建特征子空间,对图像进行分类和识别。在目标跟踪上,运用鲁棒统计原理和仿射变换特性改进传统的相关匹配跟踪算法,研究出了一种新颖的 MRD 目标跟踪算法和仿射变换匹配算法,并讨论了模板更新和位置预测等提高跟踪稳定性的措施。最后,依据上述研究成果设计出一套复杂背景下的目标识别与跟踪算法的流程,仿真实验结果表明,该算法能用于比较复杂背景下的目标识别与跟踪,特别是对于存在目标短时间被遮挡和相似目标干扰的序列图像也能可靠识别和稳定跟踪目标,表现出了较好的抗干扰性能。

参 考 文 献

[1] Castleman K C. 数字图像处理. 北京:电子工业出版社,1998

[2] 王润生. 图像理解. 北京:国防科技大学出版社,1998

[3] Mallat S,Zhong S. Characterization of signals from multiscale edges. IEEE Trans. on Pattern Analysis and Machine Intelligence,1992,14(7):710-732

[4] 崔屹. 数字图像处理技术与应用. 北京:电子工业出版社,1996

[5] 李象霖. 三维运动分析. 北京:中国科技大学出版社,1994

[6] 卢福刚. 红外图像目标识别与跟踪方法研究. 博士学位论文. 西安:西北工业大学,2001

[7] Munford D,Shah J. Optimal approximations by piecewise smooth functions and variational problems. Communication on Pure and Applied Mathematics,1988,XLII(5):577-685

[8] Kass A,Witkin A,Terzopoulos D. Snakes:active contour models. International Journal of Computer Vision,1988,1(3):321-331

[9] Geman S,Geman D. Stochastic relaxation gibbs distribution,and Bayesian restoration of images. IEEE Trans. on Pattern Analysis and Machine Vision,1984:721-741

[10] Tek H,Kimia B B. Image segmentation by reaction-diffusion bubbles. IEEE Conf. On Computer Vision and Pattern Recognition,1995:200-205

[11] Ackah-Miezan A,Gagalowicz A. Discrete models for energy-minimizing segmentation. IEEE Conf. On Computer Vision,1993

[12] Succi A,Torre V. A new approach to image segmentation. In ICIAP'95,1995:17-22

[13] 洪子泉,杨静宇.用于图像识别的图像代数特征抽取.自动化学报,1992,18(2):233-238

[14] 苏剑波,等.应用模式识别技术导论——人脸识别与语音识别.上海:上海交通大学出版社,2001

[15] Turk M,Pentland A P. Face recognition using eigenfaces. Proc. IEEE Conf. On Computer Vision and Pattern Recognition,1991:586-591

[16] Hong Z Q. Algebraic feature extraction of image for recognition. Pattern Recognition,1991, 24(3):211-219

[17] Chen L A,Nasrabadi N M,Torrieri D. Eigenspace transformation for automatic clutter rejection. Optical Engineering,2001,40(4):564-573

[18] Miteran J,Zimmer J P,Yang F. Access control:adaptation and real-time implantation of a face recognition method. Optical Engineering,2001,40(4):586-593

[19] Belhumeur P N, Hespanha J P, Kriegman D J. Eigenfaces vs. fisherface:recognition using class specific linear projection. IEEE Trans. on Pattern Analysis and Machine Intelligence, 1997,19(7):711-720

[20] Kirby M, Sirovich L. Application of the K-L procedure for the characterization of human face. IEEE Trans. on Pattern Analysis and Machine Intelligence,1990,12(1):103-108

[21] 彭辉,张长水,边肇祺,等.基于 K-L 变换的人脸自动识别方法,清华大学学报,1997, 37(3):67-70

[22] 王蕴红,谭铁牛,朱勇.基于奇异值分解和数据融合的脸像鉴别.计算机学报,2000,23(6): 649-653

[23] 胡定国.多元统计方法.天津:南开大学出版社,1990

[24] Oja E. 子空间法模式识别.北京:科学出版社,1987

[25] 边肇祺.模式识别.北京:清华大学出版社,1988

[26] 张贤达.信号处理中的线性代数.北京:科学出版社,1997

[27] Sullivan B J,Liu B. On the use of singular value decomposition and decimation in discrete-time band-limited signal extrapolation. IEEE Trans. on Acoustics,Speech,Signal Processing,1984,32(6):1201-1212

[28] Klema V C. The singular value decomposition:its computation and some applications. IEEE Trans. on Automatic Control,1980,25(2):164-176

[29] 孙继广.矩阵扰动分析.北京:科学出版社,1987

[30] 蒋明,张桂林,胡若澜,等.基于主成分分析的图像匹配方法研究.红外与激光工程,1999, 28(4):17-21

[31] 任仙怡,张桂林,张天序,等.基于奇异值分解的图像匹配方法.红外与激光工程,2001, 30(4):200-202

[32] 杨宜禾,周维真.成像跟踪技术导论.西安:电子科技大学出版社,1991

[33] Black M J,Jepson A D. Eigentracking:robust matching and tracking of articulated object using a view-based representation. International Journal of Computer Vision,1998,26(1):

63-84

[34] Black M J, Yacoob Y. Tracking and recognizing rigid and non-rigid facial motions using local parametric models of image motion. IEEE Conf. On Computer Vision and Pattern Recognition, 1995:374-381

[35] Hampel F R, Ronchetti E M, Rousseeuw P J, et al. Robust Statistics: the Approach Based on Influence Function. New York: John Wiley and Sons, 1986

[36] 孙即祥, 等. 模式识别中的特征提取与计算机视觉不变量. 北京: 国防工业出版社, 2001

[37] Black M J, Jepson A D. Estimating optical flow in segmented images using variable-order parametric models with local deformations. IEEE Trans. on Pattern Analysis and Machine Intelligence, 1996, 18(10):972-986

[38] Black M J, Anandan P. A Framework for the robust estimation of optical flow. IEEE Conf. On Computer Vision, 1993:231-236

[39] Black M J, Rangarajan A. The outlier process: unifying line processes and robust statistics. IEEE Conf. On Computer Vision and Pattern Recognition, 1994:15-22

后　记

本书汇集了作者三十余年从事数字图像处理和模式识别研究,特别是研究期间所指导的博士、硕士研究生所做的工作,部分内容还是他们的研究成果。因此,本书的主要内容记录了我们在相关研究领域的涉猎足迹,凝聚着我们师生的多年心血。编写该书的目的旨在加强从事该领域研究的技术成果的交流,促进相关学科的发展,使之更好地服务于我国国民经济和国防现代化的建设。

本书由朱振福研究员提出主要研究内容和编写纲要要求。各章作者均为中国航天科工集团二院二〇七所的研究人员:第1章,朱振福;第2章,于振红;第3章,罗院红、朱振福;第4章,王宁明、朱振福;第5章,于振红、朱振福;第6章,刘忠领、朱振福;第7章,熊飞、朱振福;第8章,李军伟、朱振福;第9章,车国锋、朱振福;第10章,舒金龙;第11章,李少军、朱振福;第12章,李少军、朱振福;第13章,舒金龙;第14章,舒金龙;第15章,朱敏、朱振福;第16章,刘峰、朱振福;第17章,陈良瑜、朱振福。于振红对书稿的资料进行了预先繁琐的整理工作;徐文斌、李军伟对书稿进行了认真校对和修改。最后全书由朱振福统稿、再修改和最终定稿。

在相关研究工作和书稿编写过程中,得到了中国航天科工集团二院机关和二〇七所所领导的大力支持,尤其得到了黄培康院士、钟山院士、舒金龙研究员、陈军文研究员、刘忠领研究员、李文军研究员、贾京成研究员、姚连兴研究员和董雁冰研究员等专家领导的关怀和指导;还得到了国内很多专家和知名学者的帮助和指导,主要有:华中科技大学张桂林教授,北京理工大学周立伟院士、倪国强教授、赵保军教授、史彩成教授,上海交通大学李建勋教授、杨杰教授,郑州防空兵学院王新赛教授和北京航空航天大学张弘教授等。借本书出版之际,对各位专家领导给予的无私帮助和指导表示诚挚的谢意!

本书的出版是众多人员共同努力工作的结果,在书稿编写过程中还得到李少军、刘忠领、李军伟、陈良瑜、车国锋、于振红、王云强、熊飞、王磊、孙波、王宁明、刘峰、罗院红、朱敏、周鸣等博士或硕士同学的帮助,他们对本书的完稿做了大量的工作。在书出版过程中,刘忠领和李军伟博士为寻求出版社和处理各项出版事宜,费尽了心力。欣幸在此过程中得到了科学出版社的大力支持和帮助,在此一并表示衷心的感谢!

另外,在相关研究和书稿编写过程中,本书参阅了大量国内外文献,吸取了被引用文献中许多学者的学术思想,特别是在图像目标特性分析一章中主要引用了范宏深博士论文中的相关研究结果,在此深表谢意。

视频图像弱小目标检测研究涉及多种学科知识,而且新的理论、新的方法和新的应用成果在不断涌现,限于作者的学识水平,可能没有完全达到笔者所希望的目标,书中不妥之处在所难免,衷心希望读者批评指正。

作 者
2017 年 10 月于北京

彩　　图

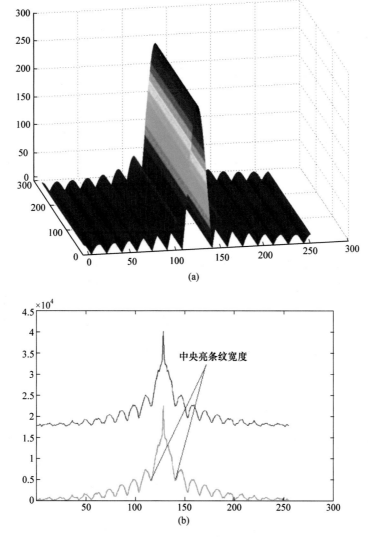

(a)

(b)

图 3-7　垂直方向的 Radon 变换曲线，中央顶峰的宽度即为对数频谱中央亮条纹的宽度

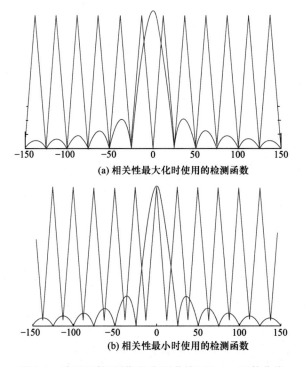

(a) 相关性最大化时使用的检测函数

(b) 相关性最小时使用的检测函数

图 3-8　检测函数(周期的尖顶曲线)和 sinc 函数曲线

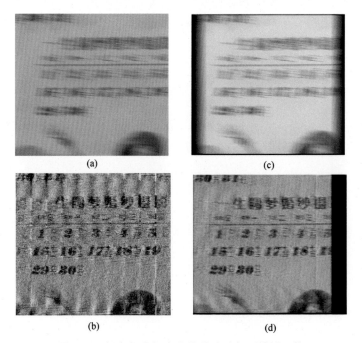

(a)　　　　　　　　　　(c)

(b)　　　　　　　　　　(d)

图 3-11　加窗与非加窗的维纳滤波复原效果比较

图 3-12　线性模糊图像复原组图

(a)～(c)为实际采集的模糊图像;(d)～(f)为对应(a)～(c)的复原效果图

(g)   (h)

图 15-8　SIFT 算法匹配结果

(a) 第1帧   (b) 第6帧

(c) 第11帧   (d) 第16帧

(e) 第21帧   (f) 第26帧

(g) 第31帧   (h) 第36帧

图 15-9　本节算法对刚体多目标的跟踪结果

(a) 第31帧   (b) 第36帧

(c) 第41帧   (d) 第46帧

(e) 第51帧   (f) 第56帧

(g) 第61帧   (h) 第66帧

图 15-10　本节算法对非刚体目标的跟踪结果

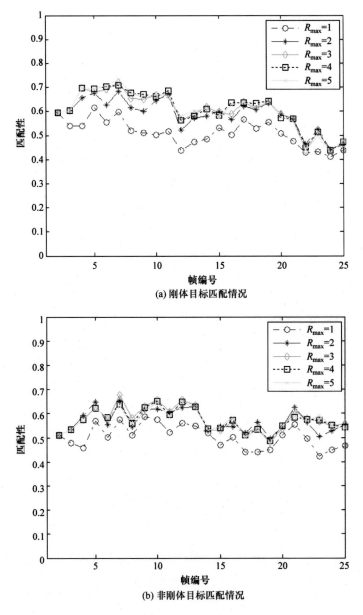

(a) 刚体目标匹配情况

(b) 非刚体目标匹配情况

图 15-11　特征留存度 R_{max} 对匹配率的影响